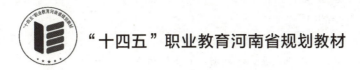

"十四五"职业教育河南省规划教材

中国石油和化学工业优秀教材奖一等奖

化工原理

下册

第四版

张浩勤　陆美娟　张　婕　主编
朱士亮　主审

化学工业出版社

·北京·

内容简介

本书主要介绍化工单元操作的基本原理、计算方法、典型设备和有关的化工工程实用知识。全书分上、下两册。上册包括绪论、流体流动、流体输送机械、非均相混合物的分离、传热、蒸发和附录；下册包括吸收、蒸馏、气液传质设备、干燥、液-液萃取和膜分离技术。编写原则是适应高等职业教育职教本科、高职高专教育的特点，从便于自学和实际应用出发，以必需、够用为度，加强运用基本概念和工程观点分析解决化工实际问题的训练。每章都编入了较多的例题，章末有思考题和习题，并对习题附有参考答案。为照顾不同类型学制和不同专业的需要，部分内容列为选学（标"＊"部分）。此外，书中重点知识点以二维码链接的形式配套了视频资源，更加方便学生学习。

本书配有含单元操作过程动画演示的电子教案、课后练习详解、化工原理学习指导等。可登录 www.cipedu.com.cn 免费下载。

本书可作为高职高专、职教本科化工类及相关专业（生物制药、环保、食品类专业）的教材，亦可作为成人高校及相关企业职工培训教材。

图书在版编目（CIP）数据

化工原理.下册/张浩勤，陆美娟，张婕主编.—4 版
.—北京：化学工业出版社，2022.9（2024.1 重印）
ISBN 978-7-122-41882-1

Ⅰ.①化⋯ Ⅱ.①张⋯ ②陆⋯ ③张⋯ Ⅲ.①化工原理-高等职业教育-教材 Ⅳ.①TQ02

中国版本图书馆 CIP 数据核字（2022）第 131402 号

责任编辑：蔡洪伟　　　　　　　文字编辑：陈小滔　张凯扬
责任校对：王　静　　　　　　　装帧设计：关　飞

出版发行：化学工业出版社
　　　　　（北京市东城区青年湖南街 13 号　邮政编码 100011）
印　　装：河北鑫兆源印刷有限公司
787mm×1092mm　1/16　印张 18¼　字数 347 千字
2024 年 1 月北京第 4 版第 2 次印刷

购书咨询：010-64518888
售后服务：010-64518899
网　　址：http://www.cip.com.cn

凡购买本书，如有缺损质量问题，本社销售中心负责调换。

定　价：48.00 元　　　　　　　　　　　　版权所有　违者必究

第四版前言

本教材是为满足高职高专化工类专业"化工单元及操作"课程教学需求编写的，本书于1995年出版，2006年再版，2012年第三版。本书自出版以来得到了广大读者的认可和好评，曾获得中国石油和化学工业优秀教材奖一等奖。根据国家产业变革趋势和职业教育发展规划，为培养具有爱国情怀、奉献精神的复合型应用人才，对本教材进行了修订再版。

本教材主要介绍化工单元操作的基本原理、计算方法、典型设备和有关的化工工程实用知识。全书分上、下两册。上册以动量传递为基础，叙述了流体流动、流体输送机械、非均相混合物分离的单元操作；以热量传递为基础叙述了传热和蒸发操作；下册以质量传递为基础阐述了吸收、蒸馏、气液传质设备、干燥、液-液萃取和膜分离等单元操作。与本教材配套的有"化工原理多媒体课件"和"习题解答"以及"化工原理学习指导"。教材编写原则是适应职业教育的特点，从便于自学和实际应用出发，以必需、够用为度，加强运用基本概念和工程观点分析解决化工实际问题的训练。

本次修订保留原教材特点，对部分内容进行了删减和修改，增补了一些单元操作的实用技术和最新研究成果，强调单元操作与节能减排、绿色发展的关系；增配了部分单元操作设备工作原理及结构的动画或视频二维码；结合每章内容增加了一些工程案例。通过这些案例教学，培养学生的爱国情怀和敬业精神，使学生具有崇尚科学和求实担当的品质，勇于通过实践创新立业。希望这些案例能起到抛砖引玉的作用，引导任课教师编写更多适合职业教育特点的案例。本次修订在附录中增加了化工原理基本概念中英对照表。

本教材可以作为职业教育化工类专业高职高专、本科学生教学使用。本教材部分内容列为选学内容，用"＊"标出，对于化工类专业专科，可视情况选学。本教材涉及单元操作较多，对于非化工类专业，可以仅学习部分章节。本教材也可供化工及相关行业技术人员参考。

本次修订主要由张浩勤负责，张婕做了大量艰苦细致的工作；书中二维码链接资源来源于北京东方仿真软件技术有限公司。感谢前期众多编者的贡献，特别感谢朱士亮教授再次为本书审稿。

感谢全国选用本书作为教材的师生，您的认可和支持是本书持续出版的动力源泉。书中难免有不妥之处，恳请读者批评指正，并将意见反馈，使本书不断完善。

编者
2022年8月

目录

第六章　吸收　001

学习要求 / 001
第一节　概述 / 001
一、吸收的依据和目的 / 002
二、工业吸收过程 / 002
三、吸收设备中气、液两相接触方式 / 003
四、吸收操作的分类 / 003
第二节　传质机理 / 004
一、相组成的表示方法 / 004
二、相内传质 / 008
三、相际传质 / 020
第三节　吸收过程的气液相平衡关系 / 021
一、气体在液体中的溶解度 / 022
二、亨利定律 / 024
三、气液相平衡与吸收过程的关系 / 027
第四节　吸收速率 / 030
一、气、液相组成均用摩尔比表示时的相际传质速率 / 030
二、各种形式的传质速率方程 / 033
三、吸收剂的选择 / 035
第五节　吸收塔的计算 / 036
一、物料衡算和操作线方程 / 036
二、塔径的计算 / 042
三、低浓度气体定常吸收过程填料层高度的计算 / 042
四、吸收塔计算分析 / 052
五、理论板数计算 / 057
六、解吸塔计算 / 059
第六节　传质系数 / 062
一、直接实测 / 063
二、经验公式 / 063
三、准数方程式 / 063
第七节　其他类型吸收操作简介 / 066
一、高浓度气体吸收 / 066
二、非等温吸收 / 066
三、多组分吸收 / 067
四、化学吸收 / 067

思考题 / 068
习题 / 069
本章主要符号说明 / 072

第七章　蒸馏　074

学习要求 / 074
第一节　概述 / 074
一、蒸馏分离的目的和依据 / 074
二、蒸馏操作的分类 / 075
第二节　双组分溶液的气-液相平衡 / 076
一、理想物系的气液相平衡 / 076
二、非理想溶液的气液相平衡 / 084
第三节　蒸馏方式及其原理 / 085
一、简单蒸馏 / 085
二、平衡蒸馏 / 086
三、精馏 / 086

第四节 双组分连续精馏塔的
　　　计算 / 092
　　一、全塔物料衡算 / 092
　　二、理论板与恒摩尔流
　　　　假设 / 094
　　三、操作线方程 / 094
　　四、理论塔板数的确定 / 097
　　五、进料热状况的影响和 q 线
　　　　方程 / 102
　　六、回流比的影响及其
　　　　选择 / 111
　　七、理论塔板数的简捷计
　　　　算法 / 118
　　八、理论板当量高度和填料层
　　　　高度 / 119

　　九、精馏装置的热量
　　　　衡算 / 119
　　十、双组分连续精馏塔的操作
　　　　问题 / 124
第五节 间歇精馏 / 126
　　一、馏出液组成维持恒定时的
　　　　操作 / 126
　　二、回流比维持恒定时的
　　　　操作 / 127
思考题 / 128
习题 / 130
本章主要符号说明 / 132

第八章　气液传质设备　　　　　　　　　　　　　133

学习要求 / 133
第一节 气液传质设备类型与基本
　　　要求 / 133
第二节 板式塔 / 134
　　一、筛孔塔板的结构及其
　　　　作用 / 135
　　二、塔板上气液流动和接触
　　　　状况 / 137
　　三、全塔效率与单板
　　　　效率 / 140
　　四、板式塔的设计 / 142
　　五、其他类型塔板简述 / 158

第三节 填料塔 / 160
　　一、填料塔的结构及填料
　　　　特性 / 161
　　二、填料塔内的流体力学
　　　　特性 / 164
　　三、塔径的计算 / 167
　　四、填料塔的附件 / 169
第四节 板式塔与填料塔的
　　　比较 / 172
思考题 / 174
习题 / 175
本章主要符号说明 / 175

第九章　干燥　　　　　　　　　　　　　　　　　177

学习要求 / 177
第一节 概述 / 177
　　一、固体物料的去湿
　　　　方法 / 177
　　二、干燥过程的分类 / 178
　　三、对流干燥过程 / 179

第二节 湿空气的性质和湿
　　　度图 / 180
　　一、湿空气的性质 / 180
　　二、湿空气的湿度图及其
　　　　应用 / 188

第三节　连续干燥过程的物料衡算与
　　　　热量衡算　/　194
　　一、干燥过程的物料衡算　/　194
　　二、干燥系统的热量
　　　　衡算　/　196
　　三、干燥器进、出口气体状态的
　　　　确定　/　199
　　四、干燥器的热效率　/　200
第四节　干燥过程的平衡关系和速率
　　　　关系　/　203
　　一、水分在气-固两相间的平衡
　　　　关系　/　203
　　二、恒定干燥条件下的干燥
　　　　过程　/　204
　　三、恒定干燥条件下干燥时间的
　　　　计算　/　206
第五节　干燥器　/　209
　　一、对干燥器的要求　/　209
　　二、干燥器的分类　/　209
　　三、常用干燥器简介　/　210
　　四、干燥器的选用　/　216
思考题　/　219
习题　/　219
本章主要符号说明　/　221

*第十章　液-液萃取　222

学习要求　/　222
第一节　概述　/　222
　　一、液-液萃取原理　/　222
　　二、液-液两相的接触
　　　　方式　/　223
　　三、液-液萃取的工业
　　　　应用　/　224
　　四、萃取操作的特点　/　225
第二节　液-液相平衡关系　/　225
　　一、三角形相图　/　225
　　二、部分互溶物系的相
　　　　平衡　/　229
　　三、分配系数和分配
　　　　曲线　/　230
第三节　萃取剂的选择　/　231
　　一、萃取剂的选择性　/　231
　　二、萃取剂 S 与原溶剂 B 的互
　　　　溶度　/　232
　　三、萃取剂的其他有关
　　　　性质　/　232
　　四、萃取剂的回收　/　233
第四节　萃取过程的计算　/　235
　　一、萃取理论级　/　235
　　二、单级萃取过程　/　235
　　三、多级错流萃取过程　/　238
　　四、多级逆流萃取过程　/　239
　　五、完全不互溶物系的萃取
　　　　过程　/　243
第五节　液-液萃取设备　/　249
　　一、概述　/　249
　　二、液-液萃取设备简介　/　250
　　三、液-液萃取设备的
　　　　选用　/　253
思考题　/　255
习题　/　256
本章主要符号说明　/　257

第十一章　膜分离技术　258

学习要求　/　258
第一节　概述　/　258
　　一、膜分离过程基本原理和
　　　　特点　/　258
　　二、膜的分类　/　259
　　三、膜分离设备　/　260
　　四、常见膜分离过程的
　　　　特性　/　262

五、膜的使用 / 262
第二节　典型膜过程简介 / 264
　　一、反渗透 / 265
　　二、纳滤 / 266
　　三、超滤 / 267
　　四、微滤 / 268
　　五、气体分离 / 268
　　六、透析 / 269
　　七、电渗析 / 270

第三节　膜技术与其他技术的结合 / 271
　　一、膜蒸馏 / 272
　　二、膜吸收 / 273
　　三、膜反应器 / 274
思考题 / 275
习题 / 275
本章主要符号说明 / 276

《化工原理》基本概念中英对照表 / 277

参考文献 / 281

二维码资源目录

序号	资源标题	资源类型	页码
1	等摩尔逆向扩散演示	视频	010
2	板式塔简介	视频	134
3	泡沫接触状态	视频	137
4	液泛	视频	140
5	严重漏液	视频	140
6	塔板类型	视频	158
7	填料塔简介	视频	161
8	填料塔流体力学特征	视频	165
9	厢式干燥器工作状态	视频	211
10	转筒干燥器工作状态	视频	211
11	气流干燥器工作状态	视频	212

第六章 吸 收

 学习要求

1. 熟练掌握的内容

相组成的表示方法及换算；菲克定律及其在等摩尔逆向扩散和单向扩散中的应用；扩散速率与传质速率；湍流中的对流传质和双膜理论；吸收的气液相平衡关系及其应用；总传质系数、总传质速率方程以及总传质阻力的概念；吸收的物料衡算、操作线方程和传质推动力及其图示方法；吸收剂最小用量和适宜用量的确定；填料塔直径和填料层高度的计算；传质单元数的计算（吸收因数法和对数平均推动力法）；吸收塔的设计型计算。

2. 理解的内容

吸收剂的选择；各种形式的传质速率方程、传质系数和传质推动力的对应关系；各种传质系数之间的关系；总传质单元数的图解积分方法；吸收塔的操作型计算与调节；解吸的特点、计算和对吸收的影响。

3. 了解的内容

分子扩散系数的估算；气液界面浓度的确定和 N_G（或 N_L）的图解方法；理论塔板数的计算；传质系数的计算；高浓度吸收、非等温吸收、多组分吸收、化学吸收的特点。

第一节 概 述

化工生产过程中常需将反应物提纯使之满足工艺的要求，而反应后的产物也往往需要分离成各种不同的产品或者除去杂质以得到较为纯净的产品，这个过程称为分离过程。分离的目的是改变混合物中各个组分的浓度；分离的方法视物系的性质和分离要求而定，除在第三章中已介绍的对于某些非均相混合物可采用机械方法（如沉降、过滤等）分离外，一般是根据混合物中不同组分间某种物理或物理化学性质的差异，采用适当的方法和装置使之形成两相物系，并使其中某个组分（或某些组分）从一相转移到另一相，这样的过程属于物质传递过程或称传质过程。物质在一相内部由一处向另一处的转移也是传质过程。前者称为相间传质或相际传质，后者称为相内传质。由于传质主要依靠物质的扩散，所以又称为扩散过程。

传质过程是本书中讨论的吸收、蒸馏、萃取、干燥等单元操作中的基本过程。

一、吸收的依据和目的

吸收是分离气体混合物的单元操作。它根据气体混合物中各组分在某种溶剂中溶解度的不同而进行分离。例如，用水处理空气-氨混合物，由于氨在水中溶解度很大，而空气在水中溶解度很小，所以大部分氨从空气中转移至水中而与空气分离。

在气体吸收操作中所用的溶剂称为吸收剂，用 S 表示；气体中能溶于溶剂的组分称为溶质（或吸收质），用 A 表示；基本上不溶于溶剂的组分统称为惰性气体，用 B 表示。惰性气体可以是一种或多种组分。如用水吸收空气-氨混合气体时，水为吸收剂，氨为溶质，空气为惰性气体。

化工生产中有时还需将溶质从吸收后的溶液中分离出来，这种使溶质与吸收剂分离的操作称为解吸或脱吸。解吸是吸收操作的逆过程。通过解吸可使溶质气体得到回收；并使吸收剂得以再生循环使用。

吸收操作在化工生产中的主要用途为以下两方面。

① 回收混合气体中的有用组分，或用以制取产品。例如，用硫酸处理焦炉气以回收其中的氨；用水吸收二氧化氮以制取硝酸等。

② 除去有害组分以净化气体。例如，用水或碱液脱除合成氨原料气中的二氧化碳；用丙酮脱除石油裂解气中的乙炔等；在环境保护方面，用吸收方法除去工业放空尾气中的有害物质如 H_2S、SO_2 等，应用也很广泛。

二、工业吸收过程

图 6-1 以合成氨生产中 CO_2 气体的净化为例，说明吸收与解吸联合操作的流程。

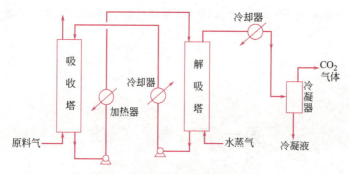

图 6-1 吸收与解吸联合操作流程

合成氨原料气（含 CO_2 30%左右）从底部进入吸收塔，塔顶喷入乙醇胺溶液。气、液逆流接触传质，乙醇胺吸收了 CO_2 后从塔底排出，从塔顶排出的气体中 CO_2 含量可降至 0.5%以下。将吸收塔底排出的含 CO_2 的乙醇胺溶液用泵送至加热器，加热至 130℃左右后从解吸塔顶喷淋下来，与塔底送入的水蒸气逆流接触，CO_2 在高温、低压下自溶液中解吸出来。从解吸塔顶排出的气体经冷却、冷凝后得到可用的 CO_2。解吸塔底排出的含有少量 CO_2 的乙醇胺溶液经冷却降温至 50℃左右，经加压后仍可作为吸收剂送入吸收塔循环使用。

由此可知，常用的吸收操作是通过一种具有选择性的吸收剂将气体混合物中的溶质溶解,然后通过解吸操作使溶质从吸收剂中脱吸出来,实现气体混合物中各组分的分离。上述过程的实现,一般必须解决以下三个方面的问题。

① 选择合适的吸收剂。
② 提供适当的气液传质设备,使气液两相充分接触,使溶质从气相转移至液相。
③ 吸收剂的再生和循环使用。

一个完整的吸收过程一般包括吸收和解吸两个部分。显然,若吸收溶质后的溶液是过程的产品或可直接排弃,则吸收剂勿需再生,也就不需要解吸操作了。

三、吸收设备中气、液两相接触方式

吸收过程是在吸收设备中进行的。吸收设备有多种形式,最常用的是塔式设备,它分为板式塔与填料塔两大类(参见第八章)。

图 6-2(a)为板式塔的示意图。液体自塔顶进入,气体自下而上通过板上气相孔道逐板上升,在每一块塔板上与液体接触,溶质就部分地溶解于吸收剂中。气体每经过一块塔板,其溶质浓度就阶跃式地下降一次;液体逐板下降,其中所含溶质的浓度则阶跃式地逐板升高。所以,板式塔是逐级接触式的传质设备。

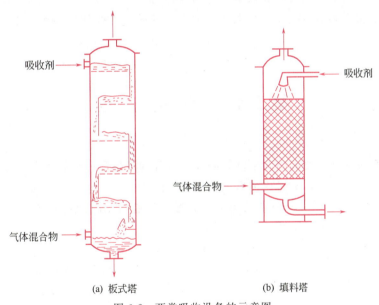

图 6-2 两类吸收设备的示意图

图 6-2(b)为填料塔的示意图。塔内充以瓷环等类的填料,液体自塔顶均匀地淋下并沿填料表面下流,气体由下而上通过填料间的空隙上升,与液体进行连续的逆流接触。气体中的溶质不断地转移到液体中,其浓度自下而上不断降低;液体中的溶质浓度由上而下不断升高,所以,填料塔是连续接触式的传质设备。

四、吸收操作的分类

吸收操作通常有以下几种分类方法。

(1)按过程有无化学反应分类 ①物理吸收。吸收过程中溶质与吸收剂之间不发生明

显的化学反应，如用水吸收二氧化碳等。②化学吸收。吸收过程中溶质与吸收剂之间有显著的化学反应，如用碱液吸收二氧化碳等。

（2）按被吸收的组分数目分类 ①单组分吸收。吸收时混合气体中只有一个组分（溶质）进入液相，如用碱液吸收合成氨原料气中的二氧化碳，其他组分的溶解度极小，可视为单组分吸收。②多组分吸收。吸收时混合气体中有多个组分进入液相，如用洗油吸收焦炉煤气中的苯、甲苯等。

（3）按吸收过程有无温度变化分类 ①非等温吸收。气体溶解于液体中，常常伴随着溶解热的放出；当有化学反应时，还会放出反应热，其结果是随着吸收过程的进行，液相温度会逐渐升高，如用水吸收氯化氢气体制取盐酸等。②等温吸收。若吸收过程的热效应较小、溶质在混合气体中浓度较低或溶剂用量较大时，液相温度升高并不显著，可视为等温吸收。

（4）按吸收过程的操作压强分类 ①常压吸收。②加压吸收。当操作压强增大时，溶质在吸收剂中的溶解度将随之增加。

本章以填料塔为例，着重讨论单组分、等温、常压下的物理吸收过程。并假设溶剂的蒸气压很低，其挥发损失可以忽略。这样，气相可看作由一个溶质组分与惰性气体组成，液相中只有溶质组分和溶剂，都可看成双组分均相混合物。

至于板式塔将在第七章（蒸馏）中加以讨论，但不要误解为吸收操作只能使用填料塔。

第二节 传质机理

对任何传质过程都需要解决两个基本问题：过程的极限和过程的速率。传质过程是吸收等单元操作的基本过程，本节讨论传质的基本概念以解决传质速率的计算问题。

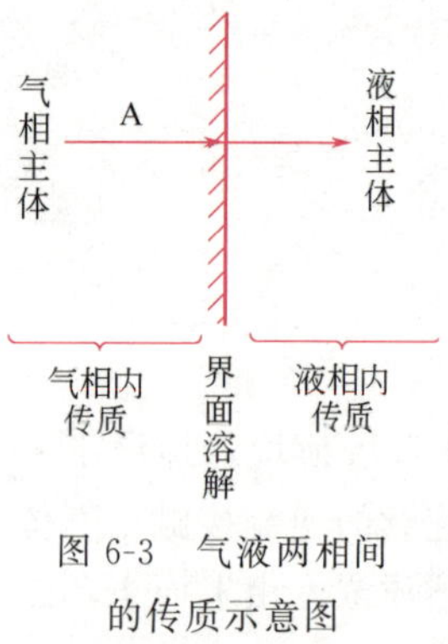

以吸收为例，它涉及气液两相间的物质传递，包括三个步骤（图6-3）：

① 溶质由气相主体传递到气液界面，即气相内的物质传递；

② 溶质在相界面上的溶解，溶质由气相进入液相；

③ 溶质由液相侧界面向液相主体的传递，即液相内的物质传递。

这样的物质传递过程与间壁式换热器中两流体通过间壁的传热过程相类似，但更为复杂。为了研究物质的相际传质过程，必须首先了解相内传质问题。相内传质过程涉及相内组分浓度的变化，作为基础知识，先讨论相组成（浓度）的表示方法。

图 6-3 气液两相间的传质示意图

一、相组成的表示方法

若多种物质混合在一起形成均相混合物，每一种物质称为该混合物的一个组分，该组分在混合物中的相对数量关系称为该组分的组成（或浓度）。组成可用多种方法表示，常用的有下列几种。

（一）质量分数和摩尔分数（或称质量分率和摩尔分率）

1. 质量分数

质量分数是指混合物中某组分的质量占总质量的分数。

若均相混合物中有组分 A、B、…、N，则有

$$w_A = \frac{m_A}{m}, \quad w_B = \frac{m_B}{m}, \quad \cdots, \quad w_N = \frac{m_N}{m}$$

式中　$w_A, w_B, \cdots, w_N$——组分 A、B、…、N 的质量分数；
　　　$m_A, m_B, \cdots, m_N$——组分 A、B、…、N 的质量，kg；
　　　m——混合物的总质量，kg。

由于 $m = m_A + m_B + \cdots + m_N = \sum_i m_i$

将上式两边除以 m，得

$$w_A + w_B + \cdots + w_N = \sum_i w_i = 1 \tag{6-1}$$

即各组分质量分数之和等于 1。

对于双组分物系，有 $w_A + w_B = 1$，若令 A 组分的质量分数为 w，则 B 组分的质量分数为 $(1-w)$，于是下标 A、B 可以略去。

2. 摩尔分数

摩尔分数是指混合物中某组分的物质的量占总物质的量的分数。在传质过程计算中用到较多。其表示式为

$$x_A = \frac{n_A}{n}, \quad x_B = \frac{n_B}{n}, \quad \cdots, \quad x_N = \frac{n_N}{n}$$

式中　$x_A, x_B, \cdots, x_N$——组分 A、B、…、N 的摩尔分数；
　　　$n_A, n_B, \cdots, n_N$——组分 A、B、…、N 的物质的量，kmol；
　　　n——混合物的总物质的量，kmol。

由于 　　$n = n_A + n_B + \cdots + n_N = \sum_i n_i$

则有 　　$x_A + x_B + \cdots + x_N = \sum_i x_i = 1 \tag{6-2}$

式(6-1)和式(6-2)即为绪论中提及的组成归一性方程。

传质计算中通常用 x 表示液相的摩尔分数，用 y 表示气相的摩尔分数。

3. 质量分数与摩尔分数的换算

对于 i 组分，有 　　$n_i = \frac{m_i}{M_i} = \frac{m w_i}{M_i}$

式中　M_i——i 组分的千摩尔质量（数值上等于其分子量），kg/kmol。

由于 $n = \sum_i n_i = \frac{m w_A}{M_A} + \frac{m w_B}{M_B} + \cdots + \frac{m w_N}{M_N} = m \sum_i \frac{w_i}{M_i}$

可得 　　$x_i = \frac{n_i}{n} = \frac{m w_i / M_i}{m \sum_i w_i / M_i} = \frac{w_i / M_i}{\sum_i w_i / M_i} \tag{6-3}$

同样，可以推得
$$m_i = n_i M_i = n x_i M_i$$
$$m = \sum_i m_i = n \sum_i x_i M_i$$
$$w_i = \frac{m_i}{m} = \frac{x_i M_i}{\sum_i x_i M_i} \tag{6-4}$$

（二）质量浓度和物质的量浓度

质量浓度是指单位体积混合物内所含物质的质量，对于 i 组分，有
$$\rho_i = \frac{m_i}{V}$$

式中　ρ_i——混合物中 i 组分的质量浓度，kg/m^3；
　　　V——混合物的总体积，m^3。

物质的量浓度是指单位体积混合物内所含的物质的量。对于 i 组分，有
$$c_i = \frac{n_i}{V}$$

式中　c_i——混合物中 i 组分的物质的量浓度，$kmol/m^3$。

1. 质量浓度与质量分数的关系

由定义知，混合物的密度 ρ 即为各组分质量浓度的总和，即
$$\rho = \frac{m}{V} = \frac{\sum_i m_i}{V} = \sum_i \rho_i$$

故
$$\rho_i = \frac{m_i}{V} = \frac{m w_i}{V} = w_i \rho \tag{6-5}$$

● 读者可考虑混合物中质量浓度 ρ_A 与 A 组分单独存在时的密度有无差别（参见第一章第一节）。

2. 物质的量浓度与摩尔分数的关系
$$c_i = \frac{n_i}{V} = \frac{n x_i}{V} = x_i c \tag{6-6}$$

式中　c——混合物的总物质的量浓度，$kmol/m^3$。

显然
$$c = \frac{n}{V} = \frac{\sum_i n_i}{V} = \sum_i c_i$$

3. 质量浓度与物质的量浓度的关系
$$\rho_i = \frac{m_i}{V} = \frac{n_i M_i}{V} = c_i M_i \tag{6-7}$$

（三）质量比和摩尔比

有时以某一组分为基准来表示混合物中其他组分的组成会给计算带来方便，更常用于双组分物系。

对于双组分（A+B）物系，以 B 为基准，A 组分的组成可以表示为

质量比
$$W = \frac{m_A}{m_B}$$

摩尔比
$$X = \frac{n_A}{n_B}$$

于是有以下几种关系。

1. 质量比与质量分数的关系

$$W = \frac{m_A}{m_B} = \frac{mw_A}{mw_B} = \frac{w_A}{w_B} = \frac{w}{1-w} \tag{6-8}$$

同样有
$$w = \frac{W}{1+W} \tag{6-8a}$$

2. 摩尔比与摩尔分数的关系

$$X = \frac{n_A}{n_B} = \frac{nx_A}{nx_B} = \frac{x_A}{x_B} = \frac{x}{1-x} \tag{6-9}$$

$$x = \frac{X}{1+X} \tag{6-9a}$$

3. 质量比与摩尔比的关系

$$W = \frac{m_A}{m_B} = \frac{n_A M_A}{n_B M_B} = X \frac{M_A}{M_B} \tag{6-10}$$

（四）理想气体混合物中组成的表示方法

对于气体混合物，在压强不太高、温度不太低的情况下，可视为理想气体，则对于 A 组分有

摩尔分数
$$y_A = \frac{p_A}{p} \tag{6-11}$$

物质的量浓度
$$c_A = \frac{n_A}{V} = \frac{p_A}{RT} \tag{6-12}$$

摩尔比
$$Y = \frac{n_A}{n_B} = \frac{p_A}{p_B} \tag{6-13}$$

式中　p_A，p_B——气体混合物中组分 A、B 的分压，kPa；
　　　　p——混合气体的总压，kPa。

● 读者可自行推导理想气体混合物的质量分数、质量浓度、质量比的表达式。

● **【例 6-1】** 某吸收塔在常压、25℃下操作，已知原料混合气体中含 CO_2 29%（体积分数），其余为 N_2、H_2 和 CO（可看作惰性组分），经吸收后，出塔气体中 CO_2 的含量为 1%（体积分数），试分别计算以摩尔分数、摩尔比和物质的量浓度表示的原料混合气和出塔气体中的 CO_2 组成。

解　系统可视为由溶质 CO_2 和惰性组分构成的双组分系统。以下标 1、2 分别表示入、出塔的气体状态。

① 原料混合气（入塔气体）

摩尔分数：理想气体的体积分数等于摩尔分数，所以 $y_1=0.29$

物质的量浓度：由分压定律知

$$p_{A1}=py_1=101.3\times 0.29=29.38\text{kPa}$$

所以

$$c_{A1}=\frac{p_{A1}}{RT}=\frac{29.38}{8.314\times 298}=0.0119\text{kmol/m}^3$$

摩尔比：由式(6-9) 知

$$Y_1=\frac{y_1}{1-y_1}=\frac{0.29}{1-0.29}=0.408$$

② 出塔气体组成

$$y_2=0.01$$

$$c_{A2}=\frac{p_{A2}}{RT}=\frac{101.3\times 0.01}{8.314\times 298}=4.09\times 10^{-4}\text{kmol/m}^3$$

$$Y_2=\frac{y_2}{1-y_2}=\frac{0.01}{1-0.01}=0.0101$$

● **【例 6-2】** 氨水中氨的质量分数为 0.25，求氨水中氨的质量比、摩尔分数和摩尔比。

解 已知氨的质量分数 $w=0.25$

质量比：

$$W=\frac{w}{1-w}=\frac{0.25}{1-0.25}=0.333$$

摩尔分数：氨的相对分子质量 $M_A=17$，水的相对分子质量 $M_B=18$，由式(6-3) 知

$$x=\frac{\dfrac{w}{M_A}}{\dfrac{w}{M_A}+\dfrac{1-w}{M_B}}=\dfrac{\dfrac{0.25}{17}}{\dfrac{0.25}{17}+\dfrac{0.75}{18}}=0.261$$

摩尔比：

$$X=\frac{x}{1-x}=\frac{0.261}{1-0.261}=0.353$$

二、相内传质

（一）扩散现象

扩散现象在日常生活中是经常遇到的，如在密闭的室内，酒瓶盖被打开后，在其附近很快就可闻到酒味。若在一个容器中间装有隔板，两边分别盛有压强相等的 N_2 和 O_2，如图 6-4(a) 所示。将隔板打开后，如图 6-4(b) 所示，左端的 N_2 将向右端扩散，右端的 O_2 也会向左端扩散，直到完全混合均匀、各处浓度都相等为止。如果对这个系统加以搅拌，则完全混合的时间比不搅拌时缩短，搅

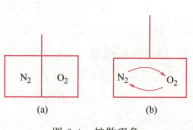

图 6-4 扩散现象

拌愈激烈，则所需的时间愈短。

由上述例子可以得出以下结论。

① 当相内各处浓度不等时，组分总要由浓度高处自动地向低处转移，这种现象称为扩散。扩散过程要进行到各处浓度相等为止，此时扩散达到动平衡（类似于一个物体内部有温度差时，热量将由高温部分向低温部分传递，直至各部分温度相等为止）。所以，浓度差在扩散中的地位相当于温度差在传热中的地位，浓度差是相内传质过程的推动力。

② 如果没有流体质点宏观的不规则运动（即湍流流动），则扩散仅依靠微观的分子热运动来进行，这种扩散称为分子扩散。在图 6-4(b) 中，在没有搅拌和其他扰动的情况下，就属于这种情况。分子扩散与传热中的热传导有着类似的规律，分子扩散一般进行得很慢。

③ 当流体有宏观运动时，依靠流体质点的不规则运动（即湍动）来进行的扩散称为湍流扩散或涡流扩散。例如前例中在激烈搅拌下进行的扩散。湍流扩散比分子扩散要快得多。

④ 在实际传质过程中，流体是运动的，而分子热运动与流体总体是否运动无关，所以在实际传质操作中分子扩散与涡流扩散常常同时存在。通常把分子扩散与涡流扩散的总和称为对流扩散或对流传质。流体的某一部分（如湍流主体）湍动程度很大时，该部分的分子扩散的影响常可忽略不计。

由于连续的工业过程一般为定常过程，因此下面分别讨论定常条件下双组分物系的分子扩散和对流传质问题。

（二）分子扩散

1. 菲克定律

设均相混合物由 A、B 两个组分组成，由于各处浓度不等而发生分子扩散。扩散过程进行的快慢可用单位时间内通过垂直于扩散方向的单位面积传递的物质的量来度量，称为扩散通量或扩散速率。

在恒定的温度和压强下，且两组分摩尔浓度之和为常数时，均相混合物中的分子扩散通量服从下述的菲克定律，其表达式：

$$J_A = -D_{AB} \frac{dc_A}{dZ} \tag{6-14}$$

式中　J_A——A 组分在 Z 方向上的扩散速率，$kmol/(m^2 \cdot s)$；

$\dfrac{dc_A}{dZ}$——A 组分在扩散方向 Z 上的浓度梯度，$kmol/m^4$；

D_{AB}——A 在 B 中扩散时的扩散系数，m^2/s。

式中负号表示扩散沿着组分 A 浓度降低的方向进行，与浓度梯度方向相反。

菲克定律是一个实验定律，它表明只要混合物中存在着浓度梯度，就必然会产生物质的分子扩散流。

菲克定律在形式上与牛顿黏性定律、傅里叶定律类似，这也说明在动量、热量、质量传递这三种过程之间存在着广泛的类似性。在静止流体中或流体在与传递方向相垂直的方向上作层流流动时，这三种传递都是分子热运动的结果。但是由于分子不断发生碰撞，实际分子扩散速率远小于分子热运动速率。

对于双组分混合物，若相内总浓度处处相等，即 $c = c_A + c_B =$ 常数，$\dfrac{dc}{dZ} = 0$，于是

$$\frac{dc_A}{dZ} = -\frac{dc_B}{dZ}$$

由于系统的总浓度不变,故产生物质 A 的扩散流 J_A 的同时必然伴有方向相反、大小相等的物质 B 的扩散流 J_B,由菲克定律知

$$J_B = -D_{BA}\frac{dc_B}{dZ} = -J_A$$

将上式与式(6-14)比较可知

$$D_{AB} = D_{BA} = D$$

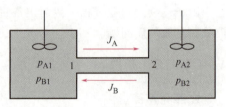

等摩尔逆向扩散演示

即对于双组分扩散系统,A 在 B 中与 B 在 A 中的扩散系数相等,故下标可以省略。

对于理想气体,温度、总压恒定则总浓度恒定,菲克定律可表示为

$$J_A = -\frac{D}{RT} \times \frac{dp_A}{dZ} \tag{6-15}$$

2. 等摩尔逆向扩散

如图 6-5 所示,设想用一段均匀细直管将两个很大的容器连通。两容器中分别充有浓度不同的 A、B 混合气体,其温度和总压都相等,已知 $p_{A1} > p_{A2}$, $p_{B1} < p_{B2}$。两容器内均装有搅拌器,用以保持各自浓度均匀。显然,由于两容器存在浓度差异,连通管中将发生分子扩散现象,组分 A 向右传递而组分 B 向左传递。由于容器很大而连通管较细,故在有限的时间内扩散作用不会使两容器中的气体浓度发生明显的变化,可以认为 1、2 两截面上的 A、B 分压都维持不变,连通管中发生的分子扩散过程是定常的。

图 6-5 定常扩散过程

由于两容器的温度和总压相同,连通管内任一截面上单位时间、单位面积上向右传递的 A 的摩尔数与向左传递的 B 的摩尔数必定相等。这种情况称为定常的等摩尔逆向扩散。

若以 A 的传递方向(Z)为正方向,由菲克定律知, $J_A = -J_B$,或 $J_A + J_B = 0$。因此,等摩尔逆向扩散的特点是通过扩散截面的净物质的量为零(或净传质速率为零)。某些蒸馏过程可以认为属于等摩尔逆向扩散过程。

在任一固定的空间位置上,单位时间内通过垂直于传递方向的单位面积传递的物质的量,称为传质速率或传质通量。在等摩尔逆向扩散中,组分 A 的传质速率等于其扩散速率。

$$N_A = J_A = -D\frac{dc_A}{dZ}$$

如图 6-6 所示,在扩散方向 Z 上相距 δ 取两个平面,组分 A 在两平面处的浓度分别为 c_{A1} 和 c_{A2}。因为是定常扩散,组分 A 通过扩散方向上任一垂直平面的传质速率为一常数,故上式积分可得:

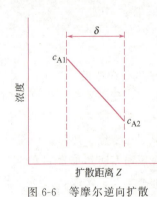

图 6-6 等摩尔逆向扩散

$$N_A = \frac{D}{\delta}(c_{A1} - c_{A2}) \tag{6-16}$$

此式对气相和液相均适用,它表明在扩散方向上组分 A 的浓度分布为一直线。对于理

想气体，式(6-16) 可以写为

$$N_A = \frac{D}{RT\delta}(p_{A1} - p_{A2}) \qquad (6\text{-}16a)$$

式中 p_{A1}、p_{A2}——分别为组分 A 在上述两平面处的分压。

对于 B 组分，显然 $N_A = -N_B$

3. 一组分通过另一停滞组分的扩散（单向扩散）

若在图 6-5 所示系统中的截面 2 位置上，有一层只允许 A 分子通过但不允许 B 分子通过的膜（此处假设的膜，实际上相当于单组分气体吸收过程中气、液两相间的接触界面，在此界面上仅有溶质 A 通过，而没有惰性气体组分 B 和溶剂分子 S 通过），则传质的结果是 A 组分不断通过截面 2 进入右侧空间，但截面 2 不能使 B 组分反向通过，因而不能保持等摩尔逆向扩散。在定常条件下，连通管中的 B 组分不可能有净传递，表观上看 B 处于"停滞"状态，所以这样的过程称为一组分通过另一停滞组分的单方向扩散。

对此情况可作进一步分析，由于 1、2 截面间浓度的差异，组分 A 的分子将不断地向右扩散。在定常条件下，系统中各处的总浓度相等，即 A 组分存在浓度差的同时，也必然形成了 B 组分的逆向浓度差，即连通管中组分 B 的分子也必有自右向左的分子扩散运动，且 $J_A = -J_B$。这样，尽管截面 2 不能逆向通过 B 组分，但在截面 2 左侧组分 B 的逆向分子扩散流仍然存在。

组分 A 通过截面 2 的膜进入右侧空间和组分 B 从截面 2 的左侧向截面 1 的逆向扩散流，都导致截面 2 左侧气体总压的降低。于是，连通管中各截面上混合气体便会自动地向截面 2 依次递补过来，以维持系统的总压（总物质的量浓度 c）处处相等。这种流动是一种附加的主体流动，简称为主体流动（图 6-7）。

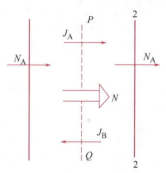

图 6-7 主体流动与扩散流动

主体流动是宏观流动，同时携带组分 A 和 B 流过膜左方的各个截面。设主体流动速率为 N kmol/(m²·s)，因总体流动对 A、B 两组分产生的传质速率分别为 $N\frac{c_A}{c}$ 和 $N\frac{c_B}{c}$。

由于主体流动的存在，组分的传质速率为扩散速率和主体流动所产生的传质速率之和。

对 A 组分 $\qquad N_A = J_A + N\frac{c_A}{c}$

对 B 组分 $\qquad N_B = J_B + N\frac{c_B}{c} = 0$

将上述两式相加，得

$$N_A = N$$

整理可得： $\qquad N_A = -D\frac{dc_A}{dZ} + N_A \frac{c_A}{c} \qquad (6\text{-}17)$

在图 6-8 所示的定常单向扩散中，积分上式可得

$$N_A = \frac{Dc}{\delta c_{Bm}}(c_{A1} - c_{A2}) \qquad (6\text{-}18)$$

式中
$$c_{Bm} = \frac{c_{B2} - c_{B1}}{\ln \frac{c_{B2}}{c_{B1}}}$$

c_{Bm} 为在间距为 δ 的两截面上组分 B 的物质的量浓度的对数平均值。

式(6-18)对气相或液相均适用。对理想气体中的单向扩散，因为 $p = cRT$，该式可写为

$$N_A = \frac{D}{RT\delta} \times \frac{p}{p_{Bm}} (p_{A1} - p_{A2}) \tag{6-18a}$$

式中
$$p_{Bm} = \frac{p_{B2} - p_{B1}}{\ln \frac{p_{B2}}{p_{B1}}}$$

图 6-8 定常单向分子扩散

比较式(6-18)和式(6-16)，可知单向扩散时 A 组分的传质速率比等摩尔逆向扩散时多了一个因子：$\frac{c}{c_{Bm}}$（或 $\frac{p}{p_{Bm}}$）。由于总浓度 c 总是大于任一组分的浓度，即 $c > c_{Bm}$（或 $p > p_{Bm}$），故 $\frac{c}{c_{Bm}} > 1$（$\frac{p}{p_{Bm}} > 1$）。这是由于出现了与扩散方向一致的主体流动。如同顺水行舟，水流使船速加大，故 $\frac{c}{c_{Bm}}$（或 $\frac{p}{p_{Bm}}$）称为漂流因子，其值反映了主体流动对 A 组分传质速率的影响。

● 读者可自行分析，如图 6-8 所示的定常单向分子扩散，在扩散方向上组分 A 和 B 的浓度分布为什么不是直线变化？

● 【例 6-3】 在 25℃ 和 101.3kPa 下，用乙醇胺溶液吸收空气中的 CO_2，空气不溶于乙醇胺。气相主体 CO_2 的摩尔分数为 0.1，相界面上 CO_2 的浓度可忽略不计。设 CO_2 在气相中的扩散相当于通过 2mm 厚的静止空气层，扩散系数为 $0.164 \times 10^{-4} \, m^2/s$。试求：① CO_2 的传质速率；② 若气相主体中 CO_2 的摩尔分数为 0.01 时，CO_2 的传质速率。

解 由于空气不溶于乙醇胺液体，只有 CO_2 分子以扩散方式通过厚度为 2mm 的静止气层，各种条件不随时间变化，所以本题属于定常的单向扩散。

① $p_{A1} = py = 101.3 \times 0.1 = 10.13 \text{kPa}$，$p_{A2} = 0$

惰性组分的分压为
$$p_{B1} = p - p_{A1} = 101.3 - 10.13 = 91.17 \text{kPa}$$
$$p_{B2} = p = 101.3 \text{kPa}$$
$$p_{Bm} = \frac{p_{B2} - p_{B1}}{\ln \frac{p_{B2}}{p_{B1}}} = \frac{101.3 - 91.17}{\ln \frac{101.3}{91.17}} = 96.15 \text{kPa}$$

$$\frac{p}{p_{Bm}} = \frac{101.3}{96.15} = 1.05$$

$$N_A = \frac{D}{RT\delta} \times \frac{p}{p_{Bm}} (p_{A1} - p_{A2})$$

$$= \frac{0.164 \times 10^{-4}}{8.314 \times 298 \times 2 \times 10^{-3}} \times 1.05 \times (10.13 - 0)$$

$$= 3.52 \times 10^{-5} \text{ kmol/(m}^2 \cdot \text{s)}$$

② 若 $y_1 = 0.01$，则 $p_{A1} = 1.013 \text{kPa}$，$p_{B1} = 100.3 \text{kPa}$

$$p_{Bm} = \frac{p_{B1} + p_{B2}}{2} = \frac{100.3 + 101.3}{2} = 100.8 \text{kPa}$$

$$\frac{p}{p_{Bm}} = \frac{101.3}{100.8} = 1.005$$

$$N_A = \frac{D}{RT\delta} \times \frac{p}{p_{Bm}} (p_{A1} - p_{A2})$$

$$= \frac{0.164 \times 10^{-4}}{8.314 \times 298 \times 2 \times 10^{-3}} \times 1.005 \times (1.013 - 0)$$

$$= 3.37 \times 10^{-6} \text{ kmol/(m}^2 \cdot \text{s)}$$

由计算可知，当气相主体溶质浓度较高时，p/p_{Bm} 的影响应予考虑；若气相主体溶质浓度很低，p/p_{Bm} 接近于 1，其影响可以忽略。此外，当 $p/p_{Bm} \leqslant 2$ 时，可用算术平均值代替对数平均值进行计算。

4. 扩散系数

由菲克定律可知，扩散系数 D 代表单位浓度梯度下某组分的扩散速率，是物质的一种传递性质，类似于传热中的热导率。扩散系数的数值不但受到温度、压强和混合物中组分浓度的影响，而且同一组分在不同的介质中的扩散系数也不一样。通常扩散系数均由实验测定。常见物质的扩散系数可在手册中查到，在缺乏数据时可用某些经验的或半经验的公式进行估算。

（1）组分在气体中的扩散系数 气体中的扩散系数与温度、压强和各个组分的性质有关。表 6-1 中列出常见物系的气体扩散系数可供参考选用。由表可见，气体的扩散系数范围约为 $10^{-5} \sim 10^{-4} \text{ m}^2/\text{s}$。

关于组分在气体中的扩散系数的估算，一般是依据分子运动论导出方程的基本形式，再根据实验数据确定其中参数的计算方法或数值。这样的半经验公式很多，下面介绍比较简单的一个。

$$D = \frac{4.36 \times 10^{-5} T^{3/2} \left(\frac{1}{M_A} + \frac{1}{M_B}\right)^{1/2}}{p(v_A^{1/3} + v_B^{1/3})^2} \tag{6-19}$$

式中　D——扩散系数，m^2/s；

　　　p——总压强，kPa；

　　　T——绝对温度，K；

M_A,M_B——A、B物质的千摩尔质量,kg/kmol;

v_A,v_B——A、B物质的摩尔体积,cm³/mol。

表 6-1 在 101.3kPa 压强下气体的扩散系数

物 系	温度 /℃	温度 /K	$D/(\text{cm}^2/\text{s})$	物 系	温度 /℃	温度 /K	$D/(\text{cm}^2/\text{s})$
空气-氨	0	273	0.198	空气-甲苯	25.9	298.9	0.087
	25	298	0.229	空气-醋酸	0	273	0.106
空气-水	0	273	0.22	空气-正己烷	21	294	0.080
	25	298	0.26	空气-正丁烷	0	273	0.0703
	42	315	0.288	空气-氢	0	273	0.611
空气-CO_2	0	273	0.136	CO_2-N_2	25	298	0.158
	3	276	0.142	CO_2-H_2O	25	298	0.164
	25	298	0.164	CO_2-H_2O	34.3	307.3	0.202
	44	317	0.177	H_2-NH_3	20	293	0.849
空气-甲醇	25	298	0.162	H_2-苯	0	273	0.317
空气-乙醇	25	298	0.135	H_2-苯	38.1	311.1	0.404
	42	315	0.145	H_2-N_2	15	288	0.743
空气-苯胺	25	298	0.0726	H_2-N_2	25	298	0.784
空气-苯	25	298	0.0962	H_2-N_2	85	358	1.052
空气-溴	20	293	0.091	N_2-NH_3	20	293	0.241
空气-CS_2	0	273	0.0883	N_2-CO	15	288	0.192
空气-氯	0	273	0.124	N_2-CO	100	373	0.318
空气-联苯	218	491	0.160	N_2-乙烯	25	298	0.163
空气-乙酸乙酯	0	273	0.0709	N_2-碘	0	273	0.070
空气-乙醚	20	293	0.0896	N_2-正丁烷	25	298	0.0960
空气-碘	25	298	0.0834	N_2-O_2	0	273	0.181
空气-水银	341	614	0.473	CO-H_2	0	273	0.651
空气-萘	25	298	0.0611	CO-O_2	0	273	0.185
空气-硝基苯	25	298	0.0602	CS_2-CO_2	45	318	0.0715
空气-氧	0	273	0.175	乙醇-CO_2	0	273	0.0693
空气-正辛烷	25	298	0.0602	甲醇-CO_2	25.6	298.6	0.105
空气-乙酸丙酯	42	315	0.092	乙醚-CO_2	0	273	0.0541
空气-SO_2	0	273	0.122	乙酸乙酯-CO_2	46	319	0.0666
空气-甲苯	25	298	0.0844	丙烷-CO_2	25	298	0.0863

分子体积 v 是 1mol 物质在正常沸点下呈液态时的体积,cm³。它表征分子本身所占据空间的大小,表 6-2 列出某些简单物质分子的摩尔体积。

表 6-2 简单物质分子的摩尔体积   单位:cm³/mol

物质	分子的摩尔体积	物质	分子的摩尔体积	物质	分子的摩尔体积	物质	分子的摩尔体积
H_2	14.3	Br_2	53.2	CO	30.7	NH_3	25.8
O_2	25.6	I_2	71.5	SO_2	44.8	H_2O	18.9
N_2	31.2	空气	29.9	N_2O	36.4	H_2S	32.9
Cl_2	48.4	CO_2	34.0	NO	23.6	COS	51.5

在没有分子体积的数据时,可按表 6-3 所列的原子摩尔体积加和而得。例如,醋酸的分子摩尔体积可按表中查得的 C、H 及 O 的原子摩尔体积加和,如下:

$$v_{CH_3COOH} = 14.8 \times 2 + 3.7 \times 4 + 12.0 \times 2 = 68.4 \text{cm}^3/\text{mol}$$

但对于某些种类的化合物，经上述加和计算后，还需要校正（见表6-3的附注）。例如，对苯

$$v_{C_6H_6} = 14.8 \times 6 + 3.7 \times 6 - 15 = 96 \text{cm}^3/\text{mol}$$

由式（6-19）可知，气体扩散系数与温度、压强的关系为：

$$D = D_0 \left(\frac{T}{T_0}\right)^{3/2} \left(\frac{p_0}{p}\right) \tag{6-20}$$

式中 D_0——T_0、p_0 状态下的扩散系数，m^2/s；

D——T、p 状态下的扩散系数，m^2/s。

表6-3 原子的摩尔体积　　　　　　　　　　单位：cm^3/mol

物　质	原子摩尔体积	物　质	原子摩尔体积	附　注
C	14.8	N（在伯胺类中）	10.5	用本表中的原子摩尔体积加和求分子摩尔体积时，在下列情况需作校正： （1）对三元环（如环氧乙烷）减去6.0； （2）对四元环（如环丁烷）减去8.5； （3）对五元环（如呋喃、噻吩）减去11.5； （4）对六元环（如苯、吡啶）减去15； （5）对萘环减去30； （6）对蒽环减去15
H	3.7	N（在仲胺类中）	12.0	
Cl	24.6	N（在其他化合物中）	15.6	
Br	27	O（在甲醚和甲酯中）	9.1	
I	37	O（在乙醚和乙酯中）	9.9	
S	25.6	O（在高级醚和高级酯中）	11.0	
F	8.7	O（在酸中）	12.0	
		O（与S,P,N结合）	8.3	
		O（在其他化合物中）	7.4	

● **【例6-4】** 求298K和101.3kPa下醋酸在空气中的扩散系数，并和表6-1中实验数据对比。

解 ① 用A代表醋酸，B代表空气

$M_A = 60 \text{kg/kmol}$，$M_B = 29 \text{kg/kmol}$，$v_A = 68.4 \text{cm}^3/\text{mol}$，$v_B = 29.9 \text{cm}^3/\text{mol}$

由式（6-19）得

$$D = \frac{4.36 \times 10^{-5} \times 298^{3/2} \times \left(\frac{1}{60} + \frac{1}{29}\right)^{1/2}}{101.3 \times (68.4^{1/3} + 29.9^{1/3})^2} = 9.68 \times 10^{-6} \text{m}^2/\text{s}$$

② 为了和表6-1中实验数据比较，计算273K下的扩散系数。由于压强不变，所以

$$D = D_0 \left(\frac{T}{T_0}\right)^{3/2} = 9.68 \times 10^{-6} \times \left(\frac{273}{298}\right)^{3/2} = 8.49 \times 10^{-6} \text{m}^2/\text{s}$$

查表6-1，知 $D = 1.06 \times 10^{-5} \text{m}^2/\text{s}$，相对误差为19.9%。

（2）组分在液体中的扩散系数　液体中的扩散系数与混合物各组分的性质、温度以及溶质的浓度有关，只有对稀溶液才能视为与浓度无关。表6-4列出常见组分在某些稀溶液中的扩散系数。由表中数据知，液体扩散系数的数量级约为 $10^{-9} \text{m}^2/\text{s}$（或 $10^{-5} \text{cm}^2/\text{s}$）。

表 6-4 组分在稀溶液中的扩散系数

溶质	溶剂	温度/℃	温度/K	D/(10^{-9}m²/s)	溶质	溶剂	温度/℃	温度/K	D/(10^{-9}m²/s)
氨	水	12	285	1.64	乙酸	水	25	298	1.26
		15	288	1.77	丙酸	水	25	298	1.01
氧	水	18	291	1.98	盐酸(9mol/L)	水	10	283	3.3
		25	298	2.41					
CO_2	水	25	298	2.00	盐酸(25mol/L)	水	10	283	2.5
氢	水	25	298	4.80	苯甲酸	水	25	298	1.21
甲醇	水	15	288	1.26	丙酮	水	25	298	1.28
乙醇	水	10	283	0.84	醋酸	苯	25	298	2.09
乙醇	水	25	298	1.24	尿素	乙醇	12	285	0.54
正丙醇	水	15	288	0.87	水	乙醇	25	298	1.13
甲酸	水	25	298	1.52	KCl	水	25	298	1.870
乙酸	水	9.7	282.7	0.769	KCl	丁二酸	25	298	0.119

由于液体的扩散理论及实验均不及气体完善，故计算液体扩散系数的公式也不及气体可靠。对于很稀的非电解质溶液，可用下式估算：

$$D_{AB} = 7.4 \times 10^{-8} \times \frac{(\alpha M_B)^{1/2} T}{\mu v_A^{0.6}} \tag{6-21}$$

式中 D_{AB}——组分 A 在液体 B 中的扩散系数，cm^2/s；

T——溶液的绝对温度，K；

μ——稀溶液的黏度，mPa·s（或 cP）；

M_B——溶剂 B 的相对分子质量；

v_A——组分 A 的分子摩尔体积，cm^3/mol；

α——溶剂的缔合因子。

某些溶剂的缔合因子为：水，$\alpha=2.6$；甲醇，$\alpha=1.9$；乙醇，$\alpha=1.5$；苯、乙醚等非缔合溶剂，$\alpha=1.0$。

式(6-21)的平均偏差对水溶液为 10%~15%，非水溶液约为 25%，建议使用范围为 278~313K，$v_A < 500 cm^3/mol$。

电解质（如 KCl）在溶液中将离解为离子，其扩散自然比分子扩散快（参见表 6-4）。

由式(6-21)知液体扩散系数与温度、黏度的关系为

$$D = D_0 \frac{T}{T_0} \times \frac{\mu_0}{\mu} \tag{6-22}$$

【例 6-5】 某乙醇-水稀溶液在 10℃时的黏度为 1.45mPa·s(cP)，求乙醇在水中的扩散系数。

解 乙醇 C_2H_5OH，按表 6-3 计算的分子摩尔体积为

$$v_A = 2 \times 14.8 + 6 \times 3.7 + 7.4 = 59.2 cm^3/mol$$

缔合因子 $\alpha = 2.6$（水）

$M_B = 18$，$T = 283K$，$\mu = 1.45 mPa \cdot s$

由式(6-21) 知

$$D_{AB} = \frac{7.4 \times 10^{-8} \times (2.6 \times 18)^{1/2} \times 283}{1.45 \times 59.2^{0.6}} = 8.5 \times 10^{-6} \text{cm}^2/\text{s} = 0.85 \times 10^{-9} \text{m}^2/\text{s}$$

与表 6-4 中所列实验值 $0.84 \times 10^{-9} \text{m}^2/\text{s}$ 十分接近。

5. 相内传质系数与传质阻力

前面已经求出定常分子扩散的传质速率。对于定常的等摩尔逆向扩散，有

$$N_A = \frac{D}{\delta}(c_{A1} - c_{A2})$$

对于定常的单向扩散

$$N_A = \frac{D}{\delta} \times \frac{c}{c_{Bm}}(c_{A1} - c_{A2})$$

若将方程统一写为

$$N_A = k_c(c_{A1} - c_{A2}) \tag{6-23}$$

显然，对于定常的等摩尔逆向扩散

$$k_c = \frac{D}{\delta} \tag{6-24}$$

对于定常的单向扩散

$$k_c = \frac{D}{\delta} \times \frac{c}{c_{Bm}} \tag{6-25}$$

式(6-23)称为相内传质速率方程式，k_c 为相内传质系数，其下标 c 表示浓度差用 Δc 表示，其单位为 $\text{kmol}/[\text{m}^2 \cdot \text{s} \cdot (\text{kmol}/\text{m}^3)]$。若为气相，称为气相传质分系数；若为液相，称为液相传质分系数。式(6-23)可改写为

$$N_A = \frac{c_{A1} - c_{A2}}{1/k_c} = \frac{\text{传质推动力} \Delta}{\text{传质阻力} R} \tag{6-23a}$$

式(6-23a)表明，浓度差为相内传质推动力，相内传质系数的倒数即为相内传质的阻力。例如，在等摩尔逆向扩散中，若 D 愈大，传质距离 δ 愈小，则 k_c 愈大，传质阻力愈小，在相同的传质推动力下，传质速率 N_A 愈大。在单向扩散中，传质阻力还与漂流因子 $\frac{c}{c_{Bm}}$ 有关，主体流动使 k_c 增大，传质阻力减小。由例 6-3 知，流体中 A 组分浓度愈大，漂流因子 $\frac{c}{c_{Bm}}$ 的影响也愈大。

（三）对流传质

前已述及，生产中常遇到分子扩散与涡流扩散同时存在的情况，这种传递现象称为对流传质。与对流传热类似，对流传质通常是指流体与某一界面（如气液相界面）之间的传质，以便于进一步处理相际传质的计算问题。

1. 对流传质的扩散速率

对流传质的扩散速率可仿照分子扩散的公式写出：

$$J_{AT} = -(D + D_e)\frac{dc_A}{dZ} \tag{6-26}$$

式中 D_e——涡流扩散系数，m^2/s；

J_{AT}——对流传质的扩散速率，$kmol/(m^2 \cdot s)$。

此式在形式上和菲克定律类似，但涡流扩散系数 D_e 与分子扩散系数 D 不同，前者不仅与物系的性质有关，还与流体的湍动程度有关。由于流体中不同部位的湍动程度不同，因而涡流扩散系数 D_e 的数值随传质方向上的位置（如与相界面的距离）不同而不同，并且两种扩散的相对重要性也和位置有关。在湍流主体中，由于质点间的剧烈碰撞和混合，涡流扩散起主要作用（$D_e \gg D$），分子扩散的作用可以忽略；在界面附近的层流底层中，$D_e \approx 0$，主要由分子扩散起作用；在过渡区中，D_e 与 D 的数量级相当，两种扩散共同起作用。由上述分析知：①流动流体中，由于涡流扩散的作用，表观扩散系数（$D_e + D$）大于分子扩散系数 D，或者说，流动强化了传质过程；②由于湍流运动的复杂性，如何求出 D_e 及其分布的问题从理论上还远没有解决，所以不能由式(6-26)积分求解。因此，实际应用的仍然是类似于式(6-23)的传质速率方程式。

2. 对流传质的传质速率

现考虑由一相主体至此相与另一相界面间的传质。仿照分子扩散时相内传质速率方程可写出：

$$N_A = k_c(c_A - c_i) \tag{6-27}$$

或
$$N_A = k_c(c_i - c_A) \tag{6-27a}$$

式中 c_A——相主体中 A 组分的物质的量浓度，$kmol/m^3$；

c_i——相界面处该相侧 A 组分的物质的量浓度，$kmol/m^3$；

k_c——相内传质系数，$kmol/[m^2 \cdot s \cdot (kmol/m^3)]$。

式(6-27)用于主体浓度大于界面浓度的情况；式(6-27a)用于界面浓度大于主体浓度的情况。

式(6-27)保持了式(6-23)的简单形式，是将一相主体浓度与界面浓度之差作为对流传质的推动力，而将其他所有影响对流传质的因素均包括在相内传质系数中，式(6-27)中的 k_c 与分子扩散系数 D、涡流扩散系数 D_e（此值与设备状况、流动条件等有关）、传质距离 δ 和漂流因子 $\dfrac{c}{c_{Bm}}$（在单向扩散时）有关，需要通过实验测定。

表 6-5 列出相内传质速率方程式的基本形式。

表 6-5　相内传质速率方程式的基本形式

相内传质速率方程式的基本形式（以 $c_A > c_i$ 为例）	$N_A = k_c(c_A - c_i) = \dfrac{c_A - c_i}{1/k_c}$
相内传质推动力	$c_A - c_i$
相内传质阻力	$1/k_c$
相内传质系数 $k_c/[kmol/(m^2 \cdot s \cdot \Delta c)]$	(1) k_c 是推动力以 Δc 表示时的相内传质系数 (2) k_c 与设备情况、操作条件、扩散系数、传质距离等许多因素有关 (3) 解决 k_c 的问题需依靠实验研究

3. 相内传质速率方程式的其他形式及其在吸收中的应用

由于组分的相组成可以用各种形式表示，传质推动力和相应的传质系数也可以有多种表示方法。对于不同的情况，常采用不同的表达方式。

相内传质推动力的基本形式是采用物质的量浓度差表示，其他常用的有摩尔分数差、摩尔比差。对于理想气体混合物，也常用分压差表示。在吸收过程中，气相主体浓度大于界面气相侧浓度，而界面液相侧浓度大于液相主体浓度，常用的有以下几组方程式。

（1）气相以分压差表示

$$N_A = k_g(p_A - p_i) \tag{6-28}$$

液相以物质的量浓度差表示

$$N_A = k_l(c_i - c_A) \tag{6-29}$$

式中　p_A，p_i——气相主体和相界面处气相侧 A 组分的分压，kPa；

　　　k_g——以分压差为推动力的气相传质分系数，$kmol/(m^2 \cdot s \cdot kPa)$；

　　　k_l——以物质的量浓度差为推动力的液相传质分系数，和式(6-27a) 中的 k_c 相同，$kmol/[m^2 \cdot s \cdot (kmol/m^3)]$ 或 m/s。

（2）气相以摩尔分数差表示

$$N_A = k_y(y - y_i) \tag{6-30}$$

液相以摩尔分数差表示

$$N_A = k_x(x_i - x) \tag{6-31}$$

式中　y，y_i——气相主体和相界面处气相侧 A 组分的摩尔分数；

　　　x，x_i——液相主体和相界面处液相侧 A 组分的摩尔分数；

　　　k_x，k_y——以摩尔分数差为推动力的液相和气相传质分系数，$kmol/(m^2 \cdot s)$，$kmol/(m^2 \cdot s)$。

（3）气相以摩尔比差表示

$$N_A = k_Y(Y - Y_i) \tag{6-32}$$

液相以摩尔比差表示

$$N_A = k_X(X_i - X) \tag{6-33}$$

式中　Y，Y_i——气相主体和相界面处气相侧 A 组分的摩尔比；

　　　X，X_i——液相主体和相界面处液相侧 A 组分的摩尔比；

　　　k_X，k_Y——以摩尔比差为推动力的液相和气相传质分系数，$kmol/(m^2 \cdot s)$，$kmol/(m^2 \cdot s)$。

由上可知：

① 对于定常的相际传质过程，使用任何一个传质速率方程式描述都是等价的，以使用方便为准；

② 要特别注意传质分系数与推动力之间的匹配关系，传质系数的单位可统一写为：$kmol/(m^2 \cdot s \cdot [推动力单位])$；

③ 各种传质分系数之间的关系可以相互导出

例如：$N_A = k_g(p_A - p_i) = k_y(y - y_i)$

因为　$p_A = py$，$p_i = py_i$，代入上式得

$$N_A = k_g(py - py_i) = k_g p(y - y_i) = k_y(y - y_i)$$

所以

$$k_y = k_g p \tag{6-34}$$

又如：$N_A = k_g(p_A - p_i) = k_Y(Y - Y_i)$

因为　$p_A = py = p\dfrac{Y}{1+Y}$，$p_i = py_i = p\dfrac{Y_i}{1+Y_i}$

所以
$$N_A = k_g\left(p\frac{Y}{1+Y} - p\frac{Y_i}{1+Y_i}\right) = \frac{k_g p}{(1+Y)(1+Y_i)}(Y-Y_i) = k_Y(Y-Y_i)$$

于是
$$k_Y = \frac{k_g p}{(1+Y)(1+Y_i)} = \frac{k_y}{(1+Y)(1+Y_i)} \tag{6-35}$$

在液相中常用的换算关系有

$$k_x = k_l c \tag{6-36}$$

$$k_X = \frac{k_l c}{(1+X)(1+X_i)} = \frac{k_x}{(1+X)(1+X_i)} \tag{6-37}$$

【例 6-6】 求例 6-3 中的传质分系数，分别用 k_g、k_y 和 k_Y 表示。

解 将式(6-18a)与以分压差为推动力的传质速率方程式比较，可知在例 6-3 条件下（单向扩散），有

$$k_g = \frac{D}{RT\delta} \times \frac{p}{p_{Bm}} = \frac{0.164 \times 10^{-4}}{8.314 \times 298 \times 2 \times 10^{-3}} \times 1.06 = 3.51 \times 10^{-6} \text{kmol/(m}^2 \cdot \text{s} \cdot \text{kPa)}$$

$$k_y = k_g p = 3.51 \times 10^{-6} \times 101.3 = 3.56 \times 10^{-4} \text{kmol/(m}^2 \cdot \text{s})$$

$$k_Y = \frac{k_y}{(1+Y)(1+Y_i)}$$

而
$$Y = \frac{y}{1-y} = \frac{0.1}{1-0.1} = 0.111, \quad Y_i = 0$$

所以
$$k_Y = \frac{3.56 \times 10^{-4}}{1+0.111} = 3.20 \times 10^{-4} \text{kmol/(m}^2 \cdot \text{s})$$

三、相际传质

研究相际传质需要解决以下几个问题：

① 相际传质的物理模型　即相限传质是如何进行的；

② 传质方向　即当两相互相接触时，组分究竟由哪一相转移到哪一相；

③ 相际传质推动力　在单相传质过程中，传质推动力为浓度差，在相际传质中是否也是两相的浓度差；

④ 传质过程的限度　当一个组分由一相转移至另一相时，能否无限制地进行；

⑤ 相际传质速率　组分在由一相到另一相的转移中能以多大的速率进行传递，其表达形式如何。

这些问题的解决都与相平衡关系有关，将在以后两节中结合吸收过程的气液相平衡关系进行介绍。下面先介绍常用的一种相际传质模型——双膜理论。

（一）双膜理论的基本假设

① 不管两相湍动如何激烈，相互接触的两相之间总是存在稳定的相界面，界面两侧各有一层很薄的虚拟膜层，传质组分仅以分子扩散的方式连续通过这两层虚拟膜层。

② 每一相的传质阻力都集中在虚拟膜层内。即假设虚拟膜层以外流体充分湍动，传质组分的浓度是均匀的，两相主体中的浓度梯度皆为零。用于克服传质阻力的浓度差（相内传

质推动力）也集中于虚拟膜内。

③ 相界面上没有传质阻力，即认为两流体中传质组分的浓度在相界面上达到相平衡状态。所以，两流体间传质的总阻力即为两虚拟膜层的阻力之和。

这一简化的物理图像如图 6-9 所示。设某一相内虚拟膜厚为 δ'，参照分子扩散所得结果式（6-24）和式（6-25）不难写出：

在定常的等摩尔扩散中：

$$k_c = \frac{D}{\delta'}$$

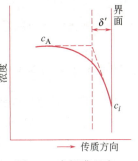

图 6-9　虚拟膜理论

在定常的单向扩散中：

$$k_c = \frac{D}{\delta'} \times \frac{c}{c_{Bm}}$$

因此，相内传质系数有时也称为传质膜系数，在气相中（如 k_g、k_y、k_Y）称为气膜传质系数，在液相中（如 k_l、k_x、k_X）称为液膜传质系数。

（二）对双膜理论的几点讨论

① 双膜理论给出了传质分系数的简单表达式，但由于虚拟膜厚无法直接测出，所以实际上相内传质系数 k_c 的确定仍然依赖于实验。

双膜理论预示 $k_c \propto D$，此点在流体湍动条件下与实验数据不符；而且对流动的气-液和液-液两相之间的界面是否稳定以及流体的界面两侧是否存在稳定的膜层都是疑问；此外，组分在相界面上是否真正达到相平衡状态也值得进一步研究。这些都是双膜理论的局限性。

② 双膜理论中也有合理的部分，即有关串联阻力的概念。虽然对是否存在稳定的双膜持怀疑态度，但多数人接受了把传质阻力看成是两相阻力（如吸收中的气相阻力和液相阻力）串联的结果，且忽略界面阻力。

③ 现有的相内传质系数的数据多是按照双侧阻力概念分别整理的。无论双膜理论是否正确，传质速率方程式 $N_A = k_c \Delta c$（及其他等价的表示形式）总是成立的，k_c 的值通过实验测定。所以在第四节中将按串联双阻力的概念计算吸收速率。

④ 为了计算的方便，流体的主体浓度，常常用截面上的平均浓度来代替。

在双膜理论之后，研究者相继提出过其他传质理论，如溶质渗透理论、表面更新理论等。每种理论都对相际传质的机理提出了更符合实际的观点，但由于传质现象的复杂性，至今还没有一个完整的、成熟的机理模型。

▲　学习本节后可完成习题 6-1～6-6 和 6-11。

第三节　吸收过程的气液相平衡关系

吸收过程是气液两相间的物质传递过程，两相间的平衡关系可以指明传质过程能否进行、进行的方向以及过程的热力学极限等。

一、气体在液体中的溶解度

（一）平衡溶解度

在恒定的温度与压强下，使一定量的吸收剂与混合气体接触，溶质便向液相中转移，直至液相中溶质达到饱和，浓度不再增加为止。此时，仍有溶质分子继续进入液相，只是在任何瞬间进入液相的溶质数量与从液相中逸出的溶质数量恰好相等，这种状态称为相际动平衡，简称相平衡。相平衡状态下气相中的溶质分压称为平衡分压或饱和分压，液相中溶质的浓度称为平衡浓度或平衡溶解度（简称溶解度）。

将平衡时溶质在气、液两相间组成关系在坐标图上用曲线表示，则此曲线即为溶解度曲线。随气液相组成的表示方法不同，溶解度曲线的形式也不同，但表达的内容是一致的。

图 6-10 所示为不同温度下氨在水中的溶解度曲线，气相组成用氨在气体中的分压表示，液相组成用氨在液体中的摩尔分数表示。

图 6-11 所示为 SO_2 在常压下的溶解度曲线，图中气、液两相的组成分别用 y、x（摩尔分数）表示。

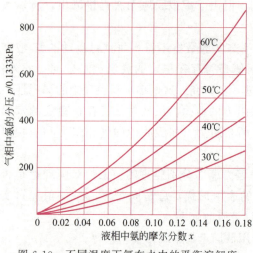 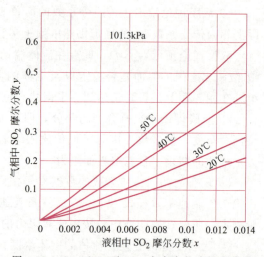

图 6-10 不同温度下氨在水中的平衡溶解度　　图 6-11 101.3kPa 下 SO_2 在水中的溶解度曲线

图 6-12 为氧在水中的溶解度曲线，气相组成用氧在气体中的分压表示，而液相组成用氧在液体中的质量比表示。

图 6-10～图 6-12 上的每一根线，分别给出了在一定温度和总压下，单组分溶质的气相组成与液相组成的相平衡关系，只是气液相组成的表示方式有所不同，这些线也可统称为平衡线。图上的任何一点，都可代表某种一定的气相和液相组成在相应的温度和压力下构成的体系，可称为状态点。只有状态点落在平衡线上，才说明该体系达到了平衡。

在相平衡的条件下，任何一个气相浓度必对应于一个与之平衡的确定的液相浓度；例如，若需使一种气体在溶液里达到某一特定的组成，必须在溶液上方维持该气体一定的平衡分压。

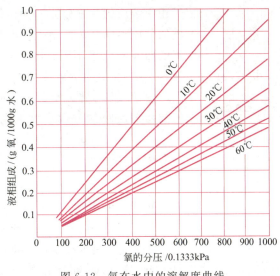

图 6-12　氧在水中的溶解度曲线

（二）影响平衡关系的主要因素

1. 吸收剂性质的影响

吸收剂对溶质的溶解度有极大的影响。例如，在 25℃、分压在 101.3kPa 时，乙炔在水中的平衡摩尔分数为 0.00075；而同样条件下在含水 4％（质量分数）的二甲基甲酰胺中的平衡摩尔分数为 0.0747。后者几乎是前者的 100 倍。所以，选择适当的吸收剂，对吸收操作有重要的作用。

不同气体在同一溶剂中的溶解度也有很大的差异。表 6-6 列出 30℃时几种气体在水中的溶解度。比较可知，在相同的温度和气相分压下，氨在水中的溶解度很大，属于易溶气体；氧在水中的溶解度很小，属于难溶气体；二氧化硫的溶解度居中，属于中等溶解度的气体。

对于同样浓度的溶液，易溶气体在溶液上方的气相平衡分压低，难溶气体在溶液上方的气相平衡分压高；换言之，欲得到一定浓度的溶液，易溶气体所需的分压较低，而难溶气体所需的分压较高。正是由于各种气体在同一溶剂中溶解度有所不同（即吸收剂对气体的选择性），才有可能用吸收操作将气体混合物分离。

表 6-6　30℃时几种气体在水中的溶解度

气相分压/0.1333kPa		10	50	100	200	500
不同溶质的平衡溶解度 /(gA/1000g 水)	NH_3	11	50	93	160	315
	SO_2	1.9	6.8	12	24.4	56
	O_2	—	—	0.08	0.73	0.38

2. 总压强的影响

实验结果表明，当总压不太高（视物系而异，一般约小于 500kPa）气体混合物视为理想气体时，总压的变化并不改变分压与溶解度之间的对应关系。如图 6-10 和图 6-12 所示的溶解度曲线，在总压不大于 500kPa 的条件下，基本上不受总压变化的影响。

但是，当气相浓度不以分压而用其他组成表示时，总压会有很大的影响。例如，若保持

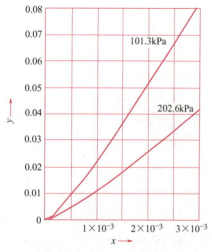

图 6-13　20℃、不同总压下 SO_2-水的相平衡曲线

气相中溶质的摩尔分数 y 为定值，总压不同意味着溶质的分压不同（$p_A = py$）。因此，不同总压下 y-x 溶解度曲线的位置不同。图 6-13 给出 20℃、不同总压下 SO_2 在水中的溶解度曲线。由图可知，当总压增大，由于气相中摩尔分数不变而使分压增大，相对应的液相平衡摩尔分数增大。也就是说，在总压增大时，y-x 曲线向横轴移动。

● 请读者考虑：在 Y 一定的条件下，Y-X 曲线在总压增大时如何变化？

3. 温度的影响

对于一定的物系，在一定的总压下，一般的规律是温度越高平衡曲线越陡，即溶解度越小。例如，在图 6-10 中可查知当氨的气相分压为 200mmHg，（26.7kPa）时，与之平衡的水溶液中氨的摩尔分数在 30℃时为 0.147，在 60℃时为 0.06，即溶解度为 30℃ 的 41％。

由以上分析可知，采用溶解度大、选择性好的吸收剂，提高操作压强和降低操作温度对吸收有利。但是，在选择吸收剂和决定操作条件时，需要从工艺要求和综合的经济核算来考虑，对于吸收、解吸联合操作系统，还需考虑到吸收剂的再生问题。

二、亨利定律

亨利定律是气液相平衡关系的一个特例，适用于气体溶解后所形成的溶液为稀溶液的情况。当总压强不高（一般约小于 500kPa）时，在一定的温度下，稀溶液上方溶质的平衡分压与其在液相中的摩尔分数成正比；反过来，也可以说，溶质在稀溶液中的平衡摩尔分数与溶液上方气相中溶质的分压成正比。其数学表达式为：

$$p_A^* = Ex \tag{6-38}$$

或

$$x^* = p_A / E \tag{6-38a}$$

式中　p_A^*——溶质 A 在气相中的平衡分压，kPa；
　　　x——溶质在液相中的摩尔分数；
　　　E——亨利系数，kPa；
　　　x^*——溶质在液相中的平衡摩尔分数；
　　　p_A——溶质在气相中的分压，kPa。

亨利系数 E 的值随物系而变化。当物系一定时，E 随系统的温度而变化。通常，温度升高，E 值增大，即气体的溶解度随温度升高而减小。亨利系数由实验测定，几种常见气体水溶液的亨利系数值见表 6-7。

由式 (6-38) 知，E 值小，说明一定的气相平衡分压下液相中的摩尔分数大，即溶质的溶解度大，吸收就易进行。故易溶气体的 E 值小，难溶气体的 E 值大。反过来，由式 (6-38a) 知，对于一定的液相平衡摩尔分数，E 值大则对应的气相分压大，不利于吸收但有利于解吸。

表 6-7　常见气体水溶液的亨利系数 E　　　　　　　　　　　　单位：MPa

气体	氢	氮	空气	一氧化碳	氧	甲烷	一氧化氮	乙烷	乙烯	氧化亚氮	二氧化碳	乙炔	氯	硫化氢	溴
0	5870	5360	4240	3560	2570	2270	1710	1270	559	98.6	73.7	73.3	27.2	27.0	2.16
5	6160	6050	4950	4000	2940	2630	1950	1570	662	119	89	85.3	33.4	31.9	2.79
10	6450	6770	5560	4480	3320	3010	2200	1920	779	143	106	97.4	39.6	37.0	3.71
15	6700	7480	6150	4960	3700	3410	2450	2290	907	168	124	109	46.1	42.8	4.72
20	6930	8150	6720	5430	4050	3800	2680	2670	1030	200	144	123	53.9	49.0	6.02
25	7160	8760	7300	5870	4440	4180	2910	3070	1160	228	165	135	60.5	55.2	7.47
30	7390	9360	7820	6280	4810	4550	3140	3470	1280	259	188	148	67.0	61.7	9.20
35	7520	9980	8340	6680	5130	4930	3360	3880	—	301	212	—	73.8	68.5	11.1
40	7610	10600	8810	7050	5560	5270	3580	4300	—	—	236	—	80.0	75.5	13.5
45	7700	11100	9230	7390	5710	5570	3780	4700	—	—	260	—	85.5	83.5	16.0
50	7750	11500	9590	7700	5960	5860	3950	5050	—	—	287	—	93.0	89.6	19.4
60	7750	12100	10200	8340	6380	6350	4240	5720	—	—	345	—	97.5	104	25.5
70	7710	12600	10600	8560	6720	6750	4430	6380	—	—	—	—	99.4	121	32.5
80	7650	12800	10900	8570	6950	6910	4530	6700	—	—	—	—	97.3	137	41.0
90	7610	12800	11000	8570	7080	7020	4570	6950	—	—	—	—	96.3	145	—
100	7550	12700	10900	8570	7100	7100	4600	7020	—	—	—	—	—	149	—

由于气-液相组成表示方法不同，亨利定律也常表示为如下几种形式。

① 当气相组成用分压、液相组成用物质的量浓度表示时，亨利定律可表示为：

$$p_A^* = c_A/H \tag{6-39}$$

或

$$c_A^* = Hp_A \tag{6-39a}$$

与式(6-38)比较可知，

$$H = \frac{c}{E} \tag{6-40}$$

式中　H——溶解度系数，$kmol/(m^3 \cdot kPa)$；

　　　c_A^*——与气相中溶质分压相平衡的液相溶质物质的量浓度，$kmol/m^3$。

溶解度系数 H 可视为在一定温度下溶质气体分压为 1kPa 时液相的平衡物质的量浓度，所以，H 值愈大说明溶解度愈大。

② 当气、液两相组成都用摩尔分数表示时，亨利定律可表示为：

$$y^* = mx \tag{6-41}$$

或

$$x^* = y/m \tag{6-41a}$$

式中　m——相平衡常数。

由理想气体分压定律知，$p_A^* = py^*$，代入式(6-38)得

$$p_A^* = py^* = Ex$$

即

$$y^* = \frac{E}{p}x$$

所以

$$m = \frac{E}{p} \tag{6-42}$$

式(6-42)说明,对于一定的物系,相平衡常数是温度和总压的函数。当总压 p 一定时,温度升高,E 增大,m 值也随之增大,平衡线的斜率增大(参见图 6-11);当温度一定,总压 p 增大,则 E 值不变而 m 值减小,平衡线的斜率减小(参见图 6-13)。温度降低,总压升高,都使 m 减小,在相同的气相摩尔分数下液相中的摩尔分数增大。前已指出,这种情况对吸收有利。反之,升温和减压则不利于吸收,而有利于解吸。

③ 当气、液两相组成均用摩尔比表示时,对于单组分吸收的气液平衡系统,用摩尔比表示时计算比较方便。

由于
$$x = \frac{X}{1+X}, \quad y = \frac{Y}{1+Y}$$

将上述关系式代入式(6-41)中,整理可得

$$Y^* = \frac{mX}{1+(1-m)X} = MX \tag{6-43}$$

式中 Y^* ——与 X 相平衡时气相中溶质的摩尔比。

由式(6-43)知,对于一定的物系,在一定的温度、总压下,m 为常数,但 M 却不是常数,它随液相中溶质的摩尔比变化的。

在 $m=1$ 或 $X=0$ 这两种极端情况下,$M=m$;如果由于 m 很接近于 1 或者 X 很小(即溶液很稀),使得 $(1-m)X \ll 1$ 时,$M \approx m$。此时,可把亨利定律近似地写为

$$Y^* = mX \tag{6-44}$$

● **【例 6-7】** 压强为 101.3kPa、温度为 20℃时,测出 100g 水中含氨 2g,此时溶液上方氨的平衡分压为 1.60kPa。试求 E、m、H。

解 取 100g 水为基准,含氨为 2g,已知氨的相对分子质量 $M_A=17$,水的相对分子质量 $M_S=18$,所以

$$x = \frac{\frac{2}{17}}{\frac{2}{17}+\frac{100}{18}} = 0.0207$$

由 $p_A^* = Ex$,可得

$$E = p_A^*/x = 1.60/0.0207 = 77.3 \text{kPa}$$

$$m = \frac{E}{p} = \frac{77.3}{101.3} = 0.763$$

由式(6-40)知,$H = c/E$

溶液的总浓度 c 可用 1m^3 溶液为基准进行计算,即

$$c = \frac{\rho}{M_m}$$

式中 M_m ——溶液的平均分子质量或千摩尔质量,kg/kmol。

$$M_m = M_A x + M_S(1-x) = 17 \times 0.0207 + 18 \times (1-0.0207) = 17.98 \text{kg/kmol}$$

若能查得溶液的密度就可求出溶液的总浓度 c。对于稀溶液,由于 x 很小,可近似按溶剂的密度 ρ_S 等于溶液的密度进行计算。所以

$$c = \frac{\rho}{M_m} \approx \frac{\rho_S}{M_S} = \frac{1000}{17.98} = 55.6 \text{kmol/m}^3$$

$$H = \frac{c}{E} = \frac{55.6}{77.3} = 0.719 \text{kmol/(m}^3 \cdot \text{kPa)}$$

此外，由计算知在溶液很稀时，$M_m \approx M_S$，所以对于稀溶液的总浓度也可按下式近似计算

$$c \approx \frac{\rho_S}{M_S}$$

读者可自行计算并进行比较。

●【例 6-8】 对例 6-7 的溶液，若在 101.3kPa 下将温度升高至 50℃，测得此时氨水上方氨的分压为 5.94kPa，求此时的 E、m、H。

解 由题知溶液中氨的浓度没有变化，但在新的温度下达到了新的平衡。

$$E = p_A^*/x = 5.94/0.0207 = 287.0 \text{kPa}$$

$$m = \frac{E}{p} = \frac{287.0}{101.3} = 2.83$$

$$H = \frac{c}{E} \approx \frac{\rho_S}{EM_S} = \frac{1000}{287.0 \times 18} = 0.194 \text{kmol/(m}^3 \cdot \text{kPa)}$$

●【例 6-9】 对例 6-7 中的平衡系统，若用充惰性气体的方式使总压增至 202.6kPa，但系统的温度仍为 20℃，求此时的 E、m、H。

解 由于总压的升高是加入惰性气体造成的，气相中氨的分压数值并无变化，由公式 $E = p_A^*/x$ 和 $H = c/E$ 知，E 和 H 都不变化，即 E 和 H 仅是温度的函数，与总压无关。

但是，由于惰性气体加入，总压变化对 m 有影响。

$$m = \frac{E}{p} = \frac{77.3}{202.6} = 0.382$$

这是因为气相中的平衡摩尔分数减小的缘故。

请读者分析温度和总压变化对 E、m、H 的影响，特别注意①由加入惰性气体引起总压增大；②保持气相中溶质的摩尔分数不变而增大总压时两者的差别。

三、气液相平衡与吸收过程的关系

下面讨论在相际传质一节提出的几个问题。

（一）相际传质方向的判断

对于一切未达到相际平衡的系统，组分将由一相向另一相传递，其结果是使系统趋于相平衡。所以，传质的方向是使系统向达到平衡的方向变化。例如，溶质分压为 p_A 的气相与溶液浓度为 c_A（或 x）的液相接触，溶质组分 A 是由液相向气相转移？还是由气相向液相转移？可利用相平衡关系由 c_A 或 x 计算出与其相平衡的 p_A^* 值，若

$p_A > p_A^*$，溶质 A 由气相向液相传递，即发生吸收；

$p_A = p_A^*$，系统处于相平衡状态，不发生净物质传递；

$p_A < p_A^*$，溶质 A 由液相向气相传递，即发生解吸。

也可由气相分压 p_A 计算出与其相平衡的 c_A^* 或 x^* 的值，并作出判断。若

$c_A < c_A^*$（或 $x < x^*$），发生吸收；

$c_A = c_A^*$（或 $x = x^*$），不发生净的传质；

$c_A > c_A^*$（或 $x > x^*$），发生解吸。

反映在图（图 6-14）上，则是在平衡线 OE 以上的区域中的各状态点（c_A, p_A）发生吸收；在平衡线以下的区域中的各状态点发生解吸；位于平衡线上的点则处于平衡状态。如图 6-14(a) 中，点 $A(c_A, p_A)$ 代表两相的实际组成，平衡线上的点代表互成平衡时的气、液组成，显然，由于 $p_A > p_A^* (c_A < c_A^*)$，故发生吸收。相反，图 6-14(b) 中 B 点所示，$p_A < p_A^* (c_A > c_A^*)$，则发生解吸。

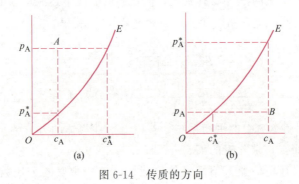

图 6-14 传质的方向

● 请读者思考：当气、液两相平衡曲线用 y-x、Y-X 或 p_A-x 关系表示时，如何判断每一状态点下的传质方向？

（二）相际传质的推动力

当其他条件一定，系统越是远离平衡，过程进行得越快。传热是这样，传质也是这样。所以，相际传质的推动力（图 6-15）必然取决于两相远离平衡的程度。在吸收过程中，通常以实际浓度与平衡浓度的偏离程度来表示吸收过程的传质推动力。

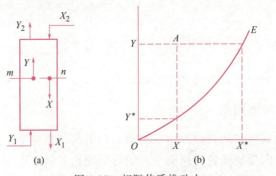

图 6-15 相际传质推动力

图 6-15(a) 中 m—n 为吸收塔的某一截面，该截面上气液相互接触，气相中溶质 A 的

摩尔比为 Y（对应的平衡液相的摩尔比为 X^*），液相中溶质的摩尔比为 X（对应的平衡气相摩尔比为 Y^*）。在 Y-X 平衡曲线图 [图 6-15(b)] 上，该截面的两相实际状态如点 A 所示。此时，$(Y-Y^*)$ 或者 (X^*-X) 表征着该体系远离平衡的程度，也表示了吸收过程的相际传质推动力。$(Y-Y^*)$ 称为以气相浓度差（此处为摩尔比差）表示的吸收推动力；(X^*-X) 称为以液相浓度差（此处为摩尔比差）表示的吸收推动力。

由此可知，相际传质推动力在本质上仍为浓度差，但绝不是气相浓度与液相浓度直接相减（如 $Y-X$）。因为溶质组分 A 在气、液两相中所处的环境根本不同，气相浓度和液相浓度并不是同一基准的物理量，不能互相直接比较，必须利用平衡关系把其中一相的浓度折算为另一相的平衡浓度后才能在同一基准上相减。在平衡关系服从亨利定律时，可用亨利定律进行折算（见例 6-10）。

● 读者可自行分析，当气、液相浓度用其他组成表示时，吸收的相际传质推动力应如何表达。

（三）相际传质的极限

相际传质的极限是相互接触的两相之间达到相平衡状态。如图 6-15(a) 所示的逆流吸收塔，气体以定常的浓度 Y_1 由塔底进入，液体以定常的浓度 X_2 由塔顶进入，则塔底液体的最大限度只能达到 X_1^*（与 Y_1 成平衡的液相浓度）；而塔顶的气相浓度最大限度也只能降低到 Y_2^*（与 X_2 成平衡的气相浓度）。

● **【例 6-10】** 理想气体混合物中溶质 A 的含量为 0.06（体积分数），与溶质 A 含量为 0.012（摩尔比）的水溶液相接触，此系统的平衡关系为 $Y^*=2.52X$。①判断传质进行的方向；②计算过程的传质推动力。

解 已知 $y=0.06 \text{kmolA/kmol}(A+B)$

$X=0.012 \text{kmolA/kmol 水}$，$Y^*=2.52X$

① $Y=\dfrac{y}{1-y}=\dfrac{0.06}{1-0.06}=0.0638 \text{kmolA/kmolB}$

由平衡关系知　　　$Y^*=2.52X=2.52\times0.012=0.0302 \text{kmolA/kmolB}$

可知 $Y>Y^*$，故为吸收过程。

若用液相浓度差表示，则

$$X^*=\dfrac{Y}{2.52}=\dfrac{0.0638}{2.52}=0.0249 \text{kmolA/kmol 水}$$

可得　$X^*>X$，故为吸收过程。

② 传质过程的推动力

以气相浓度差（摩尔比差）表示：

$$\Delta Y=Y-Y^*=0.0638-0.0302=0.0336 \text{kmolA/kmolB}$$

以液相浓度差（摩尔比差）表示：

$$\Delta X=X^*-X=0.0249-0.012=0.0129 \text{kmolA/kmol 水}$$

● 读者可自行计算当气液两相浓度均以摩尔分数表示时的传质推动力，并注意气、液两相推动力的单位所对应的组分与基准的差别以及物理意义的不同。

▲ 学习本节后可完成习题 6-7～6-10。

第四节 吸 收 速 率

定常吸收过程的相际传质包含三个串联步骤：①溶质由气相主体向相界面的传递（对流传质）；②溶质在气液相界面上的溶解；③溶质由气液相界面向液相主体的传递（对流传质）。由双膜理论知，相界面气液两相是相互平衡的，没有推动力也就不存在阻力。所以，相际传质总阻力为气、液两相传质阻力之和，相际传质推动力也为气、液两相传质推动力之和。

与间壁式传热过程比较，相际传质过程的特点是：①相组成的表示方式是多种多样的，相内传质推动力（浓度差）和相应的传质阻力也有多种表达形式；②相际传质推动力是一个实际浓度与平衡浓度的差值，与气液平衡关系有关，故随气液平衡关系的表示形式的不同而不同；且相际传质推动力既可以用气相浓度差表示，也可以用液相浓度差表示。所以，相际传质速率方程式就有多种表示形式。下面讨论单组分定常吸收过程中常用的相际传质速率的具体计算方法。

一、气、液相组成均用摩尔比表示时的相际传质速率

图 6-16 为按照双膜理论描述的相界面两侧的浓度分布。图中 Y、Y_i 代表定常吸收过程中某一塔截面上气相主体及相界面上气相侧溶质组分 A 的摩尔比；而 X_i、X 代表该截面的相界面上液相侧及液相主体溶质组分 A 的摩尔比；$Y>Y_i$，$X_i>X$。这种情况下，相内传质速率方程式（见本章第二节）为：

气相： $\qquad N_A = k_Y(Y - Y_i) \qquad$ (6-32)

液相： $\qquad N_A = k_X(X_i - X) \qquad$ (6-33)

相界面上： $\qquad Y_i = f(X_i)$

由于界面状态参数很难测定，在求相际传质速率时最好能设法消去以简化计算。

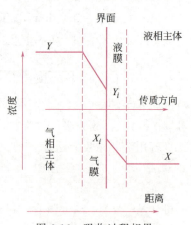

图 6-16 吸收过程相界面两侧的浓度分布

（一）相际传质速率（总传质速率）方程

1. 以 $Y - Y^*$ 为推动力的总传质速率方程

对于定常吸收过程，式(6-32) 和式(6-33) 可以改写为

$$N_A = \frac{Y - Y_i}{\dfrac{1}{k_Y}} = \frac{X_i - X}{\dfrac{1}{k_X}} \qquad (6-45)$$

对于稀溶液，相平衡方程可取为：$Y_i = mX_i$。为了消除界面浓度项，将上式最右端分子、分母乘以 m，然后将右边两项的分子、分母分别加和，得

$$N_A = \frac{Y-Y_i+(X_i-X)m}{\frac{1}{k_Y}+\frac{m}{k_X}} = \frac{Y-Y^*}{\frac{1}{k_Y}+\frac{m}{k_X}} \tag{6-46}$$

其中 $Y^* = mX$，Y^* 是与液相中溶质浓度 X 平衡的气相组成，摩尔比。

令

$$\frac{1}{K_Y} = \frac{1}{k_Y} + \frac{m}{k_X} \tag{6-47}$$

得到以 $Y-Y^*$ 为推动力的总传质速率方程式：

$$N_A = K_Y(Y-Y^*) \tag{6-48}$$

其中 K_Y 是气相摩尔比差、$Y-Y^*$ 为推动力的气相总传质系数，$kmol/(m^2 \cdot s)$。

式(6-47)表明，相际传质总阻力 $1/K_Y$ 是气膜阻力 $1/k_Y$ 和液膜阻力 m/k_X 之和。需要特别注意的是，k_Y 和 k_X 对应的相态不同、单位也不同，m/k_X 才和 k_Y、K_Y 的单位一致，并都以气相为基准。

2. 以 X^*-X 为推动力的液相总传质速率方程

类似地，对于稀溶液，也可将式(6-45)中间一项的分子、分母除以 m，然后将右边两项的分子、分母分别加和，得

$$N_A = K_X(X^*-X) \tag{6-49}$$

$$\frac{1}{K_X} = \frac{1}{k_X} + \frac{1}{mk_Y} \tag{6-50}$$

式中，$X^* = Y/m$，X^* 是与气相中溶质浓度 Y 平衡的液相组成，摩尔比。

式(6-49)为以 X^*-X 为推动力的液相总传质速率方程，其中 K_X 是以液相摩尔比差 X^*-X 为推动力的液相总传质系数，$kmol/(m^2 \cdot s)$。式(6-50)对应的相际传质总阻力为 $1/K_X$，气膜阻力为 $1/mk_Y$，液膜阻力为 $1/k_X$。

在使用式(6-48)和式(6-49)计算相际传质速率时，要注意传质系数与传质推动力之间的关系。不同的总传质速率方程，气膜阻力和液膜阻力的表达形式与数值均不相同，气相总传质系数与液相总传质系数也不相同。但是，无论选用式(6-48)和式(6-49)，计算得到的相际传质速率是相同的。

比较式(6-47)和式(6-50)，可知两种总传质系数之间有如下关系：

$$mK_Y = K_X \tag{6-51}$$

方程式(6-48)和式(6-49)除应用于物系服从亨利定律的情况外，也可以应用于在计算范围内平衡线可以近似看作直线的情况，参见表6-8。

表 6-8 吸收中各种形式的传质速率方程式

	相平衡方程	$p_A^* = c_A/H + b$	$y^* = mx + b$	$Y^* = mX + b$
相内传质	气相	$N_A = k_g(p_A - p_i)$	$N_A = k_y(y - y_i)$ $k_y = pk_g$	$N_A = k_Y(Y - Y_i)$ $k_Y = \dfrac{pk_g}{(1+Y)(1+Y_i)}$
	液相	$N_A = k_l(c_i - c_A)$	$N_A = k_x(x_i - x)$ $k_x = ck_l$	$N_A = k_X(X_i - X)$ $k_X = \dfrac{ck_l}{(1+X)(1+X_i)}$

相平衡方程		$p_A^* = c_A/H + b$	$y^* = mx + b$	$Y^* = mX + b$
相际传质	用气相组成表示	$N_A = K_g(p_A - p_A^*)$	$N_A = K_y(y - y^*)$	$N_A = K_Y(Y - Y^*)$
		$\dfrac{1}{K_g} = \dfrac{1}{k_g} + \dfrac{1}{Hk_l}$	$\dfrac{1}{K_y} = \dfrac{1}{k_y} + \dfrac{m}{k_x}$ $K_y = pK_g$	$\dfrac{1}{K_Y} = \dfrac{1}{k_Y} + \dfrac{m}{k_X}$ $K_Y = \dfrac{pK_g}{(1+Y)(1+Y^*)}$
		气膜控制时 $K_g \approx k_g$	气膜控制时 $K_y \approx k_y$	气膜控制时 $K_Y \approx k_Y$
	用液相组成表示	$N_A = K_l(c_A^* - c_A)$	$N_A = K_x(x^* - x)$	$N_A = K_X(X^* - X)$
		$\dfrac{1}{K_l} = \dfrac{H}{k_g} + \dfrac{1}{k_l}$	$\dfrac{1}{K_x} = \dfrac{1}{mk_y} + \dfrac{1}{k_x}$ $K_x = cK_l$	$\dfrac{1}{K_X} = \dfrac{1}{mk_Y} + \dfrac{1}{k_X}$ $K_X = \dfrac{cK_l}{(1+X)(1+X^*)}$
		液膜控制时 $K_l \approx k_l$	液膜控制时 $K_x \approx k_x$	液膜控制时 $K_X \approx k_X$
相互关系		$K_g = HK_l$	$K_x = mK_y$	$K_X = mK_Y$

注：1. 表中相内传质的各种关系以及气膜控制或液膜控制的情况，对相平衡关系为直线或曲线均适用。
2. 当相平衡方程中常数 $b=0$ 时，表明溶液满足亨利定律（稀溶液）。

（二）相界面浓度的求取

若气-液平衡线为曲线，即平衡线的斜率随浓度的改变而变化，前面推导的有关总传质系数的计算公式不再适用。一般情况下只能通过式（6-32）或式（6-33）计算相际传质速率，此时必须求出相界面处的组成。

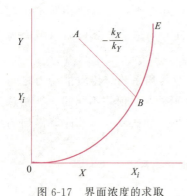

图 6-17 界面浓度的求取

将式（6-32）和式（6-33）相除，得

$$\dfrac{Y - Y_i}{X_i - X} = \dfrac{k_X}{k_Y}$$

或

$$\dfrac{Y - Y_i}{X - X_i} = -\dfrac{k_X}{k_Y} \tag{6-52}$$

由式（6-52）可知，代表相界面组成的状态点 $B(Y_i, X_i)$ 落在通过状态点 $A(Y, X)$、斜率为 $-\dfrac{k_X}{k_Y}$ 的直线上，因此，如图 6-17 所示，从气液两相实际组成点 A 出发，以 $-\dfrac{k_X}{k_Y}$ 为斜率作一直线，此直线与平衡线的交点 B 的坐标即为所求的相界面组成。

（三）气膜控制与液膜控制

当平衡线为直线时，由式（6-47）知，如果 $\dfrac{1}{k_Y} \gg \dfrac{m}{k_X}$，则

$$K_Y \approx k_Y \tag{6-53}$$

此时气膜阻力远大于液膜阻力，即传质阻力集中于气相，称为气膜控制或者气相阻力

控制。

同样，由式(6-50)知，如果 $\dfrac{1}{mk_Y} \ll \dfrac{1}{k_X}$，则

$$K_X \approx k_X \tag{6-54}$$

此时传质阻力集中于液相，称为液膜控制或者液相阻力控制。

对于平衡线为曲线的情况，如果根据物性特征能够判断出过程属于气膜控制或者液膜控制，吸收过程的计算可以得到极大的简化。

① 当溶质的溶解度很大，即相平衡常数 m 很小时，其吸收过程通常为气膜控制。例如，水吸收 NH_3、HCl 等；此时要提高总传质系数 K_Y，应设法加大气相湍动程度以增大 k_Y。

② 当溶质的溶解度很小，即相平衡常数 m 很大时，其吸收过程通常为液膜控制。例如，水吸收 O_2、CO_2 等；此时要提高总传质系数 K_X，应设法加大液相湍动程度以增大 k_X。

③ 对于具有中等溶解度的气体吸收过程，如水吸收 SO_2，此时气膜阻力和液膜阻力均不可忽略。要提高总传质系数，必须设法同时降低气、液两相的传质阻力，方能收到满意的效果。

传质过程中两相阻力分配的情况同传热过程极为相似。不同的是气-液相平衡对阻力分配有很大影响。判断何种阻力为控制步骤，必须知道相平衡常数，并按照相应的方程进行计算作出判断。

二、各种形式的传质速率方程

表 6-8 列出各种形式的传质速率方程，以便读者查阅。

由表 6-8 可见，传质速率方程式的形式要比传热速率方程式更为多样，使用时要注意以下几点。

① 传质系数与推动力表示方式之间必须对应。传质分系数 k 要和相内传质推动力对应；总传质系数 K 要和相际传质的总推动力对应。例如，k_l 应和 $(c_i - c_A)$ 对应，K_Y 应和 $(Y - Y^*)$ 对应。

② 弄清各传质系数的单位和对应的基准。

传质系数＝传质速率/传质推动力，其单位为 $kmol/(m^2 \cdot s \cdot [推动力单位])$。当推动力以无因次的摩尔比（或摩尔分数）表示时，传质系数的单位与传质速率相同，计算时比较方便。但必须注意：a. $K_Y \neq K_y$，其换算关系见表 6-8；b. $K_X \neq K_x$，因为它们对应的推动力与基准并不相同。

③ 传质阻力的表达形式也须与推动力的表达形式对应。例如，用 $(Y - Y^*)$ 表示总推动力时，相际传质总阻力为 $1/K_Y$，气膜阻力为 $1/k_Y$，液膜阻力为 m/k_X。当以 $(X^* - X)$ 表示总推动力时，气膜阻力为 $1/mk_Y$，液膜阻力为 $1/k_X$。对于一定的传质过程，当总推动力的表达形式不同时，气膜阻力或液膜阻力的数值是不同的，但气膜阻力与液膜阻力的比值是不变的（参见例 6-11）。

以上介绍的所有的传质速率方程式，都是以传质方向上气、液两相浓度及其分布不随时间而变为前提的，仅适用于描述定常操作的吸收塔内某一横截面上的传质速率关系。

● 【例6-11】 已知某常压吸收塔某截面上气相主体中溶质 A 的分压 $p_A = 10.13\text{kPa}$，液相水溶液中 $c_A = 2.78 \times 10^{-3}\text{kmol/m}^3$，而 $k_g = 5.0 \times 10^{-6}\text{kmol/(m}^2 \cdot \text{s} \cdot \text{kPa)}$，$k_l = 1.5 \times 10^{-4}\text{kmol/[m}^2 \cdot \text{s} \cdot (\text{kmol/m}^3)]$，相平衡关系为 $p_A^* = c_A/H$。当 $H = 0.667\text{kmol/(m}^3 \cdot \text{kPa)}$ 时，求此条件下的 K_g、K_l 和 N_A。

解 若按气相总传质系数计算，由表 6-8

$$\frac{1}{K_g} = \frac{1}{k_g} + \frac{1}{Hk_l} = \frac{1}{5 \times 10^{-6}} + \frac{1}{0.667 \times 1.5 \times 10^{-4}} = 20 \times 10^4 + 10^4 = 21 \times 10^4$$

所以 $K_g = 4.76 \times 10^{-6}\text{kmol/(m}^2 \cdot \text{s} \cdot \text{kPa)}$

气膜阻力 $1/k_g$ 占总阻力 $1/K_g$ 的比例为

$$\frac{1/k_g}{1/K_g} = \frac{20 \times 10^4}{21 \times 10^4} = 0.95$$

$$p_A^* = c_A/H = \frac{2.78 \times 10^{-3}}{0.667} = 4.17 \times 10^{-3}\text{kPa}$$

$$N_A = K_g(p_A - p_A^*) = 4.76 \times 10^{-6} \times (10.13 - 4.17 \times 10^{-3}) = 4.82 \times 10^{-5}\text{kmol/(m}^2 \cdot \text{s)}$$

若用液相总传质系数计算

$$\frac{1}{K_l} = \frac{H}{k_g} + \frac{1}{k_l} = \frac{0.667}{5 \times 10^{-6}} + \frac{1}{1.5 \times 10^{-4}} = 1.33 \times 10^5 + 0.667 \times 10^4 = 1.40 \times 10^5$$

$$K_l = 7.14 \times 10^{-6}\text{kmol/[m}^2 \cdot \text{s} \cdot (\text{kmol/m}^3)]$$

此时气膜阻力 H/k_g 占总阻力 $1/K_l$ 的比例为

$$\frac{H/k_g}{1/K_l} = \frac{1.33 \times 10^5}{1.40 \times 10^5} = 0.95$$

$$c_A^* = Hp_A = 0.667 \times 10.13 = 6.76\text{kmol/m}^3$$

$$N_A = K_l(c_A^* - c_A) = 7.14 \times 10^{-6} \times (6.76 - 2.78 \times 10^{-3}) = 4.82 \times 10^{-5}\text{kmol/(m}^2 \cdot \text{s)}$$

上述计算表明：①对于一定的传质过程，无论用哪个传质速率方程式计算，传质速率值都是相同的；②当传质速率方程式不同时，气膜阻力（或液膜阻力）的形式也不相同，但是气（液）膜阻力与总传质阻力之比是不变的；③本情况属于气膜控制。

● 【例6-12】 对于例 6-11 的条件，求此条件下的 K_Y、K_X 和 N_A。

解 $Y = \dfrac{p_A}{p - p_A} = \dfrac{10.13}{101.3 - 10.13} = 0.111\text{kmolA/kmolB}$

对于稀水溶液，总浓度可近似取纯水的浓度，$c = 55.6\text{kmol/m}^3$。

$$x = c_A/c = 2.78 \times 10^{-3}/55.6 = 5.0 \times 10^{-5}\text{kmolA/kmol(A+S)}$$

$$X = \frac{x}{1-x} = \frac{5 \times 10^{-5}}{1 - 5 \times 10^{-5}} \approx 5.0 \times 10^{-5}\text{kmolA/kmolS}$$

当 $H = 0.667\text{kmol/(m}^3 \cdot \text{kPa)}$ 时

由于 $$E = mp = \frac{c}{H}$$

所以 $$m = \frac{c}{Hp} = \frac{55.6}{0.667 \times 101.3} = 0.823$$

$$M = \frac{m}{1+(1-m)X} = \frac{0.823}{1+(1-0.823)\times 5\times 10^{-5}} \approx 0.823$$

即可以认为 $M \approx m$，平衡关系式可写为 $Y^* = 0.823X$

所以 $$Y^* = 0.823X = 0.823 \times 5 \times 10^{-5} = 4.12 \times 10^{-5}$$

$$Y - Y^* = 0.111 - 4.12 \times 10^{-5} \approx 0.111$$

$$K_Y = \frac{pK_g}{(1+Y)(1+Y^*)} = \frac{101.3 \times 4.76 \times 10^{-6}}{(1+0.111)\times(1+4.12\times 10^{-5})} = 4.34 \times 10^{-4} \text{ kmol/(m}^2\cdot\text{s}\cdot\Delta Y)$$

由式(6-51) 知 $K_X = mK_Y = 0.823 \times 4.34 \times 10^{-4} = 3.57 \times 10^{-4}$ kmol/(m$^2\cdot$s$\cdot\Delta X$)

$$N_A = K_Y(Y - Y^*) = 4.34 \times 10^{-4} \times 0.111 = 4.82 \times 10^{-5} \text{ kmol/(m}^2\cdot\text{s})$$

由计算结果可知，对于稀溶液，$X \approx x$，$M \approx m$。传质速率的计算结果和例 6-11 相同。

三、吸收剂的选择

在第一节中已提到吸收过程中选择吸收剂的重要性，实际上，吸收剂性能的优劣，往往成为决定吸收效果是否良好的关键，吸收剂选择的依据主要是吸收剂与气体混合物各组分之间的相平衡关系，一般可从以下几个方面考虑。

（1）溶解度 吸收剂对于溶质组分应具有较大的溶解度，或者说，在一定的温度与浓度下，溶质组分的气相平衡分压要低。这样，从平衡的角度讲，处理一定量的混合气体所需的吸收剂数量较少，吸收后气体中溶质的极限残余浓度亦可降低；就传质速率而言，溶解度大，溶质的平衡分压低，过程的传质推动力就大，传质速率快，所需设备的尺寸就小。

（2）选择性 吸收剂对混合气体中除溶质外的其他组分的溶解度要小，即吸收剂要具有较高的选择性。如果选择性不高，它将同时吸收混合气体中的其他组分，这样的吸收操作只能实现组分间某种程度的增浓而不能实现较为完全的分离。

（3）挥发度 吸收剂的蒸气压要低，即挥发度要小，以减少吸收过程中吸收剂的损失。

（4）黏性 操作条件下吸收剂的黏度要低，这样可以改善吸收塔内的流动状况从而提高吸收速率，且有助于降低输送能耗，减小吸收和解吸过程中吸收剂加热或冷却设备的热阻。

（5）再生 吸收剂要易于再生。例如，吸收剂在低温（或高压）下溶解度大；随着温度升高（或压强降低）溶解度迅速下降，这样，被吸收的气体可在升温（或降压）程度不大的条件下解吸，即比较容易再生。

（6）其他 吸收剂还应具有较好的化学稳定性，具有不易产生泡沫、无毒性、无腐蚀性、不易燃、凝固点低、价廉易得等优点。

满足上述全部条件的吸收剂是很难找到的，实际工作中要对可供选择的吸收剂进行全面的评价以作出经济合理的选择。

● 请读者分析：某混合气体含有氯气 70%（体积分数），其余为硫化氢气体。若以水为吸收剂能否实现两种气体的分离？

▲ 学完本节可完成习题 6-12～6-15。

第五节 吸收塔的计算

吸收过程既可采用板式塔又可采用填料塔。本节主要结合定常连续接触的填料塔进行吸收计算。如在绪论中提到的那样，将吸收过程的气液平衡关系、传质速率方程与物料、热量衡算结合起来，就可以进行吸收塔的计算。在设计型计算中，主要需选定吸收剂及其用量，计算塔径和塔的填料层高度，在必要时还要确定某些操作极限。

一、物料衡算和操作线方程

在填料塔内气、液两相可作逆流流动，也可作并流流动。

（一）逆流定常吸收过程的物料衡算和操作线方程

1. 全塔物料衡算

在单组分气体吸收过程中，通过吸收塔的惰性气体量和吸收剂量可认为不变，因而在进行吸收物料衡算时气、液两相组成用摩尔比表示就十分方便。

图 6-18 所示是定常操作状态下、单组分吸收逆流接触的填料吸收塔。图中各量符号如下：

V_B——通过吸收塔的惰性气体量，kmolB/s；

L_S——通过吸收塔的吸收剂量，kmolS/s；

Y_1，Y_2——分别为进塔、出塔气体中溶质 A 的摩尔比，kmolA/kmolB；

X_1，X_2——分别为出塔、进塔溶液中溶质 A 的摩尔比，kmolA/kmolS。

从塔底入塔的气体中溶质的含量最高（Y_1），沿塔高上升中不断减小，至出塔时含量降至 Y_2；溶液在塔顶入塔时溶质含量最低（X_2），沿塔下降过程中不断增大，至塔底出塔时含量为 X_1。因而，对逆流吸收塔，塔底截面的状态点为（X_1，Y_1），而塔顶截面的状态点为（X_2，Y_2）。对单位时间内进塔、出塔的溶质量作全塔物料衡算，可得

$$V_B Y_1 + L_S X_2 = V_B Y_2 + L_S X_1$$

整理得
$$V_B(Y_1 - Y_2) = L_S(X_1 - X_2) \tag{6-55}$$

在设计型计算中，进塔混合气体的组成和流量是已知的。根据吸收任务所规定的溶质回收率 η（单位时间内溶质被吸收的量与入塔混合气体中溶质量之比），

$$\eta = \frac{Y_1 - Y_2}{Y_1} \tag{6-56}$$

可以求出气体出塔时溶质的组成 Y_2；反之，若规定 Y_2，也可求出吸收率 η。若选定吸收剂的用量及其进塔组成 X_2，则可由式(6-55)计算出塔液体的组成 X_1（或规定 X_1，计算吸收剂的用量 L_S）。

2. 操作线方程与操作线

在图 6-18 所示的塔内任取 $m-n$ 截面与塔顶（图示虚线范围）作溶质的物料衡算，得：

$$V_B Y + L_S X_2 = V_B Y_2 + L_S X$$

整理得
$$Y = \frac{L_S}{V_B} X + \left(Y_2 - \frac{L_S}{V_B} X_2 \right) \tag{6-57}$$

式中 Y——$m-n$ 截面上气相中溶质的摩尔比，kmolA/kmolB；

X——$m-n$ 截面上液相中溶质的摩尔比，kmolA/kmolS。

若在 $m-n$ 截面与塔底之间作溶质的物料衡算，可得

$$Y = \frac{L_S}{V_B} X + \left(Y_1 - \frac{L_S}{V_B} X_1 \right) \tag{6-57a}$$

式(6-57)和式(6-57a)是等价的，皆可称为逆流吸收的操作线方程式。它表明通过塔内任一截面上升气相组成 Y 与下降液相组成 X 之间成直线关系，直线的斜率为 $\frac{L_S}{V_B}$，且此直线必通过 $A(X_2, Y_2)$ 和 $B(X_1, Y_1)$ 两状态点。标绘在图 6-19 中的 AB 线称为操作线，图中 OE 曲线是平衡线。

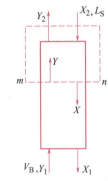

图 6-18 逆流吸收塔的物料衡算

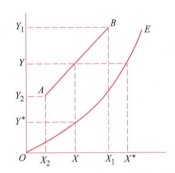

图 6-19 逆流吸收的操作线及推动力的变化

吸收塔内任一截面上气、液两相间的传质推动力是由操作线和平衡线的相对位置决定的。操作线上任一点的坐标代表塔内某一截面上气、液两相的组成状态，该点与平衡线之间的垂直距离即为该截面上以气相摩尔比表示的吸收总推动力 $(Y-Y^*)$；与平衡线之间的水平距离则表示该截面上以液相摩尔比表示的吸收总推动力 (X^*-X)。在操作线上 A 至 B 点范围内，由操作线与平衡线之间垂直距离（或水平距离）的变化情况，可以看出整个吸收过程中推动力的变化。显然，操作线与平衡线之间的距离越远，则传质推动力越大。

（二）并流定常吸收的物料衡算与操作线方程

填料塔内气、液两相并流流动时，如图 6-20 所示，气、液两相进塔和出塔的组成表示符号不变，则全塔物料衡算式与逆流时相同，即

$$V_B(Y_1 - Y_2) = L_S(X_1 - X_2)$$

在塔内任一截面与塔顶入口截面作溶质的物料衡算，得

$$Y = -\frac{L_S}{V_B} X + \left(Y_1 + \frac{L_S}{V_B} X_2 \right) \tag{6-58}$$

式(6-58)为并流吸收的操作线方程式。如图 6-21 中 AB 线所示，操作线的斜率为 $-\frac{L_S}{V_B}$。

为了便于比较，在气、液两相进口、出口组成 (Y_1, Y_2, X_1, X_2) 相同的条件下，将

逆流吸收的操作线也标绘于图 6-21 中，如虚线 CD 所示。由图可见，逆流吸收时各截面上的传质推动力比较均匀；而并流吸收时塔顶一端推动力很大，塔底一端推动力很小。和传热类似，在此条件下，逆流的平均推动力大于并流，故可减少传质面积或减少吸收剂用量。而且，逆流操作时下降至塔底的液体与刚进塔的气体相接触，有可能提高出塔液体的浓度；而上升至塔顶的气体则与刚进塔的新鲜吸收剂接触，有可能降低出塔气体的浓度，提高吸收率。而并流操作时最多只可能使出口气体与出口液体达到相平衡状态。不过，逆流操作时向下流动的液体受到上升气流的作用力（又称为曳力），这种曳力过大时会阻碍液体的顺利下流，因而限制了吸收塔允许的液体和气体流量（又称为通过能力），逆流的这一缺点一般不是主要因素，故吸收塔通常多采用逆流操作。而并流吸收只用于某些吸收剂用量大、热效应较高的易溶气体或有选择性反应的快速吸收过程，如用水吸收氨制取浓氨水。

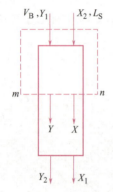

图 6-20　并流吸收塔的物料衡算

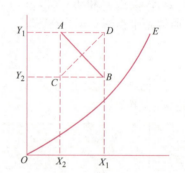

图 6-21　并流、逆流吸收操作线的比较

还需指出的是：① 无论是逆流或是并流操作，操作线方程式都是由物料衡算决定的，仅取决于气液两相的流量（L_S，V_B）和组成（Y_1，Y_2，X_1，X_2），而与系统的平衡关系、操作温度、压强及填料结构等因素并无直接关系。下一步的计算就是如何适当地确定这些因素的数值使之达到物料衡算所规定的分离要求。

② 对于吸收过程，由于气相中溶质浓度 Y 总是大于与液相中溶质浓度相平衡的气相浓度 Y^*；或者说液相浓度 X 必小于与气相浓度相平衡的液相浓度 X^*，故吸收操作线上各状态点（包括端点）总是在平衡线之上。反之，若操作线位于平衡线之下，则必为解吸过程。

③ 传质过程的极限是气液两相间达到平衡，即使气液两相间有无限长的接触时间或无限大的接触面积，也不能超越这个极限。换句话说，操作线的两端点最多只能落在平衡线上，而不可能跨越平衡线，即一个在平衡线上方，另一个在平衡线下方。

（三）吸收剂用量的选择和最小液气比

在吸收塔的设计型计算中，需要处理的气体流量及气体的初、终浓度（Y_1 和 Y_2）由设计任务规定，吸收剂选定后其入塔浓度 X_2 也可知，但是，吸收剂的用量有待于设计者自定。本节讨论逆流吸收塔吸收剂用量的计算方法。

由逆流吸收塔的物料衡算知

$$\frac{L_S}{V_B} = \frac{Y_1 - Y_2}{X_1 - X_2} \tag{6-55a}$$

在 V_B、Y_1、Y_2、X_2 已知的情况下，吸收塔操作线的一个端点 $A(X_2, Y_2)$ 已经固定，

另一个端点 B 则在 $Y=Y_1$ 的水平线上移动,点 B 的横坐标取决于操作线的斜率 L_S/V_B。吸收塔的最小液气比见图 6-22。

操作线的斜率 L_S/V_B,称为液气比,是吸收剂与惰性气体摩尔流量的比率,它反映了单位气体处理量的吸收剂耗用量。液气比对吸收设备尺寸和操作费用有决定性的影响。

当吸收剂用量增大,即操作线的斜率 L_S/V_B 增大,则操作线向远离平衡线方向偏移,如图 6-22(a) 中 AC 线所示,此时操作线与平衡线间的距离增大,即各截面上吸收推动力 $(Y-Y^*)$ 增大。若在单位时间内吸收同样数量的溶质时,设备尺寸可以减小,设备费用降低;但是,吸收剂耗量增加,出塔液体中溶质含量降低,吸收剂再生所需的设备费和操作费均增大。

若减少吸收剂用量,L_S/V_B 减小,操作线向平衡线靠近,传质推动力 $(Y-Y^*)$ 必然减小,所需吸收设备尺寸增大,设备费用增大。当吸收剂用量减小到使操作线的一个端点与平衡线相交 [图 6-22(a) 中 AD 线] 或在某点相切 [图 6-22(b) 中 AD 线],在交点(或切点)处相遇的气液两相组成已相互平衡,此时传质过程的推动力为零,因而达到此平衡组成所需的传质面积为无限大(塔无限高)。这种极限情况下的吸收剂用量称为最小吸收剂用量,用 $L_{S,min}$ 表示,相应的液气比称为最小液气比,用 $\left(\dfrac{L_S}{V_B}\right)_{min}$ 表示。显然,对于一定的吸收任务,吸收剂的用量存在着一个最低极限,若 $\dfrac{L_S}{V_B} \leqslant \left(\dfrac{L_S}{V_B}\right)_{min}$,便不能达到设计规定的分离要求。

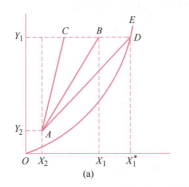
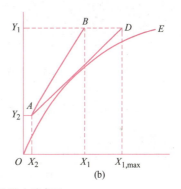

图 6-22 吸收塔的最小液气比

最小液气比可用图解法或计算法求出。

① 一般情况下,平衡线如图 6-22(a) 所示,则由图读出与 Y_1 相平衡的 X_1^* 的数值后,用下式计算最小液气比:

$$\left(\dfrac{L_S}{V_B}\right)_{min} = \dfrac{Y_1 - Y_2}{X_1^* - X_2} \tag{6-59}$$

② 如果平衡线呈图 6-22(b) 所示的形状,则应读出 D 点的横坐标 $X_{1,max}$ 的数值,然后按下式计算:

$$\left(\dfrac{L_S}{V_B}\right)_{min} = \dfrac{Y_1 - Y_2}{X_{1,max} - X_2} \tag{6-60}$$

③ 若平衡线为直线并可表示为 $Y^* = mX$ 时,式(6-59) 可写为

$$\left(\dfrac{L_S}{V_B}\right)_{min} = \dfrac{Y_1 - Y_2}{\dfrac{Y_1}{m} - X_2} \tag{6-59a}$$

实际液气比必须大于最小液气比，才有可能完成规定的吸收任务，应综合考虑对生产过程中设备费和操作费的影响，选择一个适宜的液气比，使两项费用之和最小。根据实践经验，一般情况下取操作液气比为最小液气比的 1.1~2.0 倍较为适宜。即

$$\frac{L_S}{V_B} = (1.1 \sim 2.0) \left(\frac{L_S}{V_B}\right)_{min} \tag{6-61}$$

还应指出，为了保证填料表面能被液体充分润湿，以提供充分的气液接触面积，单位塔截面积上单位时间内下流的液体量不能小于某一最低值（称为最小喷淋密度，见第八章），这是一种操作极限。若按式(6-61)算出的吸收剂用量不能满足充分润湿填料的要求，则应采用更大的液气比或者使部分液体循环使用。

• **【例 6-13】** 在一填料塔中，用洗油逆流吸收混合气体中的苯。已知混合气体的流量为 1600m³/h，进塔气体中含苯 0.05（摩尔分数，下同），要求吸收率为 90%，操作温度为 25℃，操作压强为 101.3kPa，相平衡关系为 $Y^* = 26X$，操作液气比为最小液气比的 1.3 倍。试求下列两种情况下的吸收剂用量及出塔洗油中苯的含量：①洗油进塔浓度 $x_2 = 0.00015$；②洗油进塔浓度 $x_2 = 0$。

解 先进行组成换算

$$y_1 = 0.05, \quad Y_1 = \frac{y_1}{1-y_1} = \frac{0.05}{1-0.05} = 0.0526$$

因为

$$\eta = \frac{Y_1 - Y_2}{Y_1}$$

$$Y_2 = Y_1(1-\eta) = 0.0526 \times (1-0.90) = 0.00526$$

$$x_2 = 0.00015, \quad X_2 = \frac{x_2}{1-x_2} = \frac{0.00015}{1-0.00015} = 0.00015$$

混合气体中惰性气体量为

$$V_B = \frac{1600}{22.4} \times \frac{273}{273+25} \times (1-0.05) = 62.2 \text{kmol/h}$$

① 由于气液平衡关系为直线，$m = 26$，则

$$\left(\frac{L_S}{V_B}\right)_{min} = \frac{Y_1 - Y_2}{\frac{Y_1}{m} - X_2} = \frac{0.0526 - 0.00526}{\frac{0.0526}{26} - 0.00015} = 25.3$$

实际液气比为

$$\frac{L_S}{V_B} = 1.3 \left(\frac{L_S}{V_B}\right)_{min} = 1.3 \times 25.3 = 32.9$$

$$L_S = 32.9 V_B = 32.9 \times 62.2 = 2.05 \times 10^3 \text{kmol/h}$$

出塔洗油中苯的含量为

$$X_1 = \frac{V_B(Y_1 - Y_2)}{L_S} + X_2 = \frac{62.2}{2.05 \times 10^3} \times (0.0526 - 0.00526) + 0.00015 = 1.59 \times 10^{-3}$$

② 当 $x_2 = 0$ 时，$X_2 = 0$

$$\left(\frac{L_S}{V_B}\right)_{\min} = \frac{Y_1 - Y_2}{\dfrac{Y_1}{m}} = m\eta = 26 \times 0.9 = 23.4$$

$$\frac{L_S}{V_B} = 1.3m\eta = 1.3 \times 23.4 = 30.4$$

$$L_S = 30.4 V_B = 30.4 \times 62.2 = 1.89 \times 10^3 \text{ kmol/h}$$

$$X_1 = \frac{V_B(Y_1 - Y_2)}{L_S} = \frac{Y_1 - Y_2}{L_S/V_B} = \frac{Y_1 \eta}{1.3 m \eta} = \frac{Y_1}{1.3m} = \frac{0.0526}{1.3 \times 26} = 1.56 \times 10^{-3}$$

由计算结果知：①在吸收率相同的条件下，吸收剂入塔时溶质含量越低，最小液气比减小，吸收剂的用量也越少；②当入塔吸收剂不含溶质（$X_2 = 0$）时，最小液气比 $\left(\dfrac{L_S}{V_B}\right)_{\min} = m\eta$，可直接和吸收率关联起来，会给解题带来方便；③混合气体量与惰性气体量不同，应注意其换算方法。

● **【例 6-14】** 图 6-23(a) 为某厂的吸收流程图。气相溶质浓度很低，且气液平衡关系为 $Y^* = mX$，试粗略绘出该流程相对应的平衡线和操作线位置，并用图中所给的符号标明各操作线端点（状态点）的坐标。若只有 Y_{2b} 未知，试由作图法得出 Y_{2b} 的值。

解 本题中塔 a 为逆流操作，塔 b 为并流操作，两塔中操作液气比 L_S/V_B 相同。在 Y-X 图上平衡线 $Y^* = mX$ 为过原点的直线 OE。

a 塔操作线：依塔底气液组成定出点 $B(X_{1a}, Y_{1a})$，依塔顶气液相组成定出点 $A(X_{2a}, Y_{2a})$，连接 AB 即为 a 塔的操作线。

b 塔操作线：依塔顶气液相组成定出点 $C(X_{2b}, Y_{1b})$，注意 $Y_{1b} = Y_{2a}$，故 C 点与 A 点必在同一水平线上；由于 a、b 两塔操作液气比 L_S/V_B 相同，但逆流操作线斜率为正值，而并流操作线斜率为负值，于是过 C 点作斜率 $= -L_S/V_B$ 的线 [图 6-23(b) 中 $\angle\alpha = \angle\beta$] 与 $X = X_{1b} = X_{2a}$ 线相交得 D 点，对应的纵坐标值即为 Y_{2b}。

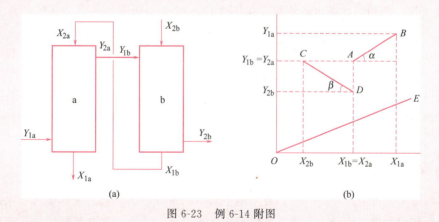

图 6-23 例 6-14 附图

对于并流吸收塔的最小液气比可仿照逆流的方法进行处理，读者可自行推导其计算公式。

应当注意,任何吸收过程都必受到物料衡算的制约,但是,对于物料衡算的结果,有时需考察它们是否在物理上或技术上能够实现。例如,吸收塔出口浓度受到相平衡的制约,逆流吸收时,若要求 $Y_2 < Y_2^* = mX_2$,就是物理上不可能实现的;在一个填料塔内,采用过高的气液流量,在工程上也不可能实现(见第八章),这时必须适当调整物料衡算的有关变量。

二、塔径的计算

吸收塔的直径可按照圆形管道内流量公式计算,即

$$V = \frac{\pi}{4} D^2 u \tag{6-62}$$

式中 V——操作条件下进塔混合气体的体积流量,m^3/s;
u——空塔气速,m/s;
D——吸收塔的内径,m。

在吸收操作中,由于溶质不断地被吸收,混合气体从进塔至出塔其体积流量逐渐减小。在计算塔径时,一般以进塔气量为依据以保证有一定的余量。

计算塔径的关键是确定适宜的空塔气速。按照式(6-62)计算出的塔径,还应根据我国压力容器公称直径的标准进行圆整,有关空塔气速的选取和圆整的规定参见第八章。

三、低浓度气体定常吸收过程填料层高度的计算

低浓度气体吸收通常是指所处理的混合气体中溶质含量不高(一般认为摩尔分数小于10%)的情况。

对于单组分低浓度定常物理吸收,可做如下假设而不致引入显著的误差。

① 由于吸收量小,由溶解热而引起的液体温度升高并不显著,故一般可认为吸收过程在等温下进行。这样,低浓度气体吸收过程往往可以不做热量衡算。

② 由于气、液两相在塔内的流量变化不大,故可认为全塔各截面上气液两相流动状态基本不变,传质分系数 k_g、k_l 在全塔可视为常数。

③ 由于气、液两相的浓度都很低,进一步可以认为 k_X 和 k_Y 在全塔近似为常数,或取平均值处理,即忽略浓度变化对 k_X 和 k_Y 的影响。

④ 若操作线所涉及的浓度范围内平衡线为直线,或系统属于气膜控制或液膜控制,则全塔的 K_X 和 K_Y 也可视为常数。

以上假设条件使低浓度气体吸收的计算大为简化。

(一)填料层高度计算

填料塔是连续接触式设备,气、液两相中溶质的浓度沿填料层高度连续地变化,塔内各截面上传质推动力均不相同,传质速率也不相同。因此,通常是先在填料塔内任意截取一段微元高度的填料层来研究,然后通过积分确定完成指定分离任务所需的填料层高度。

如图6-24所示,在填料层中某一截面 $m-n$ 处取一微元高度 dZ。在 $m-n$ 截面上气、液两相中溶质的浓度为 Y 和 X,经过 dZ 高度传质后,溶质在气液两相的浓度为 $Y+dY$ 和

$X+\mathrm{d}X$。对该段作溶质的微分物料衡算：单位时间内经过填料层 $\mathrm{d}Z$，气相中溶质的减少量为 $V_\mathrm{B}\mathrm{d}Y$，液相中溶质的增加量为 $L_\mathrm{S}\mathrm{d}X$。在定常吸收中，必有 $\mathrm{d}G=V_\mathrm{B}\mathrm{d}Y=L_\mathrm{S}\mathrm{d}X$，$\mathrm{d}G$ 也是单位时间内该层中由气相传入液相的溶质量。

在 $\mathrm{d}Z$ 段填料层中，气、液两相中溶质的浓度变化均很小，可以认为该层中的传质推动力与传质速率 N_A 不变，故 $\mathrm{d}G=N_\mathrm{A}\mathrm{d}A$。

由于传质面积 A 难以测定，常用的处理方法是假定传质面积 A 与填料层的体积成正比。所以

$$\mathrm{d}G=N_\mathrm{A}\mathrm{d}A=N_\mathrm{A}(a\Omega\mathrm{d}Z)$$

式中　a——$1\mathrm{m}^3$ 填料的有效气液传质面积，$\mathrm{m}^2/\mathrm{m}^3$；

Ω——塔的横截面积，$\Omega=\dfrac{\pi}{4}D^2$，m^2。

若选用定常相内传质速率方程

$$N_\mathrm{A}=k_Y(Y-Y_i)=k_X(X_i-X)$$

可得

$$\mathrm{d}G=V_\mathrm{B}\mathrm{d}Y=k_Y(Y-Y_i)a\Omega\mathrm{d}Z$$

或

$$\mathrm{d}G=L_\mathrm{S}\mathrm{d}X=k_X(X_i-X)a\Omega\mathrm{d}Z$$

将以上两式从塔顶至塔底积分，得

$$Z=\int_{Y_2}^{Y_1}\dfrac{V_\mathrm{B}\mathrm{d}Y}{k_Y a\Omega(Y-Y_i)}$$

$$Z=\int_{X_2}^{X_1}\dfrac{L_\mathrm{S}\mathrm{d}X}{k_X a\Omega(X_i-X)}$$

式中 a 为单位体积填料层内气液两相有效接触面积，其值不仅与填料尺寸、形状、填充方式有关，还与流体的物性和流动状况有关，仍难直接测定。工程计算中常将 a 与传质系数的乘积视为一体，称为体积传质系数。例如，$k_Y a$ 称为气相体积传质分系数，其单位为 $\mathrm{kmol}/(\mathrm{m}^3\cdot\mathrm{s})$。体积传质系数的值可由实验测定，对于低浓度气体吸收，在全塔中亦可视为常数。于是，以上两式可写为

$$Z=\dfrac{V_\mathrm{B}}{k_Y a\Omega}\int_{Y_2}^{Y_1}\dfrac{\mathrm{d}Y}{Y-Y_i}=H_\mathrm{G}N_\mathrm{G} \tag{6-63}$$

$$Z=\dfrac{L_\mathrm{S}}{k_X a\Omega}\int_{X_2}^{X_1}\dfrac{\mathrm{d}X}{X_i-X}=H_\mathrm{L}N_\mathrm{L} \tag{6-63a}$$

式(6-63) 和式(6-63a) 是低浓度定常吸收时填料高度计算的基本方程式。

式中　H_G——气相传质单元高度，$H_\mathrm{G}=\dfrac{V_\mathrm{B}}{k_Y a\Omega}$，$\mathrm{m}$；

N_G——气相传质单元数，$N_\mathrm{G}=\int_{Y_2}^{Y_1}\dfrac{\mathrm{d}Y}{Y-Y_i}$，量纲为1；

H_L——液相传质单元高度，$H_\mathrm{L}=\dfrac{L_\mathrm{S}}{k_X a\Omega}$，$\mathrm{m}$；

N_L——液相传质单元数，$N_\mathrm{L}=\int_{X_2}^{X_1}\dfrac{\mathrm{d}X}{X_i-X}$，量纲为1。

由于界面浓度难以测定，当总传质系数 K_Y 和 K_X 存在并能视为常数时，常用总传质速

率方程式进行计算。对于定常过程

$$N_A = K_Y(Y - Y^*) = K_X(X^* - X)$$

用前面同样的方法推导可得

$$Z = \frac{V_B}{K_Y a \Omega} \int_{Y_2}^{Y_1} \frac{dY}{Y - Y^*} = H_{OG} N_{OG} \tag{6-64}$$

$$Z = \frac{L_S}{K_X a \Omega} \int_{X_2}^{X_1} \frac{dX}{X^* - X} = H_{OL} N_{OL} \tag{6-64a}$$

式(6-64)和式(6-64a)是常用的低浓度吸收填料高度计算式。

式中 H_{OG}——气相总传质单元高度，$H_{OG} = \frac{V_B}{K_Y a \Omega}$，m；

N_{OG}——气相总传质单元数，$N_{OG} = \int_{Y_2}^{Y_1} \frac{dY}{Y - Y^*}$，量纲为1；

H_{OL}——液相总传质单元高度，$H_{OL} = \frac{L_S}{K_X a \Omega}$，m；

N_{OL}——液相总传质单元数，$N_{OL} = \int_{X_2}^{X_1} \frac{dX}{X^* - X}$，量纲为1。

所以，填料层高度计算式可写成通式为

填料层高度=传质单元高度×传质单元数

*（二）传质单元高度和传质单元数

① 传质单元数的大小反映吸收过程进行的难易程度，它与吸收塔的结构因素以及气液流动状况无关。例如，N_{OG} 中所含变量 Y_1、Y_2 为气体的进塔、出塔浓度，反映了吸收的分离要求；$(Y - Y^*)$ 为传质推动力。根据积分中值定理应有

$$N_{OG} = \int_{Y_2}^{Y_1} \frac{dY}{Y - Y^*} = \frac{Y_1 - Y_2}{(Y - Y^*)_m} \tag{6-65}$$

式中 $(Y - Y^*)_m$——以气相摩尔比差表示的吸收总推动力的某种平均值。

由式(6-65)知，当分离要求提高或平均推动力减小时，均会使 N_{OG} 增大，相应的填料层高度也将增加。在填料塔设计计算中，可用改变吸收剂的种类、降低操作温度或提高操作压强、增大吸收剂用量、减少吸收剂入口浓度等方法，以增大吸收过程的传质推动力，从而达到减小 N_{OG} 的目的。

另外，由式(6-65)还可看出：当 $(Y_1 - Y_2) = (Y - Y^*)_m$ 时，$N_{OG} = 1$，这意味着气体流过一个气相总传质单元的浓度变化等于这个单元中的平均气相总推动力。更广义地说，流体经过一个传质单元的浓度变化等于此单元内对应的平均推动力。

对传质单元数的其他表示方法，如 N_{OL}、N_G、N_L 也可作出类似的分析。例如，对于液相总传质单元数

$$N_{OL} = \int_{X_2}^{X_1} \frac{dX}{X^* - X} = \frac{X_1 - X_2}{(X^* - X)_m} \tag{6-66}$$

式中，$(X_1 - X_2)$ 反映吸收要求；$(X^* - X)_m$ 为以液相摩尔比差表示的平均总推动力。

② 传质单元高度可理解为一个传质单元所需要的填料层高度，是吸收设备效能高低的

反映。以 H_{OG} 为例，V_B 表示惰性气体处理量，体积总传质系数 $K_Y a$ 值的大小反映总传质阻力、填料性能及操作时填料润湿情况等。故 H_{OG} 与设备结构、气液流动情况和物系物性有关。在设计计算中，选用分离能力强的高效填料及适宜的操作条件以降低传质阻力（提高传质系数），增加有效气液接触面积，可使 H_{OG} 减小。

显然，传质单元高度越小，在相同条件下达到同样吸收要求所需的填料层高度也就越低，即传质效果越好。

③ 当平衡线为直线且斜率为 m 时，由总传质系数和传质分系数之间的关系，可以导出总传质单元高度和传质单元高度之间的关系。例如，由式(6-47)

$$\frac{1}{K_Y} = \frac{1}{k_Y} + \frac{m}{k_X}$$

将各项乘以 $V_B/a\Omega$，并适当整理得

$$\frac{V_B}{K_Y a \Omega} = \frac{V_B}{k_Y a \Omega} + \frac{L_S}{k_X a \Omega} \times \frac{mV_B}{L_S}$$

即
$$H_{OG} = H_G + H_L S \tag{6-67}$$

式中 S——脱吸因数或解吸因数，$S = \dfrac{mV_B}{L_S}$。

同理，由式(6-50)可推出

$$H_{OL} = AH_G + H_L \tag{6-68}$$

式中 A——吸收因数，$A = \dfrac{1}{S} = \dfrac{L_S}{mV_B}$。

比较式(6-67)和式(6-68)，可得

$$H_{OG} = SH_{OL} \tag{6-69}$$

由于
$$Z = H_{OG} N_{OG} = H_{OL} N_{OL}$$

所以有
$$N_{OG} = A N_{OL} \tag{6-70}$$

④ 和传质系数相比，传质单元高度用于填料高度计算有明显的优点：

a. 单位与填料高度相同，较为简单而直观；b. 在吸收塔中，它的数值随气液流动条件变化不像传质系数那么大，可以视为常数而不致引起大的误差。例如，当气体流量增大，在气膜控制条件下，$K_Y a$ 约与气体流量的 0.7 次方成正比，而 $H_{OG} = \dfrac{V_B}{K_Y a \Omega}$ 的值只与气量的 0.3 次方成正比。

在使用传质单元数与传质单元高度计算填料高度时，同样要注意匹配问题，即

$$Z = H_G N_G = H_L N_L = H_{OG} N_{OG} = H_{OL} N_{OL}$$

当组成和推动力不用摩尔比，而用摩尔分数、物质的量浓度或分压表示时，更应注意其相互的对应关系和匹配关系。

（三）传质单元数的计算

要计算填料层高度，必须首先研究传质单元数的计算方法。由于传质单元数并不涉及填料塔的具体结构，故可根据分离要求、气液浓度和相平衡关系直接计算。根据相平衡关系的不同，可按不同的方法计算传质单元数。

1. 吸收因数法

当气、液两相浓度较低，相平衡关系服从亨利定律，即 $Y^* = mX$ 时，可用吸收因数法

求解总传质单元数。以气相总传质单元数 N_{OG} 为例：

相平衡方程：$Y^* = mX$

逆流操作线方程：
$$X = \frac{V_B}{L_S}(Y - Y_2) + X_2$$

$$N_{OG} = \int_{Y_2}^{Y_1} \frac{dY}{Y - Y^*} = \int_{Y_2}^{Y_1} \frac{dY}{Y - mX} = \int_{Y_2}^{Y_1} \frac{dY}{Y - m\left[\frac{V_B}{L_S}(Y - Y_2) + X_2\right]}$$

$$= \int_{Y_2}^{Y_1} \frac{dY}{\left(1 - \frac{mV_B}{L_S}\right)Y + \frac{mV_B}{L_S}Y_2 - mX_2} = \int_{Y_2}^{Y_1} \frac{dY}{(1-S)Y + SY_2 - mX_2}$$

积分可得

$$N_{OG} = \frac{1}{1-S} \ln \frac{(1-S)Y_1 + SY_2 - mX_2}{(1-S)Y_2 + SY_2 - mX_2}$$

将上式对数项中的分子中加入 $(mSX_2 - mSX_2)$，整理得

$$N_{OG} = \frac{1}{1-S} \ln \frac{(1-S)(Y_1 - mX_2) + S(Y_2 - mX_2)}{Y_2 - mX_2}$$

所以

$$N_{OG} = \frac{1}{1-S} \ln \left[(1-S)\frac{Y_1 - mX_2}{Y_2 - mX_2} + S\right] \tag{6-71}$$

式(6-71)为所给条件下气相总传质单元数的计算式。由该式知，气相总传质单元数 N_{OG} 是脱吸因数 S 和 $\dfrac{Y_1 - mX_2}{Y_2 - mX_2}$ 的函数，已将其绘制成图以方便计算（见图6-25）。

脱吸因数 $S = \dfrac{mV_B}{L_S}$ 可写为 $\dfrac{m}{L_S/V_B}$，是 Y-X 图上平衡线斜率与操作线斜率之比，反映了吸收过程推动力的大小。S 越大，平衡线和操作线越靠近，即传质过程的平均推动力越小，完成同样吸收任务（即对于相同的 $\dfrac{Y_1 - mX_2}{Y_2 - mX_2}$），所需的传质单元数越多。$S$ 值增大对吸收不利而对解吸有利，故称之为脱吸因数。相反，吸收因数 $A = \dfrac{1}{S}$ 越大，对吸收越有利。但在相平衡常数 m 一定时，减小 S 就意味着增大液气比，会使操作费用增大。一般认为，选取 $S = 0.5 \sim 0.8$ 时，在经济上是合理的。

图6-25中横坐标 $\dfrac{Y_1 - mX_2}{Y_2 - mX_2}$ 值的大小反映了溶质吸收率的高低。对于一定的 S 值，若要求的吸收率越高，Y_2 越小，相应的 $\dfrac{Y_1 - mX_2}{Y_2 - mX_2}$

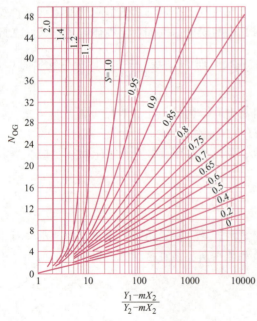

图6-25 传质单元数

越大，则 N_{OG} 值越大。

总之，吸收要求越高（即 $\dfrac{Y_1-mX_2}{Y_2-mX_2}$ 越大）、吸收条件越不利（脱吸因数 S 越大），吸收必然越困难（N_{OG} 越高）。

应指出的是，图 6-25 只有在 $\dfrac{Y_1-mX_2}{Y_2-mX_2}>20$ 及 $S<0.75$ 的范围内使用，读数较为准确，否则误差较大。需要时可直接按式(6-71)计算。

由式(6-70)知 $N_{OG}=AN_{OL}$，也即 $N_{OL}=SN_{OG}$。故求解 N_{OL} 时，仍可用图 6-25，只要在查得 N_{OG} 后再乘以 S 即可。

2. 对数平均推动方法

在吸收操作所涉及的组成范围内，若相平衡关系为直线方程 $Y^*=mX+b$，则可通过塔顶和塔底两个端面上的传质推动力求出整个塔内传质推动力的平均值，计算总传质单元数。

如图 6-26 所示，由于在操作组成范围内，操作线和平衡线均为直线，则任意截面上的推动力 $\Delta Y=(Y-Y^*)$ 与 Y 也必成直线关系。（读者可与传热章中对数平均温差概念的推导进行对比。）

塔底推动力　　$\Delta Y_1=Y_1-Y_1^*$

塔顶推动力　　$\Delta Y_2=Y_2-Y_2^*$

任意截面上　　$\Delta Y=Y-Y^*$

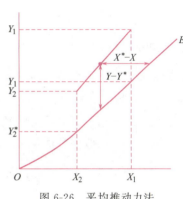

图 6-26　平均推动力法求总传质单元数

ΔY 与 Y 既为直线关系，必有

$$\dfrac{d(\Delta Y)}{dY}=\dfrac{\Delta Y_1-\Delta Y_2}{Y_1-Y_2}$$

于是有

$$dY=\dfrac{d(\Delta Y)}{(\Delta Y_1-\Delta Y_2)/(Y_1-Y_2)}$$

所以

$$N_{OG}=\int_{Y_2}^{Y_1}\dfrac{dY}{Y-Y^*}=\int_{\Delta Y_2}^{\Delta Y_1}\dfrac{d(\Delta Y)}{\dfrac{\Delta Y_1-\Delta Y_2}{Y_1-Y_2}\Delta Y}$$

$$=\dfrac{Y_1-Y_2}{\Delta Y_1-\Delta Y_2}\int_{\Delta Y_2}^{\Delta Y_1}\dfrac{d(\Delta Y)}{\Delta Y}=\dfrac{Y_1-Y_2}{\Delta Y_1-\Delta Y_2}\ln\dfrac{\Delta Y_1}{\Delta Y_2}$$

令

$$\Delta Y_m=\dfrac{\Delta Y_1-\Delta Y_2}{\ln\dfrac{\Delta Y_1}{\Delta Y_2}}=\dfrac{(Y_1-Y_1^*)-(Y_2-Y_2^*)}{\ln\dfrac{Y_1-Y_1^*}{Y_2-Y_2^*}} \tag{6-72}$$

则

$$N_{OG}=\dfrac{Y_1-Y_2}{\Delta Y_m} \tag{6-73}$$

式中　ΔY_m——气相对数平均总推动力。在平衡线和操作线均为直线时，式(6-65)中的 $(Y-Y^*)_m=\Delta Y_m$。

显然，在同样条件下，$\Delta X=(X^*-X)$ 与 X 之间也为直线关系。用同样的推导方法，可以得出液相总传质单元数 N_{OL} 的计算式：

$$N_{OL} = \int_{X_2}^{X_1} \frac{dX}{X^* - X} = \frac{X_1 - X_2}{\Delta X_m} \tag{6-74}$$

$$\Delta X_m = \frac{\Delta X_1 - \Delta X_2}{\ln \frac{\Delta X_1}{\Delta X_2}} = \frac{(X_1^* - X_1) - (X_2^* - X_2)}{\ln \frac{X_1^* - X_1}{X_2^* - X_2}} \tag{6-75}$$

在式(6-73)和式(6-74)的推导中虽然以逆流吸收为例，但是只要平衡线在吸收塔操作范围内为直线，两式对于并流同样适用。

● **【例 6-15】** 某蒸馏塔顶出来的气体中含有 3.90%（体积分数）的 H_2S，其余为碳氢化合物，可视为惰性气体。用三乙醇胺水溶液吸收 H_2S，要求吸收率为 95%，操作温度为 300K，压强为 101.3kPa，平衡关系为 $Y^* = 2X$。进塔吸收剂中不含 H_2S，吸收剂用量为最小用量的 1.4 倍。已知单位塔截面上流过的惰性气体量为 0.015kmol/(m²·s)，气相体积总传质系数 $K_g a$ 为 0.000395kmol/(m³·s·kPa)，求所需的填料层高度。

解 由于相平衡关系满足 $Y^* = mX$，可用吸收因数法或对数平均推动力法求解。

解法一 吸收因数法

$$y_1 = 0.039, \quad Y_1 = \frac{y_1}{1 - y_1} = \frac{0.039}{1 - 0.039} = 0.0406$$

$$Y_2 = Y_1 (1 - \eta) = 0.0406 \times (1 - 0.95) = 2.03 \times 10^{-3}$$

$$X_2 = 0$$

惰性气体量

$$\frac{V_B}{\Omega} = 0.015 \text{kmol/(m}^2 \cdot \text{s)}$$

对于低浓度吸收，气相总传质系数

$$K_Y a \approx p K_g a = 0.000395 \times 101.3 = 0.040 \text{kmol/(m}^3 \cdot \text{s)}$$

最小液气比

$$\left(\frac{L_S}{V_B}\right)_{min} = \frac{Y_1 - Y_2}{\frac{Y_1}{m} - X_2} = m\eta = 2 \times 0.95 = 1.9$$

液气比

$$\frac{L_S}{V_B} = 1.4 \left(\frac{L_S}{V_B}\right)_{min} = 1.4 \times 1.9 = 2.66$$

吸收剂量 $L_S/\Omega = 2.66 V_B/\Omega = 2.66 \times 0.015 = 0.0399 \text{kmol/(m}^2 \cdot \text{s)}$

气相总传质单元高度

$$H_{OG} = \frac{V_B}{K_Y a \Omega} = \frac{0.015}{0.040} = 0.375 \text{m}$$

脱吸因数

$$S = \frac{m V_B}{L_S} = \frac{2}{2.66} = 0.752$$

$$\frac{Y_1 - m X_2}{Y_2 - m X_2} = \frac{Y_1}{Y_2} = \frac{0.0406}{2.03 \times 10^{-3}} = 20$$

气相总传质单元数

$$N_{OG} = \frac{1}{1-S}\ln\left[(1-S)\frac{Y_1-mX_2}{Y_2-mX_2}+S\right] = \frac{1}{1-0.752}\ln[(1-0.752)\times 20+0.752] = 7.03$$

填料层高度　　　　$Z = H_{OG}N_{OG} = 0.375\times 7.03 = 2.64\text{m}$

解法二　对数平均推动力法

液体出塔浓度 X_1 为

$$X_1 = \frac{V_B}{L_S}(Y_1-Y_2)+X_2 = \frac{1}{2.66}\times(0.0406-0.00203) = 0.0145$$

$$\Delta Y_1 = Y_1 - Y_1^* = Y_1 - mX_1 = 0.0406 - 2\times 0.0145 = 0.0116$$

$$\Delta Y_2 = Y_2 - Y_2^* = Y_2 - mX_2 = Y_2 = 0.00203$$

$$\Delta Y_m = \frac{\Delta Y_1 - \Delta Y_2}{\ln\frac{\Delta Y_1}{\Delta Y_2}} = \frac{0.0116-0.00203}{\ln\frac{0.0116}{0.00203}} = 0.00549$$

$$N_{OG} = \frac{Y_1-Y_2}{\Delta Y_m} = \frac{0.0406-0.00203}{0.00549} = 7.03$$

两种算法计算结果基本相同。

一般来说，当已知进口、出口气液组成时，用对数平均推动力法比较简便，并且 ΔY_m 与传热时的 Δt_m 形式相同，也便于理解和记忆，常用于设计型计算，而吸收因数法用于操作型计算比较方便（见本节四）。

● 读者自行总结：吸收因数法和对数平均推动力法各自的适用范围是什么？

3. 图解积分法和数值积分法

当平衡线 $Y^* = f(X)$ 为一曲线时，此时对数平均推动力已不能反映塔内推动力的实际平均值，且平衡线斜率处处不等，总传质系数 K_Y、K_X 不再存在。原则上，吸收塔填料高度应按式(6-63)或式(6-63a)进行计算，即应求出操作线上各点所对应的界面浓度，然后用图解（或数值）积分法计算传质单元数 N_G 或 N_L。但是，在气膜控制或液膜控制条件下可以简化。

① 对于低浓度易溶气体吸收，即气膜控制系统，平衡线的斜率很小，故 $K_Y \approx k_Y \approx k_g p$，或取其塔内平均值作为常数，则式(6-64)仍可用来计算填料高度，但其中 N_{OG} 需要图解（或数值）积分。

② 对于难溶气体吸收，平衡线斜率很大，即液膜控制系统，$K_X \approx k_X \approx ck_1$，也可取其平均值作为常数，并用式(6-64a)计算填料高度，N_{OL} 需要图解（或数值）积分。

以气膜控制情况为例，由定积分的几何意义知，$N_{OG} = \int_{Y_2}^{Y_1}\frac{\mathrm{d}Y}{Y-Y^*}$ 在数值上等于在纵轴为 $1/(Y-Y^*)$，横轴为 Y 的直角坐标系上，由 $f(Y) = 1/(Y-Y^*)$ 曲线、Y 轴及 $Y = Y_1$ 和 $Y = Y_2$ 两垂线所围出的面积。据此，可进行图解积分，步骤如下：

a. 在 Y-X 坐标图上绘出平衡曲线 $Y^* = f(X)$ 和操作线 AB，见图6-27(a)；

b. 在 Y_1 和 Y_2 之间的操作线上选出若干个点，每一点代表塔内某截面上气液两相的组成，分别从各点作垂线与平衡线相交，计算各点的气相传质总推动力 $(Y-Y^*)$ 和相应的

$f(Y)=1/(Y-Y^*)$；

c. 作 $f(Y)$ 对 Y 的曲线，如图 6-27(b) 所示，图中 Y_1 至 Y_2 间曲线下的面积即 N_{OG} 值。

图解积分结果不易准确，如果平衡线 $Y^*=f(X)$ 的函数形式可知，可用数值积分法计算。下面介绍常用的数值积分方法——Simpson 法。

在 Y_2 和 Y_1 间取偶数等分 [见图 6-27(a)]，对于每一个 Y 值算出对应的 $f(Y)=1/(Y-Y^*)$。用 Y_0 代替出塔浓度 (Y_2)，Y_n 代替入塔浓度 (Y_1)，令 $f_i=f(Y_i)$，然后按下式

$$\int_{Y_0}^{Y_n} f(Y)\mathrm{d}Y=\frac{\xi}{3}(f_0+4f_1+2f_2+4f_3+2f_4+\cdots+2f_{n-2}+4f_{n-1}+f_n) \quad (6\text{-}76)$$

求积，式中 ξ 称为步长

$$\xi=\frac{Y_n-Y_0}{n}$$
$$Y_{i+1}=Y_i+\xi$$

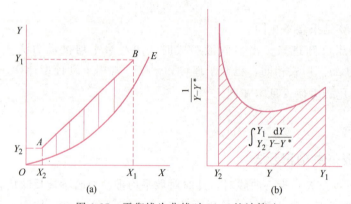

图 6-27 平衡线为曲线时 N_{OG} 的计算法

n 可取任一偶数，n 值越大，计算越准确。

利用计算机可以方便地进行数值积分。

此外，在平衡线为曲线时，若能根据平衡线的形状适当选点分段，使得每一段都近似地可视为直线，那么对每一段均可采用对数平均推动力法计算出该段的传质单元数 $N_{OG,i}$，然后相加，则传质单元数 $N_{OG}=\sum\limits_{i} N_{OG,i}$ 为各段之和。这种方法称为分段计算法，只要分段适当，该法简单易行，实际工作量要小于图解积分法。

• 【例 6-16】 在大气压下用水吸收气体中的氨，氨的初始浓度 $Y_1=0.03$，吸收率为 90%。水离开塔时的浓度 $X_1=0.02$，由于移去了溶解热，操作温度保持常数，平衡关系如表 6-9 所示。

表 6-9 X 与 Y^* 平衡关系结果

X	0	0.005	0.010	0.0125	0.015	0.020	0.023
Y^*	0	0.0045	0.0102	0.0138	0.0183	0.0273	0.0327

求传质单元数 N_{OG}。

解

解法一 图解积分法

用相平衡数据标绘平衡线在 Y-X 坐标图 [图 6-28(a) OE 线] 上，知其为曲线。但氨水在水中溶解度很大，系统为气膜控制。所以可用图解法计算 N_{OG}。

$$Y_1 = 0.03, \quad Y_2 = Y_1(1-\eta) = 0.03 \times (1-0.90) = 0.003$$

$$X_1 = 0.02, \quad X_2 = 0$$

根据操作线的两个端点 (X_1, Y_1) 和 (X_2, Y_2)，知操作线方程为

$$\frac{Y-0.003}{X-0} = \frac{0.03-0.003}{0.02-0}$$

整理得 $Y = 1.35X + 0.003$

在 Y-X 坐标图中绘出操作线，如图 6-28(a) AB 线所示。

将计算结果列于表 6-10。

表 6-10 例 6-16 计算结果

	图解积分法					分段计算法	
序号	X	Y	Y^*	$Y-Y^*$	$\dfrac{1}{Y-Y^*}$	$\Delta Y_{m,i}$	$N_{OG,i}$
0	0	0.003	0	0.003	333.33	0.00402	1.68
1	0.005	0.00975	0.0045	0.00525	190.48	0.00576	1.17
2	0.01	0.0165	0.0102	0.0063	158.73	0.00620	0.548
3	0.0125	0.0199	0.0138	0.0061	163.93	0.00553	0.615
4	0.015	0.0233	0.0183	0.0050	200.0	0.00373	1.80
5	0.02	0.03	0.0273	0.0027	370.37		

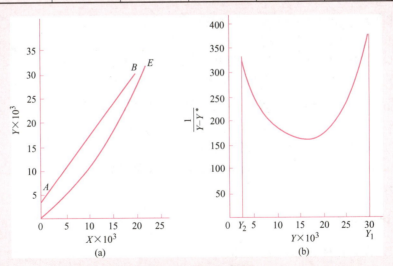

图 6-28 例 6-16 附图

作 $1/(Y-Y^*)$ 对 Y 的曲线，如图 6-28(b) 所示。图中 Y_2 至 Y_1 间曲线下的面积可用若干个小梯形近似计算，或在方格纸上计算，但应注意坐标分度的单位。由计算可得

$$N_{OG} = 5.83$$

解法二　分段计算法

由图 6-28(a) 可见，如插入中间点将平衡线分为 5 段（本题中各点都与附表上平衡数据对应），则计算结果见表 6-10 右侧部分。表中

$$\Delta Y_{m,i} = \frac{(Y_i - Y_i^*) - (Y_{i-1} - Y_{i-1}^*)}{\ln \dfrac{Y_i - Y_i^*}{Y_{i-1} - Y_{i-1}^*}}$$

$$N_{OG,i} = \frac{Y_i - Y_{i-1}}{\Delta Y_{m,i}}$$

例如

$$\Delta Y_{m,3} = \frac{0.0061 - 0.0063}{\ln \dfrac{0.0061}{0.0063}} = 0.0062$$

$$N_{OG,3} = \frac{0.0199 - 0.0165}{0.0062} = 0.548$$

$$N_{OG} = \sum_i N_{OG,i} = 5.81$$

与图解积分结果吻合，而且计算比较简便。

● 读者可试将整个平衡线视为直线，用对数平均推动力法求出 N_{OG}，并与图解结果进行比较。

③ 对于溶解度中等，气、液两相阻力均不可忽略时，需计算传质单元数 N_G（或 N_L）。只要过各个选出的操作点作斜率为 $-\dfrac{k_X}{k_Y}$ 的直线与平衡线相交求出 X_i 和 Y_i，然后算出对应的 $\dfrac{1}{Y - Y_i}$（或 $\dfrac{1}{X_i - X}$），就可利用上述图解积分、数值积分或分段计算法求解。

四、吸收塔计算分析

低浓度气体填料吸收塔的设计型与操作型问题，都可由

物料衡算　　　　　$V_B(Y_1 - Y_2) = L_S(X_1 - X_2)$

相平衡关系　　　　$Y^* = f(X)$（满足亨利定律时 $Y^* = mX$）

传质速率方程　　　$N_A = $ 传质系数×传质推动力

以及由这三个关系联合得出的填料层高度计算式

$$Z = 传质单元高度 \times 传质单元数$$

进行计算和分析。

（一）设计型命题

吸收塔工艺设计计算的主要内容包括：

① 根据给定的吸收任务（气体处理量和初、终浓度）选择吸收剂和填料，并确定相平衡关系（或方程）；

② 根据物料衡算确定吸收剂的用量或液体出塔浓度，列出操作线方程；

③ 选择塔径、适当的气液接触方式和填料规格，确定有关的传质系数或传质单元高度

(参见本章第六节)；

④ 计算塔设备的工艺尺寸，包括复核塔径和计算填料层高度。

和其他设计型计算一样，对吸收塔的各种设计变量要进行一系列的选择。前面已讨论过对吸收剂的种类和用量、气液接触方式的选择原则，这里讨论吸收剂进口浓度的选择问题，关于填料规格与气液流量对传质系数或传质单元高度的影响，将在本章第六节讨论。

吸收剂的进口溶质浓度越高，吸收过程的平均推动力越小，所需的填料高度越大。若选择的进口浓度很低，在吸收剂需要再生时，再生设备和再生操作费用必然加大。故吸收剂入塔浓度 X_2 的选择往往也需要通过多方案比较，以达到经济上的优化。另外，吸收剂的最高入塔浓度受到平衡关系的制约，应小于与 Y_2 成平衡的液相浓度。

● 【例 6-17】 用纯吸收剂吸收惰性气体中的溶质 A。入塔混合气体量为 0.0323kmol/s，溶质的浓度为 0.0476（摩尔分数，下同），要求吸收率为 95%。已知塔径为 1.4m，相平衡关系为 $Y^* = 0.95X$，$K_Y a = 4 \times 10^{-2} \text{kmol/(m}^3 \cdot \text{s)}$，要求出塔液体中含溶质不低于 0.0476，试计算塔的填料高度。

解

$$Y_1 = \frac{y_1}{1-y_1} = \frac{0.0476}{1-0.0476} = 0.0500$$

$$Y_2 = Y_1(1-\eta) = 0.050 \times (1-0.95) = 0.0025$$

$$X_1 = \frac{x_1}{1-x_1} = \frac{0.0476}{1-0.0476} = 0.0500$$

$$X_2 = 0$$

$$V_B = 0.0323 \times (1-0.0476) = 0.0308 \text{kmol/s}$$

$$\frac{L_S}{V_B} = \frac{Y_1 - Y_2}{X_1 - X_2} = \frac{0.05 - 0.0025}{0.05} = 0.95$$

$$L_S = 0.95 \times 0.0308 = 0.0293 \text{kmol/s}$$

$$S = \frac{m}{L_S/V_B} = \frac{0.95}{0.95} = 1$$

$S=1$，说明操作线与平衡线平行，平均推动力等于操作线上任一点处的推动力。故

$$\Delta Y_m = \Delta Y_1 = \Delta Y_2 = Y_2 - mX_2 = Y_2 = 0.0025$$

$$N_{OG} = \frac{Y_1 - Y_2}{\Delta Y_m} = \frac{0.05 - 0.0025}{0.0025} = 19$$

$$H_{OG} = \frac{V_B}{K_Y a \Omega} = \frac{0.0308}{4 \times 10^{-2} \times \frac{\pi}{4} \times 1.4^2} = 0.50 \text{m}$$

$$Z = H_{OG} N_{OG} = 0.5 \times 19 = 9.50 \text{m}$$

操作线如图 6-29(b) 中的线 1。

● *【例 6-18】 在例 6-17 中，若采用液体部分循环流程 [图 6-29(a)]，新鲜吸收剂量 L_S 与循环液中纯吸收剂量 L_R 之比为 20。设新鲜吸收剂量、传质系数 $K_Y a$ 及分离要求不变，求填料高度。

解 如图 6-29(a) 所示，液体再循环改变了塔顶进口液体的浓度。混合点的物料衡算为

$$L_S X_2 + L_R X_1 = (L_S + L_R) X_2'$$

X_2' 为实际进塔液体组成，kmol A/kmol S。

因为
$$L_S/L_R = 20, \quad X_2 = 0$$

所以
$$X_2' = \frac{L_R X_1}{L_S + L_R} = \frac{X_1}{\frac{L_S}{L_R}+1} = \frac{0.050}{20+1} = 0.00238$$

塔内操作线的斜率为

$$\frac{L_R + L_S}{V_B} = \left(1 + \frac{1}{20}\right)\frac{L_S}{V_B} = (1+0.05) \times 0.95 = 0.9975$$

$$S = \frac{0.95}{0.9975} = 0.952$$

$$H_{OG} = \frac{V_B}{K_Y a \Omega} = 0.5 \text{m}（不变）$$

$$N_{OG} = \frac{1}{1-S} \ln\left[(1-S)\frac{Y_1 - mX_2'}{Y_2 - mX_2'} + S\right]$$

$$= \frac{1}{1-0.952} \ln\left[(1-0.952) \times \frac{0.05 - 0.95 \times 0.00238}{0.0025 - 0.95 \times 0.00238} + 0.952\right]$$

$$= 49.1$$

$$Z = H_{OG} N_{OG} = 0.5 \times 49.1 = 24.5 \text{m}$$

操作线如图 6-29(b) 中线 2（虚线）所示。

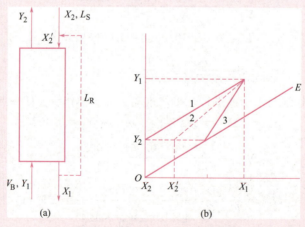

图 6-29　例 6-17 和例 6-18 附图

由计算可知，吸收剂再循环会使吸收剂入口浓度提高，平均推动力减小，在吸收率、$K_Y a$ 不变的条件下所需填料高度增加。若设想循环量继续增大，X_2' 将增大，当 $X_2' = \frac{Y_2}{m}$ 时，操作线将与平衡线相交，如图 6-29(b) 中线 3 所示，即达到预定分离要求需要无限高的填料高度（读者可试行计算再循环量这一极限数值）。因此，一般吸收剂再循环对吸

过程不利。但是，在下列两种情况下，采用吸收剂再循环可能有利：①按物料衡算所需的新鲜吸收剂量过小以致不能满足良好润湿填料的要求，此时采用吸收剂再循环，推动力的降低可由相对气液接触面积 a 和体积传质系数 $K_Y a$ 的增大得到补偿；②某些吸收过程有显著的热效应，吸收剂经塔外冷却后再循环可降低吸收剂出塔温度，使平衡线下移，全塔平均推动力反而可能有所提高。

*（二）操作型命题

实际生产中，吸收塔的操作型计算常见的有两种类型。

① 填料高度 Z 一定，改变某一操作条件（T、p、L_S、V_B、X_2、Y_1），研究其对吸收效果 Y_2 和 X_1 的影响。若平衡关系服从亨利定律，用吸收因数法解题比较方便。

② 对一定的填料高度和分离要求，计算吸收剂用量 L_S 和吸收剂的出塔浓度 X_1。此类问题需试差或图解法求解。

【例 6-19】 某吸收塔用纯溶剂吸收混合气体中的可溶组分。气体入塔组成为 0.06（摩尔比，下同），要求吸收率为 90%。操作条件下相平衡关系为 $Y^* = 1.5X$，操作液气比 $\dfrac{L_S}{V_B} = 2.0$，填料高度为 4m。试求：若操作时由于解吸不良导致入塔吸收剂中浓度为 0.001，其他条件均不变，计算此时的吸收率为多少？

解 此题属于第一种类型。

正常操作时：

$$Y_1 = 0.06, Y_2 = Y_1(1-\eta) = 0.06 \times (1-0.90) = 0.006$$

$$X_2 = 0, S = \frac{m}{L_S/V_B} = \frac{1.5}{2.0} = 0.75$$

$$\frac{Y_1 - mX_2}{Y_2 - mX_2} = \frac{Y_1}{Y_2} = \frac{0.06}{0.006} = 10$$

$$N_{OG} = \frac{1}{1-S}\ln\left[(1-S)\frac{Y_1 - mX_2}{Y_2 - mX_2} + S\right] = \frac{1}{1-0.75}\ln[(1-0.75) \times 10 + 0.75] = 4.72$$

$$H_{OG} = \frac{Z}{N_{OG}} = \frac{4}{4.72} = 0.847 \text{m}$$

$$X_1 = \frac{V_B(Y_1 - Y_2)}{L_S} + X_2 = \frac{0.06 - 0.006}{2.0} = 0.027$$

操作线如图 6-30 中的线 1 所示。

在新工况下，$X_2' = 0.001$。

由于气液量均不变，故 H_{OG} 不变；因为填料高度 Z 一定，所以该塔所提供的 N_{OG} 也不变。$N_{OG} = f\left(S, \dfrac{Y_1 - mX_2'}{Y_2' - mX_2'}\right)$，由于 S 不变，故按逻辑推理必有

$$\frac{Y_1 - mX_2'}{Y_2' - mX_2'} = \frac{Y_1 - mX_2}{Y_2 - mX_2} = 10$$

所以
$$Y'_2 = \frac{Y_1 + 9mX'_2}{10} = \frac{0.06 + 9 \times 1.5 \times 0.001}{10} = 7.35 \times 10^{-3}$$

$$\eta' = \frac{Y_1 - Y'_2}{Y_1} = \frac{0.06 - 7.35 \times 10^{-3}}{0.06} = 0.878$$

$$X'_1 = \frac{Y_1 - Y'_2}{L_S/V_B} + X'_2 = \frac{0.06 - 7.35 \times 10^{-3}}{2.0} + 0.001 = 0.0273$$

操作线如图 6-30 的线 2 所示。

●【例 6-20】 在例 6-19 中，由于解吸不良，吸收剂入口浓度增大使吸收率降低。如果工艺要求必须保证吸收率不变，试计算液气比应提高至多少？（设液气比变化时 H_{OG} 基本不变）

解 现 $X'_2 = 0.001$，要求 $\eta = 0.90$，即 Y_2 不变。可利用增大操作液气比的方法完成任务。填料高度一定，L_S 和 X_1 均待求，故此题属于第二类操作型命题。

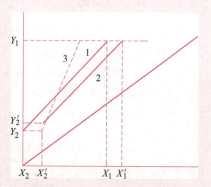

图 6-30 例 6-19 和例 6-20 附图

由于 Z 不变，且假设 H_{OG} 不变，所以该塔提供的 N_{OG} 也不变，即 $N_{OG} = 4.72$。但此时

$$\frac{Y_1 - mX'_2}{Y_2 - mX'_2} = \frac{0.06 - 1.5 \times 0.001}{0.006 - 1.5 \times 0.001} = 13$$

可利用 N_{OG} 的计算公式求出 S。

$$N_{OG} = \frac{1}{1-S} \ln\left[(1-S)\frac{Y_1 - mX'_2}{Y_2 - mX'_2} + S\right]$$

即
$$4.72 = \frac{1}{1-S} \ln[(1-S) \times 13 + S]$$

此式为非线性的，需试差求解或从图 6-25 查出 S。但图解受坐标刻度限制，读数精度较低，查得 S 约为 0.6。如用试差法，得

$$S = 0.652$$

$$\frac{L_S}{V_B} = \frac{m}{S} = \frac{1.5}{0.652} = 2.30$$

$$X_1 = \frac{Y_1 - Y_2}{L_S/V_B} + X'_2 = \frac{0.06 - 0.006}{2.30} + 0.001 = 0.0245$$

操作线如图 6-30 中线 3（虚线）所示。

由例 6-19 和例 6-20 可得以下结论。

① 操作型问题往往采用前后工况对比的方法进行逻辑推理，以判断某一操作条件变化引起哪些量变化，哪些量不变化，从而解出未知量。这种方法在传热操作型计算中已有介绍，是较常用的一种方法。

② 由例 6-19 看出，当 $X_2 \uparrow$ 时，$\eta \downarrow$（或 $Y_2 \uparrow$），$X_1 \uparrow$。

③ 由例 6-20 可知，提高液气比是常用的提高吸收率的操作方法，但出口液体浓度降

低。若系统为液膜控制，提高液气比不仅可提高传质推动力，同时也可以提高传质系数。

● **【例 6-21】** 用纯溶剂吸收某惰性气体中的溶质。已知该系统为易溶气体吸收，即气膜控制。平衡线和操作线如图 6-31 中线 1 和线 2 所示。若气液流量和入塔组成不变，但操作压强降低，试分析气液两相出口浓度如何变化？并粗略绘出新条件下的操作线和平衡线。

解 当系统温度不变时，由于操作压强降低，会使相平衡常数（$m=E/p$）增大。新条件下的平衡线如图 6-31 中线 3 所示。

对于气膜控制系统，气液量不变，则 $K_Ya \approx k_Ya$，可近似认为不随压强而变；故 H_{OG} 不变。填料高度一定，所以提供的传质单元数 N_{OG} 也不变。

但是，由于 m 增大，使脱吸因数 S 增大而对吸收不利。由图 6-25 知，在相同的 N_{OG} 下，S 增大，$\dfrac{Y_1 - mX_2}{Y_2' - mX_2}=\dfrac{Y_1}{Y_2'}$ 将减小，即气体出口浓度 Y_2' 增大（大于 Y_2），吸收率降低。

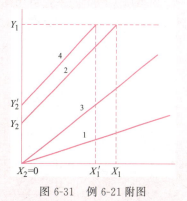

图 6-31　例 6-21 附图

由物料衡算方程 $X_1' = \dfrac{V_B(Y_1 - Y_2')}{L_S} + X_2$ 知，Y_2' 增大使 X_1' 减小。由于 L_S/V_B 不变，故新工况下的操作线（图 6-31 中线 4 所示）必与原操作线平行且上移，其两端点仍分别落在 $X_2=0$ 的垂线和 $Y=Y_1$ 的水平线上。

前已述及，相平衡关系对传质过程的推动力和总传质系数均有影响，分析时要全面考虑相平衡常数变化对 H_{OG}、N_{OG} 的影响，并视具体情况给予简化。但是，对于一定的吸收塔，提高压强和降低温度均可提高吸收率，这也是常用的操作调节手段之一。

五、理论板数计算

（一）理论板数的图解法

吸收过程也可在板式塔中进行。板式塔与填料塔的区别，在于气液两相组成沿着塔高呈阶跃式而不是连续的变化。在计算板式塔吸收过程时，往往需要应用物料衡算和气液平衡关系先计算完成吸收任务所需的理论板数，常用的方法是图解法（参见第七章第四节）。

理论板的定义为：气液两相在理论板上相遇时，因接触良好，传质充分，以致气液两相在离开塔板时已达平衡。

如图 6-32(a) 所示，若板式塔的理论板数由上到下共 N 层，离开各层理论板的液、气相组成各用 X_1、Y_1，X_2、Y_2，…，X_N、Y_N 表示。应当注意，图 6-32 中进塔液体组成用 X_0 表示，出塔气体组成即为离开第一层塔板的组成 Y_1；进塔气体组成用 Y_{N+1} 表示，而出塔液体组成则为离开第 N 块板的组成 X_N。

在塔内任两板间的截面 [如图 6-32(a) 中虚线] 和塔顶作溶质的物料衡算，可得操作线方程为：

$$Y_{i+1} = \frac{L_S}{V_B} X_i + \left(Y_1 - \frac{L_S}{V_B} X_0\right) \quad (i=1,2,\cdots,N) \tag{6-77}$$

该方程在 Y-X 图上也是一条直线，即塔内任一板间截面上的液气组成 (X_i, Y_{i+1}) 都落在这条操作线上，如图 6-32(b) 中的 (X_0, Y_1)、(X_1, Y_2)、$\cdots$、(X_{N-1}, Y_N)、(X_N, Y_{N+1}) 等点所示。

根据理论板的定义知，代表离开各层理论板的液气组成的点 (X_1, Y_1)、(X_2, Y_2)、$\cdots$、(X_N, Y_N) 都应落在图 6-32(b) 所示的平衡线上。

根据以上两个关系，可用图解法逐板求出离开各层理论板的气液组成和吸收所需的理论板数，其步骤如下 [参见图 6-32(b)]。

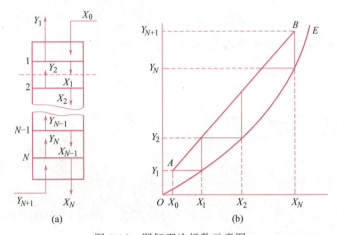

图 6-32 图解理论板数示意图

① 在 Y-X 坐标图上作出平衡线 OE 和操作线 AB。

② 从操作线的端点 $A(X_0, Y_1)$ 出发，作水平线与平衡线 OE 相交，交点坐标即为离开第一层理论板的平衡液气组成 (X_1, Y_1)；再从该点出发作垂线与操作线 AB 相交，其交点坐标为 (X_1, Y_2)，Y_2 代表离开第二层理论板的气体组成，Y_2 与 X_1 的关系满足操作线方程(6-77)。依此类推，在操作线 AB 和平衡线 OE 之间画梯级，直到达到或越过 B 点为止。

③ 达到指定端点 B 时所画出的梯级总数，便是完成吸收任务所需的理论板数。

梯级法图解求理论板数不受任何条件的限制，平衡线是直线或是曲线均适用；既可用于低浓度气体吸收，也可用于高浓度气体的吸收以及解吸过程。

实际的板式吸收塔的塔板上的传质情况不如理论板那么完善，故所需的实际板数比理论板数多。实际板数的求法见第八章。

（二）理论板数与传质单元数的关系

图解法的实质是交替应用物料衡算和气液平衡关系。当操作线和平衡线均为直线，且平衡关系可写为 $Y^* = mX$ 时，可以求出完成一定吸收任务所需的理论板数为：

$$N = \frac{1}{\ln A} \ln\left[(1-S)\frac{Y_1 - mX_2}{Y_2 - mX_2} + S\right] \quad (A \neq 1) \tag{6-78}$$

$$N = \frac{Y_1 - Y_2}{Y_2 - mX_2} \quad (A = 1) \tag{6-78a}$$

将式(6-78)和式(6-71)比较可知,在上述条件下理论板数与气相总传质单元数之间的关系为

$$\frac{N}{N_{OG}} = \frac{1-S}{\ln A} = \frac{S-1}{\ln S} \tag{6-79}$$

当 $S=1$ 时,$\lim\limits_{S \to 1} \frac{S-1}{\ln S} = 1$,即 $N = N_{OG}$,此时理论板数 N 和气相总传质单元数 N_{OG} 相同(参见例6-17中 N_{OG} 计算)。

正是由于理论板数与传质单元数之间存在着一定的联系,因而有时也可通过求理论板数和确定完成一块理论板的作用所相当的填料高度(称为等板高度)的方法求出填料总高度。即

$$填料层高度 = 理论板数 \times 等板高度$$

与传质单元高度一样,等板高度的值与物系性质、填料性能及润湿情况、气液流动状况等有关,反映吸收设备效能的高低。等板高度的数值需实验测定,或用经验方程进行估算。

● **【例6-22】** 若例6-15中的吸收任务改在板式塔中进行,问需要多少理论塔板?

解 由例6-15知,$S=0.752$,$A=\frac{1}{S}=1.33$

$$\frac{Y_1 - mX_2}{Y_2 - mX_2} = 20, N_{OG} = 7.03$$

$$N = \frac{1}{\ln A} \ln\left[(1-S)\frac{Y_1 - mX_2}{Y_2 - mX_2} + S\right]$$

$$= \frac{1}{\ln 1.33} \ln[(1-0.752) \times 20 + 0.752] = 6.11$$

由计算知,当 $S<1$ 时,$N<N_{OG}$。

● 读者可自行用图解法求出本例的理论板数,并与计算值比较。

六、解吸塔计算

解吸或称脱吸,是吸收的逆过程,传质方向与吸收相反——溶质由液相向气相传递。其目的是回收吸收液中的溶质或使吸收剂再生循环使用。许多工艺过程采用吸收-解吸联合操作,因而这两个过程的操作相互影响。由相平衡关系知,高温、减压有利于解吸,这也是解吸常用的措施。

逆流操作的解吸塔,吸收液从塔顶进入,惰性气体(空气、水蒸气或其他载气)从底部通入,溶质气体从液相中解吸出来进入气相从塔顶送出,经解吸后的稀溶液从塔底引出[见图6-33(a)]。如果要求获得较纯净的溶质,需选择适当的载气并对出塔气体做进一步的处理。例如,当溶质不溶于水时,用水蒸气作惰性气体,由解吸塔顶排出的混合气体经冷凝后分层,可把溶质分离出来(见图6-1)。

解吸的计算方法在原则上与吸收并无不同,其差别在于:

① 逆流解吸时塔顶的气、液组成 (X_1, Y_1) 最浓,而塔底的 (X_2, Y_2) 最稀;

② 解吸的操作线在平衡线的下方,所以其推动力的表达式和吸收相反,$\Delta Y = Y^* - Y$,$\Delta X = X - X^*$。

（一）解吸气体用量的计算

对图 6-33(a) 所示的逆流解吸塔进行物料衡算，可知其操作线方程式与吸收相同。

在解吸塔的设计型计算中，通常液体流量和出塔、入塔的液体组成以及入塔气体组成都是已知的，而出塔气体浓度 Y_1 则应根据选定的气液比来计算。

如图 6-33(b) 所示，若解吸所用的惰性气体量减少，即气液比减小，出口气体组成 Y_1 将增大，操作线的端点 A（塔顶组成）向平衡线靠近。当操作线的端点 A 和平衡线相交 [图 6-33(b)] 或两线在某处相切时 [图 6-33(c)]，解吸塔操作线的斜率 L_S/V_B 达到最大，出口的 Y_1 也达到最大（$Y_{1,\max}$），换言之，此时的气液比为完成指定解吸要求下的最小值，用 $\left(\dfrac{V_B}{L_S}\right)_{\min}$ 表示。

$$\left(\frac{V_B}{L_S}\right)_{\min} = \frac{X_1 - X_2}{Y_{1,\max} - Y_2} \tag{6-80}$$

与吸收类似，随平衡线形状的不同，$Y_{1,\max}$ 有不同的确定方法。当平衡关系服从亨利定律（$Y^* = mX$）时，有

$$\left(\frac{V_B}{L_S}\right)_{\min} = \frac{X_1 - X_2}{Y_1^* - Y_2} = \frac{X_1 - X_2}{mX_1 - Y_2} \tag{6-81}$$

实际操作的气液比需大于最小气液比，以维持一定的解吸推动力。

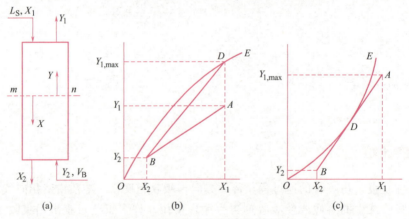

图 6-33　解吸的操作线和最小气液比

（二）解吸塔填料高度的计算

解吸塔填料高度计算式与吸收时基本相同，但传质单元数计算中推动力相反。若可用总传质系数表示，则有

$$Z = H_{OG} N_{OG} = \frac{V_B}{K_Y a \Omega} \int_{Y_2}^{Y_1} \frac{dY}{Y^* - Y} \tag{6-82}$$

或

$$Z = H_{OL} N_{OL} = \frac{L_S}{K_X a \Omega} \int_{X_2}^{X_1} \frac{dX}{X - X^*} \tag{6-83}$$

和吸收时一样，总传质单元数的计算应视气液平衡关系的情况选用不同的方法。实际计

算中由于解吸的溶质量以 $L_S dX$ 表示比较方便，故式(6-83)多用于解吸计算。

1. 吸收因数法

当溶液很稀且相平衡关系为 $Y^* = mX$ 时，

$$N_{OL} = \frac{1}{1-A} \ln\left[(1-A)\frac{X_1 - Y_2/m}{X_2 - Y_2/m} + A\right] \qquad (6-84)$$

式(6-84)在结构上与式(6-71)相同，只是以 N_{OL} 替换 N_{OG}，A 替换 S，并以液相的脱吸程度 $\dfrac{X_1 - Y_2/m}{X_2 - Y_2/m}$ 代替气相吸收程度 $\dfrac{Y_1 - mX_2}{Y_2 - mX_2}$。因此，只要做以上替换，就仍然可以应用图 6-25 求解。

2. 对数平均推动力法

若在解吸过程所涉及的组成范围内，平衡关系可用直线方程式 $Y^* = mX + b$ 表示时，可用对数平均推动力法求 N_{OL}。

$$N_{OL} = \frac{X_1 - X_2}{\Delta X_m} \qquad (6-85)$$

$$\Delta X_m = \frac{(X_1 - X_1^*) - (X_2 - X_2^*)}{\ln \dfrac{X_1 - X_1^*}{X_2 - X_2^*}} \qquad (6-86)$$

与式(6-74)和式(6-75)比较知，解吸与吸收的 N_{OL} 计算式相同，只是平均推动力 ΔX_m 中 ΔX 的表达式正负号相反。

3. 当平衡线为曲线时，可用图解（或数值）积分法求解

● **【例 6-23】** 含苯 0.02（摩尔比，下同）的煤气在填料塔中用洗油逆流吸收其中 95% 的苯。煤气的流量为 39.1kmol B/h。要求塔顶进入的洗油含苯不超过 0.00503，操作液气比为 0.179。吸收后的富油经加热后被送入解吸塔塔顶，在解吸塔底送入过热水蒸气使洗油脱苯，达到要求后经冷却器再进入吸收塔使用。水蒸气的耗用量为最小用量的 1.4 倍。解吸塔的操作温度为 120℃，平衡关系为 $Y'^* = 3.16X$，液相体积总传质系数 $K_X a = 0.01 \text{kmol}/(\text{m}^3 \cdot \text{s})$，塔径 0.7m，求解吸塔所需的水蒸气用量和填料层高度。流程见图 6-34。

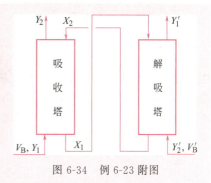

图 6-34 例 6-23 附图

解 ① 吸收塔

$$Y_1 = 0.02, Y_2 = Y_1(1-\eta) = 0.02 \times (1-0.95) = 0.001$$

$$X_2 = 0.00503, L_S/V_B = 0.179$$

$$L_S = 0.179 V_B = 0.179 \times 39.1 = 7.00 \text{kmol/h}$$

$$X_1 = \frac{Y_1 - Y_2}{L_S/V_B} + X_2 = \frac{0.02 - 0.001}{0.179} + 0.00503 = 0.111$$

② 解吸塔

水蒸气中不含苯，$Y_2'=0$。

$$\left(\frac{V_B'}{L_S}\right)_{min}=\frac{X_1-X_2}{Y_1'^*-Y_2'}=\frac{X_1-X_2}{mX_1}=\frac{0.111-0.00503}{3.16\times 0.111}=0.302$$

$$\frac{V_B'}{L_S}=1.4\left(\frac{V_B'}{L_S}\right)_{min}=1.4\times 0.302=0.423$$

解吸所需的水蒸气用量

$$V_B'=0.423L_S=0.423\times 7.00=2.96\text{kmol B/h}$$

$$Y_1'=\frac{L_S}{V_B'}(X_1-X_2)+Y_2'=\frac{0.111-0.00503}{0.423}=0.251$$

$$H_{OL}=\frac{L_S}{K_X a\Omega}=\frac{7.0/3600}{0.01\times\frac{\pi}{4}\times 0.7^2}=0.506\text{m}$$

$$N_{OL}=\frac{X_1-X_2}{\Delta X_m}$$

$$\Delta X_m=\frac{(X_1-X_1'^*)-(X_2-X_2'^*)}{\ln\frac{X_1-X_1'^*}{X_2-X_2'^*}}=\frac{\left(0.111-\frac{0.251}{3.16}\right)-(0.00503-0)}{\ln\frac{0.111-0.251/3.16}{0.00503}}=0.0145$$

所以

$$N_{OL}=\frac{0.111-0.00503}{0.0145}=7.31$$

$$Z=H_{OL}N_{OL}=0.506\times 7.31=3.70\text{m}$$

● 读者可用吸收因数法求解 N_{OL}，并与题中结果比较。

在吸收-解吸联合操作系统中，解吸效果的好坏直接影响到吸收的分离效果。例如，解吸不良会使吸收剂入塔浓度上升；解吸后的吸收剂冷却不足，吸收剂温度将升高，这些都会给吸收操作带来不利的影响。提高吸收剂用量时也要考虑解吸塔的生产能力。另外，吸收剂在吸收设备与解吸设备间的循环，以及中间的加热、冷却、加压等都会消耗较多的能量并引起吸收剂的损失。这些问题在选择吸收剂及确定操作条件时都要给予充分的考虑。

▲ 学完本节可完成习题 6-16～6-30。

*第六节 传 质 系 数

在进行填料塔计算时，必须有传质系数或传质单元高度（或等板高度）的数值，这些数值受很多因素的影响，主要为流体的物性、填料性能和润湿情况、气液流动状况等的影响。总传质系数和总传质单元高度还与气液相平衡关系有关。因此，对于不同的系统，不同的设备或操作条件，传质系数或传质单元高度的值不同。取得这些数值有三个途径。

一、直接实测

吸收计算时,传质系数的数据可以直接从生产设备查定,或通过中间实验得到。例如,按照气相总传质速率方程

$$K_Y a = \frac{V_B(Y_1 - Y_2)}{Z \Omega \Delta Y_m}$$

在定常操作状况下测得气体流量和气液进出口浓度,可根据物料衡算和平衡关系算出 $V_B(Y_1 - Y_2)$ 和 ΔY_m。再根据具体设备尺寸测出填料高度 Z 和塔截面积 Ω,便可按上式计算 $K_Y a$。

测定工作可针对全塔进行,也可针对任一段塔进行,测定值代表所测范围内的平均值。使用这些实验数据时必须注意,只能用于条件相同或非常相近的情况。

● 读者可考虑实际设备中的等板高度如何实测。

二、经验公式

在有关手册中,都有一些根据特定系统及特定条件下的实验数据得到的经验公式或数据图表。这些公式或数据的适用范围较窄,但如应用恰当,其准确性并不低。

例如,常压下用水吸收二氧化碳,吸收的阻力主要在液膜中。计算公式为

$$k_l a = 2.57 U^{0.96} \tag{6-87}$$

式中 $k_l a$ ——液相体积传质分系数,$kmol/[m^3 \cdot h \cdot (kmol/m^3)]$;

U ——喷淋密度,即单位时间内喷淋在单位塔截面积上的液相体积,$m^3/(m^2 \cdot h)$。

式(6-87)的适用范围为:

① 常压下在填料塔中用水吸收二氧化碳;
② 直径为 $10 \sim 32mm$ 的陶瓷环填料;
③ 喷淋密度 $U = 3 \sim 20 m^3/(m^2 \cdot h)$;
④ 气体的空塔质量流速为 $130 \sim 580 kg/(m^2 \cdot h)$;
⑤ 温度为 $21 \sim 27℃$。

经验公式一般不遵循单位一致性原则,使用时必须按照公式作者提供的物理量单位进行计算。

三、准数方程式

由于目前对气液两相间传质的客观规律认识还不够,所以虽然有许多关于填料塔传质速率的关联式,但计算结果相差很大,只能作为设计计算的某种参考依据。下面介绍恩田等人导出、经天津大学修正,能扩展用于新型开孔填料的准数方程式。其特点是将液体润湿的填料表面作为有效传质面积,分别提出计算有效面积 a 和传质系数 k_l、k_g 的关联式,然后相乘得到 $k_l a$ 和 $k_g a$,从而可进一步计算传质单元高度 H_G 和 H_L。

1. 填料润湿面积 a

$$\frac{a}{a_t} = 1 - \exp\left[-1.45 \left(\frac{\sigma_c}{\sigma}\right)^{0.75} \left(\frac{G_l}{a_t \mu_l}\right)^{0.1} \left(\frac{G_l^2 a_t}{\rho_l^2 g}\right)^{-0.05} \left(\frac{G_l^2}{\rho_l a_t \sigma}\right)^{0.2}\right] \tag{6-88}$$

式中　a——单位体积填料层的润湿面积，m^2/m^3；
　　　a_t——填料的比表面积，m^2/m^3；
　　　σ——液体的表面张力，N/m；
　　　σ_c——填料材质的临界表面张力（见表 6-11），N/m；
　　　G_l——液体通过空塔截面的质量流速，$kg/(m^2 \cdot s)$；
　　　μ_l——液体的黏度，$Pa \cdot s$；
　　　ρ_l——液体的密度，kg/m^3。

表 6-11　填料材质的临界表面张力 σ_c

材　质	σ_c/(N/m)	材　质	σ_c/(N/m)
钢	7.5×10^{-2}	聚氯乙烯	4.0×10^{-2}
玻璃	7.3×10^{-2}	聚乙烯	3.3×10^{-2}
陶瓷	6.1×10^{-2}	表面涂石蜡	2.0×10^{-2}
石墨	5.6×10^{-2}		

应当指出，填料的有效传质面积和填料润湿面积之间还是有差别的。有效传质面积必定是润湿的，但润湿的表面不一定是有效的。例如，在填料层内的某些局部区域，液体运动极其缓慢或静止不动，此处的液体可达平衡状态，对传质不起作用；另一方面，有效面积不仅限于填料的润湿表面，还包括可能存在的液滴或气泡面积。

2. 液相传质分系数 k_l

$$k_l \left(\frac{\rho_l}{\mu_l g}\right)^{1/3} = 0.0051 \left(\frac{G_l}{a \mu_l}\right)^{2/3} \left(\frac{\mu_l}{\rho_l D_l}\right)^{-1/2} (a_t d_p)^{0.4} \tag{6-89}$$

式中　D_l——溶质在液相中的扩散系数，m^2/s；
　　　d_p——填料的名义尺寸，m（参见第八章）；
　　　k_l——液相传质分系数，$kmol/[m^2 \cdot s \cdot (kmol/m^3)]$。

3. 气相传质分系数 k_g

$$\frac{k_g RT}{a_t D_g} = C \left(\frac{G_v}{a_t \mu_g}\right)^{0.7} \left(\frac{\mu_g}{\rho_g D_g}\right)^{1/3} (a_t d_p)^{-2} \tag{6-90}$$

式中　C——系数，对大于 15mm 的环形和鞍形填料为 5.23，小于 15mm 的填料为 2.0；
　　　k_g——气相传质分系数，$kmol/(m^2 \cdot s \cdot kPa)$；
　　　R——气体常数，$8.314 kJ/(kmol \cdot K)$；
　　　T——气体温度，K；
　　　D_g——溶质在气体中的扩散系数，m^2/s；
　　　μ_g——气体黏度，$Pa \cdot s$；
　　　ρ_g——气体密度，kg/m^3；
　　　G_v——气体的质量流速，$kg/(m^2 \cdot s)$。

【例 6-24】 在温度 30℃、压强为 101.3kPa 下用水吸收空气中少量的 SO_2，采用 25mm 塑料鲍尔环填料，比表面积为 $209 m^2/m^3$，气体的质量流速为 $0.62 kg/(m^2 \cdot s)$，液体的质量流速为 $16.7 kg/(m^2 \cdot s)$。试用准数关系式计算 $k_g a$ 和 $k_l a$。

解 ① 物性数据及填料特性。可查得

液相：$\rho_l = 1000 \text{kg/m}^3$，$\mu_l = 8 \times 10^{-4} \text{Pa·s}$

$\sigma = 0.07 \text{N/m}$，$D_l = 2.2 \times 10^{-9} \text{m}^2/\text{s}$（303K 时）

气相：$\rho_g = \dfrac{29}{22.4} \times \dfrac{273}{303} = 1.17 \text{kg/m}^3$

$\mu_g = 1.8 \times 10^{-5} \text{Pa·s}$

由表 6-1 查得 $D_g = 0.122 \text{cm}^2/\text{s}(273\text{K})$，

在 303K 时 $D_g = 0.122 \times \left(\dfrac{303}{273}\right)^{3/2} = 0.143 \text{cm}^2/\text{s} = 1.43 \times 10^{-5} \text{m}^2/\text{s}$

填料特性：比表面积 $a_t = 209 \text{m}^2/\text{m}^3$

临界表面张力 $\sigma_c = 0.033 \text{N/m}$（聚乙烯）

② 求 a。

$$\left(\frac{\sigma_c}{\sigma}\right)^{0.75} = \left(\frac{0.033}{0.070}\right)^{0.75} = 0.57$$

$$\left(\frac{G_l}{a_t \mu_l}\right)^{0.1} = \left(\frac{16.7}{209 \times 8 \times 10^{-4}}\right)^{0.1} = 1.58$$

$$\left(\frac{G_l^2 a_t}{\rho_l^2 g}\right)^{-0.05} = \left(\frac{16.7^2 \times 209}{1000^2 \times 9.81}\right)^{-0.05} = 1.29$$

$$\left(\frac{G_l^2}{\rho_l \sigma a_t}\right)^{0.2} = \left(\frac{16.7^2}{1000 \times 0.07 \times 209}\right)^{0.2} = 0.45$$

由式(6-88) 得

$$\frac{a}{a_t} = 1 - \exp(-1.45 \times 0.57 \times 1.58 \times 1.29 \times 0.45) = 0.53$$

$$a = 0.53 \times 209 = 111 \text{m}^2/\text{m}^3$$

③ 求 $k_l a$。

$$\left(\frac{\rho_l}{\mu_l g}\right)^{1/3} = \left(\frac{1000}{8 \times 10^{-4} \times 9.81}\right)^{1/3} = 50.3$$

$$\left(\frac{G_l}{a \mu_l}\right)^{2/3} = \left(\frac{16.7}{111 \times 8 \times 10^{-4}}\right)^{2/3} = 32.8$$

$$\left(\frac{\mu_l}{\rho_l D_l}\right)^{-1/2} = \left(\frac{8 \times 10^{-4}}{1000 \times 2.2 \times 10^{-9}}\right)^{-1/2} = 0.052$$

$$(a_t d_p)^{0.4} = (209 \times 0.025)^{0.4} = 1.94$$

由式(6-89) 得

$$k_l = \frac{0.0051 \times 32.8 \times 0.052 \times 1.94}{50.3} = 3.35 \times 10^{-4} \text{kmol/[m}^2 \cdot \text{s} \cdot (\text{kmol/m}^3)]$$

$$k_l a = 3.35 \times 10^{-4} \times 111 = 0.037 \text{kmol/[m}^3 \cdot \text{s} \cdot (\text{kmol/m}^3)]$$

④ 求 $k_g a$。

$$C = 5.23$$

$$\left(\frac{G_v}{a_t \mu_g}\right)^{0.7} = \left(\frac{0.62}{209 \times 1.8 \times 10^{-5}}\right)^{0.7} = 35.6$$

$$\left(\frac{\mu_g}{\rho_g D_g}\right)^{1/3} = \left(\frac{1.8 \times 10^{-5}}{1.17 \times 1.43 \times 10^{-5}}\right)^{1/3} = 1.02$$

$$(a_t d_p)^{-2} = (209 \times 0.025)^{-2} = 0.037$$

由式(6-90)得

$$k_g = \frac{5.23 \times 35.6 \times 1.02 \times 0.037 \times 209 \times 1.43 \times 10^{-5}}{8.314 \times 303} = 8.34 \times 10^{-6} \text{ kmol/(m}^2 \cdot \text{s} \cdot \text{kPa)}$$

$$k_g a = 8.34 \times 10^{-6} \times 111 = 9.26 \times 10^{-4} \text{ kmol/(m}^3 \cdot \text{s} \cdot \text{kPa)}$$

第七节 其他类型吸收操作简介

前几节重点讨论了低浓度、单组分、等温定常物理吸收的过程及其计算。本节简要介绍工业生产中其他情况下吸收过程的特点。

一、高浓度气体吸收

高浓度气体吸收是指混合气体中溶质的含量较高（例如超过10%），被吸收的溶质量较多。高浓度气体吸收的特点如下。

（1）**传质分系数 $k_g a$ 和 $k_1 a$ 不能视为常量** 在高浓度吸收过程中，气、液相流动速率沿塔高均有明显的变化，由式(6-89)和式(6-90)知传质分系数沿塔高也有较大的变化。

（2）**吸收过程往往是非等温的** 高浓度吸收过程中，被吸收的溶质量较多，所产生的溶解热将使两相温度升高，使得高浓度吸收常为非等温过程，相平衡常数或亨利系数不再保持常数。高浓度吸收的计算比较复杂，需要时可参阅有关手册。

二、非等温吸收

在吸收过程中总会产生溶解热，特别是伴有化学反应时常会有大量的反应热释放出来，使两相流体温度升高。只有在气体浓度不高，液气比甚大，又没有显著的放热效应时，才能近似地作为等温吸收对待。当吸收的热效应较大，如以水吸收较浓的 HCl 或 NH_3，以浓硫酸吸收 SO_3 等过程，就必须考虑温度变化的影响。其特点有以下几方面。

① 相平衡关系发生改变。在非等温吸收中，由于吸收剂温度逐渐升高，溶质在吸收剂中的溶解度减小（$H \downarrow$，$m \uparrow$，$E \uparrow$），平衡线逐渐向上移动，塔内传质推动力随温度升高而减小，对吸收过程产生不利的影响。另外，温度升高吸收剂的蒸气压增大，其汽化量增大，从而增加了吸收剂的损耗量。

② 液相传质分系数有所提高。由于液体温度升高，降低了液体的黏度，增大了扩散系数，从而提高了液相的传质分系数。

③ 若为化学吸收，温度升高会使反应速率加快。

④ 对非等温吸收应该在物料衡算的同时进行热量衡算，以确定在塔内的温度分布及相应的平衡关系。

非等温吸收的一种近似处理办法是假定所有释放出的热量都被液体吸收，据此推导出液体浓度与温度的对应关系，从而得到变温情况下的平衡曲线。

总的来讲，液体温度升高对吸收过程不利。所以，实际生产中对于有显著热效应的吸收系统，一般均采取降温措施，如将液体引出进行中间冷却，或在塔内安装冷却器等。

三、多组分吸收

多组分吸收是实际生产中最常遇到的情况。

在多组分吸收过程中，其他组分的存在使得各溶质在气液两相中的相平衡关系有所改变，其计算比较复杂。但是，若被吸收组分的浓度都较低，则可以认为各组分的平衡关系互不影响，并服从亨利定律，因而可对各个溶质组分予以单独考虑。

多组分吸收的计算原则：根据工艺要求，控制其中某一主要组分（称为关键组分）达到规定的分离要求，并按照单组分吸收的方法对此关键组分计算出吸收剂用量和填料高度（或理论板数）。然后按此条件及其他各组分的相平衡关系，分别计算出各自的吸收率和出塔组成。由于吸收塔内的液气比 L_S/V_B 相同，所以对于任一组分的操作线的斜率相同。

在单组分吸收过程中，若惰性气体也稍有溶解，实际上也是多组分吸收过程。例如，合成氨厂以加压吸收的方法从变换气中脱除 CO_2 时，氮、氢等气体也稍有溶解，造成了氮气、氢气损失以及回收的 CO_2 纯度不高。这些问题有时可利用多级减压解吸的方法解决。由于难溶组分亨利系数 E 值大，在减压脱吸时优先释放，故可设置中压解吸装置以回收氮、氢气体，然后在低压下解吸回收 CO_2 气体。

四、化学吸收

伴有化学反应的吸收过程称为化学吸收。化学吸收有很高的选择性，有较高的吸收率，在工业生产中也有广泛的应用。例如，用碱液吸收 H_2S，用硫酸吸收 NH_3 等。

化学吸收与物理吸收相比有以下特点。

① 吸收过程的推动力增大。当气体中溶质进入液相后，因与液体中的某组分起化学反应而被消耗掉，使液体中溶质浓度降低，从而溶质的平衡分压也降低。若反应是不可逆过程，在溶液中与溶质起反应的组分被完全消耗之前，溶质的平衡分压可降至为零，故推动力必然增加。

② 传质系数有所提高。有化学反应的吸收过程，溶于液相的溶质常常在气液表面附近的液相内与某组分起化学反应而被消耗掉，使液相中的扩散阻力减小，从而液相传质分系数有所增大。

这两个特点使化学吸收特别适用于难溶气体的吸收（即液膜控制系统）。若吸收过程为气膜控制，液相传质分系数的增大并不能使总传质系数有明显增大，但总推动力仍然会有所增加。

③ 吸收剂用量较小。化学吸收中单位体积吸收剂能吸收的溶质量大为增加，故能有效地减少吸收剂的用量或循环量，从而降低能耗及某些有价值的惰性气体的溶解损失。

但是，化学吸收的优点并非绝对的，主要在于化学反应虽有利于吸收，但往往不利于解吸。如果反应不可逆，吸收剂就不能循环使用；此外，反应速度的快慢也会影响吸收的效果。所以，化学吸收剂的选择要注意有较快的反应速度和反应的可逆性。

【案例 6-1】 吸收法制硫酸

以硫铁矿为原料生产硫酸的过程，包含焙烧、净化、转化和吸收四个基本部分。在上册案例 3-1 中介绍了硫铁矿焙烧产物的净化工艺。气体净化之后，气体中的 SO_2 在钒催化剂的作用下转化为 SO_3，用浓硫酸吸收 SO_3 可得硫酸。

早期工艺为一次转化，一次吸收加末端治理。由于转化反应是一个可逆放热反应，经典工艺是用多段固定床反应器，用间接换热或冷激的方式调节反应温度，以期使反应尽可能地沿最适宜温度线进行。进反应器的 SO_2 约为 9%，O_2 约为 8.6%，经三段或四段催化剂，SO_2 的最终转化率约为 97%~98%，转化气经 98% 的浓硫酸吸收后，尾气中尚含约 0.3% 的 SO_2，0.01% 的 SO_3，如直接排放到大气，宛若"白龙"。需用氨水、碳酸氢铵水溶液吸收废气中的 SO_2、SO_3，使排放气体达到环保要求的排放标准。

目前，多采用二次转化，二次吸收。在两段或三段催化剂之后，将气体引入中间吸收塔，吸收掉反应生成的三氧化硫，余气经加热再回到后面的催化剂层进行第二次转化，然后再经过第二次吸收。该工艺排空气体中 SO_2 含量可锐减到 0.01% 以下。详细的经济评价表明：两转两吸方案的投资高于一转一吸，但无需尾气处理装置，两项相比总投资差不多，生产成本相近。但两转两吸方案简化了工艺，大大减少了污染及其危害。另外，硫酸的制备过程中，固定床反应器存在浓度、温度均匀性不够好的缺陷，而流化床反应器的效果却较好，对反应器的讨论参见反应工程。

在本教材绪论中讨论化工原理工程观点时强调效益（经济效益与环保效益）是评价工程合理性的最终判据。经济效益可能影响企业的可持续发展能力，环保效益则是对社会的贡献。就环保效益而言，末端治理是一种方法，但结合工艺技术改造减少废物排放，提出"清洁生产工艺"才是更有效的方法。

思考题

6-1 说明下列各组概念的意义，比较它们的区别并分析温度、总压强对它们的影响。

$\begin{cases}吸收\\解吸\end{cases}$ $\begin{cases}吸收因素\ A\\解吸因数\ S\end{cases}$ $\begin{cases}操作线\\平衡线\end{cases}$ $\begin{cases}扩散系数\\漂流因子\end{cases}$

$\begin{cases}亨利系数\ E\\溶解度系数\ H\\相平衡常数\ m\end{cases}$ $\begin{cases}气相传质分系数\ k_g、k_Y\\液相传质分系数\ k_l、k_X\\气相总传质系数\ K_g、K_Y\\液相总传质系数\ K_l、K_X\end{cases}$

6-2 说明下列各组概念的意义和特点。

$\left\{\begin{array}{l}\text{菲克定律}\\\text{傅里叶定律}\end{array}\right.$ $\left\{\begin{array}{l}\text{低浓度吸收}\\\text{高浓度吸收}\end{array}\right.$ $\left\{\begin{array}{l}\text{等温吸收}\\\text{非等温吸收}\end{array}\right.$ $\left\{\begin{array}{l}\text{物理吸收}\\\text{化学吸收}\end{array}\right.$

$\left\{\begin{array}{l}\text{单组分吸收}\\\text{多组分吸收}\end{array}\right.$ $\left\{\begin{array}{l}\text{并流吸收}\\\text{逆流吸收}\end{array}\right.$ $\left\{\begin{array}{l}\text{相内传质}\\\text{相际传质}\end{array}\right.$ $\left\{\begin{array}{l}\text{最小液气比}\\\text{适宜液气比}\end{array}\right.$

$\left\{\begin{array}{l}\text{分子扩散}\\\text{主体流动}\\\text{对流传质}\end{array}\right.$ $\left\{\begin{array}{l}\text{等摩尔逆向扩散}\\\text{单向扩散}\end{array}\right.$ $\left\{\begin{array}{l}\text{气膜控制}\\\text{液膜控制}\end{array}\right.$ $\left\{\begin{array}{l}\text{传质单元数}\\\text{理论板数}\end{array}\right.$ $\left\{\begin{array}{l}\text{传质单元高度}\\\text{等板高度}\end{array}\right.$

$\left\{\begin{array}{l}\text{传质单元数 } N_{OG}、N_{OL}、N_G、N_L\\\text{传质单元高度 } H_{OG}、H_{OL}、H_G、H_L\end{array}\right.$ $\left\{\begin{array}{l}\text{气相推动力 } Y-Y^*,\ p_A-p_A^*,\ Y-Y_i,\ p_A-p_i\\\text{液相推动力 } X^*-X,\ c_A^*-c_A,\ X_i-X,\ c_i-c_A\end{array}\right.$

$\left\{\begin{array}{l}\text{易溶气体}\\\text{中等溶解度气体}\\\text{难溶气体}\end{array}\right.$ $\left\{\begin{array}{l}\text{吸收因数法}\\\text{对数平均推动力法}\\\text{图解积分法}\end{array}\right.$ $\left\{\begin{array}{l}\text{填料比表面积}\\\text{填料润湿面积}\\\text{有效传质面积}\end{array}\right.$ $\left\{\begin{array}{l}\text{传质方向}\\\text{传质极限}\\\text{传质速率}\end{array}\right.$

6-3 某逆流吸收塔,用纯溶剂吸收惰性气体中的溶质组分。若 L_S、V_B、T、p 等不变,进口气体溶质含量 Y_1 增大,问:①N_{OG}、Y_2、X_1、η 如何变化?画出操作线示意图。②采取何种措施可使 Y_2 达到原工艺要求?

6-4 某吸收过程为气膜控制。在操作过程中,若入口气量增加,其他操作条件不变,问:N_{OG}、Y_2、X_1 将如何变化?画出操作线示意图。

* **6-5** 某低浓度逆流吸收的相平衡关系服从亨利定律 $Y^*=mX$,解吸因素 $S=0.5$,当塔高无穷时,画出操作线示意图。若系统压强减小一半,而气、液摩尔流量和进口组成均不变,画出操作线示意图。

6-6 当相平衡关系为曲线时,说明下列低浓度气体吸收过程应采用的计算公式和解法:①易溶气体;②难溶气体;③中等溶解度气体。

* **6-7** 试证明当吸收过程所涉及的浓度范围内平衡关系为直线 $Y^*=mX+b$ 时,气相总传质单元数可按下式计算:

$$N_{OG}=\frac{1}{1-S}\ln\frac{Y_1-Y_1^*}{Y_2-Y_2^*}$$

习题

6-1 在 101.3kPa、293K 下,空气中 CCl_4 的分压为 21mmHg,求 CCl_4 的摩尔分数、物质的量浓度和摩尔比。

[答:$y=0.0276$,$c_A=1.15\times10^{-3}$ kmol/m^3,$Y=0.0284$ kmol A/kmol B]

6-2 在 100kg 水中含有 0.015kg 的 CO_2,试求 CO_2 的质量分数、质量比和质量浓度。

[答:$w=1.50\times10^{-4}$,$\rho_A=0.15$ kg/m^3,$W=1.50\times10^{-4}$ kg A/kg S]

6-3 在 101.3kPa、20℃下,100kg 水中含氨 1kg 时,液面上方氨的平衡分压为 0.80kPa,求气、液两相组成(以摩尔分数、摩尔比、摩尔浓度表示)。

[答:气相 $y=7.90\times10^{-3}$,$Y=7.96\times10^{-3}$,$c_{Ag}=3.28\times10^{-4}$ kmol/m^3;液相 $x=0.0105$,$X=0.0106$,$c_{Al}=0.582$ kmol/m^3]

6-4 在 101.3kPa、10℃下,氧与二氧化碳混合气体中发生定常扩散过程,已知相距 0.3cm 的两截面上氧的分压分别为 13.3kPa 和 6.66kPa,又知扩散系数为 0.148cm^2/s,试计算下列两种情形下氧的传质速率 N_A [kmol/(m^2·s)]:①氧与二氧化碳两种气体作等摩尔逆向扩散;②二氧化碳为停滞组分。

[答:①$N_{A1}=0.0139$ mol/(m^2·s);②$N_{A2}=0.0154$ mol/(m^2·s)]

* **6-5** 浅盘内盛有 5mm 的水,在 101.3kPa 及 298K 下向大气蒸发。假设水蒸气的扩散相当于通过 2mm

的静止气层，气层外的水蒸气分压可以忽略。求：①气相传质分系数（k_g、k_y、k_Y）和传质速率；②水分蒸发完需要的时间。

〔答：① $k_g = 5.34 \times 10^{-6}$ kmol/(m^2·s·kPa)，$k_y = 5.41 \times 10^{-4}$ kmol/(m^2·s)，$k_Y = 5.24 \times 10^{-4}$ kmol/(m^2·s)，$N_A = 1.69 \times 10^{-5}$ kmol/(m^2·s)；② $\tau = 4.56$h〕

*6-6 若某组分在气相中各处的摩尔分数不变，将总压增大一倍，但质量流速不变，试分析 k_g、k_y、k_Y 和 N_A 的变化情况。

〔答：$k'_g = \dfrac{1}{2} k_g$，$k'_y = k_y$，$k'_Y = k_Y$，$N'_A = N_A$〕

6-7 设题 6-3 中情况服从亨利定律，求 E、m、H。

〔答：$E = 76.2$kPa，$m = 0.753$，$H = 0.730$kmol/(m^3·kPa)〕

6-8 在 101.3kPa 下，求与空气接触的水中氧的最大浓度（kg/m^3）及相平衡常数。氧在空气中的体积分数为 21%。①温度为 20℃；②温度为 50℃。

〔答：① $\rho_{A1} = 9.34 \times 10^{-3}$ kg/m^3，$m_1 = 4.0 \times 10^4$；② $\rho_{A2} = 6.34 \times 10^{-3}$ kg/m^3，$m_2 = 5.88 \times 10^4$〕

6-9 在常压、25℃下，气相中溶质 A 的分压为 5.40kPa 的混合气体，分别与下面三种水溶液接触，已知 $E = 15.0 \times 10^4$ kPa，求下列三种情况下的传质方向和传质推动力。① $c_{A1} = 0.001$ kmol/m^3；② $c_{A2} = 0.002$ kmol/m^3；③ $c_{A3} = 0.003$ kmol/m^3。

〔答：①吸收，$p_A - p_A^* = 2.70$kPa；②平衡状态；③解吸，$p_A^* - p_A = 2.70$kPa〕

*6-10 在 25℃及 101.3kPa 下，含 CO_2 25%、空气 75%的混合气体 1m^3 与 1m^3 清水在容积为 2m^3 的密闭容器中接触传质。求：①判断传质方向；②达到相平衡时，CO_2 在水中的最终浓度及剩余气体的总压为多少？③若在 25℃和 202.6kPa 下传质，最终情况如何？

〔答：①吸收；② $x = 8.35 \times 10^{-5}$，$p_2 = 89.8$kPa；③ $x = 16.7 \times 10^{-5}$，$p_2 = 180$kPa〕

6-11 估算 298K、常压下甲醇在空气和水中的扩散系数，并和实验数据比较。设甲醇水溶液的黏度为 1.2cP（1cP $= 10^{-3}$ Pa·s）。

〔答：①在空气中 $D = 1.37 \times 10^{-5}$ m^2/s，相对误差 15%；②在水中 $D = 1.44 \times 10^{-9}$ m^2/s，相对误差 10%〕

6-12 在吸收塔的某截面上含 CO_2 3%（体积百分数）的空气与含 CO_2 0.0005kmol/m^3 的水溶液接触。在 101.3kPa、25℃下，已知 $k_g = 3.15 \times 10^{-6}$ kmol/(m^2·s·kPa)；$k_l = 1.81 \times 10^{-4}$ kmol/[m^2·s·(kmol/m^3)]。求：①气相总传质系数 K_g、K_y、K_Y；②液相总传质系数 K_l、K_x、K_X；③气、液两相传质阻力所占比例；④传质速率 N_A。

〔答：① $K_g = 5.98 \times 10^{-8}$ kmol/(m^2·s·kPa)，$K_y = 6.06 \times 10^{-6}$ kmol/(m^2·s)，$K_Y = 5.79 \times 10^{-6}$ kmol/(m^2·s)；② $K_l = 1.78 \times 10^{-4}$ kmol/[m^2·s·(kmol/m^3)]，$K_x = 9.9 \times 10^{-3}$ kmol/(m^2·s)，$K_X = 9.90 \times 10^{-3}$ kmol/(m^2·s)；③气相阻力占 1.9%，液相阻力占 98.1%；④ $N_A = 9.32 \times 10^{-8}$ kmol/(m^2·s)〕

6-13 用填料塔进行逆流吸收操作。在操作条件下，$k_X = k_Y = 0.026$ kmol/(m^2·s)，试分别计算 $m = 0.1$ 及 $m = 50$ 两种情况下吸收操作的阻力分配情况。

〔答：① $m = 0.1$ 时，气相阻力占 90.8%；② $m = 50$ 时，气相阻力占 1.9%〕

6-14 题 6-13 中若气相传质系数 $k_Y \propto V^{0.7}$，问：当气体流量 V 增大一倍，计算上述两种情况下总传质系数增大的倍数。

〔答：① $m = 0.1$ 时，$K'_Y = 1.54 K_Y$；② $m = 50$ 时，$K'_X = K_X$〕

*6-15 已知 $N_A = k_Y(Y - Y_i) = k_X(X_i - X) = K_Y(Y - Y^*) = K_X(X^* - X)$，相平衡关系为 $Y^* = mX + b$，试推导

$$\frac{1}{K_Y} = \frac{1}{k_Y} + \frac{m}{k_X} \text{ 或 } \frac{1}{K_X} = \frac{1}{mk_Y} + \frac{1}{k_X}.$$

6-16 在一逆流吸收塔中，用清水吸收混合气体中的 CO_2。惰性气体（标准状态）处理量为 300m^3/h，

进塔气体中含 CO_2 8%（体积分数），要求吸收率 95%，操作条件下 $Y^* = 1600X$，操作液气比为最小液气比的 1.5 倍。求：①水用量和出塔液体组成；②写出操作线方程式。

[答：①$L_S = 3.053 \times 10^4$ kmol/h，$X_1 = 3.625 \times 10^{-5}$；②$Y = 2280X + 4.35 \times 10^{-3}$]

6-17 按题 6-16 中给定的任务，若改用某种碱液吸收，已知操作条件下相平衡关系为 $Y^* = 20X$，求碱液用量和出塔液体组成。

[答：$L_S = 381.9$ kmol/h，$X_1 = 2.9 \times 10^{-3}$]

6-18 某混合气体中溶质含量为 5%（体积分数），要求吸收率为 80%。用纯吸收剂吸收，在 20℃、101.3kPa 下相平衡关系为 $Y^* = 35X$，试问：逆流操作和并流操作的最小液气比各为多少？由此可得出什么结论？

[答：$(L_S/V_B)_{min,逆} = 28$，$(L_S/V_B)_{min,并} = 140$]

*6-19 给出下列三个流程相对的平衡线和操作线的示意位置，并用图 6-35 中表示组成的符号标明各操作线端点的坐标。

[答：略]

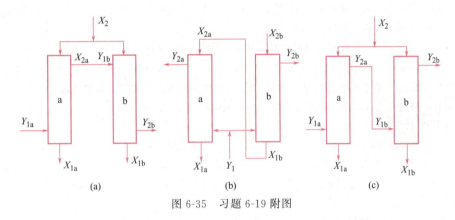

图 6-35 习题 6-19 附图

6-20 流速为 1.26kg/s 的空气中含氨 0.02（摩尔比，下同），拟用塔径 1m 的吸收塔回收其中 90% 的氨。塔顶淋入摩尔比为 4×10^{-4} 的稀氨水。已知操作液气比为最小液气比的 1.5 倍，操作范围内 $Y^* = 1.2X$，$K_Y a = 0.052$ kmol/($m^3 \cdot s$)。求：①所需的填料层高度；②若将吸收率提高至 95%，求所需的填料高度。

[答：①$Z_1 = 5.52$m；②$Z_2 = 8.45$m]

6-21 用纯溶剂对低浓度气体作逆流吸收，溶质的吸收率为 η。操作液气比为最小液气比的 ξ 倍，相平衡关系为 $Y^* = mX$，试推导 N_{OG} 的表达式。

$$\left\{答：N_{OG} = \frac{1}{1 - \frac{1}{\xi\eta}} \ln\left[\left(1 - \frac{1}{\xi\eta}\right)\frac{1}{1-\eta} + \frac{1}{\xi\eta}\right]\right\}$$

6-22 气体混合物中溶质的摩尔比为 0.05，要求在填料塔中吸收其中的 95%，平衡关系为 $Y^* = 2.0X$，求下列各种情况下所需的气相总传质单元数 N_{OG}。①入塔液体 $X_2 = 0$，液气比 $L_S/V_B = 2.0$；②入塔液体 $X_2 = 0.001$，$L_S/V_B = 3.2$。③当 $X_2 = 0$，$L_S/L_B = 1.6$，求最大吸收率。

[答：①$N_{OG1} = 19$；②$N_{OG2} = 9.60$；③$\eta_{max} = 0.80$]

*6-23 某逆流吸收塔，$Y_1 = 0.10$，$\eta = 0.80$，$X_2 = 0$，要求液体出塔浓度为 $X_1 = 0.250$，操作条件下平衡数据如下：

X	0	0.0526	0.075	0.111	0.250	0.430	0.668
Y^*	0	0.0318	0.0425	0.0542	0.0776	0.0915	0.101

试计算总传质单元数。

[答：$N_{OG} \approx 18.2$]

*6-24 对题 6-23 条件，图解所需的理论板数。

6-25 在逆流操作的吸收塔中，用纯溶剂等温吸收某气体混合物中的溶质。在常压、27℃下操作时混合气体流量为 $1200m^3/h$。气体混合物的初始浓度为 0.05（摩尔分数），塔截面积为 $0.8m^2$，填料层高度为 4m，气相体积总传质系数 K_Ya 为 $100kmol/(m^3·h)$，气液平衡关系服从亨利定律，且已知吸收因数为 1.2。试求：混合气体离开吸收塔的浓度和吸收率。

[答：$Y_2 = 3.76 \times 10^{-3}$，$\eta = 0.928$]

6-26 某填料塔填料高度为 5m，塔径 1m，用清水逆流吸收混合气体中的丙酮。已知混合气体流量为 $2250m^3/h$，入塔混合气体含丙酮 0.0476（体积分数，下同），要求塔顶出口气体中浓度不超过 0.0026，塔底液体中丙酮为饱和浓度的 70%。操作条件为 101.3kPa、25℃，平衡关系为 $Y^* = 2.0X$，求：①该塔的传质单元高度和体积传质系数；②每小时回收的丙酮量。

[答：①$H_{OG} = 0.747m$，$K_Ya = 149.4kmol/(m^3·h)$；②丙酮回收量 G_A 为 4.15kmol/h]

6-27 将题 6-26 中填料高度增至 8m，气液流率、入口浓度均不变（设传质系数不变），求气、液两相出口组成和回收丙酮量增加多少？

[答：$Y_2 = 8.31 \times 10^{-4}$，$X_1 = 0.0181$，回收量为原来的 1.04 倍]

*6-28 某气膜控制的逆流吸收过程，已知 $Y_1 = 0.04$，$X_2 = 0$，吸收率 $\eta = 0.95$，液气比 $L_S/V_B = 2.0$，在 293K 和 101.3kPa 下相平衡关系为 $Y^* = 1.18X$，总传质系数 $K_Ya \propto V^{0.7}$。若气体流量 V 增大 20%，而液体流量及气、液进口浓度不变，试求吸收率和溶质回收量。

[答：$\eta' = 0.919$；$G'_A = 1.16G_A$]

6-29 某吸收液在解吸塔内用过热蒸汽解吸。已知吸收液流量为 0.06kmol/s，溶质浓度 0.06（摩尔分数，下同），要求解吸后溶质浓度不超过 0.005。操作条件下气-液平衡关系为 $Y^* = 1.25X$，总传质系数 $K_Xa = 0.04kmol/(m^3·s)$，过热蒸汽量取最小用量的 1.2 倍，塔截面积为 $2m^2$。求解吸塔的填料高度。

[答：$Z = 5.55m$]

6-30 某一吸收过程的相平衡关系为 $Y^* = X$，$Y_1 = 0.1$，$X_2 = 0.01$。试求：①当吸收率为 80% 时，最小液气比为多少？②若取 $L_S/V_B = 1.2(L_S/V_B)_{min}$，求传质单元数 N_{OG}。③若希望将吸收率提高至 85%，可采取什么措施？（定性分析）

[答：①$(L_S/V_B)_{min} = 0.889$；②$N_{OG} = 6.49$；③略]

本章主要符号说明

英文字母

A——吸收因数，$A = \dfrac{L_S}{V_B m}$；

a——单位体积填料的有效传质面积或填料的润湿面积，m^2/m^3；

a_t——填料的比表面积，m^2/m^3；

c——物质的量浓度，$kmol/m^3$；

D——分子扩散系数，m^2/s；吸收塔内径，m；

D_e——涡流扩散系数，m^2/s；

d_p——填料名义尺寸，m；

E——亨利系数，kPa；

H——溶解度系数，$kmol/(m^3·kPa)$；

H_G、H_L——气相和液相（相内）传质单元高度，m；

H_{OG}、H_{OL}——气相和液相（相际）总传质单元高度，m；

J_A——A 组分的分子扩散速率或扩散通量，$kmol/(m^2·s)$；

K——总传质系数，$kmol/[m^2·s·(推动力单位)]$；

K_g、K_y、K_Y——分别为以 Δp、Δy、ΔY 表示推动力时的气相总传质系数；

K_l、K_x、K_X——分别为以 Δc、Δx、ΔX 表示推动

力时的液相总传质系数；
k——传质分系数，$kmol/[m^2 \cdot s \cdot (推动力单位)]$；
k_c、k_g、k_y、k_Y——分别为以 Δc、Δp、Δy、ΔY 表示推动力时的气相传质分系数；
k_l、k_x、k_X——分别为以 Δc、Δx、ΔX 表示推动力时的液相传质分系数；
L_S——单位时间内通过吸收塔的吸收剂量，$kmol/s$；
m——相平衡常数；
N——主体流动速率，$kmol/(m^2 \cdot s)$；
N_A——A 组分的传质速率，$kmol/(m^2 \cdot s)$；
N_G、N_L——分别为气相和液相（相内）传质单元数；
N_{OG}、N_{OL}——分别为气相和液相（相际）总传质单元数；
R——传质阻力，$m^2 \cdot s \cdot (推动力单位)/kmol$；
S——解吸因数，$S = \dfrac{mV_B}{L_S}$；
U——喷淋密度，单位时间内喷淋在单位塔截面积上的液相体积，$m^3/(m^2/h)$；
u——空塔气速，m/s；
v_A、v_B——组分 A 和 B 的摩尔体积，cm^3/mol；
X_1——以摩尔比表示的吸收液出塔组成，解吸液进塔组成；
X_2——以摩尔比表示的吸收液进塔组成，解吸液出塔组成；
ΔX_m——以液相摩尔比表示的平均相际传质推动力；
Y_1——以摩尔比表示的吸收气体入塔组成，解吸气体出塔组成；
Y_2——以摩尔比表示的吸收气体出塔组成，解吸气体入塔组成；
ΔY_m——以气相摩尔比表示的平均相际传质推动力；
Z——传质方向上的距离；填料层高度，m。

希腊字母

Ω——塔截面积，m^2；
Δ——传质推动力；
δ——分子扩散距离，m；
δ'——虚拟膜厚度，m；
α——溶剂的缔合因子；
σ_C——填料材质的临界表面张力，N/m。

下标

A——溶质组分；
B——惰性气体组分；
i——界面；
m——平均值；
S——吸收剂组分。

上标

$*$——平衡值。

第七章 蒸 馏

学习要求

1. 熟练掌握的内容

双组分理想物系的气液相平衡关系及其图形表述；精馏原理与精馏过程分析；双组分连续精馏塔的计算；操作线方程；q 线方程；理论塔板数的确定；进料热状况参数 q 的计算及其对理论塔板数的影响；最小回流比及其计算、回流比的选择及其对精馏操作及设计的影响。

2. 理解的内容

平衡蒸馏和简单蒸馏的特点；全回流与最少理论板数；理论塔板数的简捷计算法；精馏装置的热量衡算。

3. 了解的内容

精馏操作的分类；非理想物系的气液相平衡；间歇精馏的特点及其应用；直接蒸汽加热的精馏塔计算；塔顶为分凝器的精馏过程计算。

第一节 概 述

一、蒸馏分离的目的和依据

化工生产中为了达到提纯或回收有用组分的目的，常常需要对均相液体混合物进行分离。分离均相液体混合物的方法有多种，蒸馏是最常用的方法之一。蒸馏在工业上的应用十分广泛，例如，从发酵的醪液中提纯酒精；从原油中分离出汽油、煤油、柴油等一系列产品；从液态空气中分离氮和氧等。

蒸馏是利用液体混合物中各组分挥发性的差异以实现分离的目的。

由物理化学知，纯液体物质的挥发性可以用其饱和蒸气压来表示。挥发性大的液体，其饱和蒸气压就大，而沸点较低；反之，挥发能力小的液体，其饱和蒸气压就小，而沸点较高。例如，在常压下，水的沸点为 100℃，乙醇的沸点为 78.3℃，说明乙醇的挥发性大于水。如果在常压下将乙醇-水溶液加热到一定的温度使之部分汽化，因为乙醇的沸点低易于汽化，故在产生的平衡蒸气中，乙醇的含量将高于原始混合液中乙醇的含量。若将这部分汽化的蒸气全部冷凝，便可获得乙醇含量高于原始混合液的产品，从而使乙醇-水得到某种程度的分离。如果将这部分蒸气引出进行部分冷凝，得到蒸气中的乙醇含量将更高。

习惯上，将混合液中挥发性高的组分称为易挥发组分或轻组分，以 A 表示；把混合液中挥发性低的组分称为难挥发组分或重组分，以 B 表示。在一定设备中，将多次部分汽化和多次部分冷凝适当地组合起来，最终可以分别得到较纯的轻、重组分，此过程称为精馏。

二、蒸馏操作的分类

蒸馏操作可以从不同的角度进行分类。

① 按物系的组分数可分为双组分蒸馏和多组分蒸馏。

② 按蒸馏方式可分为简单蒸馏、平衡蒸馏、精馏等方式。当分离程度要求不高或物系很易分离时，可采用简单蒸馏或平衡蒸馏；当分离程度要求较高时，一般都采用精馏。当混合液中两组分的挥发性接近时，若用普通精馏方法分离，所需精馏塔很高，设备费用较高；另外，对于能形成恒沸物的物系，普通精馏方法不能分离。这些情况下，需要采用特殊精馏，特殊精馏包括恒沸蒸馏和萃取蒸馏。

③ 按操作方式可分为间歇蒸馏和连续蒸馏。间歇蒸馏用于小批量生产或某些有特殊要求的场合；连续蒸馏是工业生产中常用的操作。

④ 按操作压强可分为常压蒸馏、加压蒸馏和减压（真空）蒸馏。

在大气压（常压）下操作的蒸馏过程称为常压蒸馏。如果被分离的混合液在常压下各组分挥发性差异较大，并且气相冷凝、冷却可用一般的冷却水，液相加热汽化可用水蒸气，这时应采用常压操作。

在塔顶压强高于大气压下操作的蒸馏过程称为加压蒸馏。加压蒸馏通常用于以下场合：

a.混合物在常压下为气体，通过加压与冷冻将其液化后再进行蒸馏；

b.常压下虽是混合液体，但其沸点较低（一般低于 30℃），其蒸气用一般冷却水难以充分冷凝，需用冷冻盐水或其他较昂贵的制冷剂，费用将大大提高。

在低于一个大气压下操作的蒸馏过程称为减压蒸馏，对真空度高的减压蒸馏（塔顶绝对压强低于 40kPa）也称真空蒸馏。减压蒸馏常用于以下场合：

a.蒸馏热敏性物料，组分在操作温度下容易发生氧化、分解和聚合等现象时，必须采用减压蒸馏以降低其沸点；

b.常压下物料沸点较高（一般高于 150℃），加热温度超出一般水蒸气加热的范围，减压蒸馏可使沸点降低，以避免使用高温载热体。

工业蒸馏过程中需要合理地选择操作压强。通常主要根据物料性质，原料组成，对产品纯度的要求，设备材料的来源，冷量、热量的来源，能量综合利用水平等具体情况，因地制宜地选择合理的操作条件。

本章主要讨论常压下双组分连续精馏，对其他蒸馏过程仅做简单介绍。

第二节 双组分溶液的气-液相平衡

蒸馏本质上仍然是气-液相之间的传质过程（伴随有热量传递），因此，掌握系统的相平衡关系是对蒸馏过程进行分析的基础。本节讨论双组分溶液与其上方的自身蒸气达到平衡时气、液两相间各组分组成之间的关系。

一、理想物系的气液相平衡

（一）二元蒸馏中相律的应用

由物理化学知，相律表示平衡物系中的自由度数、相数及独立组分数之间的关系。当可以影响物系平衡状态的外界因素只有温度和压强这两个因素时，有

$$F = C - \varphi + 2 \tag{7-1}$$

式中　F——自由度数；
　　　C——独立组分数；
　　　φ——相数。

对于双组分溶液的气-液相平衡系统，独立组分数为 2（A 与 B 两个组分），相数为 2（气、液两相），所以

$$F = 2 - 2 + 2 = 2$$

双组分平衡物系所涉及的独立变量有温度 t、压强 p、易挥发组分的气相组成 y 和液相组成 x。由于物系只有 2 个自由度，故在这些变量中，任意确定其中两个变量，其平衡状态也就确定了。蒸馏过程一般为恒压操作，压强确定之后，该物系的自由度就只剩下一个。例如，当两相平衡时的温度确定后，气、液两相组成必随之确定而不能随意变动；或者当指定了液相组成，温度和气相组成也就确定了。总之，在恒压下，温度与气-液相组成之间存在着一一对应关系。理解组成与温度的关系非常重要，在蒸馏操作中，正是通过测量温度来实现对组成的控制，以保证产品的质量。

（二）拉乌尔定律

溶液可分为理想溶液和非理想溶液。对双组分（A、B）组成的理想溶液，A-A 分子间的作用力与 B-B 分子间的作用力以及 A-B 分子间的作用力各各相等。因此，理想溶液的气液相平衡遵循拉乌尔定律，即在一定温度下，气液两相达到平衡时，溶液上方气相中任意组分所具有的分压值，等于该组分在纯态时、相同温度下的饱和蒸气压与该组分在液相中的摩尔分数之乘积，用数学式表示为：

$$p_A = p_A^\circ x_A \tag{7-2}$$

$$p_B = p_B^\circ x_B = p_B^\circ (1 - x_A) \tag{7-3}$$

式中　p_A，p_B——溶液上方 A、B 组分的平衡分压，Pa；

p_A°、p_B°——同温度下纯组分 A、B 的饱和蒸气压，Pa；

x_A、x_B——溶液中组分 A、B 的摩尔分数。

拉乌尔定律表示了理想溶液在达到相平衡时气相分压与液相组成之间的关系。因为纯组分的饱和蒸气压仅为温度的函数，所以当温度固定时，饱和蒸气压 p_A°、p_B° 数值固定，气相中组分的分压与该组分在液相中的组成成正比；当液相组成固定时，气相中组分的分压与饱和蒸气压成正比。

（三）双组分理想物系的气液相平衡

1. 压强组成图（p-x 图）

液相为理想溶液，服从拉乌尔定律，而气相为理想气体，服从理想气体定律，该物系称为理想物系。

根据道尔顿分压定律，系统的总压等于各组分分压之和。对双组分物系，即

$$p = p_A + p_B \tag{7-4}$$

式中　p_A、p_B——A、B 组分的分压，Pa；

　　　p——混合气体总压，Pa。

将式(7-2)和式(7-3)代入式(7-4)中，得

$$p = p_A^\circ x_A + p_B^\circ (1 - x_A)$$

省略下标，以 x 表示易挥发组分（A 组分）的摩尔分数，于是上式可写作

$$p = p_A^\circ x + p_B^\circ (1 - x) \tag{7-5}$$

整理式(7-5)可得

$$p = (p_A^\circ - p_B^\circ) x + p_B^\circ \tag{7-6}$$

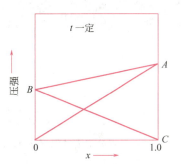

图 7-1　压强与组成关系图

当温度一定时，p_A° 与 p_B° 为确定值，于是式(7-6)表示在一定温度下，液相组成与总压之间的一一对应关系。在一定温度下，把压强与组成之间的关系描绘在直角坐标系中，即得到压强组成图，即 p-x 图，如图 7-1 所示。图中 AB 线表示总压 p 与液相组成 x 之间的对应关系，由式(7-6)作出。OA、BC 线分别代表式(7-2)、式(7-3)所示的拉乌尔定律。

2. 温度组成图（t-y-x 图）

温度组成图表示在一定总压下，温度与气、液组成之间的对应关系。

由式(7-6)求出 x 为

$$x = \frac{p - p_B^\circ}{p_A^\circ - p_B^\circ} \tag{7-7}$$

因为 $p_A^\circ = f_A(t)$，$p_B^\circ = f_B(t)$，所以 $x = f(p, t)$，即平衡物系的液相组成仅与总压和温度有关。当总压一定时，液相组成 x 与温度 t 存在一一对应的关系。

当一定组成的液体混合物在恒定总压下，加热到某一温度，液体出现第一个气泡，即刚开始沸腾并生成第二个相时，此时液相组成可认为未变，而此温度称为该组成液体在指定总压下的泡点温度（即两相区的平衡温度），简称泡点。根据相律，液相组成和总压一定时，泡点温度为定值，故式(7-7)也称作泡点方程。

由道尔顿分压定律可作出如下推论：混合气体中每个组分的分压值等于混合气体总压乘以该气体在混合气体中所占的摩尔分数，即

$$p_A = py_A \qquad p_B = py_B$$

将式(7-2)代入上式中的前一式，并且省略下标，以 y 表示气相中易挥发组分（A 组分）的摩尔分数，得到

$$y = \frac{p_A^\circ}{p} x$$

将式(7-7)代入上式，得

$$y = \frac{p_A^\circ}{p} \times \frac{p - p_B^\circ}{p_A^\circ - p_B^\circ} \tag{7-8}$$

显然，$y = f(p, t)$，即平衡气相组成也仅与总压和温度有关。当总压一定时，气相组成 y 与温度 t 存在一一对应的关系。

在一定总压下冷却气体混合物，当冷却至某一温度，产生第一个液滴，即生成第二个相时，此时气相组成可认为未变则此温度称为该组成的气相混合物在指定总压下的露点温度（即两相区的平衡温度），简称露点。根据相律，气相组成和总压一定时，露点温度必为定值，故式(7-8)也称作露点方程。

当总压一定时，平衡气、液两相组成与温度的对应关系由式(7-8)和式(7-7)决定。将此对应关系描绘在直角坐标系内，即得到温度-组成图（t-y-x 图），如图 7-2 所示。t-y-x 图的横坐标为易挥发组分的液相（或气相）组成（摩尔分数），纵坐标为温度。由图可得下列结论。

① 两端点 端点 A、B 分别代表纯组分 A、B 的沸点。

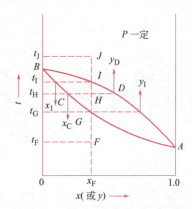

图 7-2 双组分溶液的温度-组成图

② 两条线 $\overparen{AGCB}$ 线为泡点线或饱和液体线，表示了平衡时液相组成 x 与泡点温度之间的关系，由式(7-7)作出；$\overparen{ADIB}$ 线为露点线或饱和蒸气线，表示了平衡时气相组成 y 与露点温度之间的关系，由式(7-8)作出。

③ 三个区域 $\overparen{AGCB}$ 线以下区域为过冷液体区；$\overparen{ADIB}$ 线以上区域为过热蒸气区；两线之间（包括两线本身）所夹区域为气液两相共存区，即表示气、液两相同时存在。

若将原始组成为 x_F，温度为 t_F（图中 F 点）的溶液在恒压下加热，当加热到图中 G 点时，出现第一个气泡并开始沸腾，此时的温度 t_G 为泡点，平衡气相组成为 y_1；再继续加热至 H 点时，对应的温度为 t_H，此物系形成互成平衡的气液两相，气相组成为 y_D，液相组成为 x_C，且 $x_C < x_F$，$y_D > x_F$，液相量 L 与气相量 V 的比值由杠杆定律决定。如系统总物料量和总组成为 F 和 x_F，经加热到温度 t_H 后，部分汽化形成互成平衡的气液两相，根据物料平衡原则：总物料量等于气液量之和，总物料中易挥发组分的量等于气液两相中易挥发组分量之和，即

$$\begin{cases} F = V + L \\ F x_F = V y_D + L x_C \end{cases}$$

联立以上二式，消去 F 并整理，得

$$\frac{L}{V} = \frac{y_D - x_F}{x_F - x_C} = \frac{\overline{HD}}{\overline{HC}} \tag{7-9}$$

式中 L，V——分别为液相量和气相量，kmol；

$\overline{HD}$——线段 HD 的长度，$\overline{HD} = y_D - x_F$；

$\overline{HC}$——线段 HD 的长度，$\overline{HC} = x_F - x_C$。

继续加热，随着温度的增加，$\overline{HD}$ 的长度逐渐缩小，$\overline{HC}$ 的长度逐渐增大，即液相量减少而气相量增多；继续升温至 $t-y$ 线上的 I 点，成为组成为 $y_F = x_F$ 的饱和蒸气；再继续升温即成过热蒸气，如图中 J 点。

● 读者可想象上述过程开始时，原始溶液放在一密闭容器中，液体表面覆有可上下运动的活塞，活塞上方施以恒定压力，故在加热中无论相状态如何变化，活塞下方的体系只有体积的变化，但始终只是双组分系统。

● 读者试分析上述加热汽化的逆过程即组成为 y_F 的过热蒸气的冷却、冷凝过程（从图 7-2 的 J 点下降到 F 点）。

● **【例 7-1】** 试计算压强为 99kPa，温度为 90℃时苯（A）-甲苯（B）物系平衡时，苯与甲苯在液相和气相中的组成。已知 $t = 90℃$ 时，$p_A^\circ = 135.5\text{kPa}$，$p_B^\circ = 54\text{kPa}$。

解 由式(7-7)和式(7-8)计算苯在液相和气相中的组成：

$$x_A = \frac{p - p_B^\circ}{p_A^\circ - p_B^\circ} = \frac{99 - 54}{135.5 - 54} = 0.552$$

$$y_A = \frac{p_A^\circ}{p} x_A = \frac{135.5}{99} \times 0.552 = 0.756$$

因为是双组分物系，故甲苯的液相和气相组成为：

$$x_B = 1 - x_A = 1 - 0.552 = 0.448$$

$$y_B = 1 - y_A = 1 - 0.756 = 0.244$$

● **【例 7-2】** 含正庚烷 0.5（摩尔分数）的正庚烷-正辛烷混合液，若总压为 101.3kPa，试求其泡点温度。

正庚烷（A）和正辛烷（B）的饱和蒸气压与温度关系数据如表 7-1 所示。

表 7-1 A、B 的饱和蒸气压与温度关系

温度 t/℃	p_A°/kPa	p_B°/kPa	温度 t/℃	p_A°/kPa	p_B°/kPa
98.4	101.3	44.4	115	160.0	74.8
105	125.3	55.6	120	180.0	86.6
110	140.0	64.5	126.6	205.0	101.3

此混合液服从拉乌尔定律。

解 混合液服从拉乌尔定律，故求泡点可用泡点方程式(7-7)计算，但由于温度与纯组分饱和蒸气压之间不是线性关系，必须用试差法求解。

设泡点温度为 108℃，查正庚烷-正辛烷的饱和蒸气压与温度关系数据，内插求得 p_A° 与 p_B°。

$$p_A^\circ = 134.1\text{kPa}, \quad p_B^\circ = 60.94\text{kPa}$$

由泡点方程式(7-7)求出 x_A：

$$x_A = \frac{p - p_B^\circ}{p_A^\circ - p_B^\circ} = \frac{101.3 - 60.94}{134.1 - 60.94} = 0.552 > 0.5$$

再设泡点温度 $t = 109.6℃$，查得

$$p_A^\circ = 138.8\text{kPa}, \quad p_B^\circ = 63.79\text{kPa}$$

于是

$$x_A = \frac{p - p_B^\circ}{p_A^\circ - p_B^\circ} = \frac{101.3 - 63.79}{138.8 - 63.79} = 0.5$$

所设正确，即所求泡点温度为 $109.6℃$。

● **【例 7-3】** 根据例 7-2 正庚烷与正辛烷的饱和蒸气压与温度的关系数据，试作出总压为 101.3kPa 的温度组成图，并求含正庚烷为 0.5（摩尔分数）时的泡点及平衡蒸气的瞬间组成，以及将该溶液加热到 112.5℃时各相的组成及液气量之比。

解 由式(7-7)计算 x，由式(7-8)计算 y，计算结果见表 7-2。

表 7-2 例 7-3 计算结果

温度 $t/℃$	$x = \dfrac{p - p_B^\circ}{p_A^\circ - p_B^\circ}$	$y = \dfrac{p_A^\circ}{p}x$	温度 $t/℃$	$x = \dfrac{p - p_B^\circ}{p_A^\circ - p_B^\circ}$	$y = \dfrac{p_A^\circ}{p}x$
98.4	1.0	1.0	115	0.311	0.491
105	0.656	0.811	120	0.157	0.280
110	0.487	0.674	126.6	0	0

根据表中数据在直角坐标系中绘出 t-y-x 图，如图 7-3 所示。

在 t-y-x 图上，由 $x = 0.5$ 作垂线，与泡点线相交于 G 点，由 G 点作水平线与纵轴相交，交点即为 $x = 0.5$ 时的泡点，由图中读出 $t = 109.5℃$，与例 7-2 结果相接近。此时与其相平衡的瞬间气相组成为 0.69（图中 E 点的横坐标数值）。将此溶液继续加热至 112.5℃时，处于气液两相共存区域（图中 H 点），液相组成为 $x_C = 0.40$，气相组成为 $y_D = 0.56$，液气比为

$$\frac{L}{V} = \frac{y_D - x}{x - x_C} = \frac{\overline{HD}}{\overline{HC}} = \frac{0.56 - 0.5}{0.5 - 0.4} = 0.6$$

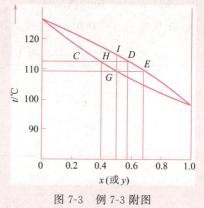

图 7-3 例 7-3 附图

由以上例题可见，对于双组分理想溶液。在总压一定条件下，已知温度即可从蒸气压数据表中查出两纯组分的饱和蒸气压 p_A° 和 p_B°，再用泡点方程和露点方程计算出平衡时两相组成 x 和 y；反之，若已知液相组成也可计算出泡点，并进而求出其平衡气相组成；若已知气相组成也可由式(7-8)计算其露点温度，并由式(7-7)求出平衡液相组成。

● 读者可将这些结果与前面的相律联系起来理解。

纯组分的饱和蒸气压 p_A° 和 p_B° 的数值，一般由实验测定，可查有关手册，也可用安托万

方程或其他经验方程式计算。

3. 气-液相平衡图（y-x 图）

y-x 图可由 t-y-x 图转换而来。在上述 t-y-x 图上，找出气、液两相在一定总压下、不同温度时相对应的平衡组成 x、y，以液相组成 x 为横坐标，以气相组成 y 为纵坐标，标绘于直角坐标系中，并连接成平滑的曲线，即得到 y-x 图。如图 7-4 所示，该曲线也称为平衡线，它表示了一定总压下气-液相平衡时的气相组成与液相组成之间的对应关系。

图中对角线（$y=x$）称作参考线。对于理想溶液，因平衡时气相组成 y 恒大于液相组成 x，故平衡线位于对角线上方。平衡线上任何一点对应不同温度，右上方温度低，左下方温度高。

对于理想溶液，y-x 图也可以直接由式(7-7) 和式(7-8) 计算出不同温度下 x 与 y 的对应数值后画出。

● 读者可思考一下，平衡线的两个端点以及对角线分别代表什么状态。

●【例 7-4】 试根据例 7-3 的结果作出正庚烷-正辛烷的 y-x 图。

解 由图 7-3 可知，对液相组成 $x_F=0.5$ 的溶液，泡点下的平衡气相组成为 $y_F=0.69$（图中的 E 点）；将此溶液加热至 112.5℃（H 点），平衡两相组成分别为 $x_C=0.40$，$y_D=0.56$；再继续加热至 I 点成为饱和蒸气，其组成为 $y=0.5$，对应的平衡液相组成为 $x=0.33$。于是，可在 y-x 图上分别标出 E(0.50，0.69)、H(0.40，0.56) 和 I(0.33，0.50) 各点。以此类推，将不同温度下对应的气液平衡数据由 t-y-x 图读出，在 y-x 图上标出平衡线，如图 7-5 所示。

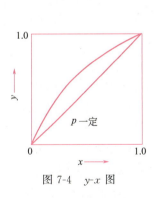

图 7-4　y-x 图

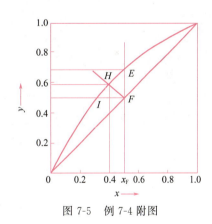

图 7-5　例 7-4 附图

（四）挥发度与相对挥发度

物质挥发性的大小可用挥发度来表示。对混合液体，某组分挥发度的大小可用气相中该组分的蒸气分压与平衡时的该组分的液相摩尔分数之比来表示，即

$$\left. \begin{array}{l} v_A = \dfrac{p_A}{x_A} \\ v_B = \dfrac{p_B}{x_B} \end{array} \right\} \tag{7-10}$$

式中　　v_A，v_B——组分 A、B 的挥发度；
　　　　p_A，p_B——组分 A、B 在平衡气相中的分压，Pa；
　　　　x_A，x_B——组分 A、B 在平衡液相中的摩尔分数。

对组分 A 和组分 B 所组成的理想溶液，因其服从拉乌尔定律，故

$$\left. \begin{array}{l} v_A = \dfrac{p_A}{x_A} = \dfrac{p_A^\circ x_A}{x_A} = p_A^\circ \\[2mm] v_B = \dfrac{p_B}{x_B} = \dfrac{p_B^\circ x_B}{x_B} = p_B^\circ \end{array} \right\} \quad (7\text{-}11)$$

即理想溶液中各组分的挥发度等于其饱和蒸气压。

对纯组分而言，其挥发度即为其液体在一定温度下的饱和蒸气压。当纯液体的饱和蒸气压等于外压时，液体就会沸腾，此时的温度就是该物质在这一压强下的沸点。因此，也可以用沸点来说明纯组分的挥发性能。如在 101.3kPa 下，苯的沸点为 80.1℃，甲苯的沸点为 110.6℃，可见苯比甲苯容易挥发。因此，对纯组分来说，不论是用饱和蒸气压还是用沸点，都可以判断其挥发性的大小。

在蒸馏操作中，溶液是否容易分离，起决定作用的是各组分挥发性的对比，因而引出了相对挥发度的概念，其定义为：混合液体中两组分挥发度之比，对双组分混合液有：

$$\alpha = \dfrac{v_A}{v_B} = \dfrac{p_A/x_A}{p_B/x_B} \quad (7\text{-}12)$$

式中　　α——组分 A 对组分 B 的相对挥发度。

当压强不太高，气相服从道尔顿分压定律时，$p_A = p y_A$，$p_B = p y_B$。对双组分混合液，$x_B = (1-x_A)$，$y_B = (1-y_A)$，于是式(7-12) 可写作

$$\alpha = \dfrac{y_A/x_A}{y_B/x_B} = \dfrac{y_A/y_B}{x_A/x_B} = \dfrac{y_A/(1-y_A)}{x_A/(1-x_A)}$$

略去下标，并整理上式得到

$$y = \dfrac{\alpha x}{1+(\alpha-1)x} \quad (7\text{-}13)$$

式(7-13) 称为相平衡方程式，它表示在同一总压下互成平衡的气液两相组成之间的关系。当确定了物系的相对挥发度 α 后，便可通过式(7-13) 求得平衡时的气液组成。

相对挥发度的大小反映了溶液用蒸馏分离的难易程度。当 $\alpha = 1$ 时，由式(7-13) 可知 $y = x$，即说明该溶液所产生的气相组成与液相组成相同，不能用普通蒸馏方法分离。当 $\alpha > 1$，$y > x$，平衡气相中易挥发组分含量大于液相中易挥发组分的含量，故组分 A 为易挥发组分，此溶液可用蒸馏方法分离。α 愈大，表明两组分的挥发度差别愈大，愈容易分离。当 $\alpha < 1$ 时，表示组分 A 为难挥发组分。习惯上将 A 作为易挥发组分故通常 $\alpha > 1$。相对挥发度对相平衡的影响见图 7-6。因 α 越大，在相同液相组成 x 下其平衡气相组成 y 越大，故图中 $\alpha_2 > \alpha_1$。

对理想溶液，根据式(7-10) 和式(7-11)，相对挥发度可用下式表示：

$$\alpha = \dfrac{v_A}{v_B} = \dfrac{p_A/x_A}{p_B/x_B} = \dfrac{p_A^\circ x_A/x_A}{p_B^\circ x_B/x_B} = \dfrac{p_A^\circ}{p_B^\circ} \quad (7\text{-}14)$$

式(7-14) 表示理想溶液的相对挥发度为同温度下纯组分 A 和 B 的饱和蒸气压之比。纯组分的饱和蒸气压为温度的函数，且随温度的升高而增大，因此 α 亦应为温度的函数，但因

相对挥发度是 p_A° 与 p_B° 的比值，故温度对 α 的影响要比温度对 p_A°、p_B° 的影响小很多，当组分性质（主要指饱和蒸气压随温度的关系）比较接近时，相对挥发度随温度的变化很小，这样式(7-13)中的 α 可视为常数，一般取操作范围内的某一平均值，称作平均相对挥发度，以 α_m 表示。

平均相对挥发度的取法有多种，其中最常用的是算术平均值，即

$$\alpha_m = \frac{1}{n}\sum_{i=1}^{n}\alpha_i \qquad (7\text{-}15a)$$

当精馏塔内压强和温度变化都比较小时，也可以用几何平均值，即

$$\alpha_m = \sqrt{\alpha_1 \alpha_2} \qquad (7\text{-}15b)$$

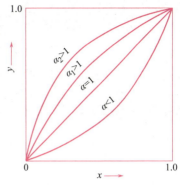

图 7-6 α 对相平衡的影响

式中　α_1——塔顶温度下的相对挥发度；
　　　α_2——塔底温度下的相对挥发度。

实际体系的相对挥发度常由实验测定。

● **【例 7-5】** 计算不同温度下的正庚烷与正辛烷的相对挥发度，并求出其算术平均值。

解　此溶液为理想溶液，p_A°、p_B° 见例 7-2。计算结果如表 7-3 所示。

表 7-3　例 7-5 计算结果

温度/℃	98.4	105	110	115	120	126.6
$\alpha = \dfrac{p_A^\circ}{p_B^\circ}$	2.28	2.25	2.17	2.13	2.08	2.02

平均相对挥发度 α_m 为

$$\alpha_m = \frac{2.28+2.25+2.17+2.13+2.08+2.02}{6}$$
$$= 2.16$$

由此可见，虽然 α 随温度变化，但变化不大，所以工程上利用式(7-13)计算相平衡关系时，式中 α 可用 α_m 代替。

（五）总压对气液相平衡的影响

t-y-x 图和 y-x 图都是在一定总压下绘制的，当总压改变时，其曲线的位置也随之发生变化，图 7-7 表示出总压对相平衡曲线的影响。

图 7-7 中的总压 p_2 大于 p_1。当总压增加时，t-y-x 图中泡点线和露点线上移，气液两相区变窄，因此，y-x 图中平衡曲线向对角线靠近。可见，压强提高，物系的泡点温度和露点温度均提高，相对挥发度变小，蒸馏分离变得困难；反之，总压降低，物系就容易分离。

▲　学习本节后可完成习题 7-1～7-5。

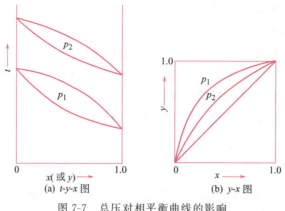

(a) t-y-x 图 (b) y-x 图

图 7-7 总压对相平衡曲线的影响

二、非理想溶液的气液相平衡

理想溶液是实际溶液的简化模型，实际生产中遇到的多数溶液为非理想溶液。非理想溶液分为正偏差的溶液和负偏差的溶液两种。

（一）具有正偏差的溶液

当溶液中不同组分分子间的作用力 f_{AB} 小于同种分子间的作用力 f_{AA} 和 f_{BB} 时，不同组分分子间的排斥倾向占主导地位。在相同温度下，溶液上方各组分的蒸气分压均大于采用拉乌尔定律的计算值，这种混合液对拉乌尔定律具有正偏差，称为正偏差的溶液。如图 7-8(a) 所示的乙醇-水混合液 p-x 图，图中虚线 OA、BC 分别按拉乌尔定律计算值所绘，虚线 BA 代表式(7-4)计算出的总压，而相应的实线系由实验值标绘。从图中可见，蒸气分压的实际值较拉乌尔定律的预计值为高，具有正偏差。另外，甲醇-水、正丙醇-水等都属于正偏差的溶液。

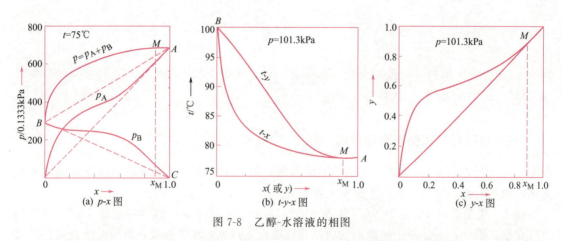

(a) p-x 图 (b) t-y-x 图 (c) y-x 图

图 7-8 乙醇-水溶液的相图

对于某些正偏差的溶液，当偏差大到一定程度，致使溶液在某一组成时其两组分的蒸气压之和出现最大值，因此，在一定外压下此种组成的溶液其泡点较两纯组分的沸点都低，称为具有最低恒沸点的溶液。如图 7-8(b) 所示，在 $p=101.3$ kPa 下，当组成 $x_M=0.894$（摩尔比）时，有最低恒沸点 $t_M=78.15$℃，而乙醇和水的沸点分别为 78.3℃ 和 100℃。图中 M

表示最低沸点，由于 t-y 与 t-x 在 M 点相切，故在点 M 处的气液组成相等，从图 7-8(c) 的 y-x 图上可见，M 点位于对角线上，说明 $y=x$，$\alpha=1$，蒸馏 $x_M=0.894$ 的溶液时，其组成不变，故其沸点 t_M 也保持恒定，因此称 x_M 为恒沸组成，具有恒沸组成的混合物称为恒沸物。因 $\alpha=1$，很显然，在常压下不能用普通蒸馏方法将恒沸物中的两个组分加以分离，这就是工业酒精中乙醇含量不超过 89.4%（摩尔分数）的原因。分离恒沸物需要用特殊蒸馏中的恒沸蒸馏方法。

（二）具有负偏差的溶液

当溶液中不同组分分子间的作用力较同种组分分子之间的作用力都要大时，分子间吸引力增大，使溶液中两组分的平衡分压较拉乌尔定律所预计的为低，这种混合液对拉乌尔定律具有负偏差，称为负偏差的溶液。例如，苯酚-苯胺物系。

对于某些负偏差的溶液，当负偏差大到一定程度，会出现最低蒸气压点和相应的最高恒沸点。如图 7-9 所示的硝酸-水溶液。由图可见，在 $p=101.3\text{kPa}$ 下，恒沸组成 $x_M=0.383$，最高恒沸点 $t_M=121.9℃$，比水的沸点（100℃）与纯硝酸的沸点（86℃）均高。

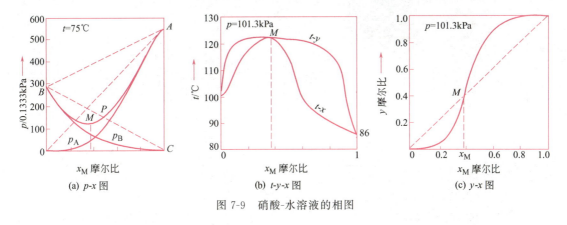

图 7-9 硝酸-水溶液的相图

需要注意的是非理想溶液并非都具有恒沸点。只有非理想性足够大，偏差出现最高或最低值时，才有恒沸点。具有恒沸点的溶液在总压改变时，其 t-y 与 t-x 图不仅上下移动，而且形状也可能变化，即恒沸组成可能变动。

第三节 蒸馏方式及其原理

一、简单蒸馏

如图 7-10 所示，将组成为 x_F 的原料液一次性放入蒸馏釜 1 中，在一定压强下将其加热并使之沸腾汽化，再将所产生的蒸气引入冷凝器 2，冷凝后的馏出液分别装入不同的馏出液罐 3 中。简单蒸馏过程的任何瞬间，气相与釜中存液处于相平衡状态。由于在蒸馏过程中不断地将蒸气移走，使釜内液体易挥发组分的浓度也不断下降，因此，所得馏出液中，易挥发组分的浓度也逐渐下降，将馏出液分段收集，分别装入贮罐 A、B、C 中，得到不同组成的塔顶产品。当蒸馏釜内残液组成降至规定值时，操作停止，釜液一次排出。

简单蒸馏是一个间歇操作的非定常过程。简单蒸馏对混合液只能进行有限程度的分离，不能达到高纯度分离的要求；适用于混合物的粗分离，特别是在沸点相差较大（即相对挥发度较大）而分离要求不高的场合。

二、平衡蒸馏

如图 7-11 所示，经加压后的原料液被连续地加入间接加热器 1 中，加热至指定温度后经节流阀 2（减压阀）急剧减压至规定压力后进入分离器 3。在分离器中，由于压强的突然降低，原料液瞬间成为过热液体，沸腾并降至平衡温度（规定压强和规定组成下的沸点），液体发生部分汽化，料液降温放出的显热提供了汽化需要的潜热。此过程又称为闪蒸，故分离器也称为闪蒸器。然后，气、液两相在分离器中分开，气相上升由顶部流出，经冷凝器再冷凝为液体，其中易挥发组分含量较高，称作顶部产品；留下的液体由底部排出，其中难挥发组分含量高，称作底部产品。

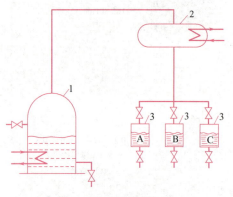

图 7-10　简单蒸馏装置
1—蒸馏釜；2—冷凝器；3—馏出液罐

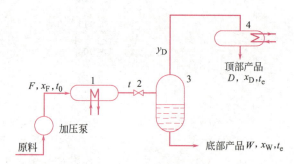

图 7-11　平衡蒸馏装置
1—加热器；2—节流阀；3—分离器；4—冷凝器

平衡蒸馏为定常连续操作，离开闪蒸器的气、液两相处于平衡状态。平衡蒸馏仅适用于大批量生产且物料只需粗分的场合，经常作为精馏的一种预措施。例如，在石油工业中使用的某管式炉系统中，原油在 167℃ 和约 900kPa 下进入，247℃ 和 400kPa 下离开，约 15％ 被部分汽化，然后进入精馏系统。

● 请读者在 t-y-x 图上画出简单蒸馏和平衡蒸馏过程温度和组成之间的关系。

三、精馏

平衡蒸馏仅通过一次部分汽化和冷凝，只能部分地分离混合液中的组分，若进行多次的部分汽化和冷凝，便可使混合液中各组分几乎完全分离，这就是精馏操作的一个基础。

（一）多次部分汽化多次部分冷凝

设想如图 7-12 所示的多次部分汽化和多次部分冷凝流程。

组成为 x_F 的原料液经加热器加热至温度为 t_1 进入分离器 1 中，由于混合液体中各组分

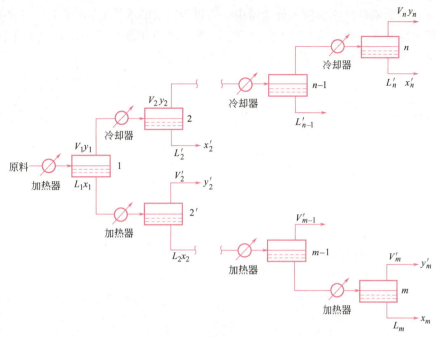

图 7-12 多次部分汽化和多次部分冷凝示意图

的挥发度不同，当在一定温度下部分汽化时，低沸点物在气相中的浓度较液相高，而液相中高沸点物的浓度较气相高，于是通过一次部分汽化，产生气相数量为 V_1 组成为 y_1 与液相数量为 L_1 组成为 x_1 的平衡两相，且必有 $y_1 > x_F > x_1$，参见图 7-13 的 t-y-x 图。

组成为 y_1 的蒸气经冷却后送入分离器 2 中部分冷凝，此时产生气相组成为 y_2 与液相组成为 x_2' 的平衡两相，且 $y_2 > y_1$，但 $V_2 < V_1$，这样部分冷凝的次数（即级数）越多，所得气相中易挥发组分含量就越高，最后可得到几乎纯态的易挥发组分。$y_1 < y_2 < \cdots < y_n$，但 $V_1 > V_2 > \cdots > V_n$，即最终的组成 y_n 接近于纯态的易挥发组分，所得到的气相量则越来越少。

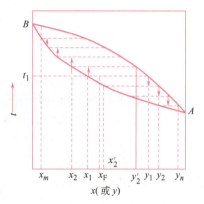

图 7-13 多次部分汽化和冷凝的 t-y-x 图

同理，若将分离器 1 所得到的组成为 x_1 的液体加热，使之部分汽化，在分离器 2′中得到 y_2' 与 x_2 成平衡的气、液两相，且 $x_2 < x_1$，但 $L_2 < L_1$，这样部分汽化的次数越多，所得到的液相中易挥发组分的含量就越低，最后可得到几乎纯态的难挥发组分。$x_1 > x_2 > \cdots > x_m$，但 $L_1 > L_2 > \cdots > L_m$。

由此可见，每一次部分汽化和部分冷凝，都使气液两相的组成发生了变化，而同时多次进行部分汽化和多次部分冷凝，就可将混合液分离为纯的或比较纯的组分。但是，图 7-12 所示的实现多次部分汽化和冷凝所使用的设备过于庞杂，设备费用极高；部分汽化需要加入热量，而部分冷凝又需要取走热量，因此能量消耗也非常大；更重要的，每经一次部分汽化和冷凝都会产生一部分中间物流，使最终得到的纯产品的量极少。为了改善上述缺点，可将中间产物返回前一分离器中去，如图 7-14 所示，即将部分冷凝的液体 $L_2' \cdots L_n'$ 及部分汽化

第七章 蒸馏　　087

的蒸汽 $V_2' \cdots V_m'$ 分别送回它们前一分离器中。为得到回流的液体 L_n'，图 7-14 上半部最上一级需设置部分冷凝器；为得到上升的蒸气 V_m'，图 7-14 下半部最下一级需设置部分汽化器。这样就使整个流程改进成"精馏"流程，它具有以下特点。

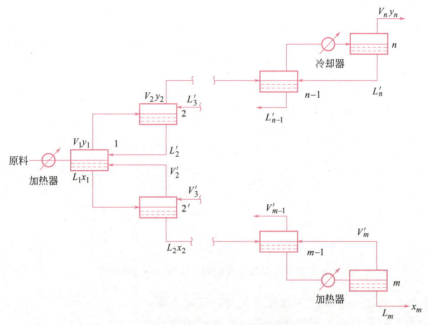

图 7-14 有回流的多次部分汽化和多次部分冷凝示意图

① 原来单纯的分离器变成了混合分离器，即由两股物流（一股液流，一般气流）进入，混合后并形成新的两股相平衡的气液物流离开分离器。

② 由于较热的蒸气流与较冷的液流相接触，蒸气部分冷凝放出的热量用于加热液流使之部分汽化，于是可以充分利用物流本身的焓变交换热量，省去了中间冷却器与中间加热器。

③ 由于取消了中间物流的引出，经过多次部分冷凝的气相物料 y_1、y_2、$\cdots$、y_n 不仅其中轻组分浓度越来越高，而且物流量变化不大；同理，经多次部分汽化的液相物流，其中轻组分浓度越来越低，但物流量变化不大，因此，可以得到足够数量的较高纯度的产品。

④ 从整个系统看，总有液相从上而下流过各个混合器，这称为液相回流；也总有气相从下而上流过混合分离器，这称为气相回流。回流的存在是精馏的基本特征，在气液两相的不断混合、接触、分离中，即发生相间热量传递，同时也发生相间质量传递，轻组分不断转移到上升气相中，而重组分则不断转移到下流液相中，这就是精馏的实质。因此，精馏属于双向相际传质过程，而吸收属于单向相际传质过程，这就是精馏与吸收的区别。

（二）连续精馏装置流程

工业生产中常常采用图 7-15 的流程进行精馏操作。

如图 7-15 所示，用泵 2 将原料液从贮槽 1 送至原料预热器 3 中，加热至一定温度后进入精馏塔 4（以板式塔为例）的中部。料液在进料板上与自塔上部下流的回流液体汇合，逐板溢流，最后流入塔底再沸器 11 中。在再沸器内液体被加热至一定温度，使之部分汽化，残液作为塔底产品，而将汽化产生的蒸气引回塔内作为塔底气相回流。气相回流依次上升通过塔内各层塔板，在塔板上与液体接触进行热质交换。从塔顶上升的蒸气进入冷凝器 5 中被全部冷凝,并将一部分冷凝液作用塔顶回流液体,其余部分经冷却器 7 送入馏出液贮槽 9 中作为塔顶产品。

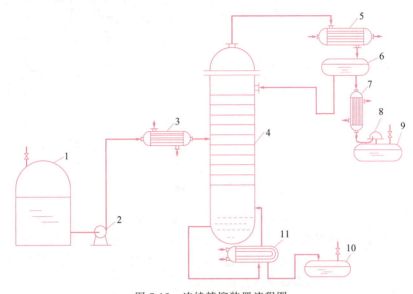

图 7-15 连续精馏装置流程图

1—原料液贮槽;2—加料泵;3—原料预热器;4—精馏塔;5—冷凝器;
6—冷凝液贮槽;7—冷却器;8—观测罩;9—馏出液贮槽;10—残液贮槽;11—再沸器

通常,将原料液进入的那层板称为进料板,进料板以上的塔段称为精馏段,其主要任务是使上升气相中轻组分不断增浓,以获得高纯度的塔顶产品;进料板以下的(包括进料板)的塔段称为提馏段,主要是使下降液体中轻组分不断被提出,以获得富含重组分的残液。

在以上的流程中,用若干块塔板取代了中间各级(即图 7-14 中的混合分离器),可见塔板具有非常重要的作用。

(三)塔板的作用

任取精馏塔内相邻的三块塔板:第 $n-1$ 板、第 n 板和第 $n+1$ 板,各板的温度与对应的组成如图 7-16(a)所示。且令 y_{n-1}^* 为从第 $n-1$ 板流下的组成为 x_{n-1} 的液体相平衡的气相组成,而 x_{n+1}^* 为与 $n+1$ 板上升的组成为 y_{n+1} 的气体相平衡的液相组成,如图 7-16(b)的 t-x-y 图所示。

从精馏塔的总体看,塔顶物料轻组分较多,其温度较低;塔釜物料难挥发组分较多,其温度较高,故必有 $t_{n+1}>t_n>t_{n-1}$,见图 7-16(b)。从 $n-1$ 板下降的液相组成为 x_{n-1},温度较低而轻组分含量较高;从 $n+1$ 板上升的气相组成为 y_{n+1},温度较高而重组分的含量较高。两者在 n 板上相遇,前者发生部分汽化而后者发生部分冷凝。由于 $x_{n-1}>x_{n+1}^*$,$y_{n-1}^*>y_{n+1}$,按传质推动力(浓度差)关系,低沸点组分由液相转移至气相,气相中易挥发组分增浓,即经过第 n 板,气相组成由 y_{n+1} 变为 y_n,且 $y_n>y_{n+1}$;与此同时,高沸点组分由气相转入液相,液相中难挥发的组分增浓,即经过第 n 板,液相组成由 x_{n-1} 变为 x_n,且 $x_n<x_{n-1}$。若 n 板上相遇的两相物质接触充分,则离开 n 板的气液两相组成 y_n 与 x_n 可达到平衡,温度均为 t_n。

经过一块板,上升蒸气中轻组分和下降液体中重组分分别同时得到一次提浓,经过的塔

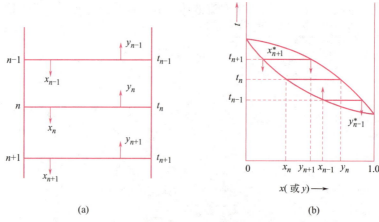

图 7-16 相邻塔板上的温度与组成

板数越多，提浓程度越高。通过整个精馏塔，在塔顶可以得到高纯度的易挥发组分（塔顶馏出液），塔釜得到的是难挥发组分残液。概括地说，每一块塔板是一个混合分离器，进入塔板的气流和液流之间同时发生传热和传质过程，气相物流发生部分冷凝，同时放出热量使液流升温并部分汽化，结果使两相各自得到提浓。

（四）精馏过程的回流

精馏过程的回流包括塔顶的液相回流及塔釜的气相回流，作用是保证每块塔板上都有足够数量和一定组成的下降液流和上升气流。回流既是构成气、液两相传质的必要条件，又是维持精馏操作连续稳定的必要条件。

1. 塔顶液相回流

要保证每块塔板上有下降液流，必须从塔顶加入一股足够数量并富含轻组分的液体，这股液体就称为塔顶液相回流。产生塔顶液相回流通常有以下三种方法。

（1）泡点回流 塔顶冷凝器采用全凝器，从塔顶第一块塔板上升的组成为 y_1 的蒸气在全凝器中全部冷凝成组成为 x_D 的饱和液体，即有 $y_1 = x_D$，其中部分作为塔顶产品，另外一部分引回塔顶作为回流液，这种回流称为泡点回流，如图 7-17(a) 所示。

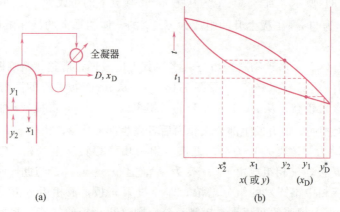

图 7-17 液相回流方式简图（全凝器）

由图 7-17(b) 可见，从塔顶下降的液相组成 x_D，大于与第二块塔板（从塔顶数）上升

的气相组成 y_2 相平衡的液相组成 x_2^*，即 $x_D > x_2^*$；由第二块塔板（从塔顶数）上升的气相组成 y_2 小于与 x_D 相平衡的 y_D^*，即 $(1-y_2) > (1-y_D^*)$，于是在浓度差的推动下，使轻组分由液相转移至气相，重组分由气相转移至液相。

（2）冷液回流 将全凝器得到的组成为 x_D 的饱和液体进一步冷却后再部分引回塔内作为塔顶回流液。由于回流液体温度较低，使上升气相冷凝量增加，下降液体量增加，板上蒸气提浓程度增加，热能损耗也增加。

（3）塔顶采用分凝器产生液相回流 塔顶第一块板上升的组成为 y_1 的蒸气在分凝器中部分冷凝，得到平衡的气液两相组成为 y_0 和 x_0，其中液相组成为 x_0 的液体回入塔顶作为液相回流，气相组成为 y_0 的蒸气经全凝器全部冷凝得到组成为 x_D 的塔顶产品，且 $x_D = y_0$，如图 7-18(a) 所示。

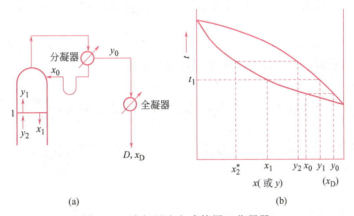

图 7-18 液相回流方式简图（分凝器）

由图 7-18(b) 可见，$x_0 > x_2^*$，$(1-y_2) > (1-y_0)$，仍能满足回流的要求。

2. 塔釜气相回流

为了使每一块塔板上都有上升气流，还必须从塔底连续不断地提供富含重组分的上升蒸气，成为塔釜回流。最简单的方法是在精馏塔塔底设置一个蒸馏釜，用水蒸气间接加热釜中的液体，使从最后一块板下降的液体部分汽化，产生组成为 y_W 的蒸气作为气相回流，组成为 x_W 的液体作为塔底产品，如图 7-19(a) 所示。

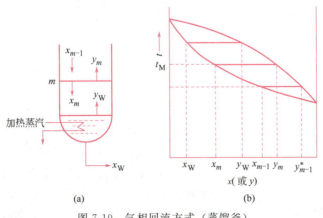

图 7-19 气相回流方式（蒸馏釜）

由图 7-19(b) 可见，$(1-y_W) > (1-y_{m-1}^*)$，满足回流要求。

生产规模较大时，通常使用设置在塔外的称作再沸器（或重沸器）的换热器代替塔釜加热器，如图 7-15 所示。

应该指出，挥发度的差异只是精馏过程的物理化学基础，它并不能直接导致高纯度的分离，只有在精馏过程中采取回流这一措施，才能使这一物理化学原理达到工程应用之目的。

● 读者可设想一下，在图 7-15 的流程中，如果取消回流，将是什么情况？

▲ 学习本节后请做思考题 7-3、7-4。

第四节 双组分连续精馏塔的计算

双组分连续精馏塔的工艺计算，主要包括以下内容：
① 物料衡算；
② 计算为完成一定的分离要求所需要的塔板数或填料层高度；
③ 确定塔高和塔径；
④ 确定塔板结构及塔板流体力学验算（板式塔），确定填料类型和尺寸，并计算填料塔的流体阻力（填料塔）；
⑤ 热量衡算。

本节以板式精馏塔为例，讨论其中的①、②、⑤项内容，其余将在第八章讨论。

一、全塔物料衡算

在过程达到定常状态以后，取图 7-20 所示的虚线所划定的范围对全塔进行物料衡算，从而求出进料量和组成与塔顶、塔釜产品流量及组成之间的关系。

以单位时间（如 1h）作为物料衡算的基准，则有：

总物料衡算

$$F = D + W \tag{7-16}$$

易挥发组分的物料衡算

$$Fx_F = Dx_D + Wx_W \tag{7-17}$$

式中 F——原料液量，kmol/h；
D——塔顶馏出液量，kmol/h；
W——塔釜残液量，kmol/h；
x_F——原料液中易挥发组分的摩尔分数；
x_D——馏出液中易挥发组分的摩尔分数；
x_W——釜残液中易挥发组分的摩尔分数。

在式(7-16) 和式(7-17) 中有 6 个变量，若知其中 4 个便可联立求解其余的 2 个。在设计型计算时，通常已知 F、x_F 和分离要求 x_D、x_W，解出 D 和 W。精馏的

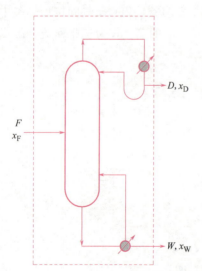

图 7-20　精馏塔的物料衡算

分离要求，除可用塔顶和塔釜的产品组成表示外，也可用原料中易挥发（或难挥发）组分被回收的百分数表示，称为回收率。

塔顶易挥发组分的回收率 η_D：

$$\eta_D = \frac{Dx_D}{Fx_F} \times 100\% \tag{7-18a}$$

塔釜难挥发组分的回收率 η_W：

$$\eta_W = \frac{W(1-x_W)}{F(1-x_F)} \times 100\% \tag{7-18b}$$

联立式(7-16)与式(7-17)可求得馏出液的采出率 D/F 和釜液采出率 W/F，即有

$$\frac{D}{F} = \frac{x_F - x_W}{x_D - x_W} \tag{7-19}$$

$$\frac{W}{F} = \frac{x_D - x_F}{x_D - x_W} \tag{7-20}$$

显然，η_D、η_W、D/F 和 W/F 都是相对量，其数值都应在 0~1 之间。

● **【例 7-6】** 将 5000kg/h 含乙醇 15%（摩尔分数，下同）和水 85%的混合液在常压连续精馏塔中分离。要求馏出液中含乙醇 82%，釜液含乙醇不高于 0.04%，求馏出液、釜液的流量及塔顶易挥发组分的回收率和采出率。

解 乙醇的分子式为 C_2H_5OH，千摩尔质量为 46kg/kmol；水的千摩尔质量为 18kg/kmol。原料液的平均千摩尔质量为

$$M_F = x_F M_A + (1-x_F)M_B = 0.15 \times 46 + 0.85 \times 18 = 22.2 \text{kg/kmol}$$

$$F = \frac{5000}{22.2} = 225.2 \text{kmol/h}$$

由式(7-19)求出采出率：

$$\frac{D}{F} = \frac{x_F - x_W}{x_D - x_W} = \frac{0.15 - 0.0004}{0.82 - 0.0004} = 0.183$$

由上式求出塔顶馏出液量为

$$D = 0.183F = 0.183 \times 225.2 = 41.1 \text{kmol/h}$$

由式(7-16)求出塔釜残液量为

$$W = F - D = 225.2 - 41.1 = 184.1 \text{kmol/h}$$

由式(7-18a)求出塔顶易挥发组分的回收率

$$\eta_D = \frac{Dx_D}{Fx_F} \times 100\% = \frac{41.1 \times 0.82}{225.2 \times 0.15} \times 100\% = 99.8\%$$

全塔物料衡算的公式虽简单，但使用时一定要注意单位的统一。此外，在 y-x 图上，物料之间的关系也满足杠杆定律，如图 7-21 所示。

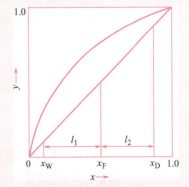

图 7-21 采出率图解示意图

● 读者可自行在图上分析 D/F 或 W/F 与相应线段间的相互关系。
▲ 学习本节后可完成习题 7-6、7-7 及思考题 7-5。

二、理论板与恒摩尔流假设

（一）理论板

如前所述，在精馏塔每一块塔板上同时进行着传热与传质。如果进入塔板的气、液两相在塔板上接触良好，并且有足够长的接触时间，然后分离，使离开该板的气液两相达到平衡，则称该板为理论板。概括地讲，所谓理论板是指离开该板的蒸气和液体组成达到平衡的塔板，即两相温度相同，组成互成平衡。实际上，除再沸器相当于一块理论板外（塔顶设置分凝器时，分凝器亦相当于一块理论板），塔内各板，由于气液两相接触时间短暂，接触面积有限等原因，使得离开塔板的蒸气与液体未能达到平衡，因此，理论板并不存在，但它可以作为衡量实际塔板分离效果的一个标准。在设计计算中，可先求出理论板数，再根据塔板效率的高低来决定实际塔板数。

（二）恒摩尔流假设

精馏过程比较复杂，过程的影响因素也很多，为了使计算简化，引入恒摩尔流假设，即认为：精馏段每块塔板上升的蒸气摩尔流量彼此相等，下降的液体摩尔流量也各自相等，提馏段亦然。用数学表达式描述为：

$$V_i = 常数 \tag{7-21}$$

$$L_i = 常数 \tag{7-22}$$

$$V'_i = 常数 \tag{7-23}$$

$$L'_i = 常数 \tag{7-24}$$

式中 V_i，L_i——精馏段任意板 i 上升的蒸气、下降的液体摩尔流量，kmol/h；

V'_i，L'_i——提馏段任意板 i 上升的蒸气、下降的液体摩尔流量，kmol/h。

由于进料的影响，两段上升的蒸气摩尔流量不一定相同，下降的液体摩尔流量亦不一定相等。

恒摩尔流的实质是，在塔板上气液两相接触时，若有 1kmol 的蒸气冷凝，相应地就有 1kmol 的液体汽化，因此，恒摩尔流假设成立的条件是：

① 各组分的摩尔汽化焓相等；
② 气液接触时因温度不同而交换的显热量可以忽略；
③ 塔设备保温良好，热损失可以忽略不计。

在很多情况下，恒摩尔流假设与实际情况接近。

三、操作线方程

精馏塔由精馏段和提馏段两部分构成，其间的气液流量未必相等，根据恒摩尔流假设，很容易分别推导其操作线方程。

（一）精馏段操作线方程

在图 7-22 中虚线所划定的范围（包括精馏段中第 $n+1$ 块塔板以上的塔段及全凝器在内）作物料衡算。

总物料衡算
$$V = L + D \tag{7-25}$$

易挥发组分的物料衡算
$$V y_{n+1} = L x_n + D x_D \tag{7-26}$$

式中 V——精馏段内每块塔板上升的蒸气摩尔流量,kmol/h;

L——精馏段内每块塔板下降的液体摩尔流量,kmol/h;

y_{n+1}——从精馏段第 $n+1$ 板上升的蒸气组成,摩尔分数;

x_n——从精馏段第 n 板下降的液体组成,摩尔分数。

将式(7-26)两边同除以 V,得
$$y_{n+1} = \frac{L}{V} x_n + \frac{D}{V} x_D \tag{7-27}$$

将式(7-25)代入式(7-27)中,得
$$y_{n+1} = \frac{L}{L+D} x_n + \frac{D}{L+D} x_D \tag{7-27a}$$

将上式等号右端各项分子分母同除以 D,得
$$y_{n+1} = \frac{L/D}{L/D+1} x_n + \frac{1}{L/D+1} x_D$$

令 $R = L/D$,R 称为回流比,于是上式可写作:
$$y_{n+1} = \frac{R}{R+1} x_n + \frac{x_D}{R+1} \tag{7-28}$$

式(7-27)或式(7-28)称为精馏段操作线方程。它表达了精馏段内任意一板(第 n 板)下降的液体组成 x_n,与其相邻的下一板(第 $n+1$ 板)上升的蒸气组成 y_{n+1} 之间的关系,即板间的物料组成关系,它是精馏段物料衡算的结果。

若回流比 R 及馏出液量 D 已知,则由 $L = RD$ 及 $V = L + D = (R+1)D$ 可直接求出精馏段内液相流量 L 和气相流量 V。

在定常连续操作过程中,D 为确定值;根据恒摩尔流假设 L、V 均为常数,故精馏段操作线方程为一直线方程。当 $x_n = x_D$ 时,得 $y_{n+1} = x_D$,可见,该直线过对角线上 $a(x_D, x_D)$ 点,斜率为 $R/(R+1)$,在 y 轴上的截距为 $x_D/(R+1)$,即图 7-23 所示的直线 ac。

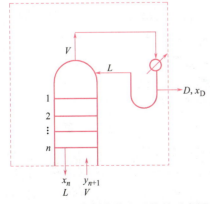

图 7-22 精馏段操作线方程推导示意图

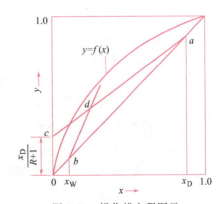

图 7-23 操作线方程图示

（二）提馏段操作线方程

进料板（包括进料板）以下的塔段为提馏段。对图 7-24 虚线范围（包括提馏段第 m 块塔板以下塔段及再沸器）作物料衡算。

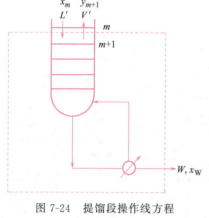

图 7-24 提馏段操作线方程推导示意图

总物料衡算
$$L' = V' + W \tag{7-29}$$

易挥发组分的物料衡算
$$L'x_m = V'y_{m+1} + Wx_W \tag{7-30}$$

式中 V'——提馏段内每块塔板上升的蒸气摩尔流量，kmol/h；

L'——提馏段内每块塔板下降的液体摩尔流量，kmol/h；

y_{m+1}——从提馏段第 $m+1$ 板上升的蒸气组成，摩尔分数；

x_m——从提馏段第 m 板下降的液体组成，摩尔分数。

将式(7-30)整理，得
$$y_{m+1} = \frac{L'}{V'}x_m - \frac{W}{V'}x_W \tag{7-31}$$

将式(7-29)代入式(7-31)中，得
$$y_{m+1} = \frac{L'}{L'-W}x_m - \frac{W}{L'-W}x_W \tag{7-32}$$

式(7-31)或式(7-32)称为提馏段操作线方程。它表达了提馏段内任意两塔板间上升的蒸气组成 y_{m+1} 与下降的液体组成 x_m 之间的关系。

若进料为泡点进料，进料量为 F，据恒摩尔流假设条件，则 $L' = L + F$，$V' = V$。

在定常连续操作过程中，W、x_W 为定值，又据恒摩尔流假设 L'、V' 为常数，故提馏段操作线亦为一直线。当 $x_m = x_W$ 时，可得 $y_{m+1} = x_W$，即该直线过对角线上 $b(x_W, x_W)$ 点，以 L'/V' 为斜率，在 y 轴上的截距为 $-\frac{W}{V'}x_W$，即图 7-23 所示的直线 bd。

【例 7-7】 氯仿（$CHCl_3$）和四氯化碳（CCl_4）的混合液在一连续精馏塔中进行分离。在精馏段某一理论板 n 处，进入该塔板的气相组成为 0.91（摩尔分数，下同），从该板流出的液相组成为 0.89，参见图 7-25。物系的相对挥发度为 1.6，精馏段内液气比为 2/3（摩尔比），试求：①从 n 板上升的蒸气组成 y_n；②流入 n 板的液相组成 x_{n-1}；③若为泡点回流，求回流比并写出精馏段操作线方程。

解 ① 因该板为理论板，故离开该板上升的蒸气与下降的液体达到平衡，即 y_n 与 x_n 应满足相平衡方程式[式(7-13)]：

$$y_n = \frac{\alpha x_n}{1+(\alpha-1)x_n} = \frac{1.6 \times 0.89}{1+(1.6-1) \times 0.89} = 0.93$$

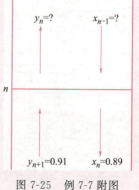

图 7-25 例 7-7 附图

② 对 n 板作物料衡算

$$V(y_n - y_{n+1}) = L(x_{n-1} - x_n)$$

$$x_{n-1} = \frac{V}{L}(y_n - y_{n+1}) + x_n = \frac{3}{2}(0.93 - 0.91) + 0.89 = 0.92$$

③ 由 $L = RD$，$V = (R+1)D$ 可得

$$\frac{L}{V} = \frac{R}{R+1} = \frac{2}{3} \approx 0.667$$

由上式解出回流比 $R = 2.0$

由精馏段操作线方程式(7-28) 得

$$y_{n+1} = \frac{R}{R+1}x_n + \frac{x_D}{R+1} = \frac{2}{3}x_n + \frac{x_D}{3}$$

将 $y_{n+1} = 0.91$，$x_n = 0.89$ 代入上式，解出 x_D

$$x_D = 0.95$$

于是该塔精馏段操作线方程为

$$y_{n+1} = 0.667x_n + 0.317 \tag{7-33}$$

由式(7-33) 可见，精馏段操作线方程为一直线方程，其斜率为 0.667，在 y 轴上的截距为 0.317。

应该指出，x_{n-1} 也可以直接由操作线方程求解，即 y_n 与 x_{n-1} 应满足精馏段操作线方程，将 $y_n = 0.93$ 代入式(7-33) 中，求得 $x_{n-1} = 0.92$。此结果与题②结果一致。

▲ 学习本节后，完成习题 7-8、7-9、7-10、7-14，思考题 7-6、7-7。

四、理论塔板数的确定

精馏过程设计型计算的内容是按照一定的生产任务和规定的分离要求，选择精馏的操作条件，计算所需的理论塔板数。

理论塔板数的计算可采用逐板计算法或图解法，此两种方法均以物系的相平衡关系和操作线方程为依据，现分述如下。

（一）逐板计算法

设塔顶冷凝器为全凝器，泡点回流；塔釜为间接蒸汽加热；进料为泡点进料。逐板计算法如图 7-26 所示。

因塔顶为全凝器，故从塔顶最上一层板（第一块板）上升的蒸气进入冷凝器后被全部冷凝，塔顶馏出液组成即为塔顶最上一层塔板的上升蒸气组成，即

$$y_1 = x_D$$

而离开第一块理论板的液体组成 x_1 与从该板上升的蒸气组成 y_1 达到平衡，故可由气液相平衡方程式(7-13)

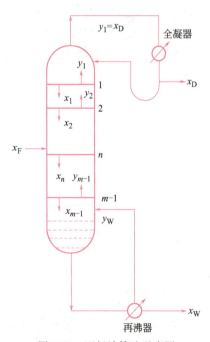

图 7-26 逐板计算法示意图

求得 x_1，即

$$x_1 = \frac{y_1}{\alpha-(\alpha-1)y_1}$$

因板间的气液组成满足操作线方程，故第二块理论板上升的蒸气组成 y_2 与第一块理论板下降的液体组成 x_1 满足精馏段操作线方程，即由式(7-28)，有

$$y_2 = \frac{R}{R+1}x_1 + \frac{x_D}{R+1}$$

同理，y_2 与 x_2 满足相平衡方程，用相平衡方程由 y_2 求出 x_2，而 y_3 与 x_2 应满足精馏段操作线方程，用操作线方程式由 x_2 求出 y_3，以此类推，重复计算，直至计算到 $x_n \leqslant x_F$（仅适用于泡点进料时）后，再改用相平衡方程和提馏段操作线方程计算提馏段塔板组成，直至计算到 $x_m \leqslant x_W$ 为止。在计算过程中每使用一次平衡关系，表示需要一块理论板。由于离开再沸器的气液两相达到平衡，相当于一块理论板，所以提馏段所需的理论板数应为计算中使用相平衡关系的次数减 1，所得的理论板数包括进料板。

现再将逐板计算过程归纳如下：

$x_D \xrightarrow{\text{全凝器}} y_1 \xrightarrow{\text{相平衡关系}} x_1 \xrightarrow{\text{操作关系（精）}} y_2 \xrightarrow{\text{相平衡关系}} x_2 \xrightarrow{} \cdots \xrightarrow{} x_n \leqslant x_F \xrightarrow{\text{泡点进料时的进料板}}$ 改用提馏段操作线方程式 $\cdots\cdots \xrightarrow{\text{操作关系（提）}} y_m \xrightarrow{\text{相平衡关系}} x_m \leqslant x_W$ 为止。

在此过程中使用了几次相平衡关系便得到几块理论板数（包括塔釜再沸器的一块）。

逐板计算法便于编成计算机程序计算理论板数，结果较准确，但手算较繁，其基本计算要点是：从塔顶开始，交替使用相平衡方程和操作线方程，前者解决了离开该板的气液两相组成关系，而后者解决了板间截面气液两相组成关系。

【例 7-8】 在一常压连续精馏塔中分离苯-甲苯混合液。已知每小时处理料液 20kmol，料液中含苯 40%（摩尔分数，下同），馏出液中含苯 95%，塔釜残液中含苯应小于 5%。物系的相对挥发度为 2.47，回流比为 5，泡点进料。塔顶为全凝器，泡点回流，塔釜为间接蒸汽加热。求所需的理论塔板数和从塔顶算起第三块理论板上升的蒸气组成。

解 首先应求出气液相平衡方程与操作线方程，然后利用逐板计算法求解理论塔板数。

相平衡方程式：

$$y = \frac{\alpha x}{1+(\alpha-1)x} = \frac{2.47x}{1+1.47x}$$

即

$$x = \frac{y}{2.47-1.47y}$$

由物料衡算求出 D 与 W：

$$D = \frac{x_F - x_W}{x_D - x_W}F = \frac{0.4-0.05}{0.95-0.05} \times 20 = 7.78 \text{kmol/h}$$

$$W = F - D = 20 - 7.78 = 12.22 \text{kmol/h}$$

求出提馏段下降的液体摩尔流量，对泡点进料，有

$$L' = L + F = RD + F = 5 \times 7.78 + 20 = 58.9 \text{kmol/h}$$

写出两段操作线方程式：

精馏段操作线方程

$$y_{n+1} = \frac{R}{R+1}x_n + \frac{x_D}{R+1} = \frac{5}{5+1}x_n + \frac{0.95}{5+1} = 0.833x_n + 0.158$$

提馏段操作线方程式

$$y_{m+1} = \frac{L'}{L'-W}x_m - \frac{W}{L'-W}x_W = \frac{58.9}{58.9-12.22}x_m - \frac{12.22}{58.9-12.22} \times 0.05$$
$$= 1.26x_m - 0.013$$

第1块塔板上升的蒸气组成：

$$y_1 = x_D = 0.95$$

第1块塔板下降的液体组成：

$$x_1 = \frac{y_1}{2.47 - 1.47y_1} = \frac{0.95}{2.47 - 1.47 \times 0.95} = 0.885$$

第2块塔板上升的蒸气组成：

$$y_2 = 0.833x_1 + 0.158 = 0.833 \times 0.885 + 0.158 = 0.895$$

第2块塔板下降的液体组成：

$$x_2 = \frac{y_2}{2.47 - 1.47y_2} = \frac{0.895}{2.47 - 1.47 \times 0.895} = 0.776$$

第3块塔板上升的蒸气组成：

$$y_3 = 0.833x_2 + 0.158 = 0.833 \times 0.776 + 0.158 = 0.804$$

依上述方法反复计算，当 $x_n \leqslant x_F$ 后，改用提馏段操作线方程。现将计算结果列于表7-4表示。

表7-4　例7-8计算结果

组成	板数								
	1	2	3	4	5	6	7	8	9
y	0.95	0.895	0.804	0.678	0.541	0.394	0.250	0.137	0.063
x	0.885	0.776	0.624	0.460	$0.323 < x_F$	0.208	0.119	0.06	$0.03 < x_W$

精馏塔内理论塔板数为 9−1=8 块，其中精馏段4块板，提馏段4块板，第5块为进料板。

从塔顶算起第三块板上升的蒸气组成 $y_3 = 0.804$。

▲ 学习本节后完成习题 7-11①。

（二）图解法

图解法求理论塔板数的基本原理与逐板计算法相同，其优点是比较直观，便于分析。以直角梯级图解法较为常见，即在 y-x 图上分别绘出精馏段操作线、提馏段操作线和相平衡曲线，然后从塔顶开始，依次在平衡线与操作线之间绘直角梯级，直至 $x_m \leqslant x_W$ 为止，其间

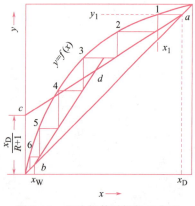

图 7-27 理论板数图解法示意图

有几个直角梯级便得到几块理论板（包括塔釜再沸器一块）。具体步骤如下（图 7-27）。

（1）绘相平衡曲线 在直角坐标系中绘出待分离物系的相平衡曲线，即 y-x 图，并作出对角线。

（2）绘操作线 在 y-x 图上分别绘出两段操作线。

① 精馏段操作线 过对角线上 $a(x_D, x_D)$ 点，以 $\dfrac{R}{R+1}$ 为斜率（或在 y 轴上的截距为 $\dfrac{x_D}{R+1}$）作直线 ac，即为精馏段操作线。

② 提馏段操作线 过对角线上 $b(x_W, x_W)$ 点，以 $\dfrac{L'}{L'-W}$ 为斜率作直线 bd，即为提馏段操作线。两操作线在 d 点相交。

（3）绘直角梯级 从 a 点开始，在精馏段操作线与平衡线之间轮流作水平线与垂直线构成直角梯级，梯级跨越两操作线交点 d 时，改在提馏段操作线与平衡线间作直角梯级，直至梯级的垂直线达到或跨越 b 点为止，其间所绘梯级的数目即为理论塔板数（包括塔釜再沸器一块），跨越 d 点的梯级为进料板。

下面讨论每一梯级所代表的意义，参见图 7-28。

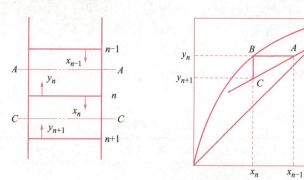

图 7-28 塔板组成的图示

塔中某一板（第 n 板）为理论板，x_n 与 y_n 成平衡关系，在 y-x 图中表示为 B 点，落在平衡线上；板间截面（A—A、C—C 截面）相遇的上升蒸气与下降液体组成满足操作线方程，故必落在操作线上，在 y-x 图中为操作线上 $A(x_{n-1}, y_n)$、$C(x_n, y_{n+1})$ 点。从 A 点出发引水平线与平衡线交于 B 点，反映了 n 板上的平衡关系；由 B 点出发引垂直线与操作线交于 C 点，表示气液组成满足操作线方程。依次绘水平线与垂直线相当于交替使用相平衡关系与操作线关系，每绘出一个直角梯级就代表一块理论板。

从直角梯级 ABC 中可以看到，AB 边表示下降液体经过第 n 板后重组分增浓程度，BC 边表示上升蒸气经第 n 板后轻组分增浓程度。操作线与平衡线的偏离程度越大，表示每块理论板的增浓程度越高，在达到同样分离要求的条件下所需的理论板数就越少。如同人们上楼梯，同样高度的楼层，每级台阶越高，所需的梯级数目就越少一样。

在图解过程中，当某梯级跨越两操作线交点 d 时（此梯级表示进料板），应及时更换操作线，这是因为对一定的分离任务而言，这样做所需的理论板数最少。若提前使用提馏段操作线或过了交点仍沿用精馏段操作线（相当于改变了进料板位置），都会因某些梯级的增浓程度减少而使理论板数增加，如图 7-29 所示。

比较图 7-27 与图 7-29，对于同样的分离要求，在不同位置进料，所需的理论板数显然有差异。图 7-27 为第 3 块理论板进料，共需 6 块理论板，而图 7-29 在第 4 块板进料时，就需要 7 块理论板。可见在第 3 块板进料比在第 4 块板进料所需理论板数少。因此，进料应在跨越两操作线交点处的第三块板加入，此板称为最佳进料板。当梯级跨过两操作线交点时，更换操作线是适当的（逐板计算法也一样），由此定出的进料位置称为最佳进料位置。

• 【例 7-9】 用图解法求例 7-8 的理论塔板数。已知：$x_D=0.95$，$x_W=0.05$，$x_F=0.40$（均为易挥发组分的摩尔分数）。两操作线方程及相平衡方程见例 7-8。

解 根据相平衡方程计算出若干组气液平衡数据，见表 7-5。

表 7-5 例 7-9 气液平衡数据

x	1.000	0.780	0.581	0.411	0.258	0.130	0
y	1.000	0.900	0.774	0.633	0.462	0.270	0

在直角坐标系中绘出 y-x 图，见图 7-30。
根据精馏段操作线方程式

$$y_{n+1}=0.833x_n+0.158$$

找到 a (0.95，0.95)、c (0，0.158) 两点，连接 ac，即得到精馏段操作线。
根据提馏段操作线方程式

$$y_{m+1}=1.26x_m-0.013$$

找到 b (0.05，0.05) 点，再以 1.26 为斜率绘出直线 bd，即得到提馏段操作线。

从 a 点开始在平衡线与操作线之间绘直角梯级，直至 $x_m \leqslant x_W$ 为止。由图 7-30 可见，理论板数为 9 块，除去再沸器一块，塔内理论板数为 8 块，精馏段 4 块理论板，第 5 块为进料板，从塔顶算起第 3 块理论板上升的蒸气组成为 $y_3=0.804$，与逐板计算法结果一致。

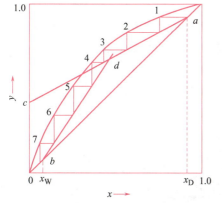

图 7-29 非最佳进料板进料时理论板数图解

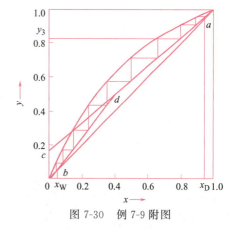

图 7-30 例 7-9 附图

▲ 学习本节后完成习题 7-11②，思考题 7-8。

五、进料热状况的影响和 q 线方程

在用图解法求理论塔板数时,对于提馏段操作线的绘制,无论是用斜率还是用截距,都不方便,并且误差较大(在 y 轴上的截距为负值且数值极小),此外,用这种方法也不易分析进料状况对理论板数的影响。如果能够找到两操作线的交点 d,直接连接 b 点与 d 点,便很容易绘出提馏段操作线 bd。而两操作线之交点处为进料板,d 点坐标必定与进料热状况有关,不同的进料热状况会改变 d 点位置,从而影响到操作线(主要是提馏段)的位置。本节讨论进料热状况对操作线的影响,并进一步推导出进料方程(又称 q 线方程)。

进料热状况有以下 5 种:①冷进料,进料为温度低于泡点的过冷液体;②泡点进料,进料为泡点温度的饱和液体;③气液混合进料;④露点进料,进料为露点温度的饱和蒸气;⑤过热蒸气进料,进料为温度高于露点的过热蒸气。显然不同状况下进料的焓值不同,在进料段(进料板上方)混合结果也不同,使从进料板上升的蒸气量及下降的液体量发生变化,因此,精馏塔内精馏段与提馏段上升的蒸气量及下降的液体量与进料热状况之间存在某种数值上的联系。为此,引入进料热状况参数 q。

(一)进料热状况参数

对进料板作物料衡算和热量衡算。衡算范围见图 7-31 的虚线区域。

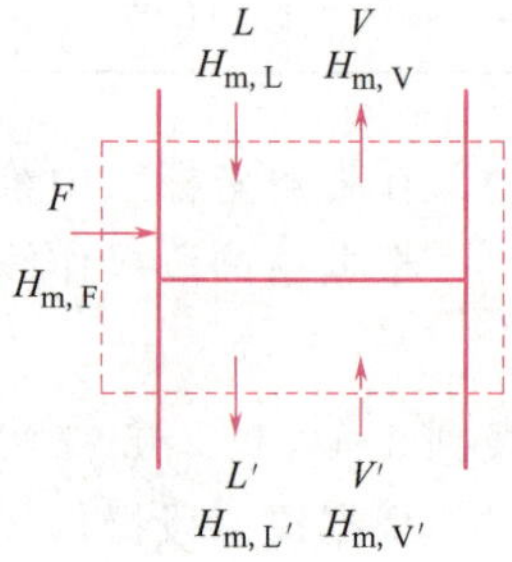

物料衡算
$$F+V'+L=V+L' \tag{7-34}$$

或
$$V-V'=F-(L'-L) \tag{7-34a}$$

图 7-31 进料板示意图

热量衡算
$$FH_{m,F}+LH_{m,L}+V'H_{m,V'}=VH_{m,V}+L'H_{m,L'} \tag{7-35}$$

式中 $H_{m,F}$——进料状况下原料的摩尔焓,kJ/kmol;

$H_{m,L}$,$H_{m,L'}$——进入进料板和离开进料板的饱和液体的摩尔焓,kJ/kmol;

$H_{m,V}$,$H_{m,V'}$——离开进料板和进入进料板的饱和蒸气的摩尔焓,kJ/kmol。

因塔内各板上的液体和蒸气均呈饱和状态,相邻两板的温度及气液组成变化不太大,可近似认为

$$H_{m,L} \approx H_{m,L'} \approx 原料在饱和液体状态下的摩尔焓$$
$$H_{m,V} \approx H_{m,V'} \approx 原料在饱和蒸气状态下的摩尔焓$$

将以上关系代入式(7-35)中,可得
$$FH_{m,F}+LH_{m,L}+V'H_{m,V}=VH_{m,V}+L'H_{m,L}$$

整理上式,得
$$(V-V')H_{m,V}=FH_{m,F}-(L'-L)H_{m,L} \tag{7-36}$$

将式(7-34a)代入式(7-36),并整理,得
$$\frac{L'-L}{F}=\frac{H_{m,V}-H_{m,F}}{H_{m,V}-H_{m,L}} \tag{7-37}$$

令
$$q=\frac{H_{m,V}-H_{m,F}}{H_{m,V}-H_{m,L}}=\frac{使原料从进料状况变为饱和蒸气的摩尔焓变}{原料由饱和液体变为饱和蒸气的摩尔焓变} \tag{7-38}$$

q 称为进料热状况参数。

将式(7-38)代入式(7-37)中,可得
$$L' = L + qF \tag{7-39}$$
将式(7-39)代入式(7-34a)中,可得
$$V' = V - (1-q)F \tag{7-40}$$
其中,$L = RD$,$V = (R+1)D$

式(7-39)及式(7-40)将精馏塔内精馏段与提馏段下降液体量 L、L',上升蒸气量 V、V',原料液量 F 以及进料热状况参数 q 关联在一起。

(二)各种进料热状况下的 q 值

1. 冷进料

因原料液温度低于其泡点温度,故 $H_{m,F} < H_{m,L}$,则由式(7-38)知
$$q > 1$$
$$q = \frac{H_{m,V} - H_{m,F}}{H_{m,V} - H_{m,L}} = \frac{C_{p,m}(t_S - t_F) + r_c}{r_c} \tag{7-41}$$

式中 t_S——进料组成 x_F 下的泡点温度,℃;

t_F——进料液体的实际温度,℃;

$C_{p,m}$——进料的平均摩尔比热容,kJ/(kmol·℃);

r_c——进料的平均摩尔汽化焓,kJ/kmol。

因 $q > 1$,故 $L' > L + F$,$V < V'$,参见图7-32(a)。

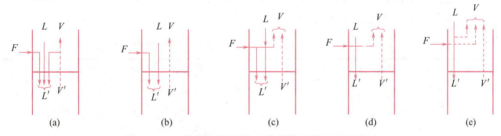

图 7-32 5种进料热状况对精馏塔内物流量的影响

提馏段内下降液体量 L' 包括以下三部分:

① 精馏段下降的液体量;

② 原料液量;

③ 自提馏段上升的蒸气在加热原料液的过程中,一部分被冷凝进入提馏段下降液体,由于这部分蒸气的冷凝,使 $V < V'$。

2. 泡点进料

此时原料液的温度与其泡点温度相同,即 $t_F = t_S$,代入式(7-41)中可得
$$q = 1$$
于是 $L' = L + F$,$V' = V$。参见图7-32(b)。

进入提馏段的液体量为精馏段下降的液体量与料量之和,两段上升的蒸气量相等。

3. 气液混合进料

因原料已有一部分汽化,故 $H_{m,V} > H_{m,F} > H_{m,L}$,则由式(7-37)知

$$0 < q < 1$$

由图 7-32(c) 可见，流入提馏段的液体量是精馏段下降的液体量与进料中液体量之和，而进入精馏段的蒸气量则是提馏段上升的蒸气量与进料中的蒸气量之和。

特别注意，在气液混合进料状态下，q 为原料液中液相所占的百分率，而 $(1-q)$ 称为进料汽化率，见式(7-39)、式(7-40) 及例题 7-10。

4. 饱和蒸气进料

此时 $H_{m,F} = H_{m,V}$，由式(7-38) 可知。

$$q = 0$$

由图 7-32(d) 可见，进入精馏段的蒸气量是入塔的饱和蒸气量与提馏段上升的蒸气量之和，而流入提馏段的液体量等于精馏段下降的液体量，即 $V = V' + F$，$L = L'$。

5. 过热蒸气进料

此时 $H_{m,F} > H_{m,V}$，由式(7-38) 可知

$$q < 0$$

于是，$V > V' + F$，$L' < L$。参见图 7-32(e)。

此时精馏段上升蒸气量包括以下三部分：

① 提馏段上升的蒸气量；
② 原料蒸气量；
③ 从进料温度降低到露点温度时要放出热量，故必有一部分由精馏段下降的液体被汽化，汽化后的蒸气量也成为精馏段上升蒸气的一部分。由于这部分液体的汽化，使得 $L' < L$。

将以上 5 种不同的进料情况列入表 7-6 中。

表 7-6 进料热状况参数 q 值及与精馏段、提馏段流量的关系

进料热状况	进料摩尔焓	q 值	L、L' 的关系	V、V' 的关系
冷进料	$H_{m,F} < H_{m,L}$	$q > 1$	$L' > L + F$，$L' = L + qF$	$V' > V$，$V' = V - (1-q)F$
饱和液体进料	$H_{m,F} = H_{m,L}$	$q = 1$	$L' = L + qF$	$V' = V$
气液混合物进料	$H_{m,L} < H_{m,F} < H_{m,V}$	$1 > q > 0$	$L < L' < L + F$，$L' = L + qF$	$V' = V - (1-q)F$
饱和蒸气进料	$H_{m,F} = H_{m,V}$	$q = 0$	$L' = L$	$V' = V - F$
过热蒸气进料	$H_{m,F} > H_{m,V}$	$q < 0$	$L' < L$，$L' = L + qF$	$V' < V - F$，$V' = V - (1-q)F$

● **【例 7-10】** 用常压精馏塔分离进料组成为 0.44（摩尔分数，下同）的苯-甲苯混合液。要求：$x_D = 0.975$，$x_W = 0.0235$，操作回流比为 3.5，求下列各种情况下提馏段、精馏段上升的蒸气量及下降的液体量之比，即 V'/V、L'/L。①进料温度为 20℃；②泡点进料；③气液混合进料，进料汽化率为 1/4。

已知苯-甲苯混合液在进料组成 $x_F = 0.44$ 时溶液的泡点为 93℃。

解 由式(7-39) 和式(7-40) 可知

$$\frac{V'}{V} = \frac{V - (1-q)F}{V} = \frac{(R+1)D - (1-q)F}{(R+1)D} = \frac{(R+1) - (1-q)\dfrac{F}{D}}{R+1} \quad (7\text{-}42)$$

$$\frac{L'}{L} = \frac{L+qF}{L} = \frac{RD+qF}{RD} = \frac{R+q\dfrac{F}{D}}{R} \tag{7-43}$$

为求得 $\dfrac{V'}{V}$ 与 $\dfrac{L'}{L}$，必先求出 F/D 和 q。

$\dfrac{F}{D}$ 由式(7-19)求得，即

$$\frac{F}{D} = \frac{x_D - x_W}{x_F - x_W} = \frac{0.975 - 0.0235}{0.44 - 0.0235} = 2.28$$

q 值的求取：

① 因 $t_F = 20℃ < t_S = 93℃$，故为冷进料。

由上册附录二查取苯和甲苯的比热容分别为 1.704kJ/(kg·℃) 和 1.70kJ/(kg·℃)，于是原料液的平均定压摩尔热容为

$$C_{p,m} = x_A C_{p,A} + x_B C_{p,B} = 0.44 \times 1.704 \times 78 + 0.56 \times 1.70 \times 92 = 146 \text{kJ/(kmol·℃)}$$

由上册附录二查得 $t_S = 93℃$ 时，苯、甲苯的汽化焓分别为 393.9kJ/kg 和 363kJ/kg，故原料液平均摩尔汽化焓为

$$r_c = x_A r_A + x_B r_B = 0.44 \times 393.9 \times 78 + 0.56 \times 363 \times 92 = 32220 \text{kJ/kmol}$$

由式(7-41)可知

$$q = \frac{C_{p,m}(t_S - t_F) + r_c}{r_c} = \frac{146 \times (93-20) + 32220}{32220} = 1.331$$

将已求得的 q 值及 F/D 代入式(7-42)、式(7-43)中，即

$$\frac{V'}{V} = \frac{(R+1) - (1-q)\dfrac{F}{D}}{R+1} = \frac{(3.5+1) - (1-1.331) \times 2.28}{3.5+1} = 1.168$$

$$\frac{L'}{L} = \frac{R + q\dfrac{F}{D}}{R} = \frac{3.5 + 1.331 \times 2.28}{3.5} = 1.867$$

可见 $V' > V$，$L' > L$。

② 泡点进料，$q=1$，故

$$\frac{V'}{V} = 1 \quad 即 \quad V' = V$$

$$\frac{L'}{L} = \frac{R + q\dfrac{F}{D}}{R} = \frac{3.5 + 1 \times 2.28}{3.5} = 1.651$$

③ 气液混合进料，汽化率为 1/4 时，即气相占总进料的 1/4，液相占总进料的 3/4。对进料板作物料衡算

液相：
$$L' = L + \frac{3}{4}F \tag{7-44}$$

气相：
$$V = V' + \frac{1}{4}F \tag{7-45}$$

由式(7-44)可得：

$$\frac{L'-L}{F}=\frac{3}{4}=q$$

即对于气液混合进料，进料热状况参数 q 在数值上与原料的液化率相等，于是

$$\frac{V'}{V}=\frac{(3.5+1)-\left(1-\frac{3}{4}\right)\times 2.28}{3.5+1}=0.873$$

$$\frac{L'}{L}=\frac{3.5+0.75\times 2.28}{3.5}=1.489$$

可见 $V'<V$，$L'>L$。

（三）q 线方程

将精馏段操作线方程与提馏段操作线方程联立，便得到精馏段操作线与提馏段操作线交点的轨迹，此轨迹方程称为 q 线方程，也称作进料方程。当进料热状况参数及进料组成确定后，在 y-x 图上可以首先绘出 q 线，然后便可很方便地绘出提馏段操作线。利用 q 线方程还可以分析进料热状况对精馏塔设计及操作的影响。

由式(7-27) 和式(7-31) 并省略下标得

$$\begin{cases} y=\dfrac{L}{V}x+\dfrac{D}{V}x_D & (7\text{-}27\text{a}) \\ y=\dfrac{L'}{V'}x-\dfrac{W}{V'}x_W & (7\text{-}31\text{a}) \end{cases}$$

两线交点的轨迹应同时满足以上二式。

再将 $L'=L+qF$，$V'=V-(1-q)F$ 及 $Wx_W=Fx_F-Dx_D$ 代入式(7-31a)，消去 L'、V' 及 Wx_W，并整理，得

$$[V-(1-q)F]y=(L+qF)x-Fx_F+Dx_D \qquad (7\text{-}46)$$

由式(7-27) 得

$$Dx_D=Vy-Lx$$

将上式代入式(7-46)中并整理，可得

$$y=\frac{q}{q-1}x-\frac{x_F}{q-1} \qquad (7\text{-}47)$$

式(7-47) 称为 q 线方程。在进料热状况及进料组成确定的条件下，q 及 x_F 为定值，则式(7-47) 为一直线方程。当 $x=x_F$ 时，由式(7-47) 计算出 $y=x_F$，则 q 线在 y-x 图上是过对角线上 e (x_F, x_F) 点，以 $\dfrac{q}{q-1}$ 为斜率的直线。

根据不同的 q 值，将 5 种不同进料热状况下的 q 线斜率值及其方位标绘在图 7-33 中，并列于表 7-7 中。

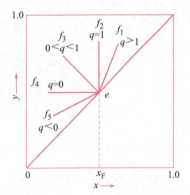

图 7-33 y-x 图上的 q 线位置

表 7-7 q 线斜率值及在 y-x 图上的方位

进料热状况	q 值	q 线斜率 $q/(q-1)$	q 线在 y-x 图上的方位
冷进料	$q>1$	+	ef_1 (↗)

续表

进料热状况	q 值	q 线斜率 $q/(q-1)$	q 线在 y-x 图上的方位
饱和液体	$q=1$	∞	$ef_2(\uparrow)$
气液混合物	$0<q<1$	$-$	$ef_3(\nwarrow)$
饱和蒸气	$q=0$	0	$ef_4(\leftarrow)$
过热蒸气	$q<0$	$+$	$ef_5(\swarrow)$

引入 q 线方程后,求解理论塔板数的图解法变得更加简便。

已知条件:气液相平衡关系,x_F、x_D、x_W、R 和 q 值。

用图解法求解 5 种不同进料热状况下所需的理论塔板数的步骤如下:

① 绘平衡线　根据已给定的气液平衡数据或已知的 α 值,在 y-x 图上绘出平衡曲线,并绘出对角线。

② 作精馏段操作线　过 $a(x_D, x_D)$ 点,以 $\dfrac{x_D}{R+1}$ 为截距作直线 ac,即为精馏段操作线。

③ 作 q 线　过 $e(x_F, x_F)$ 点,以 $\dfrac{q}{q-1}$ 为斜率,绘出 q 线。根据 q 值的 5 种状况,可绘出 5 条 q 线,分别与精馏段操作线 ac 交于 d_1、d_2、d_3、d_4 和 d_5 点。

④ 作提馏段操作线　在对角线上找到 $b(x_W, x_W)$ 点,分别连接 bd_1、bd_2、bd_3、bd_4 和 bd_5 即得到 5 种不同进料热状况下的提馏段操作线。

⑤ 在平衡线与操作线之间绘出直角梯级,梯级的个数即为所求理论板数。

⑥ 这一求解过程描绘在图 7-34 中。图中未绘出直角梯级,读者可自行对不同 q 值下的理论板数进行绘制并作出比较。

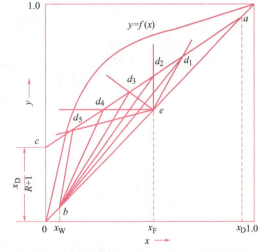

图 7-34　相同 R 不同 q 值对理论塔板数的影响

综上所述,可得到以下结论。

① 当为气液混合进料时,即 $0<q<1$,q 线方程实际上就是平衡蒸馏的物料衡算方程。读者可试行推导。

② 精馏段操作线、提馏段操作线及 q 线必相交于 d 点(即三线共点)。

③ 已知 x_D、x_F、x_W、R 及 q 值,作出精馏段操作线与 q 线后,便可直接绘出提馏段操作线,使图解求理论塔板数显得更为简捷。

④ 为达到一定的分离要求(x_F、x_D、x_W 一定),对相同的回流比,q 值不同,不影响精馏段操作线斜率,但影响到提馏段操作线斜率,从而使理论板数及进料板位置发生变化。q 值越大,提馏段操作线就越远离平衡线,塔板上的传质推动力增大,提浓程度增加,故所需的理论板数就越少。

• 【例 7-11】 在一连续常压精馏塔中分离某混合液,其气液平衡关系如图 7-35 所示。

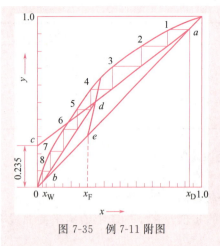

图 7-35 例 7-11 附图

已知：$x_F=0.3$，$x_D=0.94$，$x_W=0.04$（均为摩尔分数），冷料进料，$q=1.2$，操作回流比 $R=3$。求：①精馏段操作线方程；②若塔底产品量为 150 kmol/h，求进料量及塔顶产品量；③完成上述分离任务所需的理论塔板数。

解 ① 精馏段操作线方程：

$$y_{n+1}=\frac{R}{R+1}x_n+\frac{x_D}{R+1}=\frac{3}{3+1}x_n+\frac{0.94}{3+1}$$
$$=0.75x_n+0.235$$

② 由式(7-19)和总物料衡算式求解 D 与 F：

$$\begin{cases}\dfrac{D}{F}=\dfrac{x_F-x_W}{x_D-x_W}=\dfrac{0.3-0.04}{0.94-0.04}=0.289\\ F=D+W\end{cases}$$

解之得

$$F=211\text{kmol/h}$$
$$D=61.0\text{kmol/h}$$

③ 图解法求理论塔板数

由精馏段操作线方程作出精馏段操作线 ac，根据 $q=1.2$ 作出 q 线 ed，连接 bd 即得提馏段操作线，然后在平衡线与操作线之间绘直角梯级，梯级的数目为 8，即所需的理论塔板数为 8 块（包括塔釜再沸器一块），其中精馏段 3 块塔板，提馏段 5 块塔板（包括塔釜再沸器），第 4 块为进料板。如图 7-35 所示。

▲ 请思考：①本例题中若其他条件不变，而进料改为泡点进料，请问采出率 D/F 有无变化？所需的理论塔板数又如何变化？

② 若其他条件不变，只将回流比增加，两段操作线如何变化？所需的理论板数又如何变化？

● **【例 7-12】** 用常压精馏塔对乙醇-水溶液进行分离。已知：$x_F=0.15$，$x_D=0.82$，$x_W=0.04$（均为摩尔分数），$R=3.0$，泡点进料，塔釜采用直接蒸汽加热。求所需的理论塔板数。

乙醇-水溶液平衡数据如表 7-8 所示。

表 7-8 乙醇-水溶液平衡数据

液相中乙醇摩尔分数	气相中乙醇摩尔分数	液相中乙醇摩尔分数	气相中乙醇摩尔分数	液相中乙醇摩尔分数	气相中乙醇摩尔分数
0.0	0.0	0.14	0.482	0.60	0.698
0.01	0.11	0.18	0.513	0.70	0.755
0.02	0.175	0.20	0.525	0.80	0.82
0.04	0.273	0.25	0.551	0.894	0.894
0.06	0.34	0.30	0.575	0.95	0.942
0.08	0.392	0.40	0.614	1.0	1.0
0.10	0.43	0.50	0.657		

解 精馏某种轻组分与水的混合液，当塔釜液（水）可作为废料排弃时，可采用塔釜直接蒸汽加热，本例题即属此种情况。如图 7-36(a) 所示。

直接蒸汽加热时的物料衡算与间接蒸汽加热时的物料衡算不同，现叙述如下：

总物料衡算

$$F + V_0 = D + W$$

易挥发组分的物料衡算

$$F x_F = D x_D + W x_W$$

式中 V_0——直接加热蒸汽流量，kmol/h。

如果恒摩尔流假设成立，直接蒸汽加热时有

$$V' = V_0, \quad L' = W$$

求解操作线方程：

精馏段操作线方程与间接蒸汽加热时的精馏段操作线方程相同。

提馏段操作线方程发生变化。对图 7-36(a) 虚线所划定的范围作物料衡算，即可得到提馏段操作线方程：

$$\begin{cases} L' + V_0 = V' + W \\ L' x_m = V' y_{m+1} + W x_W \end{cases}$$

$$y_{m+1} = \frac{L'}{V'} x_m - \frac{W}{V'} x_W$$

将 $V' = V_0$，$L' = W$ 代入上式，得

$$y_{m+1} = \frac{W}{V_0} x_m - \frac{W}{V_0} x_W \tag{7-48}$$

式(7-48) 为提馏段操作线方程式。令 $x_m = x_W$，代入式(7-48)，求得 $y_{m+1} = 0$，于是，提馏段操作线在 y-x 图上的图形为：过 $b'(x_W, 0)$ 点，以 $\dfrac{W}{V_0}$ 为斜率的直线［图 7-36(b)］

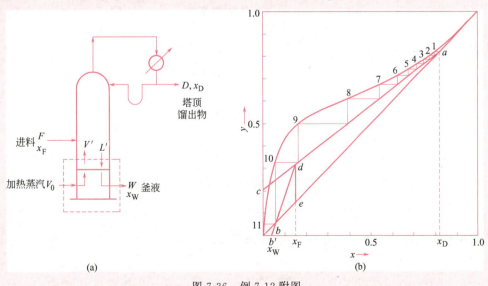

图 7-36 例 7-12 附图

提馏段操作线与精馏段操作线交点的轨迹仍是 q 线,若先绘出 q 线,然后再绘提馏段操作线会更容易些。

理论板数的求解:

在 y-x 图上找到 $a(x_D, x_D)$、$b'(x_W, 0)$、$e(x_F, x_F)$ 点。过 a 点,以 $\dfrac{x_D}{R+1}=\dfrac{0.82}{3+1}=0.205$ 为截距,作出精馏段操作线 ac;过 e 点作垂线即为 q 线($q=1$),此线与精馏段操作线相交于 d 点;连接 $b'd$ 即得提馏段操作线;从 a 点开始,在平衡线与操作线间绘直角梯级至 $x_m \leqslant x_W$ 为止,梯级数即所求理论板数。由图 7-36(b) 可见,理论板数为 11 块。

对含水溶液(水为重组分)的精馏操作,塔釜既可间接加热,一定条件下也可用直接蒸汽加热。采用直接蒸汽加热可省去再沸器,但是,当进料组成及热状况一定,对于相同的回流比、回收率和塔顶产品组成 x_D 条件下,采用直接蒸汽加热时所需要的理论板数比采用间接蒸汽加热时所需的理论板数多些,这是因为直接蒸汽加热时,由于蒸汽冷凝液与釜液混合,使釜液组成 x_W 较间接加热时低,故相应的理论板数多些。

另外,注意乙醇-水溶液具有恒沸点,恒沸组成为 0.894,故 $x_D < 0.894$。

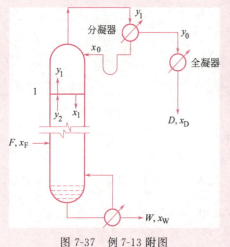

图 7-37 例 7-13 附图

【例 7-13】 用一连续操作的常压精馏塔分离苯-甲苯混合液,操作流程如图 7-37 所示。料液经预热器预热至泡点入塔,进料组成为 0.5(摩尔分数,下同),进料量为 1000kmol/h。塔顶蒸气先进入分凝器,得到的冷凝液全部作为回流,未冷凝的蒸气进入全凝器,得到塔顶产品,其组成为 0.95。塔釜为间接蒸汽加热,塔底产品组成为 0.05。此操作条件下物系相对挥发度为 2.5,操作回流比 $R=1.655$。试求:①塔顶和塔底产品量;②塔顶第一块理论板上升的蒸气组成。

解 ① 对全塔作物料衡算

总物料衡算

$$F = D + W \tag{7-49}$$

易挥发组分的物料衡算

$$Fx_F = Dx_D + Wx_W \tag{7-50}$$

联立式(7-49)、式(7-50),可求得

$$D = 500 \text{kmol/h}$$
$$W = 500 \text{kmol/h}$$

② 塔顶设置分凝器时,分凝器起到一块理论板的作用,即离开分凝器的气相组成 y_0 与离开分凝器回流入塔的液相组成 x_0 满足相平衡方程。同时精馏段操作线方程形式不变。

塔顶产品由全凝器排出,故 $y_0 = x_D = 0.95$

用相平衡方程 $y = \dfrac{\alpha x}{1+(\alpha-1)x}$,由 y_0 求出 x_0:

$$x_0 = \dfrac{y_0}{\alpha - (\alpha-1)y_0} = \dfrac{0.95}{2.5 - 1.5 \times 0.95} = 0.884$$

从塔顶第一块理论板上升的蒸气组成为 y_1，与塔顶回流液组成 x_0 间应满足操作线方程，即

$$y_1 = \frac{R}{R+1}x_0 + \frac{x_D}{R+1}$$

$$= \frac{2.5}{2.5+1} \times 0.884 + \frac{0.95}{2.5+1} = 0.909$$

对于塔顶存在分凝器的精馏过程，在计算理论板数时，可将分凝器看作一块理论板，求解过程与全凝器时的求解过程相同。此时，全塔物料衡算方程、操作线方程均不改变。

▲ 学习本节后请完成习题 7-12、7-13、7-15，思考题 7-9、7-10。

六、回流比的影响及其选择

回流是精馏操作的基本特征，而精馏过程回流比的大小直接影响到精馏操作费用和设备费用。

对一定的分离要求，增加回流比，使精馏段操作线的斜率增大，截距减小，操作线离平衡线越远，每一梯级的水平线段和垂直线段均加长，每一块理论板的分离程度增大，所需的理论板数减少，故塔本身的设备费用减少，但却增加了塔内气液负荷量，导致冷凝器、再沸器负荷增大，使操作费用提高，这些附属设备尺寸的加大又会增加设备投资。而对于一个操作中的精馏塔，增加回流比，会使分离能力增加，提高产品纯度，自然操作费用也相应增加。

回流比有两个极限，一个是全回流时的回流比，另一个是最小回流比。生产中采用的回流比应介于二者之间。

（一）全回流与最少理论塔板数

1. 全回流的特点

全回流时精馏塔不加料也不出料，即 $F=0$，$D=0$，$W=0$，塔顶上升的蒸气冷凝后全部引回塔内，精馏塔无精馏段与提馏段之分。

全回流时回流比 $R = \dfrac{L}{D} \to \infty$，此时，平衡线与操作线距离最远，对应的理论板数最少，以 $N_{\min}$ 表示。

全回流流程示意图如图 7-38 所示。

2. 全回流时的操作线方程

操作线斜率

$$\frac{R}{R+1} = \frac{1}{1+\dfrac{1}{R}} \xrightarrow{R \to \infty} 1$$

在 y 轴上的截距

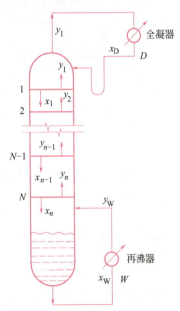

图 7-38 全回流流程示意图

$$\frac{x_D}{R+1} \xrightarrow{R \to \infty} 0$$

可见操作线与 y-x 图上的对角线相重合，于是全回流时的操作线方程可写作

$$y_{n+1} = x_n$$

即任意板间截面上升的蒸气组成与下降的液体组成相等。

3. 全回流时理论板数的确定

（1）逐板计算法 方法同前述，此时的操作线方程式更为简单。

（2）图解法 根据分离要求，从 a (x_D, x_D) 点开始，在对角线与平衡线之间绘直角梯级，直至 $x_n \leqslant x_W$ 为止。梯级的数目即为最少理论塔板数 $N_{\min}$（包括塔釜再沸器），如图 7-39 所示。

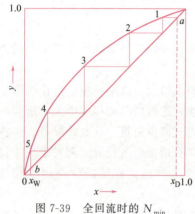

图 7-39 全回流时的 $N_{\min}$

（3）利用芬斯克方程计算 对于理想溶液，根据相平衡方程和操作线方程可导出计算最少理论塔板数 $N_{\min}$ 的公式，即芬斯克方程。

在任意一块理论板上，根据相对挥发度的定义，气液相平衡关系可表示为

$$\left(\frac{y_A}{y_B}\right)_n = \alpha_n \left(\frac{x_A}{x_B}\right)_n \tag{7-51}$$

全回流时操作线方程式为

$$y_{n+1} = x_n$$

即

$$\left(\frac{y_A}{y_B}\right)_{n+1} = \left(\frac{x_A}{x_B}\right)_n$$

离开第一块理论板的气液组成符合平衡关系：

$$\left(\frac{y_A}{y_B}\right)_1 = \alpha_1 \left(\frac{x_A}{x_B}\right)_1 \tag{7-52}$$

第一块理论板下降的液相组成与第二块理论板上升的气相组成符合操作线关系：

$$\left(\frac{y_A}{y_B}\right)_2 = \left(\frac{x_A}{x_B}\right)_1 \tag{7-53}$$

将式 (7-53) 代入式 (7-52) 中，得

$$\left(\frac{y_A}{y_B}\right)_1 = \alpha_1 \left(\frac{y_A}{y_B}\right)_2 \tag{7-54}$$

离开第二块理论板的气液组成符合平衡关系：

$$\left(\frac{y_A}{y_B}\right)_2 = \alpha_2 \left(\frac{x_A}{x_B}\right)_2 \tag{7-55}$$

将式 (7-55) 代入式 (7-54) 中，得

$$\left(\frac{y_A}{y_B}\right)_1 = \alpha_1 \alpha_2 \left(\frac{x_A}{x_B}\right)_2 \tag{7-56}$$

第二块理论板下降的液相组成与第三块理论板上升的气相组成符合操作线关系：

$$\left(\frac{y_A}{y_B}\right)_3 = \left(\frac{x_A}{x_B}\right)_2 \tag{7-57}$$

将式 (7-57) 代入式 (7-56) 中，得

$$\left(\frac{y_A}{y_B}\right)_1 = \alpha_1 \alpha_2 \left(\frac{y_A}{y_B}\right)_3 \tag{7-58}$$

离开第三块理论板的气液组成符合平衡关系：

$$\left(\frac{y_A}{y_B}\right)_3 = \alpha_3 \left(\frac{x_A}{x_B}\right)_3 \tag{7-59}$$

将式(7-59)代入式(7-58)中，得

$$\left(\frac{y_A}{y_B}\right)_1 = \alpha_1 \alpha_2 \alpha_3 \left(\frac{x_A}{x_B}\right)_3 \tag{7-60}$$

由式(7-60)便能够归纳出离开第一块理论板的气相组成与离开第 N 板的液相组成之间的关系，即

$$\left(\frac{y_A}{y_B}\right)_1 = \alpha_1 \alpha_2 \alpha_3 \cdots \alpha_N \left(\frac{x_A}{x_B}\right)_N \tag{7-61}$$

若塔釜再沸器用间接蒸汽加热，如图 7-39 所示，则把再沸器看作是第 $N+1$ 块理论板，并以 W 表示再沸器，则

$$\left(\frac{y_A}{y_B}\right)_1 = \alpha_1 \alpha_2 \alpha_3 \cdots \alpha_W \left(\frac{x_A}{x_B}\right)_W \tag{7-62}$$

若塔顶采用全凝器，并以下标 D 表示，则

$$\left(\frac{y_A}{y_B}\right)_1 = \left(\frac{x_A}{x_B}\right)_D \tag{7-63}$$

将式(7-63)代入式(7-62)中，得

$$\left(\frac{x_A}{x_B}\right)_D = \alpha_1 \alpha_2 \alpha_3 \cdots \alpha_W \left(\frac{x_A}{x_B}\right)_W \tag{7-64}$$

式(7-64)中有 ($N+1$) 个相对挥发度之值的乘积，在精馏塔内，当压强和温度的变化都比较小时，可取塔顶与塔底相对挥发度的几何平均值作为全塔的平均相对挥发度，即

$$\alpha_m = \sqrt{\alpha_1 \alpha_W}$$

于是，式(7-64)可简化为

$$\left(\frac{x_A}{x_B}\right)_D = \alpha_m^{N+1} \left(\frac{x_A}{x_B}\right)_W \tag{7-65}$$

因为是全回流操作，所对应的理论板数为最少，故式(7-57)中的 N 即代表全回流时所需的最少理论塔板数 N_{min}，于是

$$\left(\frac{x_A}{x_B}\right)_D = \alpha_m^{N_{min}+1} \left(\frac{x_A}{x_B}\right)_W \tag{7-66}$$

将式(7-66)两边取对数，并整理，得

$$N_{min} + 1 = \frac{\lg\left[\left(\frac{x_A}{x_B}\right)_D \left(\frac{x_B}{x_A}\right)_W\right]}{\lg \alpha_m} \tag{7-67}$$

对双组分混合液，

$$x_A = x, \quad x_B = 1 - x_A = 1 - x \tag{7-68}$$

将式(7-68)代入式(7-67)中，得

$$N_{\min}+1=\frac{\lg\left[\left(\dfrac{x_D}{1-x_D}\right)\left(\dfrac{1-x_W}{x_W}\right)\right]}{\lg\alpha_m} \tag{7-69}$$

式中　$N_{\min}$——全回流所需的最少理论塔板数（不包括再沸器）；

　　　α_m——全塔平均相对挥发度。

式(7-67)或式(7-69)称为芬斯克方程，用以计算全回流条件下采用全凝器时的最少理论塔板数。若将式中的 x_W 换成进料组成 x_F，α 取塔顶和进料处的平均值，则该式也可以用来计算精馏段的最少理论板数及加料板位置（参见本节七）。

4. 全回流的适用场合

全回流是操作回流比的上限。它只是在设备开工、调试及实验研究时采用，或用在生产不正常时精馏塔的自身调整操作中。

（二）最小回流比

减小回流比，精馏段操作线的斜率减小，两操作线向平衡线靠近，在规定的分离要求下，即塔顶、塔釜产品组成确定时，所需的理论板数增加。参见图 7-40，当回流比减小至某一数值时，两操作线的交点恰好落在平衡线（图 7-41 中的 d 点）上，这时的回流比称为完成该预定分离要求的最小回流比，以 $R_{\min}$ 表示。此时，若在交点附近用图解法求塔板，则需无穷多块塔板才能接近 d 点。在最小回流比条件下操作时，在 d 点上下各板（进料板上下区域）气液两相组成基本不变，即无增浓作用，故此区域称为恒浓区，d 点称为夹点。

最小回流比是精馏塔设计计算中的一个重要参数，实际回流比必须大于最小回流比，才能完成指定的分离任务。通常用如下的图解法求最小回流比 $R_{\min}$。

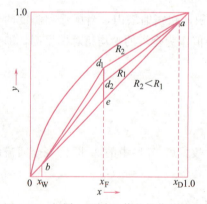

图 7-40　相同 q 不同 R 值的操作线位置

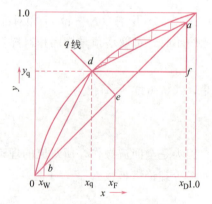

图 7-41　最小回流比图解

1. 平衡线为规则形状

此时，平衡线无明显下凹，如图 7-41 所示。由 e (x_F, x_F) 点作 q 线，当 q 线与平衡线相交于 d (x_q, y_q) 点时，ad 线为最小回流比下的精馏段操作线，由图中三角形 adf 的几何关系可求得 ad 线的斜率为

$$\frac{R_{\min}}{R_{\min}+1}=\frac{\overline{af}}{\overline{df}}=\frac{x_D-y_q}{x_D-x_q}$$

整理上式解出最小回流比 $R_{\min}$ 为

$$R_{\min} = \frac{x_D - y_q}{y_q - x_q} \tag{7-70}$$

式中 x_q、y_q 为 q 线与平衡线交点的坐标,可用图解法由图中读得,或由 q 线方程和平衡线方程联解确定。当泡点进料时,$x_q = x_F$,y_q 由相平衡方程式确定,即 $y_q = \dfrac{\alpha x_q}{1+(\alpha-1)x_q}$;当饱和蒸气进料时,$y_q = x_F$,$x_q$ 也由相平衡方程确定,即 $x_q = \dfrac{y_q}{\alpha-(\alpha-1)y_q}$。详细计算见例 7-14 与例 7-15。

2. 平衡线不规则

当平衡线出现明显下凹时,在操作线与 q 线的交点尚未落到平衡线上之前,精馏段操作线或提馏段操作线就有可能与平衡线在某点相切,如图 7-42(a)、(b) 所示。这时切点即为夹点,其对应的回流比即为最小回流比 $R_{\min}$。最小回流比仍可用式(7-70) 计算,但式中的 x_q、y_q 改用 q 线与具有该最小回流比的操作线交点的坐标,其值可由图中 d 点坐标读出。也可以读取精馏段操作线的截距值 $\dfrac{x_D}{R_{\min}+1}$,然后再由此计算出 $R_{\min}$(参见例 7-16)。

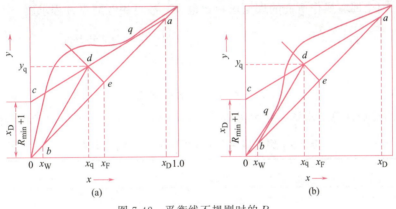

图 7-42 平衡线不规则时的 $R_{\min}$

最后必须指出,和吸收中的最小液气比类似,精馏操作中的最小回流比是对一定的分离要求而言的,脱离了一定的分离要求而只谈最小回流比是毫无意义的。换句话说,若操作中采用的回流比小于最小回流比,此时,操作虽然能够进行,但不可能达到规定的分离要求。

(三)适宜回流比

适宜回流比应通过经济衡算,即按照操作费用与设备折旧费用之和为最小的原则来确定,它是介于全回流与最小回流比之间的某个值。

精馏操作费用主要取决于再沸器中加热剂用量和冷凝器中冷却剂用量的大小,而这些都由塔内上升蒸气量,即由 $V = (R+1)D$ 和 $V' = V-(1-q)F$ 决定。当 F、q 和 D 一定时,R 增加,V 与 V' 都增加,故操作费用提高,如图 7-43 中 A 所示。

设备折旧费用包括精馏塔、再沸器及冷凝器等设备的投资乘以相应的折旧率,它主要取决于设备尺寸的大小。在最小回流比时,理论板数为无穷多,故设备费用亦为无穷大,当 R

稍大于 R_{min}，理论板数显著减少，设备费用骤减。再加大回流比，所需理论板数下降变慢，而由于冷凝器、再沸器的热负荷和传热面积的加大，总的设备费用又随着 R 增加而有所上升。如图 7-43 B 所示。

图 7-43 C 表示了总费用与回流比的定性关系。显然存在着一个总费用的最低点，与此对应的回流比即为适宜的回流比。通常适宜回流比可取最小回流比的（1.1～2.0）倍，即

$$R=(1.1\sim2.0)R_{min} \qquad (7\text{-}71)$$

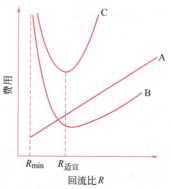

图 7-43 适宜回流比的确定
A—操作费用；B—设备费用；
C—总费用

式（7-71）是根据经验选取的，对于实际生产过程，回流比还应视具体情况而定，例如，对于难分离的混合液应选用较大的回流比。

● 【例 7-14】 用一常压精馏塔分离正庚烷与正辛烷的混合液。原料液组成 40%（摩尔分数，下同），泡点进料，要使塔顶产品为含 92% 的正庚烷，塔釜产品为含 95% 的正辛烷。求：①完成上述分离任务所需的最少理论塔板数；②若回流比取最小回流比的 1.5 倍，求实际回流比。已知物系的平均相对挥发度为 2.16。

解 ① 因全回流操作所需的理论塔板数最少，故可用芬斯克方程求解：

$$N_{min}=\frac{\lg\left[\left(\frac{x_D}{1-x_D}\right)\left(\frac{1-x_W}{x_W}\right)\right]}{\lg\alpha_m}-1=\frac{\lg\left[\left(\frac{0.92}{1-0.92}\right)\left(\frac{1-0.05}{0.05}\right)\right]}{\lg2.16}-1=5.99$$

即

$$N_{min}=6(\text{不包括再沸器})$$

也可以用逐板计算法求解，结果见表 7-9。

表 7-9 例 7-14 全回流逐板计算法求 N_{min} 结果

组成	板 号						
	1	2	3	4	5	6	7
y	0.92	0.842	0.711	0.533	0.346	0.197	0.102
x	0.842	0.711	0.533	0.346	0.197	0.102	0.0495<0.05

平衡线方程：$y_n=\dfrac{2.16x_n}{1+1.16x_n}$

操作线方程：$y_{n+1}=x_n$

设塔顶为全凝器，塔釜为再沸器用间接蒸汽加热。
由计算结果可见，$N_{min}=6$（不包括再沸器），与芬斯克方程求解结果相同。

② 因泡点进料，故 $q=1$，于是 $x_q=x_F=0.40$

$$y_q=\frac{\alpha x_q}{1+(\alpha-1)x_q}=\frac{2.16\times0.40}{1+1.16\times0.40}=0.59$$

由式（7-70）求 R_{min}：

$$R_{\min} = \frac{x_D - y_q}{y_q - x_q} = \frac{0.92 - 0.59}{0.59 - 0.40} = 1.736$$

$$R = 1.5 R_{\min} = 1.5 \times 1.736 = 2.61$$

● **【例7-15】** 接例7-14。进料组成x_F及塔釜产品组成x_W不变，将塔顶产品组成提高至95%，即$x_D = 0.95$（摩尔分数），求以下几种情况时的最小回流比：①泡点进料；②气液混合进料，气、液摩尔流量各占一半；③饱和蒸气进料。

解 ① 泡点进料，$x_q = x_F = 0.4$，$y_q = 0.59$

$$R_{\min} = \frac{x_D - y_q}{y_q - x_q} = \frac{0.95 - 0.59}{0.59 - 0.4} = 1.895$$

与例7-14②比较可知，由于x_D提高，使$R_{\min}$也有所增加。

② 气液混合进料，此时q即为液化率，当气、液摩尔流量各占一半时，$q = 0.5$，于是q线方程可写作：

$$y = \frac{q}{q-1}x - \frac{x_F}{q-1} = \frac{0.5}{0.5-1}x - \frac{0.4}{0.5-1} = -x + 0.8 \tag{7-72}$$

平衡线方程为

$$y = \frac{2.16x}{1 + 1.16x} \tag{7-73}$$

联立式(7-72)和式(7-73)，求出交点坐标(x_q, y_q)：

$$x_{q1} = 0.309, \quad x_{q2} = -2.232 \text{（舍去）}$$

$$y_q = 0.491$$

$$R_{\min} = \frac{x_D - y_q}{y_q - x_q} = \frac{0.95 - 0.491}{0.491 - 0.309} = 2.52$$

③ 饱和蒸气进料，$q = 0$

$$y_q = 0.4$$

$$x_q = \frac{y_q}{\alpha - (\alpha - 1)y_q} = \frac{0.4}{2.16 - 1.16 \times 0.4} = 0.236$$

$$R_{\min} = \frac{x_D - y_q}{y_q - x_q} = \frac{0.95 - 0.4}{0.4 - 0.236} = 3.35$$

由以上两个例题，可得到以下启示。

① 相同物系，达到相同的分离要求，由于进料热状况的不同，导致最小回流比不同。进料热状况参数q值越小，对应的最小回流比越大，如例7-15结果所示。读者可利用y-x图，图解证明这一结论。

② 同一物系，进料组成及热状况相同，要达到不同的分离要求（x_D不同），其最小回流比也不相同。x_D越大，$R_{\min}$就越大。

● **【例7-16】** 求例7-12中乙醇-水溶液的最小回流比。已知：$x_F = 0.15$，$x_D = 0.82$，$x_W = 0.04$（以上均为摩尔分数），泡点进料。

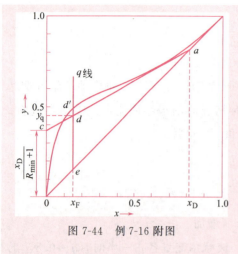

图 7-44 例 7-16 附图

解 乙醇-水平衡数据见例 7-12。

先绘出平衡线,如图 7-44 所示,然后由 $a(0.82,0.82)$ 点出发,作平衡线的切线,此切线与 q 线交于 d 点,读出 d 点坐标 (x_q, y_q):

$$x_q = x_F = 0.15$$
$$y_q = 0.45$$

于是 $R_{min} = \dfrac{x_D - y_q}{y_q - x_q} = \dfrac{0.82 - 0.45}{0.45 - 0.15} = 1.23$

也可以用截距求:从图中读出 $\dfrac{x_D}{R_{min}+1}$ 的数值;即

$$\dfrac{x_D}{R_{min}+1} = 0.37$$

由上式解出 R_{min}:

$$R_{min} = 1.22$$

● 请读者思考:q 线与平衡线交于 d',连接 ad',则 ad' 线的斜率为 $\dfrac{R'_{min}}{R'_{min}+1}$,利用此方法求得的 R'_{min} 是否是最小回流比?为什么?

▲ 学习本节后请完成习题 7-16~7-20,思考题 7-11。

七、理论塔板数的简捷计算法

精馏塔理论塔板数的计算除前述逐板计算法与图解法外,还可以用简捷计算法。此方法特别适合于塔板数比较多的情况下作初步估算,但误差较大。现将简捷算法介绍如下。

首先根据物系的分离要求求出最小回流比 R_{min} 及全回流时的最少理论塔板数 N_{min},然后借助于吉利兰关联图,找到 R_{min}、R、N_{min} 与 N 之间的关系,从而由所选的 R 值求出理论塔板数 N。图 7-45 即为吉利兰关联图。

图中横坐标为 $\dfrac{R - R_{min}}{R+1}$,纵坐标为 $\dfrac{N - N_{min}}{N+2}$。注意 N 与 N_{min} 均为不包括再沸器的理论塔板数。

吉利兰关联图是由一些生产实际数据归纳得到的,其适用范围是:组分数目为 2~11;5 种进料热状况;$R_{min} = 0.53 \sim$

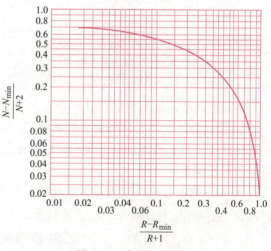

图 7-45 吉利兰关联图

7.0；$\alpha=1.26\sim4.05$；$N=2.4\sim43.1$。此图不仅适用于双组分精馏计算，也适用于多组分精馏计算。

• **【例 7-17】** 用简捷计算法求例 7-14 的理论板数。

解 由例 7-14 已知 $x_D=0.92$，$x_F=0.40$，$x_W=0.05$，$R_{min}=1.736$，$R=2.61$，$N_{min}=6$，于是

$$\frac{R-R_{min}}{R+1}=\frac{2.61-1.736}{2.61+1}=0.242$$

查图 7-45，可得

$$\frac{N-N_{min}}{N+2}=0.39$$

将 $N_{min}=6$ 代入上式，求得 N

$$N=11.1（不包括再沸器）$$

用逐板计算法可求得 $N=12$（不包括再沸器），与简捷法稍有差异。

▲ 学习本节后请完成习题 7-21。

八、理论板当量高度和填料层高度

若精馏塔采用填料塔，引入等板高度的概念，便可计算出相对应的填料层高度（参见第六章第五节三）。

设将填料层分为若干相等的高度单元，每一单元的作用相当于一块理论板，即这一高度单元的上升蒸气与下降液体达到平衡。此单元填料层高度称为理论板当量高度，简称等板高度，以 HETP 表示。于是

$$填料层高度 = 理论塔板数(N_T) \times 等板高度(\text{HETP})$$

*九、精馏装置的热量衡算

通过热量衡算可确定冷凝器、再沸器的热负荷以及冷却剂和加热剂的用量。

（一）冷凝器的热量衡算

对图 7-46 所示的冷凝器（冷凝器为全凝器）作热量衡算，以单位时间（1h）为基准，由于冷凝器温度较低，可忽略热损失。

热量衡算式为

$$Q_V = Q_C + Q_L + Q_D$$

即 $$Q_C = Q_V - (Q_L + Q_D) \tag{7-74}$$

式中　Q_V——塔顶蒸气的焓，kJ/h。

$$Q_V = V H_{m,V} = (R+1)D H_{m,V}$$

式中　$H_{m,V}$——塔顶上升蒸气的摩尔焓，kJ/kmol；

Q_L——回流液的焓，kJ/h。

$$Q_L = L H_{m,L} = RD H_{m,L}$$

式中 $H_{m,L}$——塔顶馏出液的摩尔焓，kJ/kmol；
Q_D——塔顶馏出液的焓，kJ/h。

$$Q_D = DH_{m,L}$$

于是 $Q_C = (R+1)DH_{m,V} - (RDH_{m,L} + DH_{m,L})$

整理上式可得到冷凝器的热负荷 Q_C：

$$Q_C = (R+1)D(H_{m,V} - H_{m,L}) \tag{7-75}$$

冷却剂的消耗量 W_C 为

$$W_C = \frac{Q_C}{C_p(t_2 - t_1)} \tag{7-76}$$

式中 W_C——冷却剂消耗量，kg/h；
C_p——冷却剂的平均比热容，kJ/(kg·℃)；
t_2, t_1——分别为冷却剂进口、出口温度，℃。

（二）再沸器的热量衡算

对图7-46所示的再沸器作热量衡算，仍以单位时间（1h）为基准。

热量衡算式为

$$Q_B + Q'_L = Q'_V + Q_W + Q' \tag{7-77}$$

即 $Q_B = Q'_V + Q_W + Q' - Q'_L$

$$Q'_V = V'H'_{m,V} \tag{7-78a}$$

$$Q'_L = L'H'_{m,L} \tag{7-78b}$$

$$Q_W = WH_{m,W} \tag{7-78c}$$

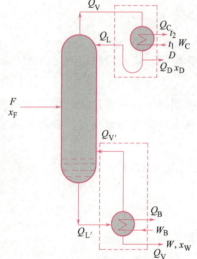

图7-46 精馏塔热量衡算示意图

式中 Q_B——再沸器的热负荷，kJ/h；
Q'_V、$H'_{m,V}$——再沸器上升蒸气的焓与摩尔焓，kJ/h 与 kJ/kmol；
Q'_L、$H'_{m,L}$——提馏段最底层塔板下降液体的焓与摩尔焓，kJ/h 与 kJ/kmol；
Q_W、$H_{m,W}$——塔釜残液的焓与摩尔焓，kJ/h 与 kJ/kmol；
Q'——再沸器的热损失，kJ/h。

将式(7-78a)~式(7-78c)代入式(7-77)中，得

$$Q_B = V'H'_{m,V} + WH_{m,W} + Q' - L'H'_{m,L}$$

根据 $L' = V' + W$，并近似取 $H'_{m,L} \approx H_{m,W}$，则上式整理后可得

$$Q_B \approx V'(H'_{m,V} - H_{m,W}) + Q' \tag{7-79}$$

加热剂消耗量 W_B 为

$$W_B = \frac{Q_B}{h_{B1} - h_{B2}} \tag{7-80}$$

式中 W_B——加热剂消耗量，kg/h；
h_{B1}, h_{B2}——加热剂进、出再沸器的比焓，kJ/kg。

一般情况下，常用饱和水蒸气作为加热剂，若冷凝液在饱和温度下排出，则

$$h_{B1} - h_{B2} = r$$

式中　r——饱和水蒸气的比汽化焓，kJ/kg。

于是
$$W_B = \frac{Q_B}{r} \tag{7-81}$$

再沸器的热负荷也可以通过全塔的热量衡算求得，详见有关书籍。

● 【例 7-18】 用常压连续精馏塔分离正庚烷-正辛烷混合液。若每小时可得正庚烷含量 92%（摩尔分数，下同）的馏出液 50kmol，操作回流比为 2.4，泡点回流。泡点进料，进料组成为 40%，塔釜残液组成为 5%，塔釜用压强为 101.3kPa（绝）的饱和水蒸气间接加热，求：①全凝器用冷却水冷却，冷却水进口、出口温度分别为 25℃ 和 35℃，求冷却水消耗量；②加热蒸汽消耗量（热损失取为传递热量的 3%）。（相平衡关系可参见例 7-3）

解　首先根据物料衡算求出 V 和 V'：
$$V = (R+1)D = (2.4+1) \times 50 = 170 \text{kmol/h}$$
$$V' = V - (1-q)F = V = 170 \text{kmol/h}$$

① 冷却水消耗量

由于塔顶馏出液几乎为纯正庚烷，作为近似，按正庚烷的性质计算，且忽略蒸气的显热。

$x_D = 0.92$ 时，泡点温度 $t_S = 99.9℃$，查附录此温度下正庚烷的比汽化焓为
$$r_C = 310 \text{kJ/kg}$$

正庚烷的千摩尔质量为 $M_C = 100 \text{kg/kmol}$

对于泡点回流，有
$$H_{m,V} - H_{m,L} = r_C M_C = 310 \times 100 = 3.1 \times 10^4 \text{kJ/kmol}$$

由式(7-75)可计算出冷凝器的热负荷 Q_C：
$$Q_C = V(H_{m,V} - H_{m,L}) = 170 \times 3.1 \times 10^4 = 5.27 \times 10^6 \text{kJ/h}$$

冷却水消耗量为
$$W_C = \frac{Q_C}{c_p(t_2 - t_1)} = \frac{5.27 \times 10^6}{4.187 \times (35-25)} = 1.259 \times 10^5 \text{kg/h} = 125.9 \text{t/h}$$

② 加热蒸汽用量

同理，因塔釜几乎为纯正辛烷，其焓可按正辛烷的性质计算。

$x_W = 0.05$ 时，泡点温度 $t_S = 124.5℃$，此时正辛烷的比汽化焓为
$$r_W = 300 \text{kJ/kg}$$

正辛烷的千摩尔质量 $M_W = 114 \text{kg/kmol}$
$$H'_{m,V} - H_{m,W} \approx r_W M_W = 300 \times 114 = 34200 \text{kJ/kmol}$$

由式(7-79)可计算出再沸器的热负荷 Q_B：
$$Q_B = V'(H'_{m,V} - H_{m,W}) + Q'$$
$$Q' = 0.03[V'(H'_{m,V} - H_{m,W})]$$

于是　　$Q_B = 1.03 V'(H'_{m,V} - H_{m,W}) = 1.03 \times 170 \times 34200 = 5.99 \times 10^6 \text{kJ/h}$

查附录二 $p = 101.3 \text{kPa}$（绝）时水蒸气的比汽化焓为 $r = 2258.7 \text{kJ/kg}$

于是加热蒸汽的消耗量为

$$W_B = \frac{Q_B}{r} = \frac{5.99 \times 10^6}{2258.7} = 2.651 \times 10^3 \text{kg/h}$$

由计算结果可见,在塔釜加入的热量 $Q_B=5.99\times10^6$ kJ/h,而在塔顶带出的热量 $Q_C=5.27\times10^6$ kJ/h,说明加入塔釜的热量绝大部分在塔顶冷凝器中被带走。

- 【例 7-19】 用常压精馏塔分离苯-甲苯混合液。已知 $x_F=0.44$,$x_D=0.975$,$x_W=0.0235$(均为摩尔分数),回流比 $R=3.5$。试求以下两种情况下的理论塔板数、加料板位置及再沸器的相对热负荷(相对于单位馏出液量的热负荷):①泡点进料;②冷进料,$q=1.362$。

苯-甲苯气液平衡数据如表 7-10 所示。

表 7-10 苯-甲苯气液平衡数据

$t/℃$	80.1	85	90	95	100	105	110.6
x	1.000	0.780	0.581	0.411	0.258	0.130	0
y	1.000	0.900	0.777	0.632	0.456	0.261	0

解 按气液平衡数据绘出 y-x 图,如图 7-47 所示。

① 泡点进料

在图中找到 a (x_D, x_D)、b (x_W, x_W)、e (x_F, x_F) 点,并求出精馏段操作线截距:

$$\frac{x_D}{R+1} = \frac{0.975}{3.5+1} = 0.217$$

在 y 轴上找到 c (0, 0.217) 点,连接 ac 即为精馏段操作线。

由 e 点作垂线即为 $q=1$ 时的 q 线,此线与精馏段操作线 ac 相交于 d 点,连接 bd 即为提馏段操作线。

从 a 点开始在操作线与平衡线之间绘直角梯级即得到所需理论塔板数。由图 7-47(a) 可见,此时的理论塔板数为 12 块(包括再沸器),进料板为第 6 块板。

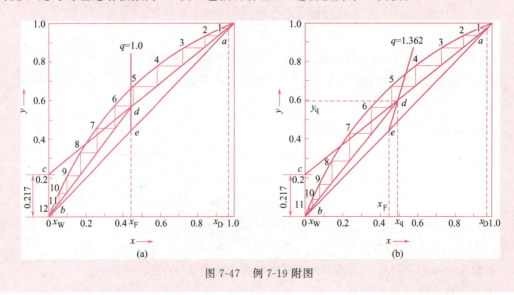

图 7-47 例 7-19 附图

求再沸器的相对热负荷：

取物料衡算基准 $D=1$kmol/h，则得到的是相对于单位馏出液的热负荷 Q_B/D。

$$V'=V-(1-q)F=V=(R+1)D=(3.5+1)\times 1=4.5 \text{kmol/h}$$

当 $x_W=0.0235$ 时，$t_S=110℃$，查得甲苯的比汽化焓为 $r_W=368.5$kJ/kg，而甲苯的千摩尔质量为 $M_W=92$kg/kmol。

于是，忽略热损失，再沸器相对热负荷 Q_B/D 为

$$\frac{Q_B}{D}=\frac{V'r_W M_W}{D}=\frac{4.5\times 368.5\times 92}{3600\times 1}=42.37 \text{kW/kmol}$$

② 冷进料

如图 7-47(b) 所示。此时精馏段操作线不变，提馏段操作线求解如下。

精馏段操作线方程：（略去下标）

$$y=\frac{R}{R+1}x+\frac{x_D}{R+1}=\frac{3.5}{3.5+1}x+\frac{0.975}{3.5+1}=0.778x+0.217$$

q 线方程：

$$y=\frac{q}{q-1}x-\frac{x_F}{q-1}=\frac{1.362}{1.362-1}x-\frac{0.44}{1.362-1}=3.76x-1.22$$

求 q 线与精馏段操作线的交点坐标 d (x_q, y_q)，即联立求解以上两方程，得

$$x_q=0.482, y_q=0.592$$

在图 7-47(b) 中找到 d (0.482, 0.592) 点，连接 bd 即为提馏段操作线。

从 a 点开始在操作线与平衡线之间绘梯级，由图可见，理论板数为 11 块（包括再沸器），进料板为第 5 块板。

求再沸器相对热负荷：

由物料衡算求出进料量 F 为

$$F=\frac{x_D-x_W}{x_F-x_W}D=\frac{0.975-0.0235}{0.44-0.0235}\times 1=2.28 \text{kmol/h}$$

提馏段上升的蒸气量 V' 为

$$V'=V-(1-q)F=(R+1)D-(1-q)F=(3.5+1)\times 1-(1-1.362)\times 2.28=5.32 \text{kmol/h}$$

$$\frac{Q_B}{D}=\frac{V'r_W M_W}{D}=\frac{5.32\times 368.5\times 92}{3600\times 1}=50.09 \text{kW/kmol}$$

由本例题可见，对一定的分离要求，在回流比保持恒定的条件下，进料热状况的改变，不仅影响到理论板数的多少，也同时影响到塔釜再沸器热负荷的大小。进料温度越低，即 q 值越大，所需的理论塔板数越少，但再沸器的热负荷越大。因此，它是以增加塔釜再沸器的能量消耗为代价来换取理论塔板数的减少。

（三）精馏过程的节能途径

精馏操作的费用主要是加热和冷却费用。如何提高能量利用率、降低能耗是精馏过程研究的重要任务。

① 选择经济上合理的回流比是精馏过程节能的首要因素。新型板式塔和高效填料塔的

应用，有可能使回流比大为降低。

② 采用低压降的塔设备，以减小再沸器与冷凝器的物料温度差，可减少向再沸器提供的热量，提高能效率。如果塔底和塔顶的温度差较大，则在精馏段中间设置冷凝器，在提馏段中间设置再沸器，可降低精馏的操作费用。

③ 类似于多效蒸发，采用压力依次降低的若干个精馏塔串联流程，将前一精馏塔塔顶蒸气用作后一精馏塔再沸器的加热介质，可以节约大量的能量。这种流程设计称为多效精馏。

④ 类似于蒸发过程所采用的节能技术，用塔顶蒸气的潜热直接预热原料或将其用作其他热源；回收馏出液和釜残液的显热用作其他热源；将热泵技术用于精馏装置，将塔顶蒸气绝热压缩后升温，重新作为再沸器的热源，也是精馏操作节能的有效途径。

▲ 学习本节后请完成习题 7-22、7-23。

十、双组分连续精馏塔的操作问题

（一）双组分连续精馏塔的操作型计算

在塔设备已定的情况下，由指定的操作条件预测精馏的操作结果，是精馏操作型计算的一个主要内容。其目的是对已有的精馏塔的操作性能作出定量的评估与分析。

在设计型计算中已知：一定操作压力下，给出相对挥发度 α，可以作出平衡线；给出进料组成 x_F 和进料热状况参数 q，可作出 q 线；再给定分离要求 x_D、x_W 及回流比 R，就可作出操作线，并求出总理论板数 N 和进料板位置（与此等价的是精馏段和提馏段理论板数 N_1 和 N_2）；与此同时，其他参数如 x_q、y_q、馏出率 L/D 等相对量也就完全被确定了。换句话说，只要确定了 6 个独立相对量（如这里的 α、x_F、q、x_D、x_W 和 R），全塔其他相对量和理论塔板数也就被确定了。如果再确定塔中的某一股物流量例如原料液流量，塔内其他物流量如 D、W、L、V、L'、D' 等也就被确定了。

● 这里的相对量指它们都是两个同类物理量之比，都是无量纲的，而物流量则是有量纲的。

本节讨论的操作型计算，是指在设备已定（在这里只指 N_1、N_2 两个变量已定）条件下，预测其他 4 个独立相对量变化时，对操作结果（其他相对量）的影响，并进一步判断某一物流量变化对其他物流量的影响。所用的计算方程与设计型计算完全相同，但由于众多变量的关系是非线性的，这类计算都要通过试差（用迭代法手算或图解试差），近来多用计算机程序解算。在这里只作一些定性的分析。

（二）回流比变化对精馏结果的影响

设 N_1、N_2、α、q、x_F 与 R 已知，原始的精馏塔操作如图 7-48 线 1，此时分离结果为 x_D、x_W。若回流比增大，则精馏段操作线斜率增大，如图中线 2。进料点将沿 q 线向右下方移动，故传质推动力增大，说明在一定精馏段塔板数 N_1 下，x_D 必将提高；同时，在一定 N_2 下，提馏段气液比也会增大，x_W 必然降低，具体的 x_D、x_W 将是试差的结果（图解试差时必须保持两段阶梯级数不变），由此还可确定其他相对量的变化。

用增大回流比的方法提高 x_D 是受到一定限制的：

①受到精馏塔分离能力的限制（即塔板数的限制），对一定板数，即便 $R \to \infty$，x_D 亦有

一个极限值,在实际回流比下,不能超过此值;②受到全塔物料衡算的限制,此极限值为 $x_D = \dfrac{Fx_F}{D}$ ($W=0$);③受到组成归一性方程的限制,x_D 最大不可能超过 1;④加大回流比往往意味着蒸发量和冷凝量的增大,这些数值受到塔釜和塔顶冷凝器传热面积的限制。

(三)进料组成与进料状况变化对精馏结果的影响

对操作中的精馏塔,若 x_F 下降,而 R、N_1、N_2、q、α 不变,则依靠原有精馏段板数将不能达到原来的分离要求,故 x_D 将下降;对提馏段,由于 ($x_F - x_W$) 减少而 N_2 未变,故 x_W 也会下降。进料组成变动的影响参见图 7-49。

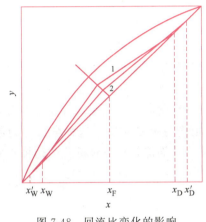

图 7-48　回流比变化的影响

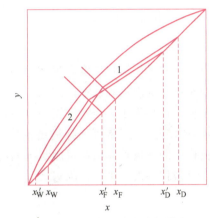

图 7-49　进料组成变动的影响

如果要维持 x_D 不变,可将进料位置适当下移,即在总理论板数不变条件下改变 N_1 与 N_2,或者增大回流比。对实际的精馏塔,常设有多个进料口,供操作调整之用。

q 增大的情况与 x_F 减小的情况类似,读者可自行分析。

(四)原料液流量 F 变化对操作的影响

可以顺序分析一下当 F 增加时塔内各部分发生的情况:F 增加首先引起 L' 增加,表现为提馏段塔板上和塔釜的液面上升以及温度下降,为了维持液面和原有 x_W 不变,必须加大 W 及塔底上升蒸气量 V' 以保持提馏段操作线斜率与相平衡状态,于是塔釜需要送入更多的热量,V' 的增加直接导致 V 的增加以及上部温度的增加,这就需要加大塔顶的冷却量(否则塔压也将持续增加),而要维持物料的平衡以及 x_D 不变,必须同时加大 D 和 L(保持回流比不变)……最后调节结果是,F 上升,D、W 上升且满足 $F = D + W$,L'、V' 上升,L、V 上升,R 不变,于是 t、p 不变,x_D、x_W 不变,达到新的平衡。由此可见下列特点。

① 塔内各种因素变化是相互联系相互制约的。某一物流的变化会引起其他物流变化,并引起或造成热流的变化与相平衡状态以及实际组成的变化。这种变化的外部表现是液面、温度和压力的变化(因为它们易被观测)。

② 保持稳定是连续精馏塔操作的核心。塔内存在着三个相互依存的平衡关系,即物料平衡、热量平衡和相平衡。操作中,既要保持各部分物料进出和热量进出的平衡,又要努力保持相平衡状态的稳定,即温度、压力和组成的稳定。通常以物料变化的调节为主,相应地调节热量平衡以达到相状态的稳定。

③ 实际生产中，波动是绝对的，稳定只是相对的。对于瞬间和偶然性的小波动，由于精馏塔都有一定的容量和惯性，可以自行补偿和调整，不必人工干预。当有持续的大的变化发生时，则必须采取措施。根据情况，或者设法清除这种变化（例如进料量过大可关小进料阀），或者适应这种变化，设法消除这个变化的影响，使操作达到新的稳定与新的平衡。

必须指出，在以上的讨论中，均未涉及塔内气液流动和接触情况的影响。任何物流和热流的变化都会改变塔内气液接触条件，从而改变气液间的传质和传热速率，进而影响板效率或等板高度，也会影响塔内温度和压力的变化，从而改变操作结果。而且，气液接触情况也会构成对塔内物流变化的限制，这方面的问题将在第八章讨论。因此，本节提到的操作塔中的 N_1、N_2 不变是理想化的，是为了简化操作分析而取的概念。

（五）灵敏板的概念

为了保持生产操作的相对稳定，必须根据实际参数的变化及时进行控制和调节。在一定压强下，通常可用塔顶温度反映馏出物组成，塔底温度反映釜液组成，这两点温度的变化直接反映了操作的波动和组成的波动。但对于高纯度分离，塔顶一段的温度变化与塔底部一段的温度变化往往很小，当发现塔顶（底）温度有可察觉的变化时，产品组成可能已有明显改变，使调节滞后。通常可选择塔内温度变化较大的塔板作为控制对象，这种塔板称为灵敏板。操作中的波动首先引起灵敏板上温度有较大的变化，从而能较早发现变化的趋势并采取措施。灵敏板一般在进料段附近。

▲ 学习本节后可完成思考题 7-13、7-14。

*第五节　间歇精馏

间歇精馏又称分批精馏。全部料液一次加入蒸馏釜中，塔内装有塔板（或填料）。操作时，料液被加热产生的蒸气上升至塔顶经冷凝器后，一部分作为塔顶产品，另一部分作为回流引回塔内。操作结束时，将残液一次从塔釜内排出，然后再进行下一批精馏操作。间歇精馏流程如图 7-50 所示。

间歇精馏的特点如下：
① 间歇精馏属于不定常操作过程。釜内料液量及组成随精馏过程的进行而不断降低，塔内操作参数（如温度）随着时间而变化。
② 间歇精馏塔只有精馏段而无提馏段。
③ 塔顶产品组成随着操作方式不同而异。

间歇精馏可按两种方式进行：一种是保持馏出液组成恒定而不断地改变回流比；另一种是保持回流比恒定，而馏出液组成逐渐下降。

一、馏出液组成维持恒定时的操作

如图 7-51 所示，设某精馏塔有 4 块理论塔板（包括蒸馏釜），开始时釜液组成 $x_W = x_{W1}$，

馏出液组成 $x_D=x_{D1}$，随着操作的进行，釜液组成 x_W 将不断下降，如果要维持 x_D 不变，必须加大回流比，使每一块塔板的增浓程度提高。于是，操作线由 ac_1 移至 ac_2，随着回流比的继续增加，操作线向对角线靠拢，在此期间，可维持 x_D 不变。

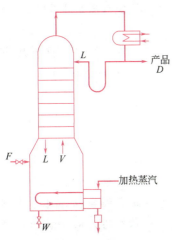

图 7-50　间歇精馏流程示意图

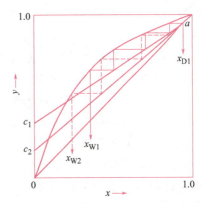

图 7-51　馏出液组成恒定时的间歇精馏

二、回流比维持恒定时的操作

如图 7-52 所示，设某精馏塔的分离效果相当于 3 块理论板（包括蒸馏釜），a_1c_1 为精馏开始时的操作线，釜液组成 $x_W=x_{W1}$，馏出液组成 $x_D=x_{D1}$，随着操作的进行，釜液组成 x_W 降至 x_{W2}，相应的馏出液组成 x_D 降低到 x_{D2}，操作线变为 a_2c_2，由于维持回流比恒定，故操作线斜率不变，各操作线互相平行。这样一直到釜液或馏出液组成低于某指定值后，操作即停止。

实际上，回流比恒定的操作不能得到组成和收率都较高的馏出液，而馏出液组成恒定的操作要不

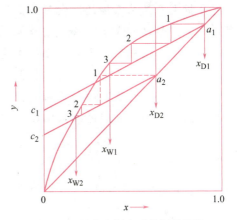

图 7-52　回流比恒定时的间歇精馏

断地提高回流比，操作又较难控制。因而生产中常将两种方法结合进行，即维持回流比恒定一段时间，到 x_D 有较明显下降时增大回流比，如此阶跃式地增加回流比，以保持相应的 x_D 基本不变。

间歇精馏设备简单，适合于小批量生产及料液和产品的品种和组成经常变化的情况，也常在实验或科研工作中使用。另外还可用于多组分混合液的初步分离。由于设备投资较小，操作变化灵活，在精细化工生产中经常使用。

【案例 7-1】 乙苯脱氢反应制备苯乙烯工艺流程设计

背景知识：苯乙烯 [100-42-5]，$C_6H_5CH=CH_2$，分子量 104.14，是不饱和芳烃最简单、最重要的成员，广泛用于生产塑料和合成橡胶的原料。如结晶型聚苯乙烯、橡胶改性抗冲击聚苯乙烯、丙烯腈-丁二烯-苯乙烯共聚物（ABS）、苯乙烯-丙烯腈共聚物

(SAN)、苯乙烯-顺丁烯二酸酐共聚物（SMA）和丁苯橡胶（SBR）等。乙烯和苯烷基化生成乙苯，进而脱氢生成苯乙烯，是制备苯乙烯的工艺路线之一。

实验结果：实验室给出脱氢反应器出口物料温度为 550～600℃，压力约 $(2～4)\times 10^4$ Pa（表压）；除含有大量水蒸气与 H_2、CH_4 等气体外，其余可凝物料的组成及其沸点序列如下：

组分	乙苯	苯乙烯	甲苯	苯	重质焦油
质量分数/%	57	约 38.5	约 2	0.5～2	约 0.5
沸点/℃	136.2	145.2	110.7	80.1	—

实验得知苯乙烯会发生自聚，其聚合速度在 130℃、110℃、90℃、80℃ 下分别为 40%、10%、1.7%、0.7%。请思考制备苯乙烯的工艺流程。

工艺设计：由物系的性质可以看出，①首先应将反应产物冷却冷凝使之发生相态变化，生成水相、油相和气相，通过非均相设备进行分离。用气液分离设备（如旋液分离器）分离出不凝气体；用重力沉降设备将油、水分离。②对油类混合物，可考虑用精馏的方法进行分离。由于混合物含有 5 个组分，大约需要 4 个精馏塔，必须选择一个适当的分离序列。采用的分离序列和操作条件应足以防止苯乙烯的自聚，也要考虑苯和甲苯含量很低的影响。

分析主产品苯乙烯的适宜蒸馏条件，除了需要加入阻聚剂，有苯乙烯存在的塔釜温度似乎不宜超过 90℃，这就意味着必须在减压条件下进行蒸馏。如果按挥发度自高而低的原则安排蒸馏序列，主要组分将在最后一个塔内分出。这样，不仅苯乙烯在蒸馏系统内停留时间过长，各塔的负荷都加大，而且所有的塔都必须在减压下操作。如果首先将易于聚合和结垢的苯乙烯和焦油分出，最终分离含量最少的苯和甲苯，不必在真空下操作且塔径将很小，显然这样做比较合理。据此分析，可考虑的工艺流程如图 7-53 所示。

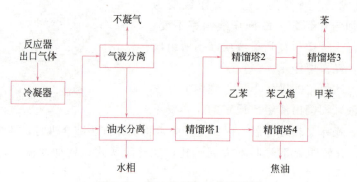

图 7-53　苯乙烯制备工艺流程图

本案例阐释了教材绪论强调的"从总体上把握各章内容及其相互关系，掌握解决工程问题的方法"的重要性。

思考题

7-1 请说明下列各组中名词的意义、特点及它们的区别。

$$\left\{\begin{array}{l}沸点\\泡点\\露点\\恒沸点\end{array}\right. \quad \left\{\begin{array}{l}过冷液体\\饱和液体\\饱和蒸气\\过热蒸气\end{array}\right. \quad \left\{\begin{array}{l}简单蒸馏\\平衡蒸馏\\精\ \ 馏\end{array}\right. \quad \left\{\begin{array}{l}操作线\\平衡线\\q\ 线\end{array}\right. \quad \left\{\begin{array}{l}再沸器\\分凝器\\全凝器\end{array}\right. \quad \left\{\begin{array}{l}最小回流比\\适宜回流比\\全回流\end{array}\right.$$

$$\left\{\begin{array}{l}挥发度\\相对挥发度\end{array}\right. \quad \left\{\begin{array}{l}间歇精馏\\连续精馏\end{array}\right. \quad \left\{\begin{array}{l}气相回流\\液相回流\end{array}\right. \quad \left\{\begin{array}{l}部分汽化\\部分冷凝\end{array}\right. \quad \left\{\begin{array}{l}精馏段\\提馏段\end{array}\right.$$

7-2 说明下列名词的意义与作用。

拉乌尔定律　　恒摩尔流假设　　理论板　　进料热状况参数　　回流比　　芬斯克方程

7-3 精馏的原理是什么？为什么精馏塔必须有回流？若塔顶取消液相回流或塔底取消气相回流，会产生什么结果？

7-4 某精馏塔中，取 $n-1$、n 和 $n+1$ 三块相邻（由上而下顺序）的理论板，试比较下列各组数值的大小：

y_{n+1} 与 y_n；T_n 与 t_n；t_{n-1} 与 T_n；T_{n+1} 与 T_n；y_n 与 x_{n-1}。

其中 T 表示露点，t 表示泡点，y 表示气相中易挥发组分的浓度，x 表示液相中易挥发组分的浓度，下标表示板号。

7-5 压强对相平衡关系有何影响？精馏塔的操作压强增大，其他条件不变，塔顶、塔底的温度和组成如何变化？

7-6 精馏塔中气相组成、液相组成以及温度沿塔高如何变化？

7-7 常规塔全塔物料衡算式能否用质量流量和质量分数？为什么？操作线方程中的流量和组成是否可用质量流量和质量分数？为什么？精馏段与提馏段上升蒸气量和下降液体量之间有何关系？此关系式中各物流的流量能否用 kg/h 表示？

7-8 在图解法求理论塔板数的 y-x 图上，直角梯级与平衡线的交点、直角梯级与操作线的交点各表示什么意义？直角梯级的水平线和垂直线各表示什么意义？

7-9 进料热状况参数 q 的物理意义是什么？写出 5 种进料状况下 q 值的范围。在 y-x 图上表示出 5 种进料热状况下 q 线的方位并讨论在进料组成、分离要求、回流比一定的条件下，进料热状况的变化对所需理论塔板数、塔釜加热蒸汽用量及塔顶冷却水用量的影响。

7-10 在进行精馏塔的设计时，若将塔釜间接蒸汽加热改为直接蒸汽加热，而保持进料组成及热状况、塔顶采出率、回流比及塔顶馏出液组成不变，则塔釜产品量和组成，提馏段操作线的斜率及所需的理论板数如何变化？

7-11 对于精馏塔的设计问题，在进料热状况和分离要求一定的条件下，回流比改变对所需的理论板数有何影响？对于操作中的精馏塔，若进料量、组成及热状况恒定，并保持提馏段上升的蒸气量不变而只增大回流比，则 x_D，x_W，D 如何变化，并绘出变化后的操作线方程。

7-12 塔顶安装有分凝器的精馏塔，用图解法求解理论板数时，顶部的第一个梯级是否对应塔顶的第一块理论板？

7-13 一个正在操作中的精馏塔分离某混合液，若下列诸因素之一改变时，问馏出液及釜液组成将有何变化？假设其他因素保持不变，板效率不变。

① x_F 增加；

② 将进料板的位置下移两块；

③ 塔釜加热蒸汽的压强增大；

④ 塔顶冷却水用量减少。

7-14 在一定的 $\dfrac{D}{F}$ 条件下，回流比增加，x_D 则增大，问是否可用增大回流比的方法得到任意的 x_D？用增大回流比的方法来提高 x_D 受到哪些条件限制？

习题

7-1 质量分数与摩尔分数相互换算：

① 甲醇-水溶液中，甲醇（CH_3OH）的摩尔分数为 0.45，试求其质量分数。

② 苯-甲苯混合液中，苯的质量分数为 0.21，试求其摩尔分数。

[答：①0.593；②0.239]

7-2 正庚烷和正辛烷在 110℃时的饱和蒸气压分别为 140kPa 和 64.5kPa。计算由 0.4 正庚烷和 0.6 正辛烷（均为摩尔分数）组成的混合液在 110℃时各组分的平衡分压、系统总压及平衡蒸气组成。（此溶液为理想溶液）。

[答：p_A=56kPa；p_B=38.7kPa；p=94.7kPa；y_A=0.591；y_B=0.409]

7-3 设在 101.3kPa 压力下，苯-甲苯混合液在 96℃下沸腾，试求该温度下的气液平衡组成。已知 96℃时，p_A°=160.52kPa，p_B°=65.66kPa。

[答：x_A=0.376；y_A=0.595]

7-4 在压强为 101.3kPa 下，正己烷-正庚烷物系的平衡数据如下

t/℃	30	36	40	46	50	56	58
x	1.0	0.715	0.524	0.374	0.214	0.091	0
y	1.0	0.856	0.770	0.625	0.449	0.228	0

试求：①正己烷组成为 0.5（摩尔分数）的溶液的泡点温度及其平衡蒸气的组成；②将该溶液加热到 45℃时，溶液处于什么状态？各相的组成是多少？③将溶液加热到什么温度才能全部汽化为饱和蒸气？这时蒸气的组成如何？

[答：①t_S=41℃；y_A=0.75；②x_A=0.38；y_A=0.64；③49℃；y_A=0.5]

7-5 苯-甲苯的饱和蒸气压的数据如下

t/℃	80.2	88	96	104	110.4
p_A°/kPa	101.33	127.59	160.52	199.33	233.05
p_B°/kPa	39.99	50.6	65.66	83.33	101.33

计算出平均相对挥发度并写出相平衡方程式。

[答：α_m=2.44；$y=\dfrac{2.44x}{1+1.44x}$]

7-6 在连续精馏塔中分离苯-苯乙烯混合液。原料液量为 5000kg/h，组成为 0.45，要求馏出液中含苯 0.95，釜液中含苯不超过 0.06（以上均为质量分数）。试求：馏出液量及塔釜产品量各为多少？（以摩尔流量表示）

[答：D=27.8kmol/h；W=27.5kmol/h]

7-7 在一连续精馏塔中分离某混合液，混合液流量为 5000kg/h，其中轻组分含量为 30%（摩尔分数，下同），要求馏出液中能回收原料中 88% 的轻组分，釜液中轻组分含量不高于 5%，试求馏出液的摩尔流量及摩尔分数。已知 M_A=114kg/kmol，M_B=128kg/kmol。

[答：x_D=0.943，D=11.31kmol/h]

7-8 在一连续精馏塔中分离苯-甲苯混合液，要求馏出液中苯的含量为 0.97（摩尔分数），馏出液量 6000kg/h，塔顶为全凝器，平均相对挥发度为 2.46，回流比为 2.5，试求：①第一块塔板下降的液体组成 x_1；②精馏段各板上升的蒸气量及下降液体量。

[答：①x_1=0.929；②V=267.8kmol/h；L=191.3kmol/h]

7-9 连续精馏塔的操作线方程如下

精馏段：$y=0.75x+0.205$

提馏段：$y=1.25x-0.020$

试求泡点进料时，原料液、馏出液、釜液组成及回流比。

[答：$x_F=0.45$，$x_D=0.82$，$x_W=0.08$，$R=3$]

7-10 某连续精馏塔处理苯-氯仿混合液，要求馏出液中含有96%（摩尔分数，下同）的苯。进料量为75kmol/h，进料液中含苯45%，残液中苯含量10%，回流比为3，泡点进料，求：①从冷凝器回流至塔顶的回流液量及自塔釜上升蒸气的摩尔流量；②写出精馏段、提馏段操作线方程式。

[答：①$L=91.57$kmol/h，$V'=122.1$kmol/h；②$y_{n+1}=0.75x_n+0.24$，$y_{m+1}=1.36x_m-0.0364$]

7-11 某理想混合液用常压精馏塔进行分离。进料组成含A 81.5%，含B 18.5%（均为摩尔分数），饱和液体进料，塔顶为全凝器，塔釜为间接蒸汽加热。要求塔顶产品为含A 95%，塔釜产品为含B 95%，此物系的相对挥发度为2.0，回流比为4.0。试用①逐板计算法，②图解法，分别求出所需的理论塔板数及加料板位置。

[答：10块，第3块板进料]

7-12 在常压连续操作的精馏塔内分离正己烷（C_6H_{14}）-正庚烷（C_7H_{16}）混合液。已知：$x_F=0.5$（摩尔分数），进料温度为35℃，此物系的气液平衡数据见习题7-4。求：进料热状况参数q并写出q线方程。

[答：$q=1.038$，$y=27.32x-13.19$]

7-13 在一常压连续精馏塔中分离某理想溶液。已知原料组成为0.4，要求塔顶产品组成为0.95，塔釜残液组成为0.1（以上均为易挥发组分的摩尔分数），操作回流比为2.5，试绘出下列进料状况下的精馏段、提馏段操作线方程。①$q=1.2$；②气液混合进料，气液的摩尔流量各占一半；③饱和蒸气进料。

7-14 用精馏塔分离某二元混合液。已知进料中易挥发组分的含量为0.6（摩尔分数），泡点进料，操作回流比为2.5，提馏段操作线的斜率为1.18，截距为-0.0054，试写出精馏段操作线方程。

[答：$y_{n+1}=0.714x_n+0.274$]

7-15 用常压连续精馏塔分离某双组分混合液。已知：$x_F=0.6$，$x_D=0.95$，$x_W=0.05$（均为易挥发组分的摩尔分数），冷料进料，其进料热状况参数$q=1.5$，回流比为2.5，试写出精馏段和提馏段操作线方程式。

[答：$y_{n+1}=0.714x_n+0.271$，$y_{m+1}=1.147x_m-0.00736$]

7-16 在常压下用连续精馏塔分离甲醇-水溶液。已知：$x_F=0.35$，$x_D=0.95$，$x_W=0.05$（均为甲醇的摩尔分数），泡点进料，塔顶为全凝器，塔釜为间接蒸汽加热，操作回流比为最小回流比的2倍。求：①理论塔板数及进料板位置；②从第二块理论板上升的蒸气组成。

甲醇-水溶液平衡数据如下

温度/℃	液相中甲醇摩尔分数 x	气相中甲醇摩尔分数 y	温度/℃	液相中甲醇摩尔分数 x	气相中甲醇摩尔分数 y
100	0	0	75.3	0.40	0.729
96.4	0.02	0.134	73.1	0.50	0.779
93.5	0.04	0.234	71.2	0.60	0.825
91.2	0.06	0.304	69.3	0.70	0.87
89.3	0.08	0.365	67.6	0.80	0.915
87.7	0.10	0.418	66.0	0.90	0.958
84.4	0.15	0.517	65	0.95	0.979
81.7	0.20	0.579	64.5	1.0	1.0
78	0.30	0.665			

[答：①$N_T=7$（包括再沸器），第5块板为进料板；②$y_2=0.91$]

7-17 丙烯-丙烷的精馏塔进料组成为含丙烯80%和丙烷20%（均为摩尔分数），常压操作，进料为饱和液体，要使塔顶产品为含95%的丙烯，塔釜产品含95%丙烷，物系的相对挥发度为1.16，试计算：①最小回流比；②所需的最少理论塔板数。

[答：①$R_{min}=5.52$；②$N_{min}=39$]

7-18 若上题中，进料浓度改为含丙烯50%（摩尔分数）时，求：①最小回流比；②所需的最少理论塔板数。

[答：①$R_{min}=11.15$；②$N_{min}=39$]

7-19 用常压精馏塔分离乙醇-水混合液。要求年产 10000t 乙醇（年生产天数为 320d），其含量为 94%，进料组成为 25%，塔釜残液组成不高于 0.1%（以上均为乙醇的质量分数），进料温度为 70℃，$R=1.7R_{min}$，试计算：①进料量及塔釜残液量（kmol/h）；②理论塔板数。

塔釜分别按直接蒸汽加热与间接蒸汽加热计算。平衡数据见例 7-13。

[答：间接加热：$F=232.04$kmol/h，$W=201.1$kmol/h，$N_T=18$ 块。直接加热：$F=231.8$kmol/h，$W=353.9$kmol/h，$N_T=18$ 块]

7-20 一常压操作的连续精馏塔中分离某理想溶液，原料液组成为 0.4，馏出液组成为 0.95（均为轻组分的摩尔分数），操作条件下物系的相对挥发度 $\alpha=2.0$，若操作回流比 $R=1.5R_{min}$，进料热状况参数 $q=1.5$，塔顶为全凝器，试计算第二块理论板上升的气相组成和下降液体的液相组成。

[答：$y_2=0.918$；$x_2=0.848$]

7-21 用一常压连续精馏塔分离苯-甲苯混合液。进料液中含苯 0.4，要求馏出液中含苯 0.97，釜液中含苯 0.02（以上均为苯的质量分数），操作回流比为 2，泡点进料，平均相对挥发度为 2.5。试用简捷算法确定所需的理论塔板数。

[答：$N_T=13.8$，不包括塔釜]

7-22 正庚烷与正辛烷混合液含 42%（质量分数，下同）正庚烷，每小时将处于泡点时的 7500kg 该溶液送入连续操作的精馏塔内。精馏塔在 101.3kPa 下操作，馏出液中必须含有 95% 正庚烷，残液中含有 3% 正辛烷，试求：①馏出液和残液量（kmol/h）；②当 $R=2.0R_{min}$ 时，所需的理论塔板数及进料板位置；③蒸馏釜加热蒸汽 [$P=303.9$kPa（表）] 消耗量和冷凝器内冷却水消耗量（$t_1=25$℃，$t_2=40$℃）（忽略热损失）。

[答：① $D=31.58$kmol/h，$W=38.08$kmol/h，② $N_T=14$（包括塔釜，第 6 块为进料板；③$W_B=2.234\times10^3$kg/h，$W_C=7.09\times10^4$kg/h]

7-23 用常压连续精馏塔分离苯-甲苯混合液。已知：$F=100$kmol/h，$x_F=0.40$，$x_D=0.95$，$x_W=0.03$（均为苯的摩尔分数），进料温度为 40℃，塔顶全凝器，泡点回流，$R=3.0$，塔釜为间接蒸汽加热，加热蒸汽压力为 300kPa（绝），忽略热损失，试求：①加热蒸汽用量；②冷却水用量（$t_2-t_1=15$℃）。

[答：①$W_B=3.116\times10^3$kg/h；②$W_C=8.017\times10^4$kg/h]

本章主要符号说明

英文字母

D——塔顶馏出液量，kmol/h 或 kg/h；
F——原料量，kmol/h 或 kg/h；
L——下降液体的摩尔流量，kmol/h；
N——理论塔板数；
$p°$——纯组分的饱和蒸气压，kPa；
q——进料热状况参数；
r——比汽化焓，kJ/kg；
R——回流比；
v——挥发度；
V——上升蒸气的摩尔流量，kmol/h；
W——塔釜残液量，kmol/h 或 kg/h；
x——双组分系统液相中易挥发组分的摩尔分数；
y——双组分系统气相中易挥发组分的摩尔分数。

希腊字母

α——相对挥发度；
η——回收率；
φ——相数。

下标

A——易挥发组分；
B——难挥发组分或再沸器；
C——冷凝器；
D——塔顶；
F——进料；
i——任意组分；
L——液相；
q——进料状况；
V——气相；
W——塔底。

第八章 气液传质设备

 学习要求

1. 熟练掌握的内容

板式塔内气液流动方式;板式塔塔板上气液两相非理想流动;板式塔的不正常操作,全塔效率和单板效率;板式塔塔高和塔径的计算;填料塔内流体力学特性;气体通过填料层的压降;泛点气速的计算;填料塔塔径的计算。

2. 理解的内容

板式塔的主要类型与结构特点,板式塔塔板上气液两相接触状况;筛板塔负荷性能图的含义及其作用;填料塔的结构;填料及其特性。

3. 了解的内容

气液传质设备类型与基本要求;填料塔的附件;板式塔与填料塔的比较。

注:本章有相当多篇幅是描述现象,建议读者在学习时尽可能配合实验演示和录像资料,以获得直接的感性认识,加深理解。

第一节 气液传质设备类型与基本要求

吸收和精馏都属于均相混合物分离过程的单元操作,都涉及气液两相间的质量与热量传递。工业上实现这一过程的主要设备称为气液传质设备。

气液传质设备的种类繁多,根据塔内气液接触情况可分为两大类:一类是逐级接触式的板式塔,另一类是连续接触式的填料塔。逆流条件下传质平均推动力最大,因此这两类塔总体上都是逆流操作(填料塔可采用并流,但大多为逆流操作),参见图 6-2。

气液传质设备的性能通常由以下几个要素表示。

① 设备的生产能力和生产强度要大,后者指单位时间单位塔截面积上的处理量或气(液)流量。

② 传质效率要高,板式塔的传质效率通常用塔板效率来衡量,填料塔则可用传质单元高度来表示。

③ 流体阻力要小,指气体通过每层塔板或每米填料层高度的压降要小,此点对吸收、

真空精馏等操作尤为重要。

④ 设备的操作弹性要大,指最大气速负荷与最小气速负荷之比要大,此值大小反映了塔对负荷变化的适应能力。

⑤ 塔的结构简单、投资少、安装检修方便。

以上各要素很难同时满足,要根据实际情况和需要而有所侧重,选择适宜的塔型。

第二节 板 式 塔

板式塔通常由圆柱状的塔体及按一定间距水平设置的若干塔板构成,塔内气体在压差作用下由下而上,液体在自身重力作用下由上而下总体呈逆流流动。板式塔可分为有溢流式与无溢流式(又称穿流式)两大类,本章主要讨论有溢流式板式塔。在这类塔中塔板上由溢流堰维持一定液层[图 8-1(a)],实际气液接触过程是在一块块塔板上逐级进行的,总体逆流,但在每块塔板上气液呈错流流动,即从上方降液管流下的液体横向流过塔板,翻过溢流堰进入降液管再流向下层塔板,而气体则由下而上穿过板上横流的液层,在液层中实现气液相密切接触然后离开液层,在塔板上方空间汇合后进入上层塔板,每一块塔板相当于一个混合分离器,既要求上升气流与下降液流在板上充分接触,又要求经传质后的气液两相完全分离,各自进入相邻塔板。因此,塔板上的主要部件是气液接触部件和溢流部件,在有些塔型中还设置了促进气液分离的部件。

气液接触部件的任务是引导气流进入液层,并保证气液充分、均匀而良好的接触,形成大量的又是不断更新的气液传质界面,而且要使气液间最后能够较易分离。不同类型的塔板具有不同类型的气液接触部件。

溢流部件主要是维持液体在板上和板间顺序而均匀地流动,保持板上一定的液层,为气液接触提供场所。不同类型塔板的溢流部件基本一致。

本节以筛孔塔板(简称筛板)为代表来说明有溢流塔板的基本结构、气液接触情况与设计问题,图 8-1 是筛孔塔板(筛板)的结构(b)与流动状况(a)示意。

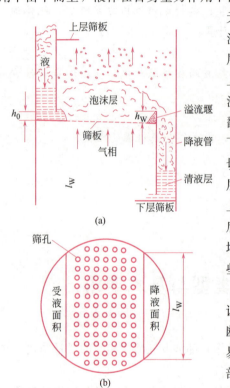

图 8-1 筛板塔塔板结构与流动状况示意图

板式塔简介

一、筛孔塔板的结构及其作用

筛板上的主要部件有筛孔、溢流堰和降液管（后两者为溢流部件）。

1. 筛孔

筛孔分布在上下降液管之间的塔板有效面积上。它是气体通道又是气液接触部件。上升气流经筛孔分散后，穿过板上液层形成气液两相密切接触的混合体进行传质。气体由下而上流动必须保持一定的压差以克服板间流动阻力，主要是通过筛孔的局部阻力（又称干板阻力）和板上液层的重力。筛孔的存在，也不免有液体在重力作用下会直接穿过筛孔漏下（称为漏液）而造成液体的短路。筛孔通常是直径 3～8mm 的圆孔，更大直径筛孔也有应用，塔径增大，筛孔也往往选得较大，但漏液的可能性也会相应增大。

板上筛孔的总面积与筛孔所在的塔板面积之比称为开孔率，它与板压降直接相关。开孔率减小，筛孔数减少，相间接触面积减小而压降升高；开孔率太大，则干板阻力小而漏液增加、操作弹性下降。因此，开孔率也是影响塔板性能的重要参数。

2. 溢流堰

在塔板出口降液管装有高出板面的溢流堰，最常用的平直堰如图 8-2。为使气液两相充分混合，板上要借溢流堰维持一定的清液层（假设液层中不含气相时），清液层增高，形成的两相混合体也增高，接触时间与接触面积均相应增大，传质愈为充分；但气体通过液层的压降也相应增加、漏液的概率也会增加。清液层高度 h_L 等于堰高 h_W 与堰上清液层高度 h_{OW}（又称堰液头）之和 [参见式(8-10)]，而后者则取决于堰长 l_W 和液体流量。下降液流全部是在堰的上方通过的，对一定堰长，液流增大，h_{OW} 增高；对一定液流量，l_W 愈大则 h_{OW} 愈小，故堰长又称为溢流周边。

如液量很小，可选用图 8-3 所示的齿形堰，图上的 h_n 表示齿缝深度，齿形堰的实际溢流周边可随液量在一定范围内变化。

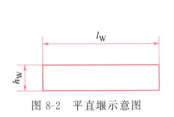
图 8-2　平直堰示意图

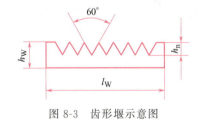
图 8-3　齿形堰示意图

3. 降液管

降液管是相邻两层塔板间的液体通道。降液管下端与塔板间应留出一定的空间高度 h_0（称为底隙高度），以保证液体顺畅流出；为了防止气体倒窜入降液管，引起液流不畅，底隙高度又应小于堰高 h_W，即有 $h_0 < h_W$。

降液管主要有圆形和弓形，分别见图 8-4 和图 8-1。圆形降液管的流通截面积小，除小塔外，一般都不采用。弓形降液管应用最为广泛，弓形的弦长即为溢流周边。

降液管的流通截面积和高度是它的主要几何参数，其大小主要取决于以下的考虑。

① 降液管的流通截面积主要影响液体在管内的流速，流速增大，流动阻力迅速增大，故应根据液体负荷选定。

② 降液管内的液体是在自身液柱高度（位头）h 的推动下，克服上下板间的压差和液流的流动阻力（主要是流经底隙的局部阻力）向下板流动的。若气液流量增大或阻力状况变化使压差或阻力增加，就会造成液体在降液管内的阻滞，使液柱上升。因此，降液管的高度应保证管内的清液层高度有一定的变化余度，可在一定范围内自动调节而不致破坏正常操作。

③ 在液体（以两相混合体形态）翻过溢流堰进入降液管时，总会夹带大量气泡，因此降液管要有必要的体积（截面积×高），使液体在降液管内有足够的停留时间，让气液完全分离。

④ 降液管占据了塔板上两块面积，减少了有效面积，故其截面积不宜过大；而降液管增高将使塔板间距离（称为板间距）增大，两者都会提高塔的造价。

图 8-4 降液管为圆形时的筛板结构示意图

4. 塔板上液流的安排

液体在上下降液管间横流经过塔板的路径称为液体流径，流径愈长，液体在板上的停留时间以及气液接触时间增长，传质效果愈好。另一方面，塔板入口处的液面高度必须高于出口处的液面高度，以克服流动行程上的塔板部件和气体扰动对液体的流动阻力，这种液面高度差称为液面落差。液面落差既是板上液体流动的推动力，又是造成塔板上气体分布不均匀的主要原因，因为液面越高，相当于清液层越厚，对气体穿过的阻力也越大，在液面较低处，气体将会更多地穿越，气体的分布不匀会导致传质效果的下降。而流程愈长以及液流量愈大，均会使液面落差增大，因此板上液体流程必须作适当的折中与安排。

当塔径小于2.2m时，可采用单流型塔板［图 8-1 和图 8-5(a)］。对塔径大于 2m 的大型塔或液流量很大时，可采用图 8-5(b) 所示的双流型塔板，来自上一塔板的液体分别由左右两侧降液管进入，横流经过半块塔板进入中间的降液管，到下一塔板再分别流向左右两侧。这样做可减小液面落差，但塔板结构较复杂，降液管所占塔板面积较多。

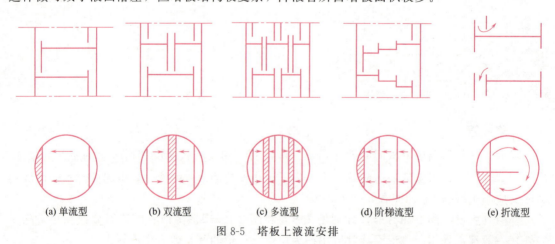

图 8-5 塔板上液流安排

图 8-5(c) 多流型、图 8-5(d) 阶梯流型塔板，也是为了解决大直径塔板上液体流径与液面落差对分离效率的矛盾影响而提出的方案，图 8-5(e) 折流（或称U形流）型塔板，适用于小直径塔和小液体流量。

二、塔板上气液流动和接触状况

塔板上有组织的气液流动应当使气液两相间保持充分、均匀、有效而良好的接触。这是指：相间接触面积要大且有较强烈的湍动；气液分布要均匀且能按总体逆流、板上错流的原则保持最大的传质推动力；理论和实践又指出，传质表面的不断更新也有利于降低传质阻力，提高传质速率（像肥皂泡般的蜂窝状的气液界面就不是理想的传质表面，因为它们能长久保持而不能不断更新）。努力达到这种理想的流动状态是塔板设计和操作改进的一个目标。

（一）塔板上气液两相接触状态

气体通过筛孔时的速度（简称孔速）不同，气液两相在塔板上的接触状况就不同。图 8-6 即为实验观察到的三种状态。

1. 鼓泡接触状态

当孔速很低时，气体以鼓泡形式穿过板上清液层。此时，塔板上的气泡数量很少，板上液层清晰可见。两相的接触面积为气泡表面，液体为连续相，气体为分散相。由于气泡数量较少，气泡表面的湍动程度较低，因而传质阻力较大，传质表面积较小，表面更新率也低。

2. 泡沫接触状态

随着孔速的增大，气泡的数量增多并形成泡沫，此时气液两相的传质面积主要为面积很大的液膜，液体仍为连续相，气体仍为分散相。

由于泡沫层的高度湍动，液膜和气泡不断发生破裂与合并又重新形成，为两相传质创造了良好的流体力学条件。

3. 喷射接触状态

当孔速继续增加，动能很大的气体从筛孔喷出穿过液层，将板上的液体破碎成许多大小不等的液滴而抛向塔板上方空间，当液滴回落合并后再次被破碎成液滴抛出。此时两相传质面积是液滴外表面，液体为分散相，气体为连续相。

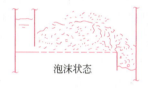

图 8-6 塔板上的气液接触状态

此接触状态下，由于液滴多次形成与合并，使传质表面不断更新，也为两相传质创造了较好的流体力学条件。

因此，工业生产中，气液两相接触一般为泡沫状态或喷射状态。

（二）塔板上气液两相的非理想流动

实际操作过程中经常出现偏离理想流动的情况，大致归纳如下。

泡沫接触状态

1. 返混现象

与主流方向相反的流动称为返混现象。板上与液体主体流动方向相反的流动表现为液沫夹带（又称雾沫夹带）；与气体主体流动方向相反的流动表现为气泡夹带。

（1）液沫夹带　对于处在泡沫接触状态或喷射接触状态下的气液两相，当气体穿过板上液层时都会产生大量液滴，如果气速过大，这些液滴的一部分就会被夹带到上层塔板，这就是液沫夹带。液沫夹带有两类：其一为沉降速度小于上升气流速度的小液滴，因具有向上的绝对速度，无论板间距有多大，都不可避免地被气流带到上层塔板；其二为沉降速度大于上升气流速度的大液滴，由于气流冲击或气泡破裂造成的液滴飞溅具有向上的初速度，在板间距比较小时，这些较大的液滴也会到达上层塔板，而成为液沫夹带的主体。板间距增大，被弹溅出的大液滴有可能又回落到塔板上。由此可见，板间距越小，液沫夹带量越大；气速越大，液沫夹带量也越大。

液沫夹带量通常用每 1kmol（或 1kg）干气体所夹带的液体数（kmol 或 kg）e_V 表示。有时也用液沫夹带分率 ψ，即被夹带的液体流量占流经塔板总液体量的分率来表示。二者之间的关系为

$$\psi = \frac{e_V}{\dfrac{V_L}{V_g} + e_V} \tag{8-1}$$

式中　V_L——液体流量，kmol/h 或 kg/h；

　　　V_g——干气体流量，kmol/h 或 kg/h。

（2）气泡夹带　前已述及，在塔板上与气体充分接触后的液流，翻越溢流堰进入降液管时必含有大量气泡，同时，液体落入降液管时又卷入一些气体产生新气泡。若液体在降液管内的停留时间太短，所含气泡来不及分离，将被卷入下层塔板，这种现象称为气泡夹带。

气泡夹带所产生的气体夹带量占气体总流量的比例极小，给传质带来的危害不大，但由于降液管内液体含有很多气泡，使降液管内液体柱的平均密度降低，导致降液管的通过能力减小，严重时会破坏塔的正常操作。因此，必须保证液体在降液管内有足够的停留时间。

无论是液沫夹带还是气泡夹带都违背了逆流的原则，导致平均传质推动力的下降和塔板效率的降低，对传质过程不利。

2. 气体和液体的不均匀分布

（1）气体沿塔板的不均匀分布　在每一层塔板上气液两相呈错流流动，因此希望在塔板上各点气体流速相等，如图 8-7（a）所示。但是由于液面落差 Δ 的存在，导致气体沿塔板的不均匀分布，如图 8-7（b）所示。在液体入口部位，气量小，浓度差大使这部分气体的增浓度增大而有所得；而液体出口部位，气量大而浓差小，增浓度大为降低，平均结果所失必定大于所得，故不均匀的气流分布对传质是不利的。

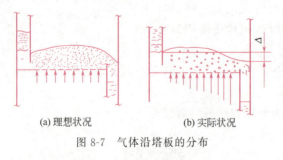

(a) 理想状况　　　(b) 实际状况

图 8-7　气体沿塔板的分布

（2）液体沿塔板的不均匀分布　因塔截面是圆形的，故液体横向穿过塔板时在不同部位具有不同的流动行程。在塔中央部分的液体流动行程短而直，所以阻力小，流速大；而在塔板外围部分的液体流动行程长而弯曲，所以阻力大，流速小。如图 8-8 所示。由于液体沿塔板的速度分布实际上是不均匀的，严重时会在塔板上造成一些液体流动不畅的滞留区相当于减少了塔板的有效面积。总的结果，液流不均匀分布使塔板的物质传递量减少，对传质也是不利的。

当液体流量比较低时，液流分布不均匀性更为明显。因为此时溢流堰上的清液层高度 h_{OW}（简称堰液头）很小，而溢流堰安装的水平度总有一定误差，可能只在较低处有液体溢流，而另一端无溢流，在塔板上形成很大的滞留区。为避免液体沿塔板的流动严重得不均匀，当 $h_{OW}<6mm$ 时，宜采用齿形堰（图8-3）或折流型塔板（图8-5）。

此外，由于板上气体的搅动，液体在塔板上还存在着各种小尺度的反向流动，而在塔板边缘处还可能出现较大尺度的环流。如图8-9所示。这些逆主体流动方向的反向流动，也属于返混。由于液体中易挥发组分的浓度沿着液体流动方向逐渐下降，当液体在板上产生反向流动时，浓度低的液体混入浓度高的液体，破坏了液体沿流动方向的浓度变化，降低气液间的平均浓度差导致分离效果下降。

图8-8　液体沿塔板的不均匀分布

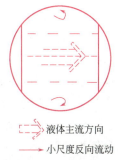

图8-9　流体在塔板上的反向流动

3. 漏液

液体从筛孔直接落下的现象称为漏液。未经充分接触传质的液体直接进入下板，这是一种短路现象，会降低塔板的有效利用率和板效率。实验表明漏液具有以下几个特点。

① 漏液有随机性　可以观察到漏液和通气的筛孔是不断变化的，这是由于气液流动和相互作用使板上液层做随机的上下波动所致。波峰处清液层高，相对易于漏液，通气量少；而波谷处则相反。

② 漏液有倾向性　一般在液体入口处气体通过量最少而漏液量最多；出口处则相反。这是由于液面落差造成的。

③ 漏液量随气量（筛孔气速）的增加而减少，到一定程度可基本停止漏液。下面分析一下气量变化带来的效应。

前已述及，塔板上下压差主要用来克服气体通过筛孔的干板阻力和板上的液层阻力（主要是清液层的重力），气速增加，压差增加，其中干板阻力正比于气速的平方增加，但板上液层阻力并无多少变化，因而干板阻力占总阻力（表现为压差）的份额增加，这意味着干板阻力对气液流动的影响增加；换言之，清液层液面各处高低不同的影响将削弱，故气体分布将趋于均匀（因为筛孔分布均匀，干板阻力状况也是均匀的），漏液将会减轻。反过来，如果气量不变而板上液层增厚，则液层阻力占总阻力的份额上升，可以想见，气体不均匀分布性将增大，随机性漏液也将增加。因此，减少以至停止漏液的必要条件是：干板阻力占总阻力的份额增大至某一程度以及压差必须大于波峰处的清液柱高。

为了减少倾向性漏液，改善气体分布，应使液面落差小于干板阻力的一半以上。

（三）板式塔的不正常操作

前述气液两相非理想流动虽然对传质过程不利，但塔仍能维持正常操作。这里讲的不正常操作是指塔根本无法工作的不正常情况。一种是液泛，另一种是严重漏液。

1. 液泛

在操作过程中，塔板上液体下降受阻，并逐渐在板上积累，直到充满整个板间（淹塔），从而破坏了塔的正常操作，这种现象称为液泛。液泛时可观察到塔内气相压降大幅度上升，并剧烈波动，分离情况急剧恶化，因而是塔板设计和操作中必须避免的现象。根据引起液泛的原因不同，可分为两类。

（1）降液管液泛 操作中，液体流量和（或）气体流量过大都会引起降液管液泛。前已指出，降液管的液柱重力要克服塔板间压差及降液管的流动阻力并与之达到平衡。若液流量增大，管内液体流速增大，流动阻力也迅速增大，降液管内清液层高度将增加；气体流量增大，使相邻板间的压降增大，同样会使降液管内液面上升。在一定范围内，它们可以达到新的平衡而不致影响操作。但如果气液量增加过大，使降液管内的液面升至上层塔板溢流堰顶后，上层塔板上的液面就会随着升高，气体经过塔板的压降也相应增大，进一步阻碍了液体的下流，于是形成了恶性循环，发生了降液管液泛。

（2）夹带液泛 上升气速增加时，一方面气相动能增大引起液沫生成量与夹带量增加，同时气液混合体也会增厚，另一方面又会减少液面上方的分离空间从而更加剧了液沫夹带，而夹带上去的液体又反过来增加降液管的液体负荷。当气速增加至某一程度，也会形成恶性循环而导致液泛，这种液泛是夹带引起的，故称夹带液泛。

由此可见，气液两相中任一相流量过大都可能导致液泛现象发生，生产中以气速过大引起的液泛较为常见。液泛时的气速称为泛点气速，操作气速应在此气速以下。提高板间距，可以提高泛点气速值。

2. 严重漏液

严重漏液会使塔板上缺乏存液，板效率剧降以致无法正常操作，必须避免。对于一定的塔结构，气速是决定漏液大小的主要因素。生产上，一般取漏液量达到液体流量的10%时的气速为漏液点气速，它是塔的操作气速的一个下限。

三、全塔效率与单板效率

（一）全塔效率

在塔设备的实际操作中，由于受到传质时间和传质接触面积的限制，一般不可能达到气液平衡状态，因此，实际塔板的分离作用（或提浓程度）低于理论板。从这个概念出发，可以定义全塔效率为理论板数与实际板数之比，即

$$E_0 = \frac{N_T}{N_P} \times 100\% \tag{8-2}$$

式中　E_0——全塔效率；
　　　N_T——理论塔板数（不包括再沸器）；
　　　N_P——实际塔板数。

当求出理论塔板数后，若已知全塔效率，可由式(8-2)求出实际塔板数。

至今还没有一个令人满意的计算全塔效率的关联式。常用的计算方法是采用奥康内尔(o'connell)关联图,如图 8-10 和图 8-11 所示。

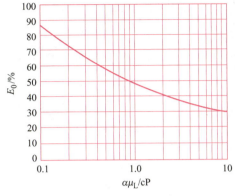

图 8-10　精馏塔全塔效率关联图

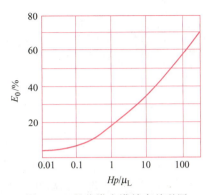

图 8-11　吸收塔全塔效率关联图

图 8-10 为精馏塔全塔效率关联图。图中横坐标(对数坐标)为相对挥发度 α 与根据进料组成计算的液体平均黏度 μ_L 的乘积,单位为 mPa·s(cP),温度取塔顶与塔底的平均温度。

图 8-11 为吸收塔全塔效率关联图。在横坐标(对数坐标)Hp/μ_L 中,H 为溶质的溶解度系数 [kmol/(kN·m)],p 为操作压强(kN/m²),μ_L 为塔顶和塔底平均组成和平均温度下的液体黏度(mPa·s)。

由图可见,全塔效率 E_0 均小于 1。

上述关联图主要是根据泡罩板数据作出的,对于其他板型,可参考表 8-1 所列的效率相对值加以校正。

表 8-1　全塔效率相对值

塔　型	全塔效率相对值
泡罩塔	1.0
筛板塔	1.1
浮阀塔	1.1～1.2

(二)单板效率

全塔效率为塔中所有塔板的总效率,用全塔效率计算实际塔板数最为简便。但全塔效率是一种平均的概念,实际上塔内各板的传质情况不尽相同,所以研究每块板的传质效率(即单板效率)更有指导意义。表示单板效率的方法很多,这里介绍的是默弗里板效率,它是以气相(或液相)经过实际板的组成变化与经过理论板的组成变化之比表示的。参见图 8-12。

气相单板效率 E_{mv}:

$$E_{mv} = \frac{y_n - y_{n+1}}{y_n^* - y_{n+1}} \tag{8-3}$$

液相单板效率 E_{ml}:

$$E_{ml} = \frac{x_{n-1} - x_n}{x_{n-1} - x_n^*} \tag{8-4}$$

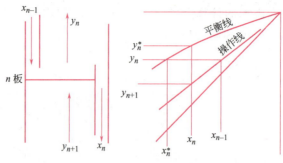

图 8-12 单板效率示意图

式中　y_{n+1}、y_n——进入和离开 n 板的气相组成；

　　　　y_n^*——与 x_n 成平衡的气相组成；

　　　　x_{n-1}、x_n——进入和离开 n 板的液相组成；

　　　　x_n^*——与 y_n 成平衡的液相组成。

单板效率通常由实验测定。

影响效率的因素很多，它与板上气液流动情况有密切关系，而两者又都受到塔板的结构因素、系统的物性因素（如表面张力、黏度和密度等）与操作因素（主要是气液相的流量与流速）的影响，应当力求这三种因素之间的良好合理的匹配。

● **【例 8-1】**　在双组分溶液连续精馏塔中进行全回流操作，已测得相邻两板上液相组成分别为：$x_{n-1}=0.7$，$x_n=0.5$（均为易挥发组分的摩尔分数）。已知操作条件下物系的平均相对挥发度 $\alpha=3.0$，试求以液相组成表示的第 n 板的单板效率。

解　首先需求出与 y_n 成平衡的液相组成 x_n^*。题目中虽未直接给出 y_n，但却给出了全回流的操作条件，由此可求出操作线方程为：

$$y_{n+1}=x_n \text{ 或 } y_n=x_{n-1}$$

已知：$x_{n-1}=0.7$，故 $y_n=x_{n-1}=0.7$

y_n 与 x_n^* 成平衡关系，由相平衡方程式求出 x_n^*，即

$$x_n^*=\frac{y_n}{\alpha-(\alpha-1)y_n}=\frac{0.7}{3-2\times 0.7}=0.4375$$

由式 (8-4) 可求出 E_{ml}，即

$$E_{\text{ml}}=\frac{x_{n-1}-x_n}{x_{n-1}-x_n^*}=\frac{0.7-0.5}{0.7-0.4375}=76.19\%$$

所求以液相组成表示的第 n 板的单板效率为 76.19%。

▲　学习本节后可完成习题 8-1、8-2。

四、板式塔的设计

有溢流的板式塔虽然形式很多，塔板上的结构也各异，但板面总体布置与溢流装置的结构基本相同，其设计原则与步骤也类似。今以筛板塔为例说明板式塔的设计计算过程。

筛板塔的设计计算内容包括计算塔高、塔径、溢流装置的结构与尺寸、确定塔板板面布

置、塔板的校核及绘制负荷性能图。

（一）塔高的计算

板式塔的高度由包括所有塔板数在内的有效段以及塔顶和塔底的空间大小决定。塔内气液接触的有效段的高度可用下式计算：

$$Z = (N_P - 1)H_T \tag{8-5}$$

式中　Z——塔的有效段高度，m；
　　　N_P——实际塔板数；
　　　H_T——板间距，m。

板间距的大小对塔是否能够正常操作以及塔高和塔径的尺寸有着很大的影响。例如板间距大，则可取较高的空塔气速和较小的塔径，而不致产生严重的液沫夹带现象，也可延迟液泛的发生，但塔高也相应增加，因此需要结合经济权衡、反复调整才能确定。但实际上，板间距多取经验值，它是根据被分离物系的特点，考虑到制造和维修的方便确定的，在设计过程中可参照表 8-2 选取，同时结合塔径计算进行调整。

表 8-2　不同塔径的板间距参考值

塔径 D/mm	800～1200	1400～2400	2600～6600
板间距 H_T/mm	300、350、400、450、500	400、450、500、550、600、650、700	450、500、550、600、650、700、750、800

塔顶空间高度是指塔顶第一块塔板到顶部的距离。为了减少出口气体中夹带的液体量，这段高度大于一般塔板间距，通常取 1.2～1.5m。

当再沸器在塔外时，塔底空间高度是指最末一块塔板到塔底部的距离。液体自离开最末一块塔板至流出塔外，需要有 10～15min 的停留时间，据此再由釜液流量和塔径即可求出此段高度。

● 请读者自行列出塔底空间高度的计算式。

需要说明的是对于塔径大于 1m 的板式塔，还要在塔体某些部位开设人孔供安装、检修人员进出，凡开有人孔处板间距不且小于 600mm。此外，进料板与其上一块塔板之间的距离应比一般板间距稍大一些。

（二）塔径的计算

塔径是由塔内气体的体积流量与空塔气速决定的，由下式计算：

$$D = \sqrt{\frac{V_g}{\frac{\pi}{4}u}} \tag{8-6}$$

式中　D——塔径，m；
　　　V_g——塔内气体的体积流量，m^3/s；
　　　u——气体的空塔速度，m/s。

对于板式精馏塔，因精馏段与提馏段上升蒸气量可能不同，故在计算塔径和其他有关结构参数时应分段计算。为了保证操作安全，通常按气液负荷最大的截面计算。为方便起见，精馏段可按塔顶状态计算，提馏段按塔釜状态计算，但需经过必要的校核。

设计选用的空塔速度是否适宜，不仅影响到塔本身的性能，而且还影响到设备投资的多少。空塔速度的增加可以提高塔的生产能力，减小塔径，但雾沫夹带量增大，板压降增加；反之，减小空塔速度，塔径增大，但板间距可取得小一些，雾沫夹带量、板压降也可减少，若气速过小，又会影响板上气液接触状况，还可能发生漏液。空塔速度的计算可依如下步骤进行。

首先求出气体最大允许速率，即塔内可能产生液泛时的气体速率。此最大允许速率 u_{max} 可用下面的半经验公式计算：

$$u_{max} = C\sqrt{\frac{\rho_L - \rho_g}{\rho_g}} \quad (8-7)$$

式中 ρ_L，ρ_g——塔内液体、气体的密度，kg/m^3；

C——气体负荷因子，m/s。

气体负荷因子由图 8-13 史密斯关联图查得。图中横坐标 $\frac{V_L}{V_g}\sqrt{\frac{\rho_L}{\rho_g}}$ 称为气液动能参数，它是一个量纲为 1 的量，反映了气液两相流量与密度的影响；H_T 为预选的板间距；h_L 为板上清液层高度，对常压塔 h_L 一般取为 50～100mm，而（$H_T - h_L$）则反映了板上的气相空间（分离空间）高度，图中每一根线代表具有相同分离空间高度值，（$H_T - h_L$）越大，C 值越大，从而 u_{max} 就越大。纵坐标 C_{20} 表示液相表面张力 $\sigma = 0.020$N/m 时的气体负荷因子，若塔内液相表面张力 σ 为其他数值时，应做如下校正：

$$\frac{C_{20}}{C} = \left(\frac{0.020}{\sigma}\right)^{0.2} \quad (8-8)$$

式中 C_{20}——表面张力为 0.020N/m 时的气体负荷因子，m/s，查图 8-13；

C——表面张力为 σ 时的气体负荷因子，m/s；

σ——与 C 相对应的液体表面张力，N/m。

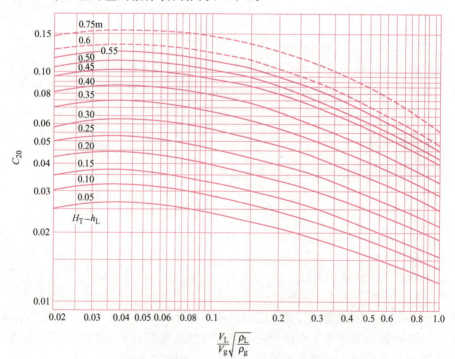

图 8-13 史密斯关联图

求出最大允许速率 $u_{\max}$ 后，即可确定适宜的空塔速率，通常适宜的空塔速率取最大允许速率的 60%～80%，即

$$u=(0.6\sim0.8)u_{\max} \quad (8-9)$$

将求得的空塔速率 u 代入式(8-6)即可算出塔径。最后还要根据塔径系列标准进行圆整，当塔径小于 1m 时，其尺寸圆整时按 100mm 递增值计算，如 600mm、700mm、800mm；当塔径超过 1m 时，则按 200mm 递增值计算，如 1200mm、1400mm、1600mm 等。

● 读者试根据液滴自由沉降速率的概念分析诸因素对 $u_{\max}$ 的影响（注意：液体表面张力愈小，液体愈易被分散）。

● 【例 8-2】 某连续精馏塔在常压下分离甲醇-水混合液。已知：$F=100\text{kmol/h}$，$x_F=0.35$，$x_D=0.95$，$x_W=0.04$（以上均为甲醇的摩尔分数），$R=2$，泡点进料，塔釜为间接蒸汽加热，试估算塔径。

已知：塔顶温度为 65℃，塔釜温度为 93.5℃。

解 以精馏段为例估算塔径。

首先根据物料衡算求出塔内的气液负荷：

$$D=\frac{x_F-x_W}{x_D-x_W}F=\frac{0.35-0.04}{0.95-0.04}\times100=34.1\text{kmol/h}$$

$$L=RD=2\times34.1=68.2\text{kmol/h}$$

$$V=(R+1)D=(2+1)\times34.1=102.3\text{kmol/h}$$

塔顶物料平均千摩尔质量为：

$$M_D=x_AM_A+x_BM_B=0.95\times32+0.05\times18=31.3\text{kg/kmol}$$

塔顶气相密度 ρ_g 为

$$\rho_g=\frac{pM_D}{RT}=\frac{101.3\times31.3}{8.314\times(273+65)}=1.13\text{kg/m}^3$$

塔顶液相密度及表面张力近似按甲醇计算。由上册附录二查得，20℃下甲醇的密度 $\rho_0=791\text{kg/m}^3$，体积膨胀系数 $\beta=12.2\times10^{-4}\text{℃}^{-1}$，由式(1-12b)计算可得 65℃下甲醇的密度：

$$\rho_L=\frac{\rho_0}{1+\beta(t-t_0)}=\frac{791}{1+12.2\times10^{-4}\times(65-20)}=750\text{kg/m}^3$$

由上册附录十五查得 65℃下甲醇的表面张力 $\sigma=0.0182\text{N/m}$

精馏段上升与下降的气液体积流量为

$$V_g=\frac{VM_D}{\rho_g}=\frac{102.3\times31.3}{1.13}=2833\text{m}^3/\text{h}=0.787\text{m}^3/\text{s}$$

$$V_L=\frac{LM_D}{\rho_L}=\frac{68.2\times31.3}{750}=2.846\text{m}^3/\text{h}=7.9\times10^{-4}\text{m}^3/\text{s}$$

取 $H_T=400\text{mm}$，$h_L=0.06\text{m}$，则分离空间为

$$H_T-h_L=0.4-0.06=0.34$$

气液动能参数为

$$\frac{V_L}{V_g}\sqrt{\frac{\rho_L}{\rho_g}}=\frac{2.846}{2833}\sqrt{\frac{750}{1.13}}=0.026$$

由图 8-13 查得气体负荷因子 C_{20} 为 0.071，因表面张力的差异，气体负荷因子校正为

$$C = \frac{C_{20}}{\left(\frac{0.020}{\sigma}\right)^{0.2}} = \frac{0.071}{\left(\frac{0.020}{0.0182}\right)^{0.2}} = 0.070 \text{m/s}$$

由式(8-7)计算最大允许速率 $u_{\max}$ 为

$$u_{\max} = C\sqrt{\frac{\rho_L - \rho_g}{\rho_g}} = 0.070\sqrt{\frac{750 - 1.13}{1.13}} = 1.80 \text{m/s}$$

取空塔速率为最大允许速率的 0.7 倍，则空塔速率为

$$u = 0.7 u_{\max} = 0.7 \times 1.80 = 1.26 \text{m/s}$$

最后由式(8-6)计算出塔径 D 为

$$D = \sqrt{\frac{4 V_g}{\pi u}} = \sqrt{\frac{4 \times 0.787}{3.14 \times 1.26}} = 0.892 \text{m}$$

根据标准塔径圆整为

$$D = 1 \text{m}$$

再由表 8-2 可见，当塔径为 1m 时，其板间距可取 400m，因此，所设板间距可用。

事实上，如精馏段没有侧线抽出，则由于冷回流及塔体散热等原因，气液负荷可能在底部最大，必要时应校核。

● 用同样的方法可求出提馏段塔径，在此不再重复，读者可自行完成。

*（三）溢流装置的设计

溢流装置主要包括溢流堰和降液管，参见图 8-14 所示。以单流型塔板弓形平直堰为例。

1. 堰高 h_W

堰高 h_W 和溢流堰上清液层高度（简称堰液头）h_{OW} 是塔板液体通道上的两个重要参数。溢流堰高用来保持板上的清液层和泡沫层的必要高度，以保证气液两相有足够的接触面积。

由图 8-14 可见

$$h_L = h_W + h_{OW} \qquad (8\text{-}10)$$

对常压塔，h_L 在 50～100mm 之间，故有

$$50 - h_{OW} \leqslant h_W \leqslant 100 - h_{OW}$$

对减压塔或要求压降很小的情况，也可将 h_L 降低至 25mm 以下，此时堰高可低至 6～15mm。

因全部下降的液体都是在堰上方流过，故堰液头 h_{OW} 取决于液体流量及堰长的大小，可由下式计算：

$$h_{OW} = 0.00284 E \left(\frac{V_L}{l_W}\right)^{2/3} \qquad (8\text{-}11)$$

式中 V_L ——液体流量，m^3/h；

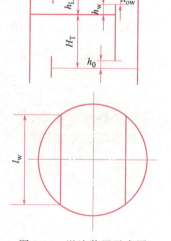

图 8-14 溢流装置示意图

l_W——堰长，m；

E——液流收缩系数，由图 8-15 查得。

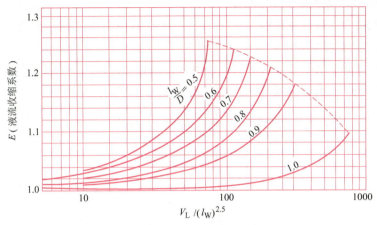

图 8-15 液流收缩系数

2. 堰长 l_W

堰长一般可取塔径的 0.6～0.8 倍，即

$$l_W = (0.6 \sim 0.8)D \tag{8-12}$$

通常 h_{OW} 不宜大于 60～70mm，液流强度 V_L/l_W 不宜超过 $60 m^3/(m \cdot h)$，如超过此值应改为双流型塔板。但 h_{OW} 又不得小于 6mm，否则板上液体溢流不均匀。

求出 h_{OW}，取定 h_L 后，便可通过式（8-10）求出 h_W。

3. 降液管底隙高度 h_0

为保证降液管底部被液体封住，防止气体直接窜入降液管而造成短路，要求 h_0 小于 h_W，一般取

$$h_W - h_0 = 6 \sim 12 \text{mm} \tag{8-13}$$

液相通过此间隙时的流速通常小于降液管内的速度，如果必须超出时，间隙处最大流速应小于 0.4m/s，以避免阻力太大。此外，h_0 也不宜小于 20～25mm，否则易出现锈屑堵塞或因安装偏差而使液流不畅，造成液泛。

*（四）塔板板面布置

单流型塔板板面布置如图 8-16 所示。

板上的面积可分为以下几个区域。

（1）溢流区 此区用来布置降液管等溢流部件。

（2）鼓泡区 这是气液两相进行接触实现传质过程的有效区域。筛孔均布置于此区域内。

（3）无效区 塔板最外边一排筛孔与塔壁之间的弧条形区域此区域不开孔，供设置支持塔板的边梁之用。根据塔板安装要求，此区域宽度 W_c 取 50mm。

为防止部分液体经无效区流过而产生短路现象，可在塔板

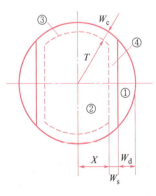

图 8-16 塔板板面布置
①—溢流区；②—鼓泡区；
③—无效区；④—安定区

上沿塔壁设置挡板，以便将泡沫挡住，使其流向鼓泡区。

（4）**安定区**　是降液管与鼓泡区之间、鼓泡区与溢流堰之间的不开孔区域。其作用是减少漏液或防止大量气泡被带入降液管中。

安定区的宽度 W_s 是指溢流堰与离它最近一排孔的中心线之间的距离。对于塔径小于 1.5m 的塔，W_s 通常取为 70mm。

各区域的位置确定后，还要计算鼓泡区面积、筛孔所占面积、筛孔数目和开孔率等。

对单流型塔板，鼓泡区（或称开孔区）面积 A_a 由下式确定：

$$A_a = 2\left(X\sqrt{r^2-X^2} + r^2 \arcsin\frac{X}{r}\right) \tag{8-14}$$

$$X = \frac{D}{2} - (W_d + W_s)$$

$$r = \frac{D}{2} - W_c$$

式中　W_d——弓形降液管宽度，m；
　　　W_s——安定区宽度，m；
　　　W_c——无效区宽度，m；
　　　$\arcsin\dfrac{X}{r}$——以弧度表示的反正弦函数。

弓形降液管宽度 W_d 可由图 8-17 查得。

筛孔直径 d_0 通常取 2～10mm，最常用的是 4～5mm，主要在泡沫态操作。筛孔增大，加工容易，不易堵塞，但操作弹性低。更大的筛孔孔径为 12～25mm 也有应用，此时主要在喷射态工作。孔中心距 t 取筛孔直径的 2.5～5 倍。开孔区所开筛孔的总面积 A_0 与鼓泡区面积 A_a 之比称为开孔率，以 φ 表示。筛孔在板上可按同心圆、正方形或正三角形排列，常用正三角形排列，如图 8-18 所示。

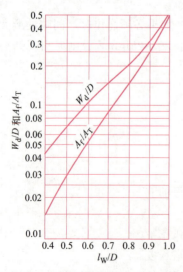

图 8-17　弓形降液管的宽度与面积

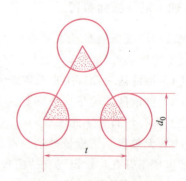

图 8-18　筛孔排列方式

由图 8-18 可见，对正三角形排列的筛孔开孔率按下式计算：

$$\varphi=\frac{\frac{1}{2}\times\frac{\pi}{4}d_0^2}{\frac{1}{2}t^2\sin60°}=0.907\left(\frac{d_0}{t}\right)^2 \tag{8-15}$$

根据开孔率的定义，φ 又可写为

$$\varphi=\frac{n\times\frac{1}{4}\pi d_0^2}{A_a} \tag{8-16}$$

联立式(8-15)与式(8-16)，可确定筛孔数目 n 为

$$n=\frac{1.15A_a}{t^2} \tag{8-17}$$

式中 A_a——鼓泡区面积，m^2；

t——孔中心距，m，一般可取 $t=(2.5\sim5)d_0$，t 增加，开孔率 φ 减少。

至此，筛塔板的塔高、塔径及筛板工艺尺寸已初步确定。但是，设计是否合理，操作有无失常，还有待于进一步校核。

*（五）塔板校核

1. 降液管液泛

为避免发生降液管液泛，必须满足以下条件：

$$H_d\leqslant\varphi(H_T+h_W) \tag{8-18}$$

式中 H_T——板间距，m；

h_W——堰高，m；

H_d——降液管内清液层高度，m；

φ——泡沫相对密度。

φ 与物系的发泡性有关。对于一般物系，可取 φ 为 0.5；对于不易发泡物系，可取 0.6～0.7；对于易发泡物系，可取 φ 为 0.3～0.4。

对压力不高或蒸气密度不大时，降液管内清液层高度 H_d 可由下式计算：

$$H_d=h_p+h_W+h_{OW}+h_r=h_p+h_L+h_r \tag{8-19}$$

式中 h_p——气体通过塔板的压降，m 液柱；

h_r——液体通过降液管的压降，m 液柱。

h_p 为气体通过干板的压降与通过板上液沫层压降之和，即

$$h_p=h_d+\beta h_L=h_d+\beta(h_W+h_{OW}) \tag{8-20}$$

式中 h_d——气体通过干板的压降，m 液柱；

β——充气系数，查图 8-19。

图 8-19 的横坐标 F_a 称为气相动能因子，单位为 $kg^{0.5}/(m^{0.5}\cdot s)$，由下式计算：

$$F_a=u_a\rho_g^{1/2}$$

$$u_a=\frac{V_g}{A_T-2A_f} \tag{8-21}$$

式中 u_a——按面积 (A_T-2A_f) 计算的气体速率，m/s；

A_T——塔的横截面积，$A_T=\frac{1}{4}\pi D^2$，m^2；

A_f——降液管横截面积（查图8-17），m^2；

V_g——板上气体的体积流量，m^3/s；

ρ_g——板上气体密度，kg/m^3。

气体通过干板的压降 h_d 即气体穿过筛孔的压降，由于塔板较薄（板厚 δ 约为孔径 d_0 的 $0.4\sim0.8$ 倍），所以可忽略其摩擦阻力，只计算流道突然缩小又突然扩大产生的阻力，即

$$h_d = \frac{1}{2g} \times \frac{\rho_g}{\rho_L} \left(\frac{u_0}{C_0}\right)^2 \quad (\text{m 清液柱}) \tag{8-22}$$

式中 u_0——通过筛孔的气速，$u_0 = V_g/(n\frac{\pi}{4}d_0^2)$，$m/s$；

g——重力加速度，$9.81 m/s^2$；

C_0——孔流系数，查图8-20，图中 δ 为板厚。

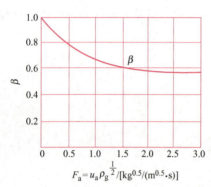

图8-19　充气系数 β 和动能因子 F_a 间之关系

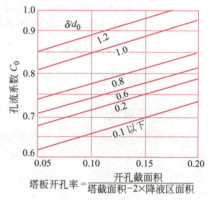

图8-20　干板孔流系数

h_r 主要为通过降液管底隙 h_0 时的压降，即

$$h_r = 0.153 \times \left(\frac{V_L}{l_w h_0}\right)^2 \tag{8-23}$$

式中　V_L——板上液体体积流量，m^3/s。

● 读者试根据伯努利方程推导式(8-19)，设塔板上方气相空间（分离空间）的压强是均匀的。

2. 降液管内停留时间

进入降液管的液体是带有气泡的气液混合物，在降液管中应将气体分离出来以免气泡夹带到下层塔板，这就要求混合物在降液管内有足够长的分离时间。一般规定在降液管内清液的停留时间不小于 $3\sim 5s$，对严重起泡物系，应不小于 $7s$。此停留时间可根据液体体积流量与其所通过空间的体积之间的关系计算：

$$\tau = \frac{A_f H_d}{V_L} \geqslant 3\sim 5 \tag{8-24}$$

式中　τ——液体在降液管内停留时间，s；

H_d——降液管内清液层高度，m，由式(8-18)、式(8-19)计算；

A_f——弓形降液管的横截面积，m^2，查图8-17。

3. 液沫夹带

液沫夹带将导致塔板效率下降。通常塔板上液沫夹带量 e_V 要求低于 $0.1 kg$ 液体/kg 干

气体，可按下式计算：

$$e_V = \frac{5.7 \times 10^{-6}}{\sigma}\left(\frac{u'}{H_T - h_f}\right)^{3.2} \tag{8-25}$$

式中　e_V——液沫夹带量，kg 液体/kg 干气体；

　　　σ——液体表面张力，N/m；

　　　h_f——泡沫层高度，m；

　　　u'——以有效分离区面积为基准的气体速率，m/s。

$$u' = \frac{V_g}{A_T - A_f} \tag{8-26}$$

有效分离区面积（$A_T - A_f$）就是塔板上方分离空间的截面积。

h_f 可按板上清液层高度 h_L 估算：

$$h_f = 2.5 h_L \tag{8-27}$$

4. 漏液

使液体不从筛孔明显泄漏的气体速度称为漏液点气速，以 u_{OW} 表示，它是气速的下限。为了防止塔内严重漏液，又要求塔的操作弹性较大时，需使设计条件下的气速 u_0 与漏液点气速 u_{OW} 之比 K（此比值称为稳定系数）大于 1.5~2.0，即

$$K = \frac{u_0}{u_{OW}} > 1.5 \sim 2.0 \tag{8-28}$$

由于对漏液点判断标准不一，计算式也很多。筛板塔的漏液点气速可按下式估算：

$$u_{OW} = 4.4 C_0 \sqrt{\frac{(0.0056 + 0.13 h_L - h_\sigma) \rho_L}{\rho_g}} \tag{8-29}$$

式中　C_0——孔流系数，查图 8-20；

　　　h_σ——液体表面张力引起的压降，m 液柱。

液体表面张力引起的压降可按下式计算：

$$h_\sigma = \frac{4\sigma}{9.81 \rho_L d_0} \tag{8-30}$$

式中　d_0——筛孔直径，m。

● 读者试分析开孔率的增大，板上清液层高度的增大，对漏液点气速的影响。

● 读者必须注意，板上不同场合的气速与液速所对应的流通截面均不相同，应当理解这样做的物理意义何在。

（六）塔板负荷性能图

当一定物系在塔板结构尺寸已确定的塔内操作时，只有气体和液体的流量是可能变化的因素。对板式精馏塔而言，气液流量随进料量、进料热状况及回流情况不同而异，这些参数的变化均直接影响到塔是否能够正常操作以及能否达到规定的分离要求。为了维持塔的正常操作，生产中必须将气液流量控制在一个由塔板结构条件所决定的许可范围内，这个范围就是塔板的负荷（操作）性能图限定的范围。负荷性能图是以气体的体积流量 V_g（m³/h）为纵坐标，液体的体积流量 V_L（m³/h）为横坐标，在直角坐标系里标绘，如图 8-21 所示。

图中曲线包括两种：一种是气液流量的流体力学上下限；另一种是塔板工作线或实际负

荷线。

1. 气液流量的流体力学上下限

气液流量的流体力学上下限是由塔板的结构条件决定的。它包括以下 5 条线。

(1) 漏液线　漏液线也称为气相负荷下限线，它表示塔板在严重漏液时的气体流量与液体流量之间的关系。当气体流量低于此线时，将发生严重漏液。

图 8-21 中的线①为漏液线。用式(8-29) 并结合式(8-10)、式(8-11) 求出漏液点气速。

由此线可见，随液体流量的增加，漏液点气速（及气体流量）将略有增加。

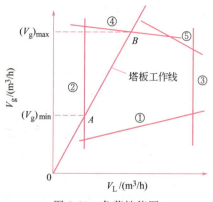

图 8-21　负荷性能图

(2) 液体流量下限线　液体流量愈低，则板上堰液头高度 h_{OW} 会愈低，一般当 $h_{OW} \leq 0.006\text{m}$ 时，板上液体流动严重不均匀，使塔板效率急剧下降。故可利用式(8-11)，取 $h_{OW}=0.006\text{m}$，解出液体流量，即得到图 8-21 中液体流量下限线②。此线与气体流量无关，故为一条垂直线。

(3) 液体流量上限线　液体流量超过此线，对于一定截面积和高度的降液管，其液体停留时间太短，气泡来不及分离，造成气泡夹带返混，严重时可能导致降液管内液泛，从而降低板效率，甚至破坏塔的正常操作。

图 8-21 中的线③为液体流量上限线。此线由式(8-24) 经变换作出。将式(8-24) 中的 H_d 用 H_T 代换，得到下式：

$$V_L = \frac{A_f H_T \times 3600}{3 \sim 5} \text{m}^3/\text{h} \tag{8-31}$$

由此算出液体流量的上限，此值与气体流量无关，故为一条垂直线。

(4) 过量液沫夹带线　气液流量超过此线时，将产生过量的液沫夹带，使板效率严重下降。

图 8-21 中的线④为过量液沫夹带线。它是以液沫夹带量 $e_V=0.1\text{kg}$ 液体/kg 干气体为依据确定的，可由式(8-25) 求得。

由此线可见，液体流量越大，板上清液层与泡沫层高度越高，就越会增加液沫夹带，因此，引起过量液沫夹带的气体量将有所降低。

(5) 液泛线　当气液负荷过大时，降液管内泡沫层高度有可能过高而引发液泛。液泛线表示降液管中泡沫层高度达到最大允许值时的气液负荷关系。气液负荷超过此线，则塔不能正常操作。

图 8-21 中的线⑤为液泛线。此线由式(8-18) 得出。

在计算时，应注意各量所要求的单位，要特别注意气液体积流量的单位一致性。

以上 5 条线所围成的区域即为塔板正常操作范围，在此范围内气液两相流量的变化对塔板效率影响不大。

2. 塔板工作线或实际负荷线

此线是由操作要求决定的气液流量关系线。对板式精馏塔的精馏段塔板或提馏段塔板，它都分别是通过原点的一条直线，其斜率为板上气液两相体积流量之比，即 V_g/V_L，如图 8-21

中的 $\overline{OAB}$ 线。因为在分离要求一定时，通常回流比也是一定的，即使进料量发生变化，塔板上 V_g/V_L 基本保持一定，所以，实际气液流量的变化必落在这条直线上。当塔在设计工况下操作时，精馏段或提馏段内气液流量为一定值，并落在该段的塔板工作线上，此点称为该段的工作点或设计点，塔板的设计点必须位于气液流量的流体力学上下限所包围的区域内。

负荷性能图的具体作法可参阅例 8-3。

对一定的物系，塔板负荷性能图的形状因塔板类型、塔板结构尺寸的不同而异。当塔板类型及各部分结构尺寸已确定，该塔板的负荷性能图便随之确定，设计方案的好坏，可由负荷性能图分析其操作弹性的大小来比较。如图 8-21，塔板工作线 $\overline{OAB}$ 与流体力学上下限必有两个交点 A 与 B，此两交点纵坐标（气体流量）的最大值与最小值之比即为操作弹性：

$$操作弹性 = \frac{(V_g)_{\max}}{(V_g)_{\min}} \tag{8-32}$$

操作弹性大，其操作范围大，即允许的气液负荷变化范围就大，说明塔的适应能力强。在设计时，应尽量使正常操作下的设计点位于负荷性能图的流体力学上下限线所围区域的中部以增加对负荷上下变化的适应性，必要时，可根据设计点在图中的位置，调整塔板结构参数，如板间距、塔径、开孔率、降液管尺寸等，使图中流体力学上下限线发生移动，以改善塔板的负荷性能，增加其操作弹性。

【例 8-3】 接例 8-2，试确定精馏段溢流装置及塔板板面布置，并绘出塔板负荷性能图。

解 通过例 8-2 的计算，已得到如下数据：

$D=1\text{m}$，$H_T=400\text{mm}$，$h_L=0.06\text{m}$，$V_L=2.846\text{m}^3/\text{h}=7.9\times10^{-4}\text{m}^3/\text{s}$

$\rho_g=1.13\text{kg/m}^3$，$\rho_L=750\text{kg/m}^3$，$\sigma=0.0182\text{N/m}$，$V_g=2784.3\text{m}^3/\text{h}=0.773\text{m}^3/\text{s}$

（一）溢流装置的设计

对平直堰，选堰长与塔径之比为 0.75，于是堰长为

$$l_W = 0.75D = 0.75 \times 1 = 0.75\text{m}$$

$$\frac{V_L}{l_W^{2.5}} = \frac{2.846}{0.75^{2.5}} = 5.84$$

查图 8-15，得 $E=1.01\approx 1.0$，将以上各已知数据代入式(8-11)，得 $h_{OW}=0.0069\text{m}$

于是 $\qquad h_W = h_L - h_{OW} = 0.06 - 0.0069 = 0.053\text{m} = 53\text{mm}$

取 $\qquad h_0 = h_W - 10 = 53 - 10 = 43\text{mm}$

$$A_T = \frac{1}{4}\pi D^2 = \frac{1}{4} \times 3.14 \times 1^2 = 0.785\text{m}^2$$

根据 $\dfrac{l_W}{D} = 0.75$，查图 8-17 确定降液管横截面积 A_f：

$$\frac{A_f}{A_T} = 0.11$$

即 $\qquad A_f = 0.11 A_T = 0.11 \times 0.785 = 0.0864\text{m}^2$

（二）塔板板面布置

取 $W_s = 0.07\text{m}$，$W_c = 0.05\text{m}$

查图 8-17 确定 $\dfrac{W_d}{D} = 0.18$，即

$$W_d = 0.18D = 0.18 \times 1 = 0.18\text{m}$$

$$X = \dfrac{D}{2} - (W_d + W_s) = \dfrac{1.0}{2} - (0.18 + 0.07) = 0.25\text{m}$$

$$r = \dfrac{D}{2} - W_c = \dfrac{1.0}{2} - 0.05 = 0.45\text{m}$$

代入式（8-14）得

$$\begin{aligned}
A_a &= 2 \times \left(X\sqrt{r^2 - X^2} + r^2 \arcsin\dfrac{X}{r} \right) \\
&= 2 \times \left(0.25\sqrt{0.45^2 - 0.25^2} + 0.45^2 \times \dfrac{\pi}{180}\arcsin\dfrac{0.25}{0.45} \right) \\
&= 0.425\text{m}^2
\end{aligned}$$

筛孔按正三角形排列，取孔径 $d_0 = 4\text{mm}$，$t/d_0 = 3.0$ 代入式（8-15）、式（8-17）得

开孔率 $\quad \varphi = 0.907 \times \left(\dfrac{d_0}{t}\right)^2 = 0.907 \times \left(\dfrac{1}{3.0}\right)^2 = 0.101 = 10.1\%$

筛孔数 $\quad n = 1.15 \times \dfrac{A_a}{t^2} = 1.15 \times \dfrac{0.425}{0.012^2} = 3394$

筛孔总面积 $\quad A_0 = \varphi A_a = 0.101 \times 0.425 = 0.043\text{m}^2$

（三）塔板校核

1. 降液管液泛

取板厚 $\delta = 0.6 d_0$，$\delta/d_0 = 0.6$，$A_0/(A_T - 2A_f) = 0.043/(0.785 - 2 \times 0.0864) = 0.0702$ 查图 8-20，确定孔流系数 $C_0 = 0.73$。

$$u_0 = \dfrac{V_g}{A_0} = \dfrac{0.773}{0.043} = 17.98\text{m/s}$$

由式（8-22）求出干板压降 $h_d = 0.0466\text{m}$ 液柱。

由式（8-21）计算 u_a：

$$u_a = \dfrac{V_g}{A_T - 2A_f} = \dfrac{0.773}{0.785 - 2 \times 0.0864} = 1.26\text{m/s}$$

故气相动能因子 $\quad F_a = u_a \rho_g^{0.5} = 1.26 \times 1.13^{0.5} = 1.34\text{kg}^{0.5}/(\text{m}^{0.5}\cdot\text{s})$

查图 8-19 确定充气系数 $\beta = 0.62$。

由式（8-20）计算气体通过塔板的压降 h_P

$$h_P = h_d + \beta h_L = 0.0466 + 0.62 \times 0.06 = 0.084\text{m 液柱}$$

由式（8-23）计算液体通过降液管的压降 h_r

$$h_r = 0.153 \times \left(\frac{V_L}{l_w h_0}\right)^2 = 0.153 \times \left(\frac{7.9 \times 10^{-4}}{0.75 \times 0.043}\right)^2$$
$$= 9.18 \times 10^{-5} \text{ m 液柱}$$

由式(8-19)计算降液管内清液层高度 H_d，并取泡沫相对密度 $\varphi = 0.5$，
$$H_d = h_P + h_L + h_r = 0.084 + 0.06 + 9.18 \times 10^{-5} = 0.144 \text{m}$$

而
$$\frac{H_T + h_W}{2} = \frac{0.4 + 0.053}{2} = 0.2265 \text{m}$$

可见，满足式(8-18)的要求，即 $H_d < \frac{1}{2} \times (H_T + h_W)$

降液管内不会发生液泛。

2. 降液管内停留时间

由式(8-24)计算停留时间 τ：
$$\tau = \frac{A_f H_d}{V_L} = \frac{0.0864 \times 0.144}{0.00079} = 15.8 \text{s} > 5 \text{s}$$

可见停留时间足够，不会发生气泡夹带现象。

3. 液沫夹带

由式(8-25)计算液沫夹带量 e_V：
$$e_V = \frac{5.7 \times 10^{-6}}{\sigma} \times \left(\frac{u'}{H_T - h_f}\right)^{3.2} = \frac{5.7 \times 10^{-6}}{\sigma} \times \left(\frac{\frac{V_g}{A_T - A_f}}{H_T - 2.5 h_L}\right)^{3.2}$$
$$= \frac{5.7 \times 10^{-6}}{0.0182} \times \left(\frac{\frac{0.773}{0.785 - 0.0864}}{0.4 - 2.5 \times 0.06}\right)^{3.2}$$
$$= 0.0366 \text{kg 液体/kg 干气} < 0.1 \text{kg 液体/kg 干气体}$$

可见液沫夹带量可以允许。

4. 漏液

由式(8-30)计算克服液体表面张力的作用引起的压降 h_σ
$$h_\sigma = \frac{4\sigma}{9.81 \rho_L d_0} = \frac{4 \times 0.0182}{9.81 \times 750 \times 0.004} = 0.0025 \text{m 液柱}$$

由式(8-29)计算漏液点气速 u_{OW}
$$u_{OW} = 4.4 C_0 \sqrt{\frac{(0.0056 + 0.13 h_L - h_\sigma)\rho_L}{\rho_g}}$$
$$= 4.4 \times 0.73 \sqrt{\frac{(0.0056 + 0.13 \times 0.06 - 0.0025) \times 750}{1.13}}$$
$$= 8.63 \text{m/s}$$
$$K = \frac{u_0}{u_{OW}} = \frac{17.98}{8.63} = 2.08 > (1.5 \sim 2)$$

可见不会发生严重漏液现象。

由塔板校核结果可见，塔板结构参数选择基本合理，所设计的各项尺寸可用。

（四）负荷性能图

该塔板的负荷性能图如图 8-22 所示。

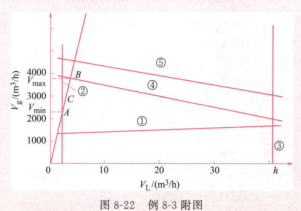

图 8-22　例 8-3 附图

1. 气液流量的流体力学上下限线

（1）漏液线　将漏液线近似看作直线，取其上两点以大致确定其位置（过量液沫夹带线和液泛线也做如此处理）。

第一点取设计点的液体流量 $V_L = 2.846 \text{m}^3/\text{h}$，故 $u_{OW} = 8.63 \text{m/s}$，于是，相应漏液点的气体体积流量为

$$V_g = u_{OW} A_0 = 8.63 \times 0.043 \times 3600 = 1336 \text{m}^3/\text{h}$$

第二点取液体流量为 $V_L = 10 \text{m}^3/\text{h}$。

类似地，由图 8-15 得 $E = 1.04$，故由式（8-11）可得，$h_{OW} = 0.016 \text{m}$，于是

$$h_L = h_W + h_{OW} = 0.053 + 0.016 = 0.069 \text{m}$$

由式（8-29），对应的漏液点气速为

$$u_{OW} = 9.09 \text{m/s}$$

故

$$V_g = u_{OW} A_0 = 9.09 \times 0.043 \times 3600 = 1407 \text{m}^3/\text{h}$$

根据（2.846，1336）和（10，1407）两点，作直线①即为漏液线。

（2）液体流量下限线　令

$$h_{OW} = 0.00284 E \left(\frac{V_L}{l_W}\right)^{2/3} = 0.006$$

故

$$V_L = \left(\frac{0.006}{0.00284 E}\right)^{3/2} l_W = \left(\frac{0.006}{0.00284 \times 1.0}\right)^{3/2} \times 0.75 = 2.3 \text{m}^3/\text{h}$$

在负荷性能图 $V_L = 2.3 \text{m}^3/\text{h}$ 处作垂直线，即为液体流量下限线②。

（3）液体流量上限线　取降液管内液体停留时间为 3s，则由式（8-31）

$$V_L = \frac{A_f H_T \times 3600}{3} = \frac{0.0864 \times 0.4 \times 3600}{3} = 41.5 \text{m}^3/\text{h}$$

在负荷性能图 $V_L = 41.5 \text{m}^3/\text{h}$ 处作垂直线，即为液体流量上限线③。

（4）过量液沫夹带线　第一点为设计点，$V_L = 2.846 \text{m}^3/\text{h}$

由式(8-25)
$$e_V = \frac{5.7 \times 10^{-6}}{\sigma} \times \left(\frac{u'}{H_T - h_f}\right)^{3.2} = 0.1$$

解出
$$u' = \left(\frac{0.1\sigma}{5.7 \times 10^{-6}}\right)^{1/3.2} (H_T - h_f)$$

$$= \left(\frac{0.1 \times 0.0182}{5.7 \times 10^{-6}}\right)^{1/3.2} (0.4 - 0.15) = 1.52 \text{m/s}$$

于是　　　$V_g = u'(A_T - A_f) = 1.52 \times (0.785 - 0.0864) \times 3600 = 3823 \text{m}^3/\text{h}$

第二点取液体流量为 $V_L = 10 \text{m}^3/\text{h}$，$h_L = 0.069 \text{m}$

$$h_f = 2.5 h_L = 2.5 \times 0.069 = 0.1725 \text{m}$$

$$u' = \left(\frac{0.1\sigma}{5.7 \times 10^{-6}}\right)^{1/3.2} (H_T - h_f) = 1.38 \text{m/s}$$

于是　　　$V_g = u'(A_T - A_f) = 1.38 \times (0.785 - 0.0864) \times 3600 = 3470 \text{m}^3/\text{h}$

根据 (2.846, 3823) 和 (10, 3470) 两点，在负荷性能图上作出液沫夹带线④。

（5）液泛线

第一点为设计点 $V_L = 2.846 \text{m}^3/\text{h}$，$h_L = 0.06 \text{m}$，$\beta = 0.62$，由式(8-20)、式(8-22)，

$$h_P = h_d + \beta h_L = \frac{1}{2g} \frac{\rho_g}{\rho_L} \left(\frac{u_0}{C_0}\right)^2 + 0.62 \times 0.06$$

已求得　　　　　　$h_r = 9.18 \times 10^{-5} \text{m 液柱}$

由式(8-19)　　　$H_d = h_P + h_L + h_r$

$$= \frac{1}{2g} \frac{\rho_g}{\rho_L} \left(\frac{u_0}{C_0}\right)^2 + 0.62 \times 0.06 + 0.06 + 9.18 \times 10^{-5}$$

由式(8-18)，令　$H_d = \frac{1}{2} \times (H_T + h_W) = \frac{1}{2} \times (0.4 + 0.053) = 0.2265$

可见　　　$\frac{1}{2g} \times \frac{\rho_g}{\rho_L} \left(\frac{u_0}{C_0}\right)^2 + 0.62 \times 0.06 + 0.06 + 9.18 \times 10^{-5} = 0.2265$

已知 $C_0 = 0.73$，由上式解出 $u_0 = 29.9 \text{m/s}$，得

$$V_g = u_0 A_0 = 29.9 \times 0.043 \times 3600 = 4629 \text{m}^3/\text{h}$$

第二点取液体流量为 $V_L = 10 \text{m}^3/\text{h}$，$h_L = 0.069 \text{m}$，由式(8-20)、式(8-23) 得

$$h_P = h_d + \beta h_L = h_d + 0.62 \times 0.069$$

$$h_r = 0.153 \times \left(\frac{V_L}{l_W h_0}\right)^2 = 0.153 \times \left(\frac{\frac{10}{3600}}{0.75 \times 0.043}\right)^2 = 0.001135 \text{m 液柱}$$

$$H_d = \frac{1}{2g} \frac{\rho_g}{\rho_L} \left(\frac{u_0}{C_0}\right)^2 + 0.62 \times 0.069 + 0.069 + 0.001135 = 0.2265$$

由上式解出 u_0 为

$$u_0 = 27.8 \text{m/s}$$

$$V_g = u_0 A_0 = 27.8 \times 0.043 \times 3600 = 4303 \text{m}^3/\text{h}$$

由 (2.846, 4629) 和 (10, 4303) 两点, 在负荷性能图上作出液泛线⑤。

2. 塔板工作线

在负荷性能图上作出斜率为

$$\frac{V_g}{V_L} = \frac{2784.3}{2.846} = 978.3$$

的直线$\overline{OAB}$, 即为塔板工作线。此线与流体力学上下限线相交于A、B两点,读出A、B两点的纵坐标值即为$(V_g)_{\min}$和$(V_g)_{\max}$, 并求出操作弹性:

$$操作弹性 = \frac{(V_g)_{\max}}{(V_g)_{\min}} = \frac{3825}{2150} = 1.78$$

由图可见,按本设计的塔板结构并不理想,设计点C偏向负荷性能图的左侧,因而操作弹性较小,液泛线高于过量液沫夹带线,液体流量上限线也远离塔板工作线。此外,操作下限落在液体流量下限线上,说明堰长l_W取得太大,降液管面积过大,而鼓泡区面积太小,故堰上清液层高度h_{OW}过低。为提高操作弹性,应设法将液体流量上限线和下限线向左移动,而将液沫夹带线向上移动,有效的改进方法为:适当减小降液管尺寸,即将堰长l_W和降液管截面积A_f减小,相应就增加了鼓泡区面积A_a, 这样就有可能得到更好的负荷性能图,使塔的操作弹性增加。

● 读者可试将l_W由0.75减至0.65,然后进行设计计算并绘出负荷性能图。如果增加板间距会有什么结果?若塔内回流比增加,则负荷性能图上的塔板工作线会有什么变化?在同样气体流量下,操作点会如何移动?

▲ 学习本节后可完成习题8-3,思考题8-3~8-5。

五、其他类型塔板简述

塔板类型

历史上提出过的塔板型式不下数百种,在工业上实际应用的也不下数十种,它们都是在前人实践基础上,为克服某些方面的缺陷而发展出来的。但是旧的问题的解决往往带来新的矛盾,和所有化工单元设备一样,没有一种万能的塔板,只有在某一场合最适用或比较适用的塔板。筛孔塔板的情况已经做过较详尽的介绍,在有溢流式塔板中,筛孔塔板的结构最为简单,塔板压降和造价都比较低,这是它至今仍有较广泛应用的主要原因。其缺点是由于气体直接上冲,液沫夹带量较大又易漏液,故操作弹性差,要求精心设计和谨慎操作。这里再介绍几种较有代表性的塔板型式,应当从技术思想的发展脉络来把握它们的主要特点,从对传质设备的基本要求来评价,并根据实际情况正确地选用它们。

(一) 泡罩塔板

泡罩塔板和筛板都是19世纪初最早用于生产的板型。

泡罩塔板的整体结构见图8-23(a)、(b),板上开有多个较大的圆孔,孔上焊有一段短管称为升气管,管上方覆有钟形的泡罩,罩的下缘开有条形孔或齿缝,如图8-23(c)。溢流部件与筛板相同,气体自下而上穿过升气管进入泡罩,折转向下由齿缝处吹出,分散通过液层进行传质。

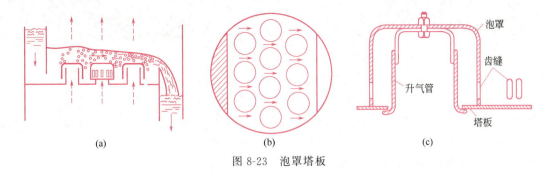

图 8-23 泡罩塔板

这种塔板的主要优点是：由于升气管高出板面，基本上消除了严重漏液现象，故其弹性较高，易于操作。主要缺点是：气相压降大，液泛气速低，故生产强度小，结构复杂造价高，安装检修也较麻烦。尚可用于小生产量、低液量以及生产负荷变化较剧烈的一些场合。

（二）浮阀塔板

浮阀塔板是在筛板和泡罩板的基础上开发出来的。板上开有若干较大的孔，孔上方装有一个在压差和自身重力作用下可上下浮动的阀片（称为浮阀），这是其气液接触部件，如图 8-24 所示（仅以一个浮阀示意）。由孔上升的气流经阀片与塔板的间隙从水平方向穿入板上液层，形成两相混合体，然后从液面上方逸出，故两相接触时间较长而液沫夹带较低。间隙的大小可随通过气

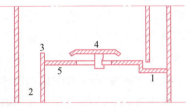

图 8-24 浮阀塔板
1—受液盘；2—降液管；3—溢流堰；
4—浮阀；5—塔板

量的变化在一定范围内自行调节，低气量时间隙较小，能维持一定的隙口气速，避免过多漏液；气量增大时压差增大，阀片浮起，间隙开启度增大，因而仍能维持一定的隙口气速使压差和液沫夹带不致过大。为保持阀片的最大开启度避免阀片吹出，通常设有限位装置。最常用的 F-1 型浮阀，如图 8-25(a) 所示，其阀片为直径 48mm 的圆盘，下有三条带脚钩的垂直腿，插入直径为 39mm 的阀孔内，垂直腿用于阀片上下运动的导向，脚钩用来限位。浮阀类型甚多，图 8-25(b)、(c) 表示其中的两种。

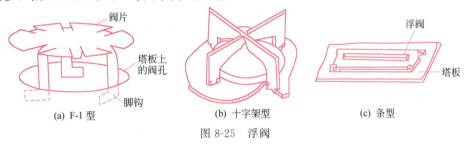

(a) F-1 型　　　　(b) 十字架型　　　　(c) 条型

图 8-25 浮阀

浮阀的出现是塔板结构的一种创新思路，它带动了一系列浮动气液接触元件（如浮动舌形塔板、浮动喷射塔板）的开发，而气流的水平吹出也是对筛孔的一种改进。浮阀塔板的综合性能较为优越：生产能力大，弹性范围宽，板效率高而压降和液面落差都比较低，结构较泡罩塔板简单，因而得到广泛应用。其不足在于：①低气量时仍发生较多泄漏而降低效率；②浮动阀片有卡死、磨损和吹脱情况发生，导致操作和维修的某些困难；③处理黏性或易结焦的液体时阀片也易粘住；④在气相负荷大和高真空条件下，压降仍嫌偏高；⑤在阀片间，水平冲出的气流夹带液体发生对冲，对气液流动造成负面的干扰。

（三）垂直筛板

这是近来开发的一种喷射态型塔板，塔板上排列若干大直径的筛孔，其气液接触部件是固定在孔上的帽罩，帽罩的上部侧壁开有许多小孔，帽罩底部有与清液层相连的缝隙，如图 8-26 所示。当气体以较高速度从筛孔上吹时，液体被抽吸而从缝隙呈环状液膜，进入帽罩并被提升，形成气液混合相，然后通过侧壁小孔以喷射态水平喷出，在上方空间气液分离后，气相进入上层塔板，液滴则重新坠入下方较薄的清液层，部分又被吸入作二次循环，部分随液层进入下一排帽罩进行类似循环，最后经降液管落入下层塔板。

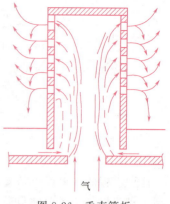

图 8-26　垂直筛板

这类塔板的基本特点是：板上较薄的清液层在流动，气体并不穿过清液层，气液两相水平喷出，故压降低而液沫夹带少，板上的液面落差也小，可提高气相处理能力而减小板间距，其气速上限不再是液沫夹带和降液管液泛，而受发生气体从罩底缝隙直接窜出的条件所限制，由于液体的二次循环，罩内局部液气比很高以及两相的良好混合，板效率也较高。缺点是低气量时漏液较为严重，但由于气相负荷上限提高，故操作弹性仍优于浮阀塔板。

这类板的适应能力好，在高真空、大气量、极低液气比和发泡液体等条件下均可顺利操作，也适用于大塔径的场合。

（四）无溢流塔板

无溢流塔板又称穿流式塔板，主要是取消了溢流部件，其指导思想是进一步简化筛板的结构，并使塔板全部面积都可用来进行传质，塔板上气液都穿过筛孔流动，因而可认为是纯逆流流动，塔板上清液层低、压降小，但由于操作弹性小、板效率低以及不适于低气相负荷，其使用并不普遍。

表 8-3 是几种塔板性能的比较。可以发现，不同塔板在适宜操作条件下的板效率相近。事实上，不同结构的塔板上气液接触和传质的机理仍是一个有待深入研究的课题。

表 8-3　几种塔板性能的比较

板型	相对气相负荷	板效率(85%最大负荷下)/%	操作弹性	板压降	板间距/mm	相对价格
泡罩板	1.0	80	4～5	高	400～800	高
浮阀板	1.2～1.3	80	5～9	中	300～600	中
筛板	1.2～1.4	80	2～3	低	400～800	低
穿流式板	1.2～2.0	70～75	1.5～3	低	300～400	低

第三节　填　料　塔

在化工、石油化工、轻工、制药、环保及原子能工业等部门，填料塔广泛用于蒸馏、吸收、萃取、吸附等化工单元过程。它作为气液传质设备已有一百多年历史，随着科学技术特别是石油化工的发展以及节能问题的提出，填料塔日益受到人们的重视，出现了不少高效填料与新型塔内件。

一、填料塔的结构及填料特性

（一）填料塔的结构

填料塔由塔体、填料、液体分布装置、填料压板（用于防止填料被吹开，有时可不用）、填料支承装置、液体再分布装置等构成。如图 8-27 所示。

填料塔操作时，液体自塔上部进入，通过液体分布器均匀喷洒在塔截面上并沿填料表面呈膜状流下。当塔较高时，由于液体有偏向塔壁面流动的倾向（称为壁流现象），使液体分布逐渐变得不均匀，因而经过一定高度的填料层需要设置液体再分布器，将液体重新均匀分布到下段填料层的截面上，最后液体经填料支承装置由塔下部排出。

气体自塔下部经气体分布装置送入，通过填料支承装置在填料缝隙中的自由空间上升并与下降的液体相接触，最后从塔上部排出。为了除去排出气体中夹带的少量雾状液滴，在气体出口处常装有除沫器。

填料分为散装填料和整砌填料两类，前者大多分散随机堆放，后者在塔中呈整齐的有规则排列（见图 8-28）。

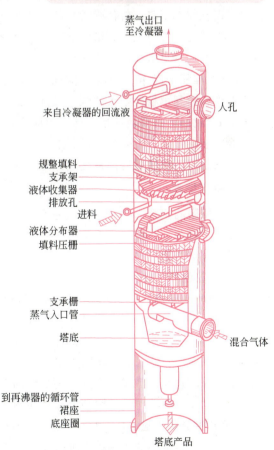

图 8-27　填料塔的典型结构　　　　图 8-28　填料精馏塔

（二）填料及其特性

1. 填料特性

填料是具有一定几何形体结构的固体元件。填料塔操作性能的优劣，与所选择的填料密切相关，因此，根据填料特性，合理选择填料显得非常重要。填料的主要性能可由以下特征量表示。

（1）比表面积 a　定义为每单位体积填料的表面积，其单位为 m^2/m^3。

填料的比表面积越大，可能提供的气液接触面积越大。但是由于填料堆积过程中的互相屏蔽，以及填料润湿并不完全，因此实际的气液接触面积一般小于填料的比表面积。

（2）空隙率 ε　定义为单位体积填料层所具有的空隙体积，m^3/m^3。

空隙率越大，所通过的气体阻力越小，通过能力越大。

（3）填料因子　在填料被润湿前后，其比表面积 a 与空隙率 ε 均有所不同，可用干填料因子和湿填料因子来表征这种差别。干填料因子定义为 a/ε^3，单位为 m^{-1}，湿填料因子又简称填料因子，用符号 φ 表示，可理解为润湿后的 a/ε^3 之值，单位亦为 m^{-1}，其值均由实验测定。干、湿填料因子分别表示气体通过干填料层与湿填料层时流动特性的优劣。反映了堆积后的填料层的性能。

（4）单位体积内堆积填料的数目 n　单位体积内堆积填料的数目与填料尺寸大小有关。对同一种填料，减小填料尺寸则填料数目增加，单位体积填料的造价增加，填料层的比表面积增大而空隙率下降，气体阻力也相应增加。反之，填料尺寸若过大，在靠近壁面处，由于填料与塔壁之间的空隙大，塔截面上这种实际空隙率分布的不均匀性，引起气液流动沿塔截面分布不均，参见塔径的计算。

（5）堆积密度 ρ_P　填料的堆积密度是指单位体积填料的质量，单位为 kg/m^3。它的数值大小影响到填料支承板的强度设计，此外，填料的壁厚越薄，单位体积填料的质量就越小，即 ρ_P 就小，材料消耗量也低，但应保证填料个体有足够的机械强度，不致压碎或变形。

除以上特性外，还要从经济性、适应性等方面去考察各种填料的优劣。尽量选用造价低、坚固耐用、机械强度高、化学稳定性好及耐腐蚀的填料。

2. 常用填料

早期使用的填料为碎石、焦炭等天然块状物；后来广泛使用瓷环和木栅等人造填料。据文献报道，目前散装填料中金属环矩鞍形填料综合性能最好，而整砌填料以波纹填料为最优，下面分别介绍。

（1）拉西环　拉西环的结构如图 8-29(a) 所示。它是具有内外表面的环状实壁填料，其高与直径相等。常用的直径为 25～75mm，陶瓷环壁厚 2.5～9.5mm，金属环壁厚 0.6～1.6mm。

拉西环形状简单，制造容易，价格最为低廉。但当拉西环横卧放置时，内表面不易被液体润湿且气体不能通过，而且彼此容易重叠，使部分表面互相屏蔽，因而气液有效接触面积与有效空隙率均降低，而流体阻力增大。目前，拉西环填料在工业上应用日趋减少。对拉西环的分析告诉我们，不仅要注意单个填料的性能指标，更要注意填料的堆积性能，即填料层的综合性能，它与填料的结构和形状密切相关。

（2）鲍尔环　鲍尔环填料［见图 8-29(b)］开创了壁上开孔，环内带有舌片的环状填料的新纪元。鲍尔环是在金属质拉西环上冲出一排或两排正方形或长方形的金属条，条的一边仍与圆环本体相连，其余边向内弯向环的中心以形成舌片，而在环上形成开孔。无论鲍尔环如何堆积，其气液流通顺畅，气体阻力大大降低，液体有多次聚集、滴落和分散的机会，从而增加了液体的湍动与表面更新的机会，改善了液流分布，并且内外表面均可有效利用。此外，使用鲍尔环填料不会产生严重的偏流和沟流现象。

鲍尔环具有生产能力大、气体流动阻力小、操作弹性较大、传质效率较高等优点，而被广泛应用。鲍尔环也可用陶瓷或塑料等材料制造。

（3）阶梯环　其结构与鲍尔环相似，只是长径比略小，其高度通常只有直径的一半，环上也有开孔和内弯的舌片。因阶梯环的一端有向外翻的喇叭口，故散装堆积过程中环与环之间呈点接触，互相屏蔽的可能性大为减少，使床层均匀且空隙率增大，在流动阻力与生产能力上均略优于鲍尔环。其结构如图 8-29（c）所示。

（4）弧鞍形填料　弧鞍形填料又称贝尔鞍填料，如图 8-29（d）所示。它的外形似马鞍，两面及正反侧都是对称的，使液体在两侧分布同样均匀。但弧鞍形填料容易产生重叠，使有效比表面积减小。另外，因其壁较薄，机械强度低而容易破碎。

（5）矩鞍形填料　矩鞍形填料是在弧鞍形填料的基础上发展起来的。它的内外表面形状不同，填料堆积时不易重叠，填料层的均匀性大为提高，同时机械强度也有所提高。矩鞍形填料处理能力大，气体流动阻力小，是一种性能优良的填料。它的结构、形状比较简单，加工比弧鞍方便，一般用陶瓷制造。结构如图 8-29（e）所示。

（6）金属环矩鞍形填料　人们通过对环状填料及鞍形填料的研究认识到，鞍形填料对流体的分布总是比环状填料好，而通量则比环状填料差。1978 年美国 Norton 公司开发了金属环矩鞍形填料［如图 8-29（f）］，它兼备两类填料的特点，集鲍尔环（壁上开孔有舌片）、矩鞍环（鞍形）和阶梯环（小长径比，且环间呈点接触）的优点于一身。

(a) 拉西环

(b) 鲍尔环

(c) 阶梯环

(d) 弧鞍形填料

(e) 矩鞍形填料

(f) 金属环矩鞍形填料

图 8-29　几种填料的外形

（7）波纹填料　在处理高沸点物料或热敏性物料时，要求填料塔在减压下操作，填料塔的压降应尽可能地小，以维持塔底的真空度和较低的沸点。由于散装填料阻力较大，所以便出现了具有规则气液通道的新型整砌填料。如图 8-30 所示的波纹填料。波纹填料由高度相同但长度不等的若干块波纹薄板搭配排列成波纹填料盘。波纹与水平方向成 30°或 45°倾角，相邻薄板间的波纹方向相反，相邻盘旋转 90°后重叠放置，每一块波纹填料盘的直径略小于塔体内径，若干块波纹填料盘叠放于塔内。气液两相在各波纹盘内呈曲折流动以增加湍动程度。

波纹填料具有气液分布均匀，气液接触面积大，通量大，传质效率高、流体阻力小等优点，是一种高效节能的新型填料。这种填料的缺点是造价和安装要求较高，不适于有沉淀物、容易结疤、聚合或黏度较大的物料。此外，填料的装卸、清理也较困难。

波纹填料可用金属板、金属丝网、陶瓷、塑料、玻璃钢等材料制造，可根据不同的操作温度及物料腐蚀性，选用适当的材质。

表 8-4 给出了几种常用散装填料的特性数据。对于同种填料，尺寸规格不同，其特性有很大差异。对于不同类填料，即使尺寸相同，但特性也不相同，应按具体情况选择。一般塔径增大，宜选尺寸较大的填料。

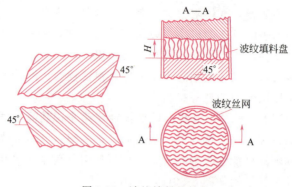

图 8-30 波纹填料的结构

表 8-4 几种常用散装填料的特性数据

填料名称	尺寸/mm	材质及堆积方式	比表面积 a /(m²/m³)	空隙率 ε /(m³/m³)	每1m³填料个数	堆积密度 ρ_P /(kg/m³)	干填料因子(a/ε^3)/m⁻¹	填料因子 φ /m⁻¹	备注
拉西环	10×10×1.5	瓷质乱堆	440	0.70	720×10³	700	1280	1500	(直径)×(高)×(厚)
	10×10×0.5	钢质乱堆	500	0.88	800×10³	960	740	1000	
	25×25×2.5	瓷质乱堆	190	0.78	49×10³	505	400	450	
	25×25×0.8	钢质乱堆	220	0.92	55×10³	640	290	260	
	50×50×4.5	瓷质乱堆	93	0.81	6×10³	457	177	205	
	50×50×4.5	瓷质整砌	124	0.72	8.83×10³	673	339		
	50×50×1	钢质乱堆	110	0.95	7×10³	430	130	175	
	80×80×9.5	瓷质乱堆	76	0.68	1.91×10³	714	243	280	
	76×76×1.6	钢质乱堆	68	0.95	1.87×10³	400	80	105	
鲍尔环	25×25	瓷质乱堆	220	0.76	48×10³	565		300	(直径)×(高)
	25×25×0.6	钢质乱堆	209	0.94	61.1×10³	480		160	(直径)×(高)×(厚)
	25	塑料乱堆	209	0.90	51.1×10³	72.6		170	(直径)
	50×50×4.5	瓷质乱堆	110	0.81	6×10³	457		130	
	50×50×0.9	钢质乱堆	103	0.95	6.2×10³	355		66	
阶梯环	25×12.5×1.4	塑料乱堆	223	0.90	81.5×10³	97.8		172	(直径)×(高)×(厚)
	33.5×19×1.0	塑料乱堆	132.5	0.91	27.2×10³	57.5		115	
弧鞍形	25	瓷质	262	0.69	78.1×10³	725		360	
	25	钢质	280	0.83	88.5×10³	1400			
	50	钢质	106	0.72	8.87×10³	645		148	
矩鞍形	25×3.3	瓷质	258	0.775	84.6×10³	548		320	(名义尺寸)×(厚)
	50×7	瓷质	120	0.79	9.4×10³	532		130	
θ网环	8×8	镀锌铁丝网	1030	0.936	2.12×10⁶	490			40目,丝径0.23~0.25mm
鞍形网	10		1100	0.91	4.56×10⁶	340			60目,丝径0.152mm

二、填料塔内的流体力学特性

填料塔内的流体力学特性包括气体通过填料层的压降、液泛速度、持液量（操作时单位体积填料层内持有的液体体积）及气液两相流体的分布等。

（一）气体通过填料层的压降

图 8-31 在双对数坐标系下给出了在不同液体喷淋量下单位填料层高度的压降 $\Delta p/Z$ 与

空塔气速 u 之间的定性关系。图中最右边的直线为无液体喷淋时的干填料，即喷淋密度[单位面积、单位时间液体的喷淋量，$m^3/(m^2 \cdot s)$]$L=0$ 时的情形，其斜率为 1.8～2.0，表明压降与空塔气速的 1.8～2.0 次方成正比，其余三条线为有液体喷淋到填料表面时的情形，并且从左至右喷淋密度递减，即 $L_3 > L_2 > L_1$。由于填料层内的部分空隙被液体占据，使气体流动的通道截面减小，同一气速下，喷淋密度越大，压降也越大。对于不同的液体喷淋密度，其各线所在位置虽不相同，但其走向是一致的，线上各有两个转折点，即图中 A_i、B_i 各点，A_i（A_1、A_2、A_3…）点称为"载点"，B_i（B_1、B_2、B_3…）点称为"泛点"。这两个转折点将曲线分成三个区域。

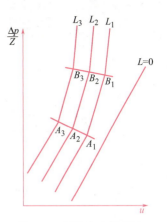

图 8-31　压降与空塔气速关系示意图（双对数坐标）

① 恒持液量区　这个区域位于 A_i 点以下，当气速较低时，填料层内液体流动几乎与气速无关，填料层内持液量变化不大，$\Delta p/Z$-u 关系近似呈直线，并且基本与干填料线相平行。

② 载液区　此区域位于 A_i 与 B_i 点之间，当气速增加到某一数值时，由于上升气流与下降液

填料塔流体力学特征

体间的摩擦力开始阻碍液体顺畅下流，使填料层中的持液量开始随气速的增加而增加，此种现象称为拦液。开始发生拦液现象时的空塔气速称为载点气速。超过载点气速后，$\Delta p/Z$-u 关系线斜率增大，且大于 2.0。载点以上气液相互作用加剧，传质速度提高，但有时这个转折点并不明显。

③ 液泛区　此区域位于 B_i 点以上，当气速继续增大到这一点后，随着填料层内持液量的增加，液体将被托住而很难下流，塔内液体迅速积累而达到泛滥，即发生了液泛，此时对应的空塔气速称为泛点气速，以 u_f 表示。超过泛点气速后的 $\Delta p/Z$-u 关系线斜率急剧增大，可达 10 以上，气流出现大幅度脉动，并将大量液体从塔顶带出，塔的正常操作被破坏。通常认为泛点气速是填料塔正常操作气速的上限。

（二）泛点气速的计算

影响泛点气速的因素很多，其中包括填料的特性、流体的物理性质以及液气比等。泛点气速的计算方法也很多，目前使用最广泛的是埃克特提出的通用关联图，如图 8-32 所示。

填料塔泛点和压降的通用关联图使用说明：

横坐标为 $\dfrac{W_L}{W_g}\left(\dfrac{\rho_g}{\rho_L}\right)^{1/2}$，纵坐标为 $\dfrac{u_f^2 \varphi \psi}{g}\left(\dfrac{\rho_g}{\rho_L}\right)\mu_L^{0.2}$。

图中　u_f——泛点空塔气速或空塔气速，m/s；

　　　g——重力加速度，m/s^2；

　　　φ——湿填料因子，m^{-1}；

　　　ψ——液体密度校正系数，等于水的密度与液体密度之比，即 $\psi = \dfrac{\rho_{H_2O}}{\rho_L}$；

　　　μ_L——液体的黏度，mPa·s；

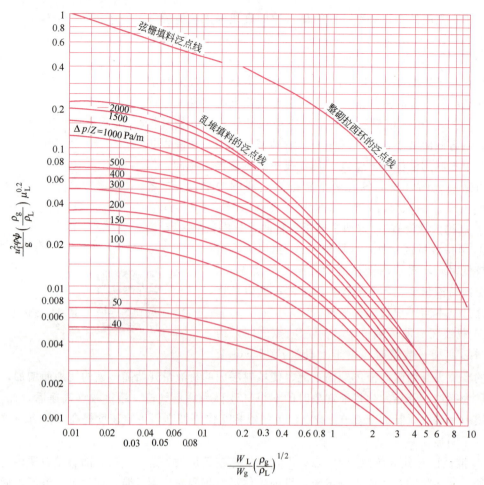

图 8-32 填料塔泛点和压降的通用关联图
（注：图中 $\Delta p/Z$ 为每米乱堆填料的压降）

ρ_L，ρ_g——分别为液体和气体密度，kg/m^3；

W_L，W_g——分别为液体和气体的质量流量，kg/s。

图中最上方三条线分别表示弦栅填料、整砌拉西环填料和乱堆填料的泛点线。泛点线下方的线簇为单位高度乱堆填料的等压降线，$\Delta p/Z$，Pa/m。

通用关联图的应用介绍如下。

① 求泛点气速。根据已知的气、液两相流量及密度计算出横坐标之值，由此点作垂线与泛点线相交，再由交点作水平线与纵坐标相交，读出纵坐标的数值，从而计算出泛点气速 u_f。

② 根据工艺规定的允许压降值计算空塔气速，或根据选定的空塔气速计算压降。这时需使用乱堆填料的等压降线簇。如已知空塔气速 u，计算出纵坐标之值（注意将原纵坐标为 u_f 处换作空塔气速 u），同时根据两相密度和流量计算出横坐标，由此纵、横坐标的数值即可在图中找到相对应的点，从此点所在的线（通常需内插）读出每米乱堆填料层的压降 $\Delta p/Z$ 值。反之，可根据已知压降和横坐标值，从图中读出纵坐标之值，从而求出空塔气速 u（即纵坐标中的 u_f）。

● 读者试根据图 8-32 分析一下有关因素对液泛速度的影响（例如由图可知，湿填料因子越小，液泛速度越高，大的填料通过能力增大）。

（三）持液量

因填料与其空隙中所持的液体是堆积在填料支承板上的，故在进行填料支承板强度计算时，要考虑填料本身的重量与持液量。持液量小则气体流动阻力亦小，液体在填料塔内的停留时间也减少，此点对处理热敏性物料有利。但要使操作平稳，则一定的持液量还是必要的。

持液量是由静持液量与动持液量两部分组成的。静持液量指填料层停止接受喷淋液体并经过规定的滴液时间后，仍然滞留在填料层中的液体量，其大小决定于填料的类型、尺寸及液体的性质。动持液量指停止气液进料后持于填料层中的液体总量与静持液量之差，表示可以从填料上滴下的那部分，相当于操作时流动于填料表面之量，其大小不但与前述因素有关，而且还与喷淋密度有关。总持液量由填料类型、尺寸、液体性质及喷淋密度等所决定，可用经验公式或曲线图估算。到了载点附近以后，持液量还随气速的增加而增加。

三、塔径的计算

填料塔的塔径可按流量与流速之间的关系求出，即

$$D = \sqrt{\frac{4V_g}{\pi u}} \tag{8-33}$$

式中　V_g——气体体积流量，m^3/s；
　　　u——空塔气速，m/s。

空塔气速应小于泛点气速，一般取泛点气速的 50%～85%，即

$$u = (0.50 \sim 0.85) u_f \tag{8-34}$$

由式(8-33)可知填料塔的直径是由气体的体积流量与空塔气速决定的。气体的体积流量由生产任务规定，而空塔气速是在设计时选取的。选择较小的气速，则压降小，动力消耗小，操作费用低，但塔径增大，设备费用提高，同时，低气速不利于气液两相接触，分离效率低。相反，气速大则塔径小，设备费用可降低，但压降大，操作费用提高。若选用接近泛点的气速，当生产条件稍有波动时，有可能使操作失去控制。所以，适宜空塔气速的选择是一个技术经济问题，有时需要反复计算才能确定。

计算出的塔径也需要进行圆整，圆整方法与板式塔相同。

算出塔径之后，有时应验算塔内的喷淋密度是否大于最小喷淋密度，若喷淋密度过小，填料表面不能充分润湿，使气液两相有效接触面积降低，造成传质效率下降。必要时可采用液体部分再循环以加大液体流量，或在许可范围内减小塔径，或适当增加填料层高度予以补偿。一般低液气比时不宜使用填料塔。

填料塔的最小喷淋密度与填料结构、比表面积 a 有关，可由填料手册中查得。

为保证填料润湿均匀，减少壁流现象的影响，还需要对塔径 D 与散装填料直径 d 之比做校核。对拉西环要求 $D/d > 20 \sim 30$；鲍尔环 $D/d > 10 \sim 15$；阶梯环 $D/d > 8$；鞍形填料 $D/d > 8 \sim 15$。

> **【例 8-4】** 在一逆流操作的填料吸收塔中，用清水吸收混合气体中的二氧化硫。混合气体处理量为 $1500 m^3/h$，其平均千摩尔质量为 $34.16 kg/kmol$。清水喷淋量为 $25000 kg/h$。塔内填料用 $25mm \times 25mm \times 2.5mm$ 的陶瓷拉西环以乱堆方式充填。若取空塔气速为泛点

气速的 70%，操作压强为 101.3kPa，操作温度为 20℃。试求：①塔径；②单位填料层高度的压降。

解 ① 塔径的计算

首先求出泛点气速 u_f：

混合气体密度 ρ_g 为

$$\rho_g = \frac{pM}{RT} = \frac{101.3 \times 34.16}{8.314 \times (273+20)} = 1.421 \text{kg/m}^3$$

混合气体的质量流量 W_g 为

$$W_g = V_g \rho_g = 1500 \times 1.421 = 2132 \text{kg/h}$$

清水密度取 $\rho_L = 1000 \text{kg/m}^3$。

通用关联图的横坐标为

$$\frac{W_L}{W_g}\left(\frac{\rho_g}{\rho_L}\right)^{1/2} = \frac{25000}{2132}\left(\frac{1.421}{1000}\right)^{1/2} = 0.442$$

查图 8-32 的乱堆填料泛点线，当横坐标为 0.442 时，纵坐标为 0.05，即

$$\frac{u_f^2 \varphi \psi \rho_g \mu_L^{0.2}}{g\rho_L} = 0.05 \tag{8-35}$$

查表 8-4，25mm×25mm×2.5mm 乱堆陶瓷拉西环的填料因子 $\varphi = 450 \text{m}^{-1}$，比表面积 $a = 190 \text{m}^2/\text{m}^3$。

因液相为水，故液体密度校正系数 $\psi = 1.0$。

查上册附录，20℃水的黏度 $\mu_L = 1\text{mPa·s}$。

将各已知数据代入式(8-35)，求出 u_f：

$$u_f = \left(\frac{0.05 g \rho_L}{\varphi \psi \rho_g \mu_L^{0.2}}\right)^{1/2} = \left(\frac{0.05 \times 9.81 \times 1000}{450 \times 1.0 \times 1.421 \times 1^{0.2}}\right)^{1/2} = 0.876 \text{m/s}$$

则空塔气速为

$$u = 0.7 u_f = 0.7 \times 0.876 = 0.613 \text{m/s}$$

代入式(8-33) 求出塔径 D 为

$$D = \sqrt{\frac{4V_g}{\pi u}} = \sqrt{\frac{4 \times 1500}{3600 \times 3.14 \times 0.613}} = 0.93 \text{m}$$

经圆整后，塔径取为 $D = 1.0\text{m}$，此时

$$u = \frac{V_g}{\frac{1}{4}\pi D^2} = \frac{1500 \times 4}{3600 \times 3.14 \times 1^2} = 0.531 \text{m/s}$$

操作条件下的喷淋密度为

$$L = \frac{W_L}{\rho_L \frac{1}{4}\pi D^2} = \frac{4 \times 25000}{1000 \times 3.14 \times 1^2} = 31.8 \text{m}^3/(\text{m}^2 \cdot \text{h})$$

校核 $D/d = \frac{1000}{25} = 40 > 20$，满足要求。

② 单位填料层高度的压强降

横坐标仍为 0.442，纵坐标计算如下：

$$\frac{u^2 \varphi \psi \rho_g \mu_L^{0.2}}{g\rho_L} = \frac{0.531^2 \times 450 \times 1.0 \times 1.421 \times 1^{0.2}}{9.81 \times 1000} = 0.018$$

根据横、纵坐标之值，查图 8-32 确定塔的操作点，用内插法求得此时的每米填料层的压降为 284Pa/m 即 29mmH$_2$O/m。

▲ 学习本节后可完成习题 8-4，思考题 8-6。

四、填料塔的附件

（一）填料支承装置

填料支承装置是用来支承填料层及其所持液体的重量，它要有足够高的机械强度，同时支承装置及其附近的气体通道面积应大于填料层的自由截面积，即塔截面上填料的空隙面积，或者说，这一区域的空隙率应大于填料层中的空隙率，否则当气速增大时将首先在支承装置处出现液泛现象。常用的填料支承装置有栅板式和升气管式，如图 8-33 所示。

栅板式支承装置是由扁钢条竖立焊接而成的，扁钢条的间距应为填料外径的 0.6~0.7 倍。

升气管式支承装置是为了适应高空隙率填料的要求制造的。气体由升气管上升，通过气道顶部的孔及侧面的齿缝进入填料层，而液体则由支承装置底板上的许多小孔流下，气液分道而行。这种结构的支承装置有足够大的自由截面积，因而在此处不会造成液泛。

（二）液体分布装置

液体分布装置设在塔顶，为填料层提供足够数量并分布适当的喷淋点，以保证液体初始的均匀分布。液体分布装置对填

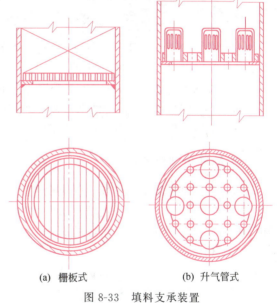

(a) 栅板式　　　(b) 升气管式

图 8-33　填料支承装置

料塔的性能影响很大，若液体初始分布不均匀，则填料层内有效润湿面积会减小，并可能出现偏流和沟流现象，降低塔的传质分离效果，填料塔直径越大，液体分布装置越为重要。

液体分布装置开发有多种结构，图 8-34 所示仅为其中的数例。

多孔管式分布器［如图 8-34(a)］结构简单，对气体的阻力较小，使用较为广泛。由于器壁上的小孔容易堵塞，因此要求被分布的液体必须清洁。

槽式分布器［如图 8-34(b)］不易堵塞，对气体阻力也小，操作弹性较大，但安装水平要求较高。常用于直径较大和液体流量较大的填料塔中。

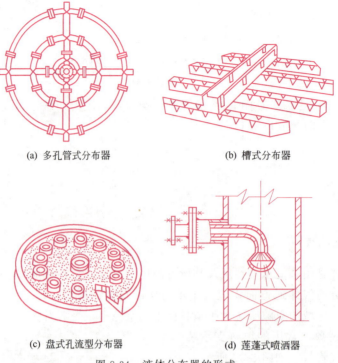

(a) 多孔管式分布器　　　(b) 槽式分布器

(c) 盘式孔流型分布器　　(d) 莲蓬式喷洒器

图 8-34　液体分布器的形式

盘式孔流型分布器［如图 8-34(c)］的液体分布情况与槽式分布器相近，但气体经盘上的若干升气管以及盘与塔壁间的环状通道上升，阻力较大，适用于气体负荷不太大的场合。

莲蓬式喷洒器［如图 8-34(d)］是喷嘴型分布器中结构最为简单的一种，一般只用于直径在 600mm 以下的小塔，处理清洁液体。操作时，流体压头必须维持恒定，否则会改变喷淋角与喷淋半径，影响液体分布的均匀性。

（三）液体再分布装置

为了避免在填料层中液体发生壁流现象而使液体分布不均匀，在填料层中每隔一定距离应设液体再分布装置。也就是说填料层要适当分段，每段填料层高度视填料性能而定，如拉西环壁流倾向较为严重，取为塔径的 2.5～3.0 倍，鲍尔环和鞍形填料可取为塔径的 5～10 倍，但最高不宜超过 6m。

最简单的液体再分布装置为截锥式，如图 8-35 所示。在截锥筒的上方加设支承板，截锥下面要隔一段距离再放填料，以便于分段卸出填料。截锥的作用只是使偏流到塔壁的液体重新流到填料层中间，没有多少均布作用，一般只用于直径小于 0.6m 的塔中。

（四）液体出口装置

液体出口装置应保证塔内气体的液封，防止夹带气体，且能保证液体顺利流出。常压下可用水封装置（参见第一章）。图 8-36 为倒 U 形管密封装置，其上的气相管是为了避免发生虹吸而破坏液封。

（五）气体进口装置

为了防止液体进入气体管路之中，并使气体分布均匀，应在塔内装设气体进口装置。对于塔径小于500mm的小塔，可将进气管伸至塔截面中心位置，管端作出45°向下倾斜的切口［图8-37(a)］或向下的缺口［图8-37(b)］。对于直径较大的塔，气体进口装置可采用盘管式结构［图8-37(c)］。

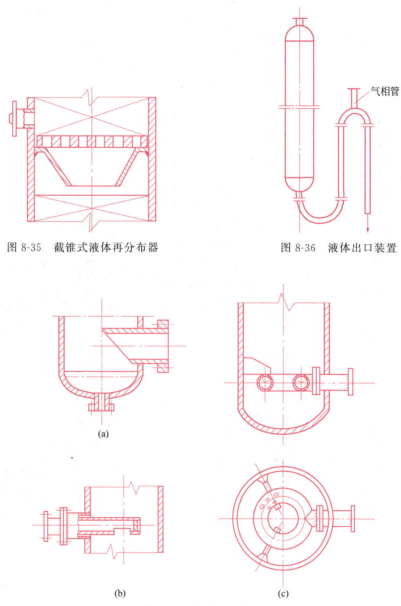

图8-35　截锥式液体再分布器　　　　图8-36　液体出口装置

图8-37　气体进口装置

（六）气体出口除沫装置

气体出口处既要保证气体流动的畅通，又要清除掉被气体夹带的液体雾沫。因此，常需使用各种除雾沫装置，常用的有折板除雾器（图8-38）、丝网除雾器（图8-39）及填料除雾器（图8-40）。

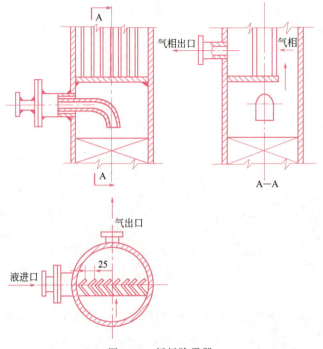

图 8-38 折板除雾器

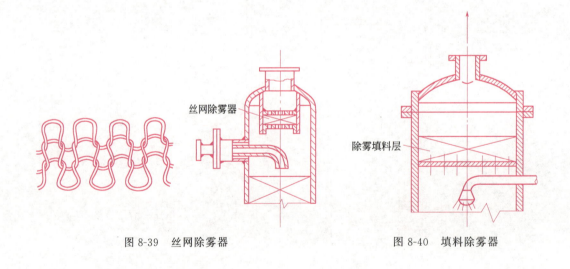

图 8-39 丝网除雾器　　　　图 8-40 填料除雾器

第四节　板式塔与填料塔的比较

　　板式塔和填料塔都是用来进行均相混合物分离的气液传质设备。全面了解板式塔与填料塔各自的特点，对于合理选用塔设备是很有帮助的。在此，将板式塔与填料塔各自的特点做一个比较。

1. 板式塔的特点

① 大直径的塔效率高且稳定，设备费用亦低；小塔径（例如小于 300mm）的板式塔则安装检修困难，造价亦高。

② 不易被堵塞，检修及清洗比较容易。

③ 适合于大液量操作，因为板式塔在每一块塔板上气液为错流，液体流量增大时对气体负荷影响较小。但在液气比较小时，选用适当的气液接触元件，也可以适应。

④ 适合于过程需要中间换热、中间进料或侧线出料多的场合。

⑤ 压降比较大。

2. 填料塔的特点

① 小直径塔费用低，便于安装。

② 压降较小，适合于真空操作。

③ 用于难分离的混合物系统，可以降低塔高。

④ 适用于易起泡物系。因为填料对泡沫有限制和破碎作用。

⑤ 适用于腐蚀性介质，在此情况下可采用不同材质的耐腐蚀填料。

⑥ 对热敏性物料，特别是间歇精馏时，宜采用填料塔。因为填料塔内的持液量低。

⑦ 操作弹性较小，特别是对液体负荷的变化更为敏感。当液体负荷较小时，填料表面不能很好地润湿，传质效果急剧下降；当液体负荷过大时，则易产生液泛。

⑧ 不宜处理易聚合或含有固体颗粒的物料。

⑨ 检修及清理比较麻烦。

【案例 8-1】 苯乙烯精制精馏工艺与设备

案例 7-1 中，精馏塔 1 是核心分离设备。将苯乙烯和乙苯作为关键组分进行分离，简单计算结果如下：

① 相平衡数据研究 乙苯和苯乙烯的分子结构非常相似，而且两者都没有多大的极性，混合物可视为理想溶液。乙苯-苯乙烯物系温度与饱和蒸气压关系如下：

温度/℃	20	30	40	50	80	90
苯乙烯饱和蒸气压/kPa	0.748	1.279	2.17	3.35	12.37	18.26
乙苯饱和蒸气压/kPa	0.994	1.721	2.93	4.57	17.06	25.33

相对挥发度的平均值可取为 1.37，进行理论板数计算。

② 塔板数计算 在全回流条件下，由芬斯克（Fenske）方程［式(7-69)］可计算出达到指定的分离要求（$X_D=0.98$，$X_W=0.01$），需要 27 块理论板。最小回流比为 3.5，选定回流比为最小回流比的 1.45 倍，按照吉利兰关联（图 7-45）计算，所需理论板数为 44。设实际塔板板效率为 70%，由式(8-2)计算出，需要 63 块塔板才能完成预期的分离任务。

③ 设计压强和温度 由案例 7-1 知，因为苯乙烯自聚，设计指标要求塔釜的最高温度为 90℃，所以对精馏塔需确定温度与压强分布。塔顶操作压强为 4.5kPa，气相上升经过每块塔板会产生压降。若单板压降为 0.50kPa，则全塔总压降约为 32.5kPa，则塔

底压强为 37.0kPa。根据设计条件，塔釜温度选定为 90℃，相应的压强按苯乙烯蒸汽压估算约为 18.26kPa。显然，单塔无法完成分离任务，必须考虑双塔方案，即将 63 块塔板分到两个塔内，采用双塔串联但塔顶联到同一真空系统下操作。

工业方案与进展：

(1) 加阻聚剂

苯乙烯在 90℃ 条件下就会聚合。这个制约因素要求精馏塔温度尽可能低于 90℃，还需要在精馏塔顶部塔板连续地加入不挥发的阻聚剂。

作为工业用高效阻聚剂，应具有对乙苯和苯乙烯有良好溶解性、良好热稳定性、在 80～180℃ 具有高阻聚能力、用量少、性质稳定、易于脱除、价廉易得、无毒无污染等特点。实际上同时满足这些要求是困难的。传统生产工艺中长期用硫作阻聚剂，但由于硫在苯乙烯中溶解度小，加多量硫又会使蒸馏过程产生较多焦油，含硫焦油残渣的处理在环境要求愈来愈苛刻情况下成了难题。非硫阻聚剂的开发已取得了较大的进展，主要的非硫阻聚剂是含氮芳香化合物。如亚硝胺、亚硝酰、亚硝酚、卤代亚硝酚、蒽醌、氧茚等。

(2) 塔设备改进

苯乙烯工业生产初期，乙苯和苯乙烯的精馏采用丝网填料塔。随着生产规模的扩大，填料塔因分离效果差而被林德筛板塔取代。后来，国内外相继开发了一些高效低阻的新型填料，各企业又相继改用填料塔，节能效果显著。在采用新型填料后，目前已经实现了单塔完成苯乙烯精制工作。

该案例略去了详细的求解过程和经济评价计算，但强调必须充分考虑各种工程因素的相互制约。如精馏压强、温度与冷却剂关系以及塔板结构和流程对它们的操作条件确定有很大的影响。所以，绪论中强调化工原理课程工程性的内容十分重要，必须对此有足够的重视。

思考题

8-1 试说明下列各组中概念的意义、影响因素，并比较它们之间的主要区别和特点。

$\begin{cases} 鼓泡状态 \\ 泡沫状态 \\ 喷射状态 \end{cases}$
$\begin{cases} 返混 \\ 短路 \\ 不均匀分布 \end{cases}$
$\begin{cases} 液沫夹带 \\ 气泡夹带 \\ 漏液 \end{cases}$
$\begin{cases} 全塔效率 \\ 气相单板效率 \\ 液相单板效率 \end{cases}$

$\begin{cases} 恒持液量区 \\ 载液区 \\ 液泛区 \end{cases}$
$\begin{cases} 载点 \\ 泛点 \end{cases}$
$\begin{cases} 非理想流动 \\ 不正常流动 \end{cases}$

8-2 说明下列各组中名词所反映的结构特征、主要作用，并比较其适用场合。

$\begin{cases} 板式塔 \\ 填料塔 \end{cases}$
$\begin{cases} 单流型塔板 \\ 双流型塔板 \end{cases}$
$\begin{cases} 散装填料 \\ 整砌填料 \end{cases}$
$\begin{cases} 平直堰 \\ 齿形堰 \end{cases}$

$\begin{cases} 拉西环 \\ 鲍尔环 \\ 阶梯环 \\ 弧鞍环 \\ 金属环矩鞍 \end{cases}$
$\begin{cases} 泡罩板 \\ 筛孔板 \\ 浮阀塔板 \\ 垂直筛孔板 \end{cases}$
$\begin{cases} 填料支承装置 \\ 液体分布装置 \\ 液体再分布装置 \end{cases}$

8-3 下列塔板结构参数变化时，对塔板操作会发生哪些主要影响？

板间距　塔径　溢流堰高度　溢流堰长度　开孔率　降液管底隙高度

8-4 一个结构尺寸已确定的塔，如果气体流量或液体流量增加，对下列操作参数会有什么影响？

液面落差；液沫夹带量；板上泡沫层高度；降液管内泡沫层高度和停留时间；漏液量；塔板压降；堰上清液层高度。

8-5 什么是操作弹性？塔板负荷性能图对塔的设计与操作有何指导意义？图中各线代表什么意义？如何正确设计工作线、设计点与其他各线的关系？可通过改变哪些结构参数使各线位置发生移动？

8-6 对填料的选择有哪些要求？试从拉西环的堆积性能分析其需改进的方向。

习题

8-1 在连续操作的板式精馏塔中分离某二元混合液。在全回流条件下，测得相邻板上下降液体组成分别为 0.28、0.41 和 0.57（均为易挥发组分的摩尔分数）。试求这三层板中的下面两层塔板的单板效率（分别计算气相和液相的单板效率）。已知物系的相对挥发度为 2.46。

[答：$n+1$ 板，$E_{mv}=0.622$，$E_{ml}=0.684$，n 板，$E_{mv}=0.724$，$E_{ml}=0.727$]

8-2 精馏分离 $\alpha=2.5$ 的二元理想混合液。已知回流比为 3，$x_D=0.96$。测得第三块塔板（精馏段）下降液体的组成为 0.4，第二块板下降液体的组成为 0.45（均为易挥发组分的摩尔分数）。求第三块塔板的气相单板效率。

[答：$E_{mv}=0.447$]

8-3 试设计乙醇-水二元混合液连续筛板塔顶部一块塔板。操作条件及参数如下：

压强 101.3kPa；温度 78.3℃；板上液相组成 0.92（质量分数）；板上气体质量流量 6530kg/h；板上液体质量流量 5015kg/h；气体密度 $\rho_g=1.438\text{kg/m}^3$；液体密度 $\rho_L=753\text{kg/m}^3$；表面张力 $\sigma=17.8\times10^{-3}\text{N/m}$。

8-4 在装填（乱堆）25mm×25mm×2.5mm 瓷质拉西环的填料塔内，用水吸收空气与丙酮混合气中的丙酮。已知混合气体的体积流量为 800m³/h，内含丙酮 5%（体积分数）。如吸收是在 101.3kPa、30℃下操作，且知液体质量流量与气体质量流量之比为 2.34，试求：①填料塔的直径；②每米填料层的压降。

[答：①$D=0.5\text{m}$；②$\dfrac{\Delta p}{Z}=735.5\text{Pa/m}$]

本章主要符号说明

英文字母

A_a——鼓泡区面积，m²；

A_f——降液管横截面积，m²；

A_T——塔横截面积，m²；

a——比表面积，m²/m³；

D——塔径，m；

d_0——筛孔直径，m；

E——液流收缩系数；

E_{ml}——液相单板效率；

E_{mv}——气相单板效率；

E_0——全塔效率；

e_V——每千克干气所夹带液体量，kg 液体/kg 干气体；

F_a——气体动能因子，$\text{kg}^{0.5}/\text{m}^{0.5}\cdot\text{s}$；

H_d——降液管内清液层高，m；

H_T——板间距，m；

h_d——气体通过干板压降，m 液柱；

h_L——$h_L=h_W+h_{OW}$，m；

h_0——降液管底隙，m；

h_{OW}——堰上清液层高度或堰液头，m；

h_p——气体通过塔板压降，m 液柱；

h_r——液体通过降液管的压降，m 液柱；

h_W——堰高，m；

l_W——溢流堰堰长，m；

N_P——实际塔板数；

N_T——理论塔板数；

n——筛孔数目；
u——气体空塔速率，$u=V_g/A_T$，m/s；
u'——能过有效截面的气体速率，$u'=V_g/(A_T-A_f)$，m/s；
u_a——通过泡沫区的气体速率，$u_a=V_g/(A_T-2A_f)$，m/s；
u_f——泛点气速（以塔横截面积 A_T 为准），m/s；
u_0——通过筛孔气速，$u_0=V_g/A_0$，m/s；
u_{OW}——漏液点气速，m/s；
V_g——气体体积流量，m³/h 或 m³/s；
V_L——液体体积流量，m³/h 或 m³/s；

W_c——塔板边缘宽度，m；
W_d——降液管宽度，m；
W_s——安定区宽度，m；
Z——填料或有效塔段高，m。

希腊字母

β——充气系数；
σ——表面张力，N/m；
φ——开孔率或填料因子，m^{-1}；
ψ——液体密度校正系数；
Δ——液面落差，m；
ε——空隙率。

第九章 干 燥

 学习要求

1. 熟练掌握的内容

湿空气的性质及其计算；湿空气的湿度图及其应用；连续干燥过程的物料衡算与热量衡算；恒定干燥条件下的干燥速率与干燥时间计算。

2. 理解的内容

湿物料中水分的存在形态及其分类；水分在气-固两相间的平衡关系；干燥器的热效率；各种干燥方法的特点；对干燥器的基本要求；干燥器的分类。

3. 了解的内容

常用去湿方法；常用干燥器的主要结构特点与性能；干燥器的选用。

第一节 概 述

一、固体物料的去湿方法

工业生产中有些固体原料、半成品和成品为便于贮存、运输、使用或进一步加工，需除去其中的湿分（水分或其他液体），这种过程称为去湿。常用的去湿方法有下面3种。

（1）机械去湿 当固体湿物料中含液体较多时，可先采用沉降、过滤、离心分离等机械分离的方法（已在上册第三章中介绍）除去大部分的液体，这类方法能耗较少，但湿分不能完全除去。

（2）物理化学去湿 将干燥剂如无水氯化钙、硅胶、石灰等与固体湿物料共存，使湿物料中的湿分经气相转入干燥剂内。这种方法费用较高，只适用于实验室小批量低湿分固体物料（或工业气体）的去湿，也称吸附去湿。

（3）加热去湿 向湿物料供热，使其中湿分汽化并将生成的湿分蒸气移走。这种去湿方法称为物料的干燥，它是化工生产中不可缺少的一种单元操作，也广泛应用于食品、轻工、医药、纺织、农林产品加工以及建材等工业部门。例如，合成树脂必须进行干燥以防止在加工成塑料制品中生成气泡；谷物、蔬菜经干燥后可以长期贮存；纸张、木材经干燥后便于使用和贮存等。

一般，在工业生产中要除去的湿分多为水分。

二、干燥过程的分类

（一）按操作压强分

主要有常压干燥和真空干燥。真空干燥时温度较低、蒸气不易外泄，适宜于处理热敏性、易氧化、易爆或有毒物料以及产品要求含水量较低、要求防止污染及湿分蒸气需要回收的情况。加压干燥只在特殊情况下应用，通常是在压力下加热后突然减压，水分瞬间发生汽化，使物料发生破碎或膨化。

（二）按操作方式分

有连续干燥和间歇干燥。工业生产中多为连续干燥，其生产能力大，产品质量较均匀，热效率较高，劳动条件也较好；间歇干燥的投资费用较低，操作控制灵活方便，故适用于小批量、多品种或要求干燥时间较长的物料。

（三）按热量供给方式分

有传导干燥、对流干燥、辐射干燥和介电加热干燥。

（1）传导干燥 将湿物料堆放或贴附于高温的固体壁面上，以传导方式获取热量，使其中水分汽化，水汽由周围气流带走或用抽气装置抽出，因此它是间接加热。常用饱和水蒸气、热烟道气或电热作为间接热源，其热利用率较高，但与传热壁面接触的物料易造成过热，物料层不宜太厚，而且金属消耗量较大。

（2）对流干燥 将高温热气流（热空气或热烟道气等，称为干燥介质）与湿物料直接接触，以对流方式向物料供热，汽化后生成的水汽也由干燥介质带走。热气流的温度和湿含量调节方便，物料不易过热。对流干燥生产能力较大，相对来说设备投资较低，操作控制方便，是应用最为广泛的一种干燥方式；其缺点是热气流用量大，带走的热量较多，故热利用率比传导干燥要低。

（3）辐射干燥 以辐射方式将热辐射波段（红外或远红外波段）能量投射到湿物料表面，被物料吸收后转化为热能，使水分汽化并由外加气流或抽气装置排出。辐射干燥特别适用于物料表面薄层的干燥。辐射源可按被干燥物件的形状布置，这种情况下，辐射干燥可比传导或对流干燥的生产强度大几十倍，产品干燥程度均匀而不受污染，干燥时间短，如汽车漆层的干燥，但电能消耗大。

（4）介电加热干燥（包括高频干燥、微波干燥）将湿物料置于高频电场内，利用高频电场的交变作用使液体分子发生频繁的转动，物料从内到外都同时产生热效应使其中水分汽化。这种干燥的特点是，物料中水分含量愈高的部位获得的热量愈多，故加热特别均匀。这是由于水分的介电常数比固体物料要大得多，而一般物料内部的含水量比表面高，因此，介电加热干燥时物料内部的温度比表面要高，与其他加热方式不同，介电加热干燥时传热的方向与水分扩散方向是一致的，这样可以加快水由物料内部向表面的扩散和汽化，缩短干燥时间，得到的干燥产品质量均匀，过程自动化程度很高。尤其适用于当加热不匀时易引起变形、表面结壳或变质的物料，或内部水分较难除去的物料。但是，其电能消耗量大，设备和操作费用都很高，目前主要用于食品、医药、生物制品等贵重物料的干燥。

在工业上对湿分较高的散粒状物料，常常是先用机械分离或蒸发除去湿物料中的大部分水分，然后再采用对流干燥获得合格的干燥产品。其他加热方式也往往同对流方式结合使用。本章主要讨论以空气为干燥介质，除去的湿分为水的对流干燥过程。

三、对流干燥过程

（一）对流干燥流程

图 9-1 是典型的对流干燥流程示意图。空气经鼓风机在预热器中被加热至一定温度后进入干燥器，与进入干燥器的湿物料直接接触，热空气流将热量传给湿物料使其水分汽化得到干燥产品，气流温度则逐步降低，并夹带水汽作为废气排出。

图 9-1　对流干燥流程示意图

对流干燥可以是连续操作，也可以是间歇操作。当为连续操作时，物料被连续地加入和排出，物料和气流可呈并流、逆流或其他形式的接触；当为间歇操作时，湿物料成批置于干燥器内，热空气流可连续通入和排出，待物料干燥至一定含湿要求后一次取出。

（二）对流干燥过程的特点

在图 9-1 所示的干燥器中，热空气与湿物料直接接触后，热气流将热量传至湿物料表面，再由湿物料表面传至物料内部。如图 9-2 所示，若热空气主体温度为 t，湿物料表面温度为 t_W，则传热推动力为 $\Delta t = t - t_W$；传热方向由干燥介质传向湿物料，而水分则从物料内部以液态水或水汽的形式扩散至物料表面，再以水汽形式扩散至热气流中。若湿物料表面的水汽分压为 p_S，热空气流主体中的水汽分压为 p_W，则水汽的传质推动力为 $\Delta p = p_S - p_W$，传质方向由固体物料传向干燥介质主体。按虚拟膜的观点，厚度为 δ 的虚拟气膜层构成了传热、传质的阻力。由此可得以下结论。

① 对流干燥是气、固两相间进行的热、质同时反向传递的过程。这种质量传递属于单组分、单向传递。

② 只要气流中的水汽分压 p_W 低于湿物料表面所产生的水汽分压 p_S，即 $\Delta p = (p_S - p_W) > 0$，干燥过程就可以继续进行下去。显然，$\Delta p$ 愈大，干燥过程进行得愈快，这是干燥过程得以进行的必要条件。

③ 作为干燥介质的热空气，既是载热体，又是载湿体。

④ 湿物料的升温与水分汽化焓变所需吸收的热量（俗称

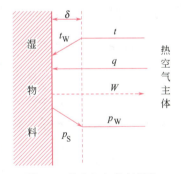

图 9-2　热空气与物料间的
传热与传质

t—空气主体温度；t_W—物料表面温度；
p_W—空气中的水汽分压；p_S—物料
表面的水汽分压；δ—气膜有效厚度；
q—由气体传给物料的热量；
W—由物料中汽化的水分

汽化潜热）是由干燥介质的温度降低（放出的显热）而提供的，它通过气、固两相间的温差传递给湿物料，与此同时，固体湿物料表面和干燥介质中水汽分压都将变化，因此，热量传递与质量传递不仅是同时发生的，又是互相制约的。

⑤ 既然对流干燥过程是干燥介质（一般为热空气）与湿物料之间相互作用的结果，就有必要了解空气和湿物料在干燥过程中的有关性质及其对过程的影响。

第二节 湿空气的性质和湿度图

湿空气是干空气和水汽的混合物，在干燥操作中通常可作为理想气体来处理。在干燥过程中，湿空气的温度、水汽含量、比焓等都将发生变化，而干空气的质量是不变的，因此，在讨论湿空气性质和干燥过程计算中常取干空气作为物料基准。

一、湿空气的性质

（一）湿空气中的水汽分压 p_W

作为干燥介质的湿空气应为不饱和空气，即空气中水汽的分压低于同温下水的饱和蒸气压。根据道尔顿分压定律，有

$$p = p_g + p_W \tag{9-1}$$

式中　p——湿空气的总压强，Pa；
　　　p_g——湿空气中干空气的分压，Pa；
　　　p_W——湿空气中水汽的分压，Pa。

当总压 p 一定时，湿空气中水汽分压 p_W 愈大，表明空气中水汽的含量愈高。

（二）湿度 H

又称湿含量或绝对湿度（简称湿度）。其定义为：

$$H = \frac{湿空气中水汽的质量}{湿空气中干空气的质量} \text{kg 水/kg 干气}$$

因此，湿度实际上是以干空气量为基准的水汽的质量比。由于气体的质量（kg）等于气体的物质的量乘以摩尔质量，则

$$H = \frac{n_W M_W}{n_g M_g} \tag{9-2}$$

式中　n_W，n_g——湿空气中水汽、干空气的物质的量，kmol；
　　　M_W，M_g——水汽和干空气的摩尔质量，kg/kmol。

根据分压定律，有以下关系：

$$\frac{n_W}{n_g} = \frac{p_W}{p_g} = \frac{p_W}{p - p_W} \tag{9-3}$$

将式(9-3)代入式(9-2)可得

$$H = \frac{p_W}{p - p_W} \times \frac{M_W}{M_g} \tag{9-2a}$$

对于空气-水系统，$M_W = 18$ kg/kmol，$M_g = 29$ kg/kmol，代入式(9-2a)得

$$H = 0.622 \times \frac{p_W}{p - p_W} \tag{9-4}$$

可见，湿度 H 与空气的总压 p 及其水汽分压 p_W 有关；当总压 p 一定时，H 只与 p_W 有关。

当水汽分压 p_W 等于该空气温度下水的饱和蒸气压 p_S 时，表明湿空气被水汽饱和，此时空气的湿度称为饱和湿度，用 H_S 表示，即有

$$H_S = 0.622 \times \frac{p_S}{p - p_S} \tag{9-5}$$

式中 H_S——湿空气的饱和湿度，kg 水/kg 干气；

p_S——湿空气温度 t 下水的饱和蒸气压，Pa。

式(9-5)说明，在一定总压 p 下，空气的饱和湿度 H_S 只取决于其温度。

(三) 相对湿度（或相对湿度百分数）φ

在一定总压 p 下，相对湿度 φ 的定义为

$$\varphi = \frac{p_W}{p_S} \times 100\% \tag{9-6}$$

由上式可知，在一定总压 p 下，$p_W = \varphi p_S$，代入式(9-4)得

$$H = 0.622 \times \frac{\varphi p_S}{p - \varphi p_S} \tag{9-7}$$

式(9-7)表明，当总压 p 一定时，湿空气的湿度 H 随空气的相对湿度 φ 和空气的温度 t 而变化。

当 $\varphi = 1$（或 100%）时，即 $p_W = p_S$，表明该空气已达到饱和状态；对于不饱和湿空气，$\varphi < 1$，φ 值愈小，表明该空气偏离饱和程度愈远，也就是它所能容纳水汽的能力愈大。显然，从减少干燥介质的用量和提高传质推动力的角度看，干燥介质的 φ 值愈小愈好。但是，作为干燥介质的湿空气多直接取自大气，在干燥计算中，湿空气的初始性质要按当地气象资料选取。由于夏季空气的 H、φ 值相对地比冬季大得多，通常可取夏季平均最高值作为设计数据。

● 读者可思考一下，如果是氢气-水系统，则其湿度表示式与式(9-4)有无区别？

● 【例 9-1】 已知湿空气中水汽分压为 10kPa，总压为 100kPa。试求该空气成为饱和湿空气时的温度和湿度。

解 ① 当 $\varphi = 1$ 时，$p_W = p_S = 10$ kPa，其相应的饱和温度可查附录八（上册），得到该饱和湿空气的温度 $t = 45.3$ ℃；

② 该饱和湿空气的湿度（饱和湿度）为

$$H = H_S = 0.622 \times \frac{p_S}{p - p_S} = 0.622 \times \frac{10}{100 - 10} = 0.0691 \text{ kg 水/kg 干气}$$

● 【例 9-2】 若将例 9-1 的湿空气分别加热至 60℃ 和 90℃ 时，其相对湿度各为多少？

解 ① 当加热至60℃时，查附录七得到60℃下饱和水的蒸气压 $p_{S1}=19.92\text{kPa}$，则

$$\varphi_1=\frac{p_W}{p_{S1}}=\frac{10}{19.92}=0.502 \text{ 或 } 50.2\%$$

② 当加热到90℃时，$p_{S2}=70.14\text{kPa}$，则

$$\varphi_2=\frac{p_W}{p_{S2}}=\frac{10}{70.14}=0.143 \text{ 或 } 14.3\%$$

由上两例可知，对于不饱和湿空气，当总压 p 和水汽分压 p_W 一定时，空气的湿度 H 一定，说明 p_W 和 H 是等价的；而相对湿度 φ 则随温度升高而降低，说明当总压 p、空气温度 t、湿度 H 一定时，空气的相对湿度 φ 才为一定值。因此，湿度 H 只表示空气中水汽含量的绝对值，而相对湿度 φ 才能反映容纳水分的能力大小。温度升高，一定总压 p 和一定湿度 H 的湿空气的载湿能力将随之增加。换言之，对不饱和湿空气需规定三个独立强度性质变量才能使系统的状态一定。而对饱和湿空气，只要规定两个强度性质变量（如总压 p 和温度 t），则其水汽分压和相对湿度（$\varphi=1$）等都为定值。这些都可通过相律来解释，读者可自行分析（提示：对饱和湿空气，平衡状态下相数为2，故自由度为2）。

（四）湿空气的比容 v_H

湿空气的比容也称为湿容积，它是指1kg干空气及其所带的 Hkg水汽所占有的总体积，其单位为 m³ 湿气/kg 干空气（即以1kg干空气为基准）。

按理想气体定律，在总压 p、温度 t 下，1kg干空气的体积为

$$v_g=\frac{22.41}{M_g}\times\frac{273+t}{273}\times\frac{101.33}{p}=0.773\times\frac{273+t}{273}\times\frac{101.33}{p} \text{ m}^3/\text{kg 干气} \tag{9-8}$$

1kg水汽的体积为

$$v_W=\frac{22.41}{M_W}\times\frac{273+t}{273}\times\frac{101.33}{p}=1.244\times\frac{273+t}{273}\times\frac{101.33}{p}\text{m}^3/\text{kg 水汽} \tag{9-9}$$

所以，湿空气的比容为

$$v_H=v_g+Hv_W=(0.773+1.244H)\times\frac{273+t}{273}\times\frac{101.33}{p} \tag{9-10}$$

即在总压 p 一定时，不饱和湿空气的比容 v_H 随其 t、H 而变化。

● 读者可思考一下，若要计算饱和湿空气的比容，在 p、t 一定后，H 是否仍然是独立的强度性质变量？能否导出饱和湿空气的比容计算式？

● 【例9-3】 试计算总压为101.33kPa，20℃下，湿度为0.01kg/kg的湿空气的水汽分压和以质量流量为1.5kg/s进入风机时的体积流量（m³/s）。

解 已知 $H=0.01\text{kg/kg}$，$t=20℃$，$p=101.33\text{kPa}$。

由式(9-4)有

$$p_W=\frac{Hp}{0.622+H}=\frac{0.01\times101.33}{0.622+0.01}=1.603\text{kPa}$$

1.5kg/s的湿空气中干空气的质量流量为

$$\frac{1.5}{1+H} = \frac{1.5}{1+0.01} = 1.485 \text{kg 干气/s}$$

由式(9-10)得湿空气的比容

$$v_H = (0.773 + 1.244H) \times \frac{273+t}{273} = (0.773 + 1.244 \times 0.01) \times \frac{273+20}{273} = 0.843 \text{m}^3/\text{kg 干气}$$

所以,进入风机时的湿空气的体积流量为

$$V_S = 1.485 \times 0.843 = 1.25 \text{m}^3/\text{s}$$

计算时,必须注意湿空气的比容是以1kg干空气为基准来表示的湿气体积。

(五)湿空气的比热容 c_H

它是指以1kg干空气为基准的湿空气(湿度为H)温度升高1℃所需的热量,其单位为kJ/(kg 干空气·℃),即

$$c_H = c_g + c_V H \tag{9-11}$$

式中 c_g——干空气的平均等压比热容,kJ/(kg 干气·℃);

c_V——水汽的平均等压比热容,kJ/(kg 水汽·℃)。

在工程计算中,常取c_g和c_V为常数,即$c_g = 1.01$kJ/(kg 干气·℃),$c_V = 1.88$kJ/(kg 水汽·℃),所以,湿空气的比热容[kJ/(kg 干气·℃)]为

$$c_H = 1.01 + 1.88H \tag{9-11a}$$

即湿空气的比热容只随空气的湿度H而变化。

(六)湿空气的焓 I

它是以1kg干空气为基准的干空气的焓与所含水汽的焓之和,其单位为kJ/kg干气,即

$$I = I_g + HI_V \tag{9-12}$$

式中 I_g——干空气的焓,kJ/kg 干气;

I_V——水汽的焓,kJ/kg 水汽。

由于焓为相对值,在计算时通常取0℃液态水和0℃空气为基准态,即有

$$I_g = c_g t \tag{9-13}$$

$$I_V = r_0 + c_V t \tag{9-14}$$

式中 r_0——0℃时水的比汽化焓,$r_0 = 2492$kJ/kg。

所以,式(9-12)可以写为

$$I = (1.01 + 1.88H)t + 2492H \tag{9-15}$$

由式(9-15)可知,湿空气的焓I(kJ/kg 干气)值随空气的温度t、湿度H而变化。

● 【例9-4】 若将例9-3中的湿空气用饱和水蒸气间接加热到90℃,需供给多少热量(kW)?

解 由式(9-15)可计算出湿空气在20℃和90℃时的焓值I_1和I_2。湿空气在被加热过程中质量不变,将1kg干空气以及所带的Hkg水汽由20℃加热到90℃所需供给的热量为

由式(9-15)得：
$$\Delta I = I_2 - I_1$$
$$I_1 = (1.01 + 1.88H)t_1 + 2492H$$
$$I_2 = (1.01 + 1.88H)t_2 + 2492H$$

所以
$$\Delta I = (1.01 + 1.88H) \times (t_2 - t_1) = (1.01 + 1.88 \times 0.01) \times (90 - 20) = 72.0 \text{kJ/kg 干气}$$

由例 9-3 已求得干空气的质量流量为 1.485kg 干气/s，则需供给的总热量为
$$Q = 1.485 \times 72.0 = 107 \text{kJ/s} = 107 \text{kW}$$

这里，无论是湿空气的湿度 H、比容 v_H，还是焓 I，它们都是以 1kg 干空气为基准的湿气的相应值。以后在进行干燥器的物料衡算和热量衡算时取干空气为基准都较为方便。

（七）湿空气的露点 t_d

不饱和湿空气在总压 p 和湿度 H 不变的情况下进行冷却，当出现第一颗液滴，即空气刚刚达到饱和状态时的温度，称为该空气的露点 t_d，此时湿空气的湿度 H 就是其露点 t_d 下的饱和湿度 H_S。而式(9-5)中的 p_S 为露点 t_d 下水的饱和蒸气压。显然，一定总压 p 下，空气的露点 t_d 愈高，相应的饱和蒸气压愈高，其湿度也就愈大，因而空气的露点是反映湿空气的一个特征温度（或状态参数）。

● **【例 9-5】** 试计算例 9-3 中的湿空气的露点。

解 由式(9-5)可得露点 t_d 下的饱和湿度为

$$H_S = 0.622 \times \frac{p_S}{p - p_S}$$

则
$$p_S = \frac{pH_S}{0.622 + H_S}$$

现已知 $p = 101.33$ kPa，$H_S = H = 0.01$ kg/kg，代入上式得
$$p_S = \frac{101.33 \times 0.01}{0.622 + 0.01} = 1.603 \text{kPa}$$

查附录八经内插得湿空气的露点 $t_d = 13.4$℃。

对照例 9-3 中 $p_W = 1.603$ kPa，与露点 t_d 下的 p_S 相等。读者可思考一下，两者为什么相等。

反过来，若已知湿空气的露点，可由此查得相应的饱和蒸气压，并由式(9-5)求出该空气在一定总压 p 下的湿度 H 值。工程上用露点温度计来测定空气的露点，然后求算 H 值。

● 读者可试分析一下，蒸馏中双组分系统的露点与这里湿空气的露点有什么异同？

（八）湿空气的湿球温度 t_W

如图 9-3 所示，令一定温度 t 与湿度 H 的空气流稳定地流过温度计 A 与 B。温度计 A

的感温球在湿空气流中测得的空气温度称为该湿空气的干球温度，用 t 表示，它是湿空气的实际温度。若将温度计 B 的感温球用湿纱布包裹，纱布用水保持表面润湿，在湿空气流中经过一定时间后其示值趋于一定，此时测得的平衡温度称为湿空气的湿球温度，用 t_W 表示。不饱和湿空气的湿球温度 t_W 恒低于其干球温度 t。

测定湿球温度的机理如下：温度为 t、湿度为 H（或水汽分压为 p_W）的不饱和湿空气以一定流速流过湿球温度计的湿纱布表面时，若开始时湿纱布表面的温度也为 t，则湿纱布表面在 t 下的平衡水蒸气分压 p_S 必大于空气的 p_W，其相应的饱和湿度 H_S 必大于空气的 H，即有

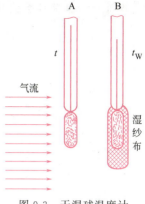

图 9-3　干湿球温度计

$$\Delta p=(p_S-p_W)>0,\quad \Delta H=(H_S-H)>0$$

这时，在传质推动力 Δp 或 ΔH 的作用下，湿纱布表面的水将汽化并向空气主体中扩散，水汽化所需热量首先取自湿纱布本身温度降低而放出的热量（显热），相应地温度计 B 的示值将下降。而当湿纱布温度开始低于气流温度 t 时，由于存在温差必将产生空气流向湿纱布的热量传递，从而开始提供一些使水汽化需要的热量，但尚不足以补偿水汽化的全部热量。于是，湿纱布的温度继续下降，其表面的平衡蒸汽分压与饱和湿度也随之下降，从而使 Δp 与 ΔH 下降而温差上升，即传递的汽化量减少而传递的热量增加。此过程将继续进行，直至单位时间内空气流传给湿纱布的热量恰好等于自湿纱布表面水汽化所需的热量时，过程达到动态平衡，此时湿纱布的温度及温度计 B 的示值将保持恒定，这个恒定的温度即为湿空气的湿球温度 t_W。

由于流过湿球温度计的空气流量大，而从湿纱布表面汽化的水分量相对很少，可以认为湿空气的 t 和 H 并不变化。不论湿纱布的初始温度如何，在一定状态（p、t、H）湿空气稳定流过时，最后总会达到上述的动态平衡和同样的湿球温度，因此，湿球温度 t_W 也是湿空气的一个特征温度。

由上可知，在达到湿球温度 t_W 时，空气向湿纱布表面的传热量为

$$Q=\alpha A(t-t_W) \tag{9-16}$$

式中　Q——传热量，kW；
　　　α——空气与湿纱布表面间的对流传热系数，kW/(m²·℃)；
　　　A——湿纱布的表面积，m²。

湿纱布表面水分向空气的传质速率为

$$W=k_H(H_W-H) \tag{9-17}$$

式中　W——水分的传质速率，kg/(m²·s)；
　　　k_H——以湿度差为推动力的传质膜系数，kg/(m²·s)；
　　　H_W——湿空气在温度为 t_W 下的饱和湿度，kg 水/kg 干气；
　　　H——湿空气的湿度，kg 水/kg 干气。

单位时间水自湿纱布表面汽化所需的热量为

$$Q=WAr_W \tag{9-18}$$

式中　r_W——水在 t_W 下的比汽化焓，kJ/kg。

式(9-18)也可理解为以潜热方式由湿纱布表面向空气主体的传热速率。达到动态平衡

时，两个传热速率应数值相等而方向相反。由式(9-16)～式(9-18)可得
$$\alpha A(t-t_W) = k_H A(H_W-H) r_W$$
整理上式得
$$t_W = t - \frac{k_H r_W}{\alpha}(H_W - H) \tag{9-19}$$

当空气流速足够大且温度不太高时，可以认为湿空气流与湿纱布表面间的热、质反向传递均以对流方式为主，k_H 与 α 为通过同一气膜的传质系数与对流传热系数。实验表明，在一定范围内，k_H 与 α 都与气流的 Re 数的 0.8 次方成正比，因而 k_H 与 α 的比值与流速无关，只与物性有关。对于空气-水系统，经实验测定，当气流速度大于 5m/s 时，$\alpha/k_H \approx 1.09\text{kJ}/(\text{kg} \cdot ℃)$。

在一定总压下，H_W 由 t_W 决定，故由式(9-19)可知，湿球温度 t_W 是湿空气的温度 t 与湿度 H 的函数，这就定量的说明了湿球温度也是空气的一种状态参数或特征温度。对于一定温度的湿空气，其温度与相对湿度愈低，即离开饱和程度愈远，湿球温度 t_W 也愈低；对于饱和空气，其湿球温度与干球温度相等。反之，若气流的干球温度与湿球温度的差值愈大，则其湿度与相对湿度也愈低，生产上常通过对干、湿球温度的测量来确定空气的湿度。

● **【例 9-6】** ①求算例 9-3 中湿空气的湿球温度 t_W 与相对湿度 φ；②若空气的压强与温度和例 9-3 相同，测得其湿球温度为 10℃，求算此空气的湿度与相对湿度。

解 ① 若利用式(9-19)计算湿空气的 t_W 时，需知 H_W 的值，故应通过试差法求解。

若设 $t_W=17℃$，查附录八得：$p_S=1.958\text{kPa}$，$r_W=2453\text{kJ/kg}$，则

$$H_W = 0.622 \times \frac{p_S}{p-p_S} = 0.622 \times \frac{1.958}{101.33-1.958} = 0.01225 \text{kg/kg}$$

于是，由式(9-19)得

$$t_W = t - \frac{r_W}{\alpha/k_H}(H_W-H) = 20 - \frac{2453}{1.09} \times (0.01225-0.01) = 14.9℃ < 17℃（假设值）$$

第二次设 $t_W=16.3℃$，可求得 $p_S=1.870\text{kPa}$，$r_W=2454.9\text{kJ/kg}$，$H_W=0.01169\text{kg/kg}$，$t_W=16.2℃$，此值与假设值接近，即可认为该空气的湿球温度 $t_W=16.2℃$。

空气的相对湿度可由式(9-6)求取，在 20℃ 下水的饱和蒸气压 $p_S=2.33\text{kPa}$，所以该空气的相对湿度

$$\varphi = \frac{1.603}{2.33} = 0.688 \text{ 或 } 68.8\%$$

② 已知 $t=20℃$，$t_W=10℃$，查得 10℃ 下的饱和蒸气压 p_S 为 1.23kPa，比汽化焓 r_W 为 2469kJ/kg，则

$$H_W = 0.622 \times \frac{1.23}{101.33-1.23} = 0.00764 \text{kg 水/kg 干气}$$

按式(9-19)求得

$$H = H_W - (t-t_W)\frac{\alpha}{k_H r_W} = 0.00764 - (20-10) \times \frac{1.09}{2469} = 0.00323 \text{kg 水/kg 干气}$$

按式(9-4)得

$$p_W = \frac{Hp}{0.622+H} = \frac{0.00323 \times 101.33}{0.622+0.00323} = 0.523 \text{kPa}$$

于是,其相对湿度为

$$\varphi = \frac{p_W}{p_S} = \frac{0.523}{2.33} = 0.224 \text{ 或 } 22.4\%$$

● 读者从本例中的两个计算结果比较可得出什么结论?

(九)绝热饱和温度 t_{as}

如图9-4所示,若一定温度 t 和湿度 H 的不饱和空气在空气绝热增湿塔(或称绝热饱和器)内与大量水逆流密切接触,水用泵循环经喷洒器喷出,操作条件达到稳定时,塔内水的温度将达到某一恒定的数值,若设备保温良好,可认为与周围环境是绝热的,则热量只在气、液两相间进行传递。若截面上水温下的饱和湿度高于空气的湿度,水将汽化进入空气中,水汽化所需的热量由空气温度降低而提供,因此,空气的温度下降而湿度增加。按照热量衡算关系,空气降温所放出的热量全部用于水汽化需要的热量,并且又随水汽回到空气中,对空气来说,其焓值基本上没有变化,因此,这种空气的绝热增湿(或称绝热饱和)过程近似可看作等焓过程。如果空气与水接触时间足够,空气出口时将被水汽饱和,此时空气的出口温度就等于循环水的温度而不再下降,这个温度称为该空气的绝热饱和温度,用 t_{as} 表示,其对应的饱和湿度为 H_{as},循环水的温度也恒定为 t_{as}。操作中,为了保证循环水量不变,需要向循环水中加入温度为 t_{as} 的水以补充水在塔中的汽化量。

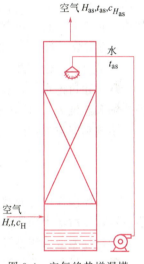

图9-4 空气绝热增湿塔

若进入绝热增湿塔的湿空气的焓为

$$I = c_H t + H r_0 \tag{9-20}$$

离开绝热增湿塔的饱和湿空气的焓为

$$I_{as} = c_{H_{as}} t_{as} + H_{as} r_0 \tag{9-21}$$

式中 r_0——0℃时水的比汽化焓,kJ/kg;

$c_{H_{as}}$——空气在 H_{as} 下的比热容,kJ/(kg·℃);

H_{as}——在 t_{as} 下空气的饱和湿度,kg 水/kg 干气。

对每1kg进塔的干空气,水在塔内的汽化量为 $H_{as} - H$,故补充水带入的焓(kJ/kg 干气)为

$$c_W(H_{as} - H)t_{as}$$

以1kg干空气为基准,对全塔系统作热量衡算(过程绝热),有

$$I + c_W(H_{as} - H)t_{as} = I_{as} \tag{9-22}$$

式中 c_W——液态水的平均比热容,kJ/(kg·℃)。

又因 $c_H = 1.01 + 1.88H$,$c_{H_{as}} = 1.01 + 1.88H_{as}$,其中 H 和 H_{as} 为绝热增湿塔进、出口空气的湿度,其值一般均很小。因此,若忽略补充水的焓值,即认为 $I \approx I_{as}$,且将

式(9-21)中的 $c_{H_{as}}$ 用 c_H 代替,这两种近似处理引起的误差都很小,且可互相抵消。将式(9-20)、式(9-21)代入式(9-22)可得

$$t_{as}=t-\frac{r_0}{c_H}(H_{as}-H) \qquad (9-23)$$

式(9-23)表明,当总压不变,原始湿空气的 t、H 一定,c_H 即为一定值,H_{as} 由 t_{as} 而定,则空气的绝热饱和温度 t_{as} 也只取决于空气的 t 和 H 值,因此 t_{as} 也是空气的一个特征温度或状态参数。

实验测定表明,对空气-水系统,空气流速在 3.8～10.2m/s 的范围内,$\alpha/k_H \approx c_H$。这样,对比式(9-19)和式(9-23),可得 $t_{as} \approx t_W$。

必须强调指出的是:湿空气的湿球温度 t_W 和绝热饱和温度 t_{as} 是两个完全不同的概念。前者是由温差引起的传热速率与由湿度差引起的汽化传质速率达到动平衡的结果,空气状态并不发生变化,它是湿感温球表面达到的温度;而后者则是在一定条件下,空气经历绝热冷却增湿过程时,对进出状态变化进行热量衡算的结果。但在一定总压下,它们都是空气的 t、H 的函数,对空气-水系统,两者在数值上近似相等。如果物系不是空气-水系统,其 $\alpha/k_H \neq c_H$,t_W 也不再等于 t_{as}。

从上述讨论可知,表示湿空气性质的特征温度有干球温度 t、露点 t_d、湿球温度 t_W 和绝热饱和温度 t_{as}。对空气-水系统,它们之间的关系如下:

不饱和湿空气:$t > t_W \approx t_{as} > t_d$;饱和空气:$t = t_W \approx t_{as} = t_d$。

二、湿空气的湿度图及其应用

在干燥操作中,通常湿空气经预热器升高温度后进入干燥器,与湿物料间发生传热和传质过程,然后从干燥器排出。整个过程中空气的各项性质参数都在不断变化,因此,无论是干燥的设计型或操作型计算,确定空气状态都是非常必要的。

与干燥过程有关的湿空气状态参数有:p、p_W、H、t、φ、c_H、v_H、I、t_d、t_W、t_{as} 共 11 个。根据相律,只要规定其中三个相互独立的参数,不饱和湿空气的状态和其余的状态参数的值将完全被确定。通常干燥过程的总压 p 是一定的,因此,只要再规定两个独立状态参数例如 $\{t、H\}$、$\{I、H\}$、$\{p_W、t\}$、$\{H、t_W\}$、$\{t_d、t_{as}\}$ 等,湿空气的其他各项性质都可通过前述公式逐一进行计算。要注意的是,有些空气状态参数间并不相互独立,例如 $\{p_W、H\}$、$\{p_W、t_d\}$、$\{c_H、H\}$ 等,因为这些组合内的两个参数可以直接相互推导出来,它们是等价的而不是彼此独立的。由前面例题可知,用公式计算比较繁杂,有的还需用试差法求解(如求 t_W 和 t_{as})。为方便起见,常将有关各性质参数之间的关系制成算图——称为湿空气的湿度图,使计算过程简化;也可通过湿度图进一步理解这些状态参数之间的相互关系以及湿空气作为干燥介质在干燥操作中的状态变化过程。

湿度图依选用的坐标参数的不同有好几种形式。这里介绍的是工程上常用的一种湿空气的湿度图——I-H 图。

(一) I-H 图的构造

图 9-5 是在总压 $p=101.33$kPa 下,以湿空气的焓 I 为纵坐标,湿度 H 为横坐标构成的湿度图。为避免图中线条过于密集,影响正确读数,故纵轴 I 和横轴 H 之间的夹角取为

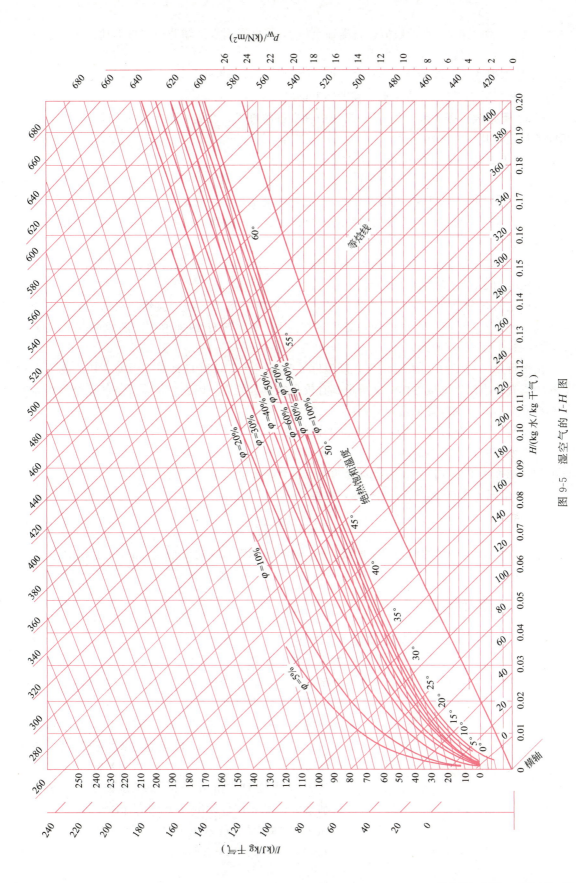

图 9-5 湿空气的 I-H 图

135°；又为了便于读取 H 的数值，将横轴上的 H 值投影到水平辅助轴（与 I 轴正交）上。

湿度图由 5 种线构成。

（1）等湿度线（等 H 线） 它是一组与纵轴 I 平行的直线，在同一条等 H 线上不同的点都具有相同的 H 值，其值在水平辅助轴上读出。

（2）等焓线（等 I 线） 它是一组与横轴平行的直线，在同一条等 I 线上不同点都具有相同的焓值，其值在纵轴上读出。

（3）等温线（等 t 线） 由式(9-15) 可得

$$I = 1.01t + (1.88t + 2492)H \tag{9-15a}$$

由式(9-15a) 可知，当温度一定时，I 与 H 成直线关系，直线的斜率为 $(1.88t+2492)$，因此，等 t 线也是一组直线，直线的斜率随 t 升高而增大，故等 t 线并不相互平行。温度值也在纵轴上读出。

（4）等相对湿度线（等 φ 线） 饱和蒸气压 p_S 是温度 t 的单值函数，因此，式(9-7) 实际上也表明 φ、t、H 之间的关系。

取一定的 φ 值，在不同 t 下求出 H 值，就可画出一条等 φ 线。显然，在每一条等 φ 线上，随 t 增加 p_S 增加，H 也增加，而且温度愈高，p_S 与 H 增加愈快。图中的等 φ 线为 $\varphi=5\%\sim100\%$ 的一簇曲线。

由图可见，当湿空气的 H 一定，随温度 t 升高，其 φ 值降低。对于干燥介质，既要求其作为具有适当温度的载热体，又要求具有较高的载湿能力。因此，常将湿空气先经预热器加热提高其温度，同时降低其相对湿度。

图中最下面一条等 φ 线为 $\varphi=100\%$ 的曲线称为饱和空气线，线上任意点的空气状态均为一定温度下的被水汽饱和的饱和空气，该点对应的湿度也就是该温度下的饱和湿度。此线以上的区域称为不饱和区，作为干燥介质的空气状态点必在此区域内。

（5）水汽分压线 p_W 按式(9-4)，可得

$$p_W = \frac{pH}{0.622 + H} \tag{9-4a}$$

在图上标绘得 p_W-H 间的相互关系曲线，p_W 的坐标标于右端的纵轴上，其单位为 kPa。这个关系说明，在 p 一定时，p_W 与 H 是等价的，是相互不独立的。

（二）湿度图的应用

在 $p=101.33$kPa 下，只要已知湿空气的 t、I（或 t_W、t_{as}）、H（或 t_d、p_W）、φ 各参数中任意两个相互独立的状态参数，即可在 I-H 图上定出一个湿空气的状态点，一旦状态点被确定，其他各状态参数值即可从图中查得。

例如，图 9-6 中 A 点表示一定状态的不饱和湿空气。由 A 点即可从 I-H 图上查得该湿空气以下各性质参数。

（1）湿度 H 由 A 点沿等 H 线向下与水平辅助轴交于 C 点，即可读出 A 点的 H 值。

（2）焓值 I 过 A 点作等 I 线的平行线交纵轴于 E 点，即可读出 A 点的 I 值。

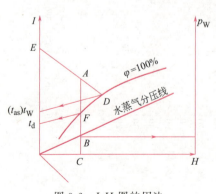

图 9-6 I-H 图的用法

（3）水蒸气分压 p_W　由 A 点沿等湿度线向下交水蒸气分压线于 B 点，由右端纵坐标读出 B 点的 p_W 值。

（4）露点 t_d　由于湿空气变化到露点是等湿度过程，而露点又必落在饱和空气线上，故可由 A 点沿等 H 线向下交 $\varphi=100\%$ 的饱和空气线于 F 点，过 F 点按内插法作等温线由纵轴读出露点 t_d 值。

（5）绝热饱和温度 t_{as}（或湿球温度 t_W）　由于不饱和空气的绝热饱和过程是沿等焓线进行的，且 t_{as} 必在饱和空气线上，故由 A 点沿等 I 线与饱和空气线交于 D 点，由过 D 点的等温线读出 t_{as}（即 t_W）值。

通过上述查图可得以下几个结论。

① 在饱和空气线以上的任一点都代表一个不饱和湿空气状态。

② 等 H 线可以看成是等露点线或等水汽分压线，因为在此线上每一点的空气状态都对应同一个露点和同一蒸汽分压，因此，H 与 t_d、p_W 是等价的，彼此互不独立的。

③ 等 I 线可看成是等绝热饱和温度线（或等湿球温度线），因为在等 I 线上每一点所代表的空气状态都对应有同一个 t_{as}（或 t_W），因此，I 和 t_{as}（或 t_W）是等价的，彼此不独立的。

④ 每一个不饱和空气状态点实际上都是 I、H、t、φ 4 条等参数线中任意两条线的交点；或者说，I、H、t、φ 这 4 个独立状态参数中任意两个都可以确定一个不饱和湿空气的状态。反之，也可以说，在湿度图上，上述任意两条等参数线有交点时，这两个参数是相互独立的；如果两条等参数线得不到交点，如 $\{t_d、H\}$、$\{t_W、I\}$、$\{t_W、t_{as}\}$ 等，则它们彼此都不是独立的。

⑤ 通常情况下，已知 $\{t、t_W\}$、$\{t、t_d\}$ 或 $\{t、\varphi\}$ 等均可确定空气的状态点。

● 读者可根据图 9-7(a)、(b)、(c) 进一步了解在不同已知条件下确定空气状态点的步骤。

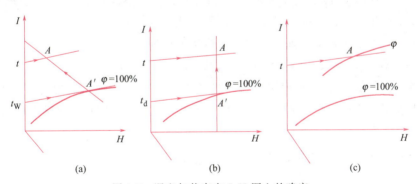

图 9-7　湿空气状态在 I-H 图上的确定
(a) 已知 $\{t、t_W\}$；(b) 已知 $\{t、t_d\}$；(c) 已知 $\{t、\varphi\}$

● **【例 9-7】** 已知湿空气的总压为 101.33kPa，相对湿度为 50%，干球温度为 20℃。试用 I-H 图求取此空气的：①水汽分压 p_W；②湿度 H；③焓 I；④露点 t_d；⑤湿球温度 t_W；⑥如将含 500kg 干空气/h 的湿空气预热至 117℃，求所需供给热量 Q（kW）。

解　由已知条件 $p=101.33\text{kPa}$，$t=20℃$，$\varphi=50\%$。在 I-H 图上由等 t（$t=20℃$）线与等 φ（$\varphi=50\%$）线的交点即此空气的状态点 A。由 A 点再求其余各参数（见图 9-8）。

① 水汽分压 p_W 由 A 点沿等 H 线向下交水汽分压线于 B 点，在图右端纵标上读得 $p_W = 1.2\text{kPa}$；

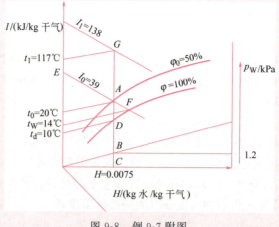

图 9-8 例 9-7 附图

② 湿度 H 由 A 点沿等 H 线向下交水平辅助轴于 C 点，读得 $H = 0.0075\text{kg}$ 水$/\text{kg}$ 干气；

③ 焓 I 过 A 点作等 I 线的平行线交纵轴于 E 点，读得 $I_0 = 39\text{kJ/kg}$ 干气；

④ 露点 t_d 由 A 点沿等 H 线向下与 $\varphi = 100\%$ 饱和空气线交于 D 点，由过 D 点的等 t 线在纵轴上读得 $t_d = 10℃$；

⑤ 湿球温度 t_W（即绝热饱和温度 t_{as}） 由 A 点沿等 I 线与 $\varphi = 100\%$ 的饱和空气线相交于 F 点，由过 F 点的等 t 线读得 $t_W = 14℃$；

⑥ 需提供热量 Q 湿空气在预热器中间接加热时 H 不变，由 A 点沿等 H 线向上与 $t = 117℃$ 的等 t 线相交于 G 点，在过 G 点的等 I 线上读得 $I_1 = 138\text{kJ/kg}$ 干气。

500kg 干空气/h 的湿空气通过预热器加热所需热量为

$$Q = 500 \times (I_1 - I_0) = 500 \times (138 - 39) = 49500\text{kJ/h} = 13.8\text{kW}$$

本例说明，采用 I-H 图求取湿空气各性质参数比用公式计算简便得多，其缺点是：受图幅大小限制，读数精确度与有效数字位数较低，但在工程计算中可基本满足要求。

（三）湿空气加热、冷却过程的图示与讨论

1. 湿空气的间接加热过程

前已指出湿空气（t_A，H）在 H 不变情况下加热至 t_B 时，若原始湿空气的状态点为 A（即等 t_A 线与等 H 线的交点），过 A 点沿等 H 线向上交等 t_B 线于 B 点（t_B，H）。AB 线就是这一加热过程的图示（图 9-9）。

当空气状态由 A 变至 B 点时，H 不变，干球温度升高，相对湿度减小，焓增加，湿球温度增加，露点不变，水汽分压不变。焓增加说明这一过程需要传入热量。

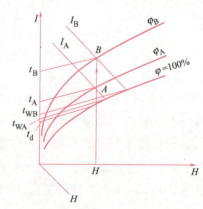

图 9-9 湿空气的间接加热

2. 湿空气的间接冷却过程

图 9-10(a) 表明,原始湿空气由状态点 $A(t_A, H)$ 在间壁式冷却器中沿等 H 线冷却至 B 点 (t_B, H),B 点仍为不饱和空气,此时干球温度由 t_A 降为 t_B,相对湿度由 φ_A 增加到 φ_B,焓由 I_A 降为 I_B,而露点 t_d、水汽分压 p_W 和湿度 H 均不变化,但湿球温度由 t_{WA} 降低为 t_{WB}。空气焓的降低说明这一过程将放出热量,如干空气量为 L kg/s,则放出的热量 (kJ/s) 为 $L(I_A - I_B)$。

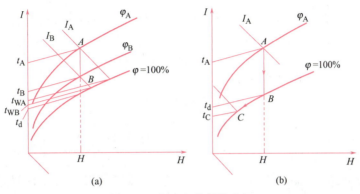

图 9-10 湿空气的间接冷却

图 9-10(b) 表明湿空气 A 间接冷却至该空气露点以下的情况。当原始空气由 A 点沿等 H 线间接冷却至与饱和空气线交于 B 点时,将开始出现微量露滴,即 $t_B = t_d$;继续冷却,空气状态将沿饱和空气线移动直至 C 点 $(t_C < t_d)$,从 B 点至 C 点的冷却过程中将有水凝出。凝结水量 (kg/s) 为 $L(H_A - H_C)$。

● 读者可自行分析图 9-10(b) 所示的 $A \to B \to C$ 过程中,其他各状态参数(如 H、p_S、t_d、t_W、φ、I 等)的变化。

3. 湿空气在对流干燥器内与湿物料直接接触时的冷却过程

作为干燥介质的不饱和热空气,若其温度高于湿物料,在与湿物料接触时,湿空气的干球温度下降,焓值降低,随湿物料中水分的汽化使空气的湿度增加。若出口空气温度规定为 t_C,则此时可能出现如图 9-11 所示的两种情况。

① 在干燥器绝热(保温良好、无热量损失)且忽略湿物料进、出口焓值变化的条件下,此时空气温度降低提供的热量全部用于湿物料中水分的汽化,因而空气在干燥器内经历的是绝热冷却增湿过程,其焓值不变,即如图 9-11 中 AC 线所示。

② 若干燥器保温不好,或湿物料的出口温度很高,空气放出的热量有一部分不能用于水分的汽化,如空气出口温度 t_C 不变,则其出口的湿度将减少,焓值也随之降低,如图 9-11 中 AC' 线所示。

若在干燥器内补充加热,则空气状态的变化随具体的加热情况不同而不同,将在第八章第三节中专门讨论。

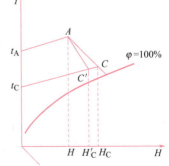

图 9-11 湿空气在与湿物料直接接触时的冷却

*4. 两股不同状态的湿空气的混合过程

在某些干燥过程中,对出口干燥介质的温度和湿度有一定要求,例如对木材或陶瓷制品泥坯的干燥，介质温度不宜太高而湿度又不宜太低，否则容易引起物料的变形或开裂，这时常常采用两股气流混合以调节其进口状态。

若一股干空气量为 L_A 的高温、低湿度气流 A(H_A、t_A、I_A) 与另一股干空气量为 L_B 的低温、高湿度气流 B(H_B、t_B、I_B) 相混合，得到混合气流 C(H_C、t_C、I_C)。根据物料衡算与热量衡算关系，有

干空气量衡算：

$$L_C = L_A + L_B \tag{9-24}$$

式中 L_A，L_B，L_C——气流 A、气流 B、混合气流 C 的流量，kg 干气/s。

水分衡算：

$$L_C H_C = L_A H_A + L_B H_B \tag{9-25}$$

热量衡算（设混合过程为绝热）：

$$L_C I_C = L_A I_A + L_B I_B \tag{9-26}$$

故有

$$\frac{H_B - H_C}{H_C - H_A} = \frac{L_A}{L_B} = \frac{I_B - I_C}{I_C - I_A} \tag{9-27}$$

由此可较准确地算出混合气流的 H_C 和 I_C。这一过程也可近似地在湿度图上表示，如图 9-12。I-H 图上坐标分度近似等距，则可以利用杠杆定律估计 C 点的位置。联结 AB 直线，则 C 点的位置应满足：

$$\frac{\overline{BC}}{\overline{AC}} \approx \frac{L_A}{L_B} = \frac{H_B - H_C}{H_C - H_A} = \frac{I_B - I_C}{I_C - I_A} \tag{9-28}$$

由已知 $\dfrac{L_A}{L_B}$ 的比例，可量出 C 点大体位置。

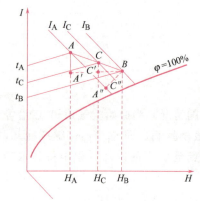

图 9-12 两股空气流的混合

● 读者可由图 9-12 中的 B 点试作垂直于等 H 线与等 I 线的两条辅助线 $\overline{BC'A'}$ 与 $\overline{BC''A''}$（如图中所示），证明式(9-28) 所示的关系。

▲ 学完本节后可完成习题 9-1～9-6；思考题 9-3～9-6。

第三节 连续干燥过程的物料衡算与热量衡算

在以空气作为干燥介质的对流干燥过程的设计型计算中，进行物料衡算与热量衡算的目的是：计算湿物料中水分蒸发量、原始空气用量以及所需提供的热量，并据此确定干燥设备的工艺尺寸、选择适宜型号的鼓风机、换热器等。

一、干燥过程的物料衡算

（一）物料含水量的表示方法

（1）湿基含水量 w 它是以湿物料为计算基准，以质量分数表示，即

$$w = \frac{湿物料中水分的质量}{湿物料的总质量} \times 100\% \qquad (9\text{-}29)$$

（2）干基含水量 X 它是以湿物料中干物料（即不含水的固体物料）为基准，用水分的质量比表示，即

$$X = \frac{湿物料中水分的质量}{湿物料中干物料的质量} \qquad (9\text{-}30)$$

其单位为：kg 水/kg 干物料。

在工业生产中常以湿基含水量表示物料中含水分的多少；而在干燥计算中，由于湿物料中的干物料在干燥过程中不发生变化，故用干基含水量进行计算较为简便。质量分数 w 与质量比 X 之间的相互换算关系为：$X = \dfrac{w}{1-w}$，$w = \dfrac{X}{1+X}$。

（二）物料衡算

图 9-13 为一连续干燥器物料衡算示意图。通过干燥器的物料衡算来确定物料蒸发的水分量和空气消耗量。

对于连续干燥过程，以 1h 为衡算基准。

令　　G_1——进入干燥器的湿物料的质量流量，kg/h；
　　　G_2——出干燥器的产品的质量流量，kg/h；
　　　G_C——湿物料中干物料的质量流量，kg/h；
　　w_1、w_2——湿物料与产品的湿基含水量，质量分数；
　　X_1、X_2——湿物料和产品的干基含水量，kg 水/kg 干物料；
　　　L——进、出干燥器的干空气的质量流量，kg/h；
　　H_1、H_2——进、出干燥器的湿空气的湿度，kg 水/kg 干气；
　　　W——湿物料在干燥器中蒸发的水量，kg/h。

若不计干燥过程中的物料损失，则干燥前、后物料中干物料质量不变，即

$$G_C = G_1(1-w_1) = G_2(1-w_2) \qquad (9\text{-}31)$$

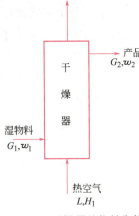

图 9-13　干燥器的物料衡算

1. 水分蒸发量 W 的计算

$$W = G_C(X_1 - X_2) \qquad (9\text{-}32)$$

● **【例 9-8】** 聚氯乙烯树脂的湿基含水量为 6%，干燥后产品中的湿基含水量为 0.3%。干燥产品量为 5000kg/h。试求树脂在干燥器中蒸发的水分量（kg/h）。

解　已知 $w_1 = 6\%$，$w_2 = 0.3\%$，则

$$X_1 = \frac{w_1}{1-w_1} = \frac{0.06}{1-0.06} = 0.0638 \text{kg 水/kg 干物料}$$

$$X_2 = \frac{w_2}{1-w_2} = \frac{0.003}{1-0.003} = 0.003 \text{kg 水/kg 干物料}$$

按式 (9-31) 得

$$G_C = G_2(1-w_2) = 5000 \times (1-0.003) = 4985 \text{kg/h}$$

由式(9-32)，蒸发的水分量为
$$W=G_C(X_1-X_2)=4985\times(0.0638-0.003)=303\text{kg 水/h}$$

2. 空气消耗量计算

热空气通过干燥器时，其中绝干空气量不变，且湿物料蒸发的水分量全部被空气所带走，即有
$$W=L(H_2-H_1) \tag{9-33}$$

则干空气消耗量为
$$L=\frac{W}{H_2-H_1} \tag{9-34}$$

故汽化1kg水分所消耗的空气量为
$$l=\frac{L}{W}=\frac{1}{H_2-H_1} \tag{9-35}$$

式中 l——单位空气消耗量，kg 干气/kg 水。

● **【例 9-9】** 例 9-8 的干燥过程中，若原始空气的湿度为 0.0117kg 水/kg 干气，t 为 20℃，经预热器加热至 60℃后进入干燥器，出干燥器时废气的湿度为 0.0284kg 水/kg 干气。试求：①干空气消耗量，kg 干气/h；单位空气消耗量，kg 干气/kg 水；鼓风机入口的风量，m³/h。②如果在夏季生产，干燥任务与出口废气的湿度仍保持不变，空气消耗量将如何变化？

解 ① 计算 L、l 和 V_h：

已知原始空气湿度 $H_0=0.0117$kg 水/kg 干气，且 $H_1=H_0$，由例 9-8 已得 $W=303$kg 水/h，按式(9-34) 和式(9-35) 得

$$L=\frac{W}{H_2-H_1}=\frac{303}{0.0284-0.0117}=1.814\times10^4\text{kg 干气/h}$$

$$l=\frac{1}{H_2-H_1}=\frac{1}{0.0284-0.0117}=59.9\text{kg 干气/kg 水}$$

而
$$v_H=(0.773+1.244H_0)\times\frac{273+t_0}{273}$$
$$=(0.773+1.244\times0.0117)\times\frac{273+20}{273}=0.845\text{m}^3/\text{kg 干气}$$

故鼓风机入口的风量为
$$V_h=Lv_H=1.814\times10^4\times0.845=1.533\times10^4\text{m}^3/\text{h}$$

② 如果在夏季生产，气温升高，湿度 H_0 与相对湿度 φ_0 都会增加，H_1 也相应增加，在要求 H_2 不变的情况下，l 将随之增加，所以在干燥计算中一般按夏季平均最高值条件来计算空气消耗量，据此选择风机的容量。

二、干燥系统的热量衡算

通过干燥系统的热量衡算可以确定干燥系统所消耗的热量、加热剂的用量以及干燥器出

口的空气状态,并据此计算预热器或干燥器内补充加热器的传热面积。

图 9-14 为对流干燥系统的热量衡算示意图。常压下的原始湿空气(t_0、H_0、I_0)经预热器加热后(t_1、$H_1=H_0$、I_1)进入干燥器与湿物料逆流接触,其温度降低,湿度增加,然后作为废气(t_2、H_2、I_2)由干燥器排出;湿物料(质量流量为 G_1、温度为 t_1'、湿基含水量为 w_1、焓为 I_1')与热空气接触后使水分蒸发得到干燥产品(G_2、t_2'、w_2、I_2')。今分别对预热器和干燥全系统进行热量衡算,以 1s 为衡算基准,以 0℃ 为基准温度,以 0℃ 液态水和绝干物料的焓为零。

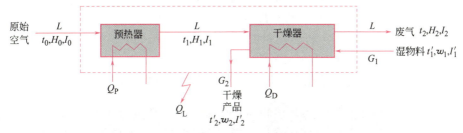

图 9-14 对流干燥系统的热量衡算

(一)预热器的热量衡算

若不计热损失,预热器的热量衡量为:

$$Q_P + LI_0 = LI_1 \tag{9-36}$$

或

$$Q_P = L(I_1 - I_0) \tag{9-36a}$$

式中 Q_P——预热器的供热量,kW;

L——干空气流量,kg 干气/s。

(二)干燥全系统的热量衡算

作包括预热器和干燥器在内(图 9-14 上虚线框出范围)的热量衡算。令:

Q_D——干燥器内补充加热量,kW;

Q_L——干燥系统损失的热量,kW;

I_1'、I_2'——以 1kg 绝干物料为基准的进、出干燥器的物料的焓,kJ/kg 干物料。

物料焓 I' 的计算式为:

$$I' = c_C t' + X c_W t' = (c_C + X c_W) t' = c_m t' \tag{9-37}$$

式中 t'——物料的温度,℃;

c_C——绝干物料的平均比热容,kJ/(kg 干料·℃);

c_W——液态水的平均比热容,kJ/(kg 水·℃);

c_m——以 1kg 绝干物料为基准的湿物料的平均比热容,kJ/(kg 干物料·℃);

X——物料的干基含水量,kg 水/kg 干物料。

作虚线范围内的热量衡算得

$$LI_0 + G_C I_1' + Q_P + Q_D = LI_2 + G_C I_2' + Q_L \tag{9-38}$$

或

$$Q = Q_P + Q_D = L(I_2 - I_0) + G_C(I_2' - I_1') + Q_L \tag{9-38a}$$

式中 Q——干燥系统所需加入的总热量,kW。

式(9-38) 或式(9-38a) 为干燥系统总热量衡算式。

将式(9-38a)中等式右侧的第一、第二项作如下简化。

① $L(I_2-I_0)=L[(1.01+1.88H_2)t_2+2492H_2]-L[(1.01+1.88H_0)t_0+2492H_0]$

$$=1.01L(t_2-t_0)+\frac{W}{H_2-H_0}[(1.88t_2+2492)H_2-(1.88t_0+2492)H_0]$$

假设：$1.88t_0+2492\approx 1.88t_2+2492$，则得

$$L(I_2-I_0)\approx 1.01L(t_2-t_0)+W(1.88t_2+2492)$$

② $G_C(I_2'-I_1')=G_C(c_{m2}t_2'-c_{m1}t_1')$

假设：$c_C+X_1c_W\approx c_C+X_2c_W$，即 $c_{m1}\approx c_{m2}$，则

$$G_C(I_2'-I_1')\approx G_C c_{m2}(t_2'-t_1')$$

以上两项假设所引起的误差可以互相抵消一部分。于是，式(9-38a)可改写为：

$$Q=Q_P+Q_D=1.01L(t_2-t_0)+W(1.88t_2+2492)+G_C c_{m2}(t_2'-t_1')+Q_L \quad (9-39)$$

可见加入干燥系统的总热量用于：加热空气、蒸发水分、加热物料和补偿系统热损失。

● 【例 9-10】 用热空气干燥某湿物料，要求干燥产品量为 0.1kg/s，进干燥器时湿物料温度为 15℃，含水量为 13%（湿基）。出干燥器的产品温度为 40℃，含水量为 1%（湿基）。原始空气的温度为 15℃，湿度为 0.0073kg/kg，在预热器中加热至 100℃ 进入干燥器，出干燥器时的废气温度为 50℃，湿度为 0.0235kg/kg。

已知绝干物料的平均比热容为 1.25kJ/(kg·℃)，干燥器内不补充热量。

试求：①当预热器中采用 200kPa（绝压）的饱和水蒸气作热源，每小时需消耗的蒸汽量为多少千克？②干燥系统的热损失量为多少千瓦？

解 根据题意画出该对流干燥系统的示意图（图 9-15）。取 1s 为基准。

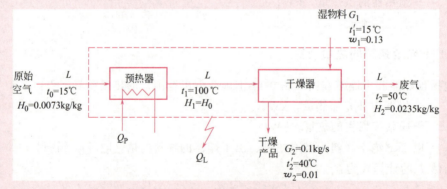

图 9-15 例 9-10 附图

① 要求算预热器中的蒸汽用量，应先通过物料衡算求出水分蒸发量和空气消耗量。

将物料的湿基含水量换算为干基含水量：

$$X_1=\frac{w_1}{1-w_1}=\frac{0.13}{1-0.13}=0.149 \text{kg 水/kg 干物料}$$

$$X_2=\frac{w_1}{1-w_2}=\frac{0.01}{1-0.01}=0.0101 \text{kg 水/kg 干物料}$$

由式(9-31)、式(9-32)和式(9-34)得：

$$G_C=G_2(1-w_2)=0.1\times(1-0.01)=0.099 \text{kg/s}$$

$$W = G_C(X_1 - X_2) = 0.099 \times (0.149 - 0.0101) = 0.01375 \text{kg/s}$$

$$L = \frac{W}{H_2 - H_0} = \frac{0.01375}{0.0235 - 0.0073} = 0.849 \text{kg/s}$$

由式(9-36a)得

$$Q_P = L(I_1 - I_0) = L(1.01 + 1.88H_0)(t_1 - t_0)$$
$$= 0.849 \times (1.01 + 1.88 \times 0.0073) \times (100 - 15) = 73.9 \text{kW}$$

当采用 200kPa（绝压）的饱和水蒸气作热源时，由附录八查得其比汽化焓 $r = 2205 \text{kJ/kg}$，则蒸汽消耗量为

$$D = \frac{Q_P}{r} = \frac{73.9}{2205} = 0.0335 \text{kg/s} = 120.6 \text{kg/h}$$

② 干燥系统的热损失 Q_L

由题意知 $Q_D = 0$，则可由式(9-39)得

$$Q_L = Q_P - [1.01L(t_2 - t_0) + W(1.88t_2 + 2492) + G_C c_{m2}(t_2' - t_1')]$$

再由式(9-37)知，

$$c_{m2} = c_C + X_2 c_W = 1.25 + 0.0101 \times 4.187 = 1.292 \text{kJ/(kg} \cdot \text{°C)}$$

所以

$$Q_L = 73.9 - [1.01 \times 0.849 \times (50 - 15) + 0.01375 \times (1.88 \times 50 + 2492) + 0.099 \times 1.292 \times (40 - 15)]$$
$$= 73.9 - [30.0 + 35.6 + 3.2] = 5.1 \text{kW}$$

热损失占加入总热量的百分率为

$$\frac{Q_L}{Q_P} \times 100\% = \frac{5.1}{73.9} \times 100\% = 6.9\%$$

它从一个侧面反映了干燥系统的热利用情况。

由本例计算结果可知，预热器供热量 Q_P 用于加热空气、蒸发水分、加热物料以及补偿热量损失（散失于周围大气中的热量），其中前两项是主要的。

三、干燥器进、出口气体状态的确定

热空气进入干燥器的状态：一般根据物料的性质与干燥的具体要求按经验定出空气进口温度 t_1，而 $H_1 = H_0$，H_0 则由当地大气状态确定（前已述及应取当地夏季的最高平均值）。

热空气通过干燥器时，与湿物料间进行热、质同时传递，空气温度降低而湿度增加，有时需在干燥器中补充加热，干燥器又有一定的热量损失，故要确定空气出干燥器的状态较为复杂。根据空气在干燥器中焓值的变化情况可将干燥过程分为等焓干燥和非等焓干燥两类。

（一）等焓干燥过程

当热空气流与湿物料在常压干燥器中相互接触时，若满足下列条件：①干燥器内不补充热量，即 $Q_D = 0$；②干燥器保温良好，热损失可忽略不计，即 $Q_L = 0$；③湿物料进、出干燥器的焓值可认为近似相等，即 $I_1' = I_2'$。由式(9-38a)可得

$$Q_P \approx L(I_2 - I_0) \tag{9-38b}$$

由式(9-36a)知：

$$Q_P = L(I_1 - I_0)$$

于是可得：$I_2 \approx I_1$，说明此条件下空气在干燥器内经历近似等焓过程，即可认为进入干燥器的空气状态是沿等 I_1 线变化的，所以只要确定出口废气的另一个独立状态参数（如规定出口废气的温度 t_2 或相对湿度 φ_2），出干燥器的废气状态（以及其余的状态参数）即被完全确定，如图9-16中的 BC 线所示。

（二）非等焓干燥过程

实际干燥操作过程常为非等焓干燥过程（又称非绝热干燥过程），通常又可分为以下两种情况。

① 若干燥器内不补充加热，即 $Q_D = 0$，但物料进、出干燥器的焓差及热损失不能忽略时，由式(9-38a)得

$$Q_P = L(I_1 - I_0) = L(I_2 - I_0) + G_C(I_2' - I_1') + Q_L$$

或

$$L(I_1 - I_2) = G_C(I_2' - I_1') + Q_L \tag{9-40}$$

式(9-40)的等号右侧总为正值，故 $I_2 < I_1$，说明空气通过干燥器后焓值降低，此过程如图9-16中 BC_1 线所示，BC_1 线位于 BC 线下方。显然，若出口 t_2 一定，H_2 将变低。如果水分蒸发量不变，则空气用量将随之增加。

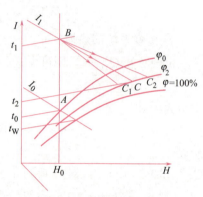

图9-16 干燥器内空气状态的变化

② 若干燥器内补充加热，即 $Q_D > 0$，则由式(9-38a)得

$$L(I_2 - I_1) = Q_D - [G_C(I_2' - I_1') + Q_C] \tag{9-41}$$

此时：a. 若 $Q_D > G_C(I_2' - I_1') + Q_L$，则 $I_2 > I_1$，空气状态沿图9-16中 BC_2 线变化，BC_2 线位于 BC 线上方；b. 若 $Q_D < G_C(I_2' - I_1') + Q_L$，则 $I_2 < I_1$，与 $Q_D = 0$ 时的情况类似。

上述 BC、BC_1 或 BC_2 线称为干燥器的操作线，它表示干燥介质在干燥器内的状态变化过程。

由以上讨论可知，干燥器的出口状态需通过物料与热量衡算联合求解。

四、干燥器的热效率

干燥器的热效率 η 可定义为蒸发水分所消耗的热量与加入干燥系统的总热量之比，即

$$\eta = \frac{\text{干燥系统中蒸发水分所消耗的热量} Q_1}{\text{加入干燥系统的总热量}(Q_P + Q_D)} \times 100\% \tag{9-42}$$

η 值的大小表明干燥系统热利用程度的好坏。由于水分是由温度为 t_1'（湿物料入口温度）的液态水变为温度为 t_2 的水汽的，故

$$Q_1 = W(1.88 t_2 + 2492 - c_W t_1') \tag{9-43}$$

提高干燥操作的热效率的途径有：①回收出口废气中的热量用来预热冷空气或湿物料；②减少干燥设备和管道的热量损失；③适当增加出口废气的湿度、降低其温度，可减少空气消耗量，从而减少热耗量（但应注意到，空气湿度的增加会使湿物料表面与空气流间的传质推动力下降，使干燥设备尺寸变大）。

● **【例 9-11】** 有一连续生产的常压气流干燥器用于干燥某含湿晶体。已知干燥器的生产能力为年产 $2×10^6$ kg 晶体产品,年工作日为 300d。物料含水量由 20% 降到 2%(以上均为湿基)。晶体的比热容为 1.25kJ/(kg·℃)。干燥器内物料由入口的 15℃ 升至 25℃。原始空气的温度为 15℃,相对湿度为 70%,经预热器加热至 90℃ 送入干燥器,离开干燥器的废气温度为 40℃。干燥器内无补充加热。干燥系统的热损失为 2.8kW。

试求:①蒸发水分量,kg/s;②原始空气用量,m^3 湿空气/h;③预热器供热量,kW;④干燥系统的热效率。

解 根据题意画出干燥系统热量衡算示意图(图 9-17)。取 1s 为物料衡算基准,以 0℃ 下液态水及绝干物料为焓的基准态。

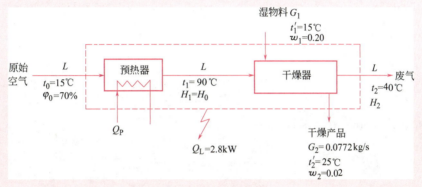

图 9-17 例 9-11 附图

① 水分蒸发量 W

已知产品量:

$$G_2 = 2×10^6 \text{kg/年} = 2×10^6/(300×24×3600) = 0.0772 \text{kg/s}$$

则绝干物料量为

$$G_C = G_2(1-w_2) = 0.0772×(1-0.02) = 0.0756 \text{kg/s}$$

已知湿基含水量 $w_1 = 0.20$,$w_2 = 0.02$,换算为干基含水量为

$$X_1 = \frac{w_1}{1-w_1} = \frac{0.20}{1-0.20} = 0.25 \text{kg 水/kg 干物料}$$

$$X_2 = \frac{w_2}{1-w_2} = \frac{0.02}{1-0.02} = 0.0204 \text{kg 水/kg 干物料}$$

则水分蒸发量为

$$W = G_C(X_1 - X_2) = 0.0756×(0.25-0.0204) = 0.0174 \text{kg/s}$$

② 空气用量 V_h

已知 $t_0 = 15℃$,$\varphi_0 = 70\%$,查得 15℃ 下的饱和水蒸气压 $p_S = 1.707$ kPa,由式(9-7)求得

$$H_0 = 0.622×\frac{\varphi_0 p_S}{p-\varphi_0 p_S} = 0.622×\frac{0.70×1.707}{101.33-0.70×1.707} = 0.00742 \text{kg/kg}$$

由式(9-34)得

$$L = \frac{W}{H_2 - H_1} = \frac{W}{H_2 - H_0} = \frac{0.0174}{H_2 - 0.00742} \quad (9\text{-}44)$$

但上式中 H_2 未知，需通过热量衡算求取。

由式(9-40)有

$$L(I_1 - I_2) = G_C(I_2' - I_1') + Q_L$$

即 $L[(1.01+1.88H_0)t_1 + 2492H_0] - L[(1.01+1.88H_2)t_2 + 2492H_2]$

$\approx G_C(c_C + X_2 c_W)(t_2' - t_1') + Q_L$

将已知数据代入上式得

$L[(1.01+1.88\times 0.00742)\times 90 + 2492\times 0.00742] - L[(1.01+1.88H_2)\times 40 + 2492H_2]$

$= 0.0756\times(1.25 + 0.0204\times 4.187)\times(25-15) + 2.8$

上式化简可得

$$L = \frac{3.81}{70.2 - 2567.2H_2} \quad (9\text{-}45)$$

由式(9-44)、式(9-45)联立求解，得

$$\frac{0.0174}{H_2 - 0.00742} = \frac{3.81}{70.2 - 2567.2H_2}$$

则 $H_2 = 0.02578 \text{kg/kg}$

$L = 0.948 \text{kg 干气/s}$

按式(9-10)求出原始空气的比容：

$$v_H = (0.773 + 1.244H_0)\frac{273+t_0}{273} = (0.773 + 1.244\times 0.00742)\times\frac{273+15}{273} = 0.825 \text{m}^3/\text{kg 干气}$$

则原始空气体积

$$V_h = Lv_H \times 3600 = 0.948 \times 0.825 \times 3600 = 2816 \text{m}^3/\text{h}$$

③ 预热器供热量 Q_P

$$Q_P = L(I_1 - I_0) = L(1.01 + 1.88H_0)(t_1 - t_0)$$
$$= 0.948 \times (1.01 + 1.88\times 0.00742)\times(90-15) = 72.8 \text{kW}$$

④ 干燥系统的热效率

按式(9-42)得

$$\eta = \frac{Q_1}{Q_P}\times 100\% = \frac{W(1.88t_2 + 2492 - c_W t_1')}{Q_P}\times 100\%$$

$$= \frac{0.0174\times(1.88\times 40 + 2492 - 4.187\times 15)}{72.8}\times 100\% = 59.9\%$$

● 读者可计算一下由于用 $G_C(I_2' - I_1') \approx G_C(c_C + X_2 c_W)(t_2' - t_1')$ 而引起的误差有多少？占总热量的百分数是多少？

▲ 学完本节后读者可完成习题 9-7~9-12，思考题 9-7~9-9。

第四节 干燥过程的平衡关系和速率关系

通过干燥过程的物料衡算和热量衡算,可以确定从湿物料中除去的水分量,计算出空气消耗量和所需提供的热量,为选定合适的风机和预热器提供依据。而干燥器的尺寸,则还需通过干燥速率关系和干燥时间来确定。

在对流干燥过程中,物料与热空气流接触时,水由物料内部移动到表层,然后由物料表面汽化为水汽进入干燥介质中,因此干燥速率不仅与空气的性质有关,也取决于物料所含水分的性质。而物料所含水分性质又与物料的结构与物理化学状态密切相关。

由前面各章可知,研究相间传质速率必须先了解相间的平衡关系。

一、水分在气-固两相间的平衡关系

(一)物料的 φ-X 平衡曲线

当某种物料与某种状态(p、t、φ 一定)下的空气进行长时间接触,物料将被除去或吸收水分,直至物料表面所产生的蒸气压与空气中水汽分压相等为止。只要空气状态不变,物料中所含水分最后将达到某一恒定值,即处于动态平衡状态,这时物料中的含水量称为该空气状态下的平衡水分,用 X^* 表示,其单位为 kg 水/kg 干物料。同样空气状态下,不同物料的平衡水分随物料的性质而异,图 9-18 表示在常压、25℃下某些物料的 φ-X 平衡曲线。由该图可见:①当空气的状态(t、φ)一定,不同物料各有不同的平衡水分值,如石棉纤维板和聚氯乙烯粉的平衡水分较小,而小麦、土豆的平衡水分要大得多;②对同一种物料,平衡水分随 φ 增加而增大;③当空气的相对湿度为零时,物料的平衡水分均为零,也就是说,只有当物料与

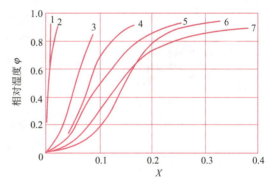

图 9-18 常压、25℃下某些物料的平衡曲线
1—石棉纤维板;2—聚氯乙烯粉(50℃);3—木炭;
4—牛皮纸;5—黄麻;6—小麦;7—土豆

$\varphi=0$ 的绝干空气接触时才能获得绝干物料。所以,平衡水分表示物料在一定空气状态下能被干燥的限度。通常物料的平衡水分均由实验测定。

(二)物料中水分的分类

(1)平衡水分与自由水分 由图 9-18 的 φ-X 曲线可知,在一定干燥条件下,物料中不能除去的那部分水分就是平衡水分,而可以被除去的水分称为自由水分,故

$$物料中的总水分=平衡水分+自由水分$$

显然,这种水分的分类不仅与物料本身的性质有关,还取决于空气的状态。

（2）结合水分与非结合水分 借化学力或物理化学力与固体物料相结合的水分称为结合水分。如某些固体物料内毛细管中的水分；生物细胞壁内的水分、胶体结构物料中的水分等。由于这种水分与物料的结合力较强，其平衡蒸气压低于同温下纯水的饱和蒸气压，并随结合力的大小而不同，故不仅使干燥过程的推动力降低，也使不同形态的结合水的去除要有更为苛刻的干燥条件。结合力愈大，水分除去愈困难。

物料中的非结合水分是指物料中除结合水分以外的那部分水分，这种水分只是机械地附着于固体物料表面。如物料表面的吸附水分、较大孔隙（如颗粒堆积层中的孔隙）中的水分等。这种水分的蒸气压与同温下纯水的饱和蒸气压相同。于是

物料中的总水分＝结合水分＋非结合水分

非结合水分的汽化与纯水无异，因此，在干燥过程中最先被除去的是非结合水分。

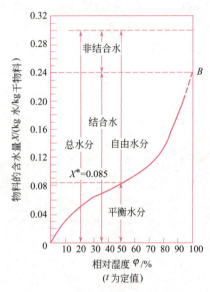

图 9-19 固体物料（丝）中所含水分的性质

图 9-19 表示固体物料（丝）中所含水分的性质。若总水分 $X=0.3$ kg 水/kg 干物料，当空气中的相对湿度 $\varphi=50\%$ 时，平衡水分 $X^*=0.085$ kg 水/kg 干物料，则

$$自由水分 = X - X^* = 0.30 - 0.085$$
$$= 0.215 \text{ kg 水/kg 干物料}$$

φ-X 线（图 9-19 中的实线部分）一般均由实验测定。根据非结合水分与结合水分的区别，可将平衡曲线延长（图中的虚线部分）与 $\varphi=100\%$ 的纵轴相交，交点 B 以上的水分为非结合水分，它是当空气达到饱和时可以除去的水分；B 点以下的水分为结合水分。图示物料的结合水分为 0.24 kg 水/kg 干物料，则

$$非结合水分 = X - 结合水分 = 0.30 - 0.24$$
$$= 0.06 \text{ kg 水/kg 干物料}$$

物料中结合水分的形态可能不同，例如随毛细管孔的变小，其对应的平衡蒸气压就愈低，需要在更低的相对湿度下才能除去。可见，物料的结合水分量主要取决于其本身结构和性质。

● 根据平衡水分的概念，读者可自行解释一下：为什么饼干、洗衣粉等物料在潮湿空气中会发生"返潮"现象？

二、恒定干燥条件下的干燥过程

（一）恒定干燥条件下的干燥曲线与干燥速率曲线

由于物料的干燥过程较为复杂，为简化其影响因素，测定物料干燥速率的实验是在恒定干燥条件下用大量空气干燥少量湿物料的情况下进行的。这种测定既可了解物料中所含水分的性质和数量以及干燥条件的影响，也为设计干燥器、计算干燥时间提供必要的依据。

（1）恒定干燥条件 是指干燥介质（空气）的温度、相对湿度、流过物料表面的速度、与物料的接触方式以及物料的尺寸或料层的厚度恒定。在此条件下考察湿物料在干燥过程中有关参数的变化。

（2）干燥速率 u　是指单位时间内在单位干燥面积上汽化的水分量，用微分式表示为

$$u = \frac{\mathrm{d}W}{A\,\mathrm{d}\tau} \tag{9-46}$$

式中　u——干燥速率，$kg/(m^2 \cdot h)$；
　　　W——汽化的水分量，kg；
　　　A——物料的干燥表面积，m^2；
　　　τ——干燥所需时间，h。

而

$$\mathrm{d}W = -G_C \mathrm{d}X$$

于是，式（9-46）可写为

$$u = \frac{-G_C \mathrm{d}X}{A\,\mathrm{d}\tau} \tag{9-47}$$

式中　G_C——湿物料中绝干物料量，kg；
　　　X——湿物料的干基含水量，kg 水/kg 干物料。

式中负号表示物料含水量随干燥时间的增加而减少。

（3）干燥曲线与干燥速率曲线　在上述恒定干燥条件下，测定物料的干基含水量 X 和物料表面温度 t' 随干燥时间 τ 的变化关系并绘成曲线，称为干燥曲线。图 9-20 定性地表示在恒定干燥条件下湿物料的比较典型的 $X\text{-}\tau$、$t'\text{-}\tau$ 曲线关系。

图 9-21 是由图 9-20 的 $X\text{-}\tau$ 曲线转化而来的干燥速率曲线（$u\text{-}X$ 曲线）。

由图 9-20 和图 9-21 可得到以下结论。

① 湿物料的初始状态点为 A，干燥开始的短时间内，若物料温度低于热空气温度，则物料从热空气中由于温差接受的热量主要用于物料的预热，物料的表面温度逐渐升高，从而传热速率降低而传质速率（即干燥速率）增高，含水量 X 降低，即图中的 AB 段，称为预热段。

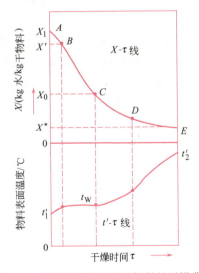

图 9-20　恒定干燥条件下湿物料的干燥曲线

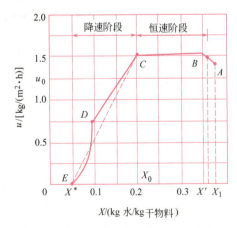

图 9-21　恒定干燥条件下的干燥速率曲线

② 自 B 点起，传热速率与传质速率达到动平衡，物料的表面温度趋于恒定，空气传给物料的热量均用于水分的汽化，如同湿球温度计上的湿纱布一样，其表面温度即为该空气的湿球温度，即图中的 BC 段。此阶段中空气与物料表面的温差一定，故传热速率恒定；相应

的物料表面的饱和湿度与空气的湿度差也为恒定值,即传质速率也恒定,故 $X\text{-}\tau$ 曲线中的 BC 段的斜率不变,$u\text{-}X$ 线中的 BC 段为一水平线。在此阶段中,干燥速率不随 X 减小而变,因此 BC 段称为恒速干燥阶段。

③ C 点以后,$X\text{-}\tau$ 线的斜率不断变小,即含水量的减少愈来愈慢,与此同时,$t'\text{-}\tau$ 曲线的斜率逐渐增加,物料表面温度逐渐升高,在 $u\text{-}X$ 线上表现出随 X 降低干燥速率 u 也不断减小;当物料的含水量达到该空气条件下的平衡水分 X^* 时,干燥速率 u 为零。此阶段由图中的 $\overset{\frown}{CDE}$ 曲线所表示,称为降速干燥阶段。

(二) 恒速干燥阶段与降速干燥阶段

由上述实验曲线可知,在恒定干燥条件下,干燥过程主要包括两个阶段:恒速干燥阶段(由于物料的预热阶段时间很短,常并入恒速干燥阶段)和降速干燥阶段。

(1) 恒速干燥阶段 此阶段中物料表面充满着非结合水分,这是由于物料内部水分向表面的扩散速率大于表面水分的汽化速率,使物料表面始终被非结合水分充分润湿,物料表面的温度近似等于热空气的湿球温度,汽化的水分全部为非结合水分。因此,恒速干燥阶段的干燥速率只取决于物料表面水分的汽化速率,即取决于物料外部的干燥条件,与物料的性质和含水量多少无关,因而恒速干燥阶段又称为表面汽化控制阶段。

(2) 降速干燥阶段 当物料的含水量降至 C 点(对应的含水量为 X_0)之后,便转入降速阶段,故 C 点是一个临界点,X_0 称为临界水分或临界含水量。此时水分自物料的内部向表面的扩散速率开始低于物料表面水分的汽化速率,物料表面逐渐出现"干区",结合水分开始发生汽化,物料的温度也随之上升,随着物料内部含水量的不断减少,水分向表面的扩散速率也不断降低,于是,汽化表面逐渐向物料内部移动,干燥速率也就愈来愈低。在此阶段中,干燥速率的大小取决于物料本身的结构、形状和尺寸,而与外部的干燥介质条件关系不大,所以降速干燥阶段又称为物料内部扩散控制阶段,此阶段除去的水分为剩余的非结合水分和一部分结合水分。

降速干燥阶段的干燥曲线的形状随物料结构与水分存在形态不同而异,一般均通过实验测得,如图 9-21 所示降速干燥阶段的干燥曲线又分为第一降速阶段 CD 和第二降速阶段 DE,后者比前者随 X 减小降速更快。但也有物料只有一种降速阶段。

(3) 临界水分 X_0 前述干燥过程的两个阶段是以物料的临界水分 X_0 来区分的,X_0 值愈大,干燥过程将较早地转入降速阶段,使在相同的干燥任务下所需的干燥时间愈长。

X_0 的值不仅与物料的性质、尺寸大小或堆积厚度有关,还与干燥介质条件(t、H、流速等)及干燥器类型有关。在一定的干燥条件下,物料层愈厚,物料内部水分的扩散阻力愈大,X_0 也愈高;干燥介质的温度或流速愈高,湿度愈低,则恒速阶段的干燥速率愈大,进入降速干燥阶段愈早,即 X_0 愈大。读者可试从水分在物料内部扩散速率与表面汽化速率的关系来理解这些现象。与干燥器类型的关系将在本章第五节中讨论。

三、恒定干燥条件下干燥时间的计算

在恒定干燥条件下,物料从干基含水量 X_1 干燥到 X_2 所需的时间 τ 的计算,可根据在相同条件下测定的干燥速率曲线和式(9-47)求取。

（一）恒速干燥阶段

恒速干燥阶段的干燥速率为常数，并等于临界水分 X_0 下的干燥速率 u_0，根据式(9-47) 有

$$u_0 = -\frac{G_C \mathrm{d}X}{A \mathrm{d}\tau} \tag{9-47a}$$

将上式分离变量后积分

$$\int_0^{\tau_1} \mathrm{d}\tau = -\frac{G_C}{Au_0}\int_{X_1}^{X_0} \mathrm{d}X$$

则

$$\tau_1 = \frac{G_C}{Au_0}(X_1 - X_0) \tag{9-48}$$

（二）降速干燥阶段

降速干燥阶段的干燥速率 u 随物料中的瞬时自由水分量 $(X - X^*)$ 而变化，自由水分愈少，干燥速率愈小，故 u 可表示为 $(X - X^*)$ 的函数，即有

$$u = -\frac{G_C \mathrm{d}X}{A \mathrm{d}\tau} = f(X - X^*)$$

若要求物料的最终含水量为 X_2，则降速干燥阶段所需的干燥时间 τ_2 为

$$\tau_2 = -\frac{G_C}{A}\int_{X_0}^{X_2}\frac{\mathrm{d}X}{f(X-X^*)} = \frac{G_C}{A}\int_{X_2-X^*}^{X_0-X^*}\frac{\mathrm{d}(X-X^*)}{f(X-X^*)} \tag{9-49}$$

如果已获得实验干燥速率曲线，则 $f(X-X^*)$、X_0、X^* 均为已知，可用图解积分法求取式(9-49)中的积分值，如图 9-22 所示，纵坐标为 $\dfrac{1}{f(X-X^*)}$，横坐标为 $(X-X^*)$，其积分限为 $(X_2-X^*) \sim (X_0-X^*)$。

当缺乏物料在降速阶段的干燥速率实验曲线时，可用近似计算处理，即假设在降速阶段中 u 与物料中的自由水分含量 $(X-X^*)$ 成正比，相当于图 9-21 中用 C 点 (X_0) 与 E 点 (X^*) 的联线 $\overline{CE}$ 代替 $\overparen{CDE}$ 曲线，则可得

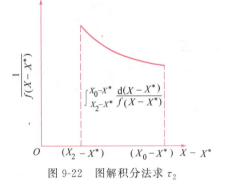

图 9-22　图解积分法求 τ_2

$$u = -\frac{G_C}{A}\cdot\frac{\mathrm{d}X}{\mathrm{d}\tau} = K(X - X^*) \tag{9-50}$$

式中　K——比例系数，$\mathrm{kg/(m^2 \cdot h)}$，即 $\overline{CE}$ 线的斜率。

上式分离变量得

$$\int_0^{\tau_2}\mathrm{d}\tau = -\frac{G_C}{KA}\int_{X_0}^{X_2}\frac{\mathrm{d}X}{X - X^*} = -\frac{G_C}{KA}\int_{X_0-X^*}^{X_2-X^*}\frac{\mathrm{d}(X-X^*)}{X - X^*}$$

积分可得

$$\tau_2 = \frac{G_C}{KA}\ln\frac{X_0 - X^*}{X_2 - X^*} \tag{9-51}$$

物料所需的干燥时间 τ 为

$$\tau = \tau_1 + \tau_2 \tag{9-52}$$

● **【例9-12】** 在恒定干燥条件下的间歇式干燥器内,已得物料的干燥速率曲线如图9-21所示。若将该物料由湿基含水量27%干燥到5%,湿物料的处理量为200kg,其干燥表面积为 $0.025 \text{m}^2/\text{kg}$ 干物料。试确定该物料干燥所需时间。

解 绝干物料量由式(9-31)得

$$G_C = G_1(1-w_1) = 200 \times (1-0.27) = 146 \text{kg}$$

干燥总表面积为

$$A = 146 \times 0.025 = 3.65 \text{m}^2$$

物料的干基含水量为

$$X_1 = \frac{w_1}{1-w_1} = \frac{0.27}{1-0.27} = 0.370 \text{kg 水/kg 干物料}$$

$$X_2 = \frac{w_2}{1-w_2} = \frac{0.05}{1-0.05} = 0.0526 \text{kg 水/kg 干物料}$$

由图9-21查得该物料的临界含水量 $X_0 = 0.20$ kg 水/kg 干物料,平衡含水量 $X^* = 0.05$ kg 水/kg 干物料。

由于 $X_2 < X_0 < X_1$,所以此干燥过程包括恒速干燥与降速干燥两个阶段。

① 恒速干燥阶段:每1kg 干物料除去的水分量为 (X_1-X_0)。由图9-21查得 $u_0 = 1.5 \text{kg}/(\text{m}^2 \cdot \text{h})$,于是由式(9-48)得

$$\tau_1 = \frac{G_C}{u_0 A}(X_1-X_0) = \frac{146}{1.5 \times 3.65} \times (0.370-0.20) = 4.53 \text{h}$$

② 降速干燥阶段:除去的水分量为 (X_0-X_2),若用近似计算法,则 $\overline{CE}$ 线的斜率为

$$K = \frac{u_0}{X_0-X^*} = \frac{1.5}{0.20-0.05} = 10$$

于是,由式(9-51)得

$$\tau_2 = \frac{G_C}{KA}\ln\frac{X_0-X^*}{X_2-X^*} = \frac{146}{10 \times 3.65}\ln\frac{0.20-0.05}{0.0526-0.05} = 16.22 \text{h}$$

因此,每批物料所需干燥时间(即物料在干燥器内需停留的时间)为

$$\tau = \tau_1 + \tau_2 = 4.53 + 16.22 = 20.75 \text{h}$$

由此可见,要干燥等量的水分,降速阶段所需的干燥时间远比恒速阶段为长,而且,物料的含水量愈接近平衡水分,干燥速率愈低。

在实际干燥器中,空气的状态是在不断变化的,不可能保持恒定的干燥条件,这时往往需要将物料衡算、热量衡算与传热速率方程和传质速率方程联立求解,以确定干燥所需时间。但由于在不同条件下传热系数与传质系数没有统一的计算式,因此到目前为止,不同形式的干燥器设计时,仍采用经验或半经验方法,读者可进一步参阅有关书籍。

▲ 学完本节后读者可完成习题9-13、思考题9-2。

第五节 干 燥 器

一、对干燥器的要求

工业生产中被干燥物料的性状和对产品质量的要求是多种多样的，例如，物料的形状：有块状、片状、饼状、纤维状、颗粒状、粉状、浆状、悬浮液、膏糊状、连续薄层或某种定型体等。物料的结构与干燥特征：有多孔疏松的、有结构紧密的；有的主要含有非结合水分，有的含有较多的结合水分；有热敏性物料；有的物料容易结团、收缩、变形、龟裂等。

对干燥产品而言，首先要保证物料各部分干燥的均匀性和达到工艺要求的最终含水量，同时根据物料的情况又有不同的质量要求。有的要求保证化学组成和几何形状的不变性，颗粒物料要求有一定的堆积密度和一定的粒度、流动性或易溶性，有的必须防止干燥中的污染，有的湿分还需要回收利用等。

物料和产品质量要求的多样性，带来了干燥器的多样性。每一类型的干燥器也都各有其适应性和局限性。总体来说，对干燥器有以下要求：

① 适应性强，能满足干燥产品的质量要求；
② 设备生产强度高，生产强度可用单位时间、单位设备容积内除去的水分量来表示，其单位为 $kg/(m^3 \cdot s)$；
③ 热效率高；
④ 设备系统的流体阻力小，以节约流体输送的能耗；
⑤ 本体结构和附属设备比较简单，投资费用低；
⑥ 操作控制方便。

对一种干燥设备要同时满足上述各项要求是较困难的，但这些要求可以作为干燥设备的评价依据。

二、干燥器的分类

干燥器除可按操作压强（常压、真空）、操作方式（间歇、连续）和加热方式（对流、传导、辐射、介电）来分类以外（见第一节），还可按湿物料的运动方式、气流的运动方式和结构特征来分类。了解这些分类的基本特点，有助于针对不同的干燥要求选择适当的干燥方式和干燥器结构，并且可以指明不同干燥器的改进方向。

（一）按湿物料在干燥器中的运动特点分类

（1）相对静止式干燥器 湿物料之间不发生相对运动，故物料与热源的接触面积是一定的。这类干燥器对物料的适应性很广，物料在干燥器内的停留时间相同，但物料不同部位的干燥条件较难保持一致，特别在对流干燥条件下，干燥介质的分布难以完全均匀，介质状态也在不断变化。这类干燥器又可分为湿物料完全静止与湿物料发生整体移动两种。前者如厢式干燥器，它必然是间歇操作；后者则可以连续操作，包括输送机式干燥器（物料在固定的干燥室内由不同的输送机构带动而发生整体移动，例如由一长列逐步移动的物料小车构成的洞道式干燥器、由输送带或输送链驱动的输送带式干燥器）、滚筒式干燥器（物料在干燥旋转滚筒外部表面上一起运动）等。

（2）搅动式干燥器 由于外力的作用使湿物料各部分之间发生不同程度的相对运动，物料的搅动使干燥器内空间各处的干燥条件变得比较均匀，有利于物料与热源的接触，提高干燥强度。但由于物料受到的搅动往往具有一定的随机性，因此，物料在干燥器内的停留时间与被加热的时间不能保证完全均匀。

这类干燥器随搅动方式不同可分为立式干燥器（颗粒物料借本身重力逐渐下降并与热气流接触）、机械搅拌式干燥器（器身固定，内部设有不同形式的机械搅拌装置，使物料发生相对运动与混合）、回转式干燥器（器身旋转使物料发生相对运动）、流化床式和气流式干燥器（利用气流速度使颗粒物料分散悬浮并作相对运动）、振动式干燥器（干燥器本身在偏心轮作用下发生往复运动，同时由下而上通入气流，使颗粒物料在机械力和气流双重作用下半悬浮的跳跃前进，因而它兼有流化床式和输送机式干燥器的某些长处）。

（3）喷雾式干燥器 它专用于处理液态物料的直接干燥，即将液体雾化成细滴分散到热气流中，使液滴迅速汽化，因而它主要使用对流加热方式。

（二）按气流运动方式分类

在以上这些干燥器中，对流干燥是最常遇到的。在连续干燥时，按物料与气流间的总体流动方式可分为并流、逆流和错流三种。

（1）并流干燥 含水量高的初始湿物料首先与高温低湿度的干燥介质相遇，干燥推动力最大，随物料向前移动，推动力逐渐减少。由于物料在干燥前期属于恒速干燥阶段，其表面温度不会超过空气的湿球温度，而废气出口处的温度最低、湿度最高，故出口处的物料含水量就不可能降得很低，温度也不会过高。因此这种干燥操作适于湿物料允许快速干燥（非结合水含量高）而干物料又不耐高温的场合，以及干物料吸湿性低或最终含水量较高的场合。

（2）逆流干燥 这时整个干燥器内的干燥推动力比较均匀，故较宜于干物料能耐高温、但湿物料不宜快速干燥（如陶瓷坯料）以及要求产品含水量较低的场合。

（3）错流干燥 常用于颗粒物料如谷物等的干燥。颗粒物料总体移动方向与气流方向垂直。这时由于干燥推动力普遍较高，干燥能力及强度较大，但由于气流量增加，故热效率通常较低。

在生产实践中，往往根据具体情况对气体运动方式采用不同的组合，也常利用废气循环来调节干燥介质的状态以求达到最佳的效果。下面将以一些典型干燥器为例说明其结构特征。

● 读者可结合本节对干燥器的分类特征进一步理解和分析它们的优缺点和应用场合。

三、常用干燥器简介

（一）厢式干燥器

图9-23为一常压厢式干燥器，又称盘架式干燥器。湿物料置于厢内支架上的浅盘内，

浅盘装在小车上推入厢内。空气由入口进入干燥器与废气混合后进入风扇,出来的混合气一部分由废气出口放空,大部分经加热器加热后沿挡板尽量均匀地掠过各层湿物料表面,增湿降温后的废气再循环进入风扇。湿物料经干燥一定时间达到产品质量要求后由干燥器中取出。

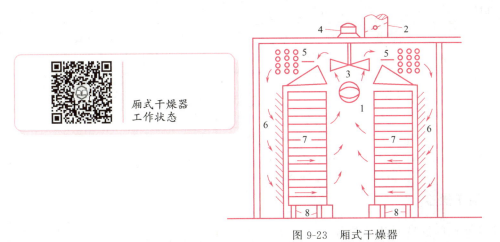

图 9-23 厢式干燥器

1—空气入口;2—废气出口;3—风扇;4—电动机;5—加热器;6—挡板;7—盘架;8—移动轮

厢式干燥器的优点是:结构简单,制造较容易,设备投资少,适应性较大,可以同时干燥多种不同物料。适用于干燥小批量的粒状、片状、膏状物料和较贵重的物料,或易碎、脆性物料;干燥程度可以通过改变干燥时间和干燥介质状态来调节。

其缺点是:由于料层是静止的,气流并行掠过各层表面,故产品的干燥程度不均匀,生产能力低,装卸物料劳动强度大,操作条件较差。为提高干燥的均匀性和干燥速率,可改成穿流式,即在浅盘底部开出许多通气小孔,使干燥介质穿过料层,但结构相对较复杂。

(二) 转筒干燥器

它是一种连续操作的对流回转式干燥器,主要用于干燥块状或粒状物料。如图 9-24,其主体是与水平面稍成倾斜的慢速旋转圆筒,直径一般

为 0.3~6m,长度与直径之比通常为 4~8。物料自高端加入,低端排出。为使物料均匀分散并与干燥介质密切接触,也使物料向排出口逐渐移动,在筒壁装有各种形式的抄板,用以升举和洒落物料,如图 9-25 所示。

转筒干燥器常用的干燥介质是热空气,也可用烟道气或其他气体。干燥介质与物料在筒内可作总体上并流或逆流流动。气流速度通常较低,以减少粉尘的飞扬和随气流带出。若物料粒径在 1mm 左右,气速为 0.3~1.0m/s;物料粒径为 5mm,气速以小于 3m/s 为宜。

物料在干燥器内的停留时间可借调节转筒的转速而改变,以保证产品的含水量降至要求值。通常转筒转速为 0.5~4r/min,物料在干燥器内的停留时间为 5min~2h。

转筒干燥器的主要优点是:生产能力和生产强度大,操作稳定可靠,流体阻力小,产品质量均匀。其缺点是:结构复杂,设备笨重,金属消耗大,热利用率低,传动与密封部分安装维修比较复杂,占地面积大,物料在筒内上下起落易于破碎,并使出口气体带尘等。

为保证产品洁净,避免受到介质污染,也可设计成通过壁面传导的间壁加热方式。

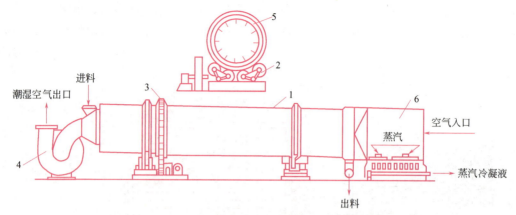

图 9-24　热空气直接加热的逆流操作转筒干燥器
1—圆筒；2—支架；3—驱动齿轮；4—风机；5—抄板；6—蒸汽加热器

（三）气流干燥器

它是并流操作的连续对流干燥器，主要用于分散状物料的干燥，如图 9-26 所示。其主体为直径约 0.2～0.85m 的直立干燥管，管长约 10～20m。空气由风机吸入，经预热器预热至指定温度后进入干燥管底部。湿物料经料斗由螺旋加料器连续送入干燥管，在干燥管中被高速上升的热气流分散并呈悬浮状和热气流一起向上运动，物料被迅速加热使其中水分不断汽化，到干燥管上端达到规定的干燥要求。干燥管空截面气速一般可达 10～20m/s，也有高达 20～40m/s，干燥产品随气流进入旋风分离器与废气分离后被收集。主要用于适宜并流干燥的晶体或小颗粒物料，如聚氯乙烯、氯化钾等。

气流干燥器工作状态

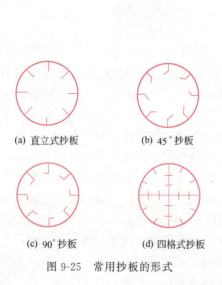

(a) 直立式抄板　　(b) 45°抄板

(c) 90°抄板　　(d) 四格式抄板

图 9-25　常用抄板的形式

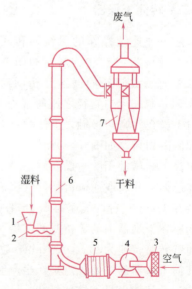

图 9-26　气流干燥器
1—料斗；2—螺旋加料器；3—空气过滤器；4—风机；
5—预热器；6—干燥管；7—旋风分离器

气流干燥器的主要优点如下。

① 生产强度高　由于物料粒子分散于气流中，干燥表面积大，粒子与热气流间有一定的相对速度，体积对流传热系数可达 $2.3 \sim 7 kW/(m^3 \cdot ℃)$，比转筒干燥器约可增加一个数量级。干燥介质允许采用较高的入口温度。粒子所需干燥时间短，约在 $0.2 \sim 5s$ 之间，故适用于热敏性物料除去其非结合水分。

② 热能利用较好　由于允许采用高温气体，空气消耗量相对较小，同时气流干燥器的散热面积小，热损失也小，故热效率较高。

③ 结构简单，设备紧凑，操作连续稳定、方便，造价低，占地面积小。

气流干燥器的主要缺点如下。

① 由于气流速度与气固混合物流动阻力大，需要消耗较高的输送动力。

② 物料对器壁的磨损比较严重，物料也易被破碎或粉化。

③ 细粉物料回收较为困难，要求配置高效的粉尘捕集装置。

④ 由于物料在干燥器内停留时间短，不适用于需要除去较多结合水分的情况。

⑤ 对原料的适应性和操作调节性能较差。

（四）沸腾床干燥器（又称流化干燥器）

沸腾床干燥和气流干燥都是流态化技术在干燥过程中的应用，都适用于分散状物料。图 9-27 所示是一种单层圆筒沸腾干燥器。散粒状湿物料由进料器加入到筒内多孔分布板上方，空气由风机抽入经加热后自下而上通过分布板与物料层接触。当按空截面计算的气流速度较低时，颗粒层静止堆积于分布板上，气流在颗粒间的空隙中通过，这样的颗粒层称为固定床。当气速继续增大时，颗粒开始松动，床层略有膨胀，但颗粒间仍保持接触。气速再增高超过某一定值时，颗粒开始在床层中悬浮，此时形成的气固两相混合床层称为流化床。在流化床中，颗粒作剧烈不规则运动，大体是在中央上升而沿器壁流下，但并不脱离床层，因此床层有一个起伏的上界面，床层内部除有较均匀的气固混合相外还有含固体量很少的气泡穿过床层，这些都与液体沸腾情况有些类似，故又称为沸腾床。由固定床转为流化床时的空截面气速称为临界流化速度。气速增大，流化床层随之膨胀增高。若气速再增至与颗粒间的相对速度等于颗粒的自由沉降速度时，颗粒即同气流一起向上运动而转变为相当于气流干燥的状态，此时的空截面气速称为带出速度。可见沸腾床干燥器中的适宜气速应在临界流化速度与带出速度之间，这时颗粒在热气流中上下翻动、互相混合和碰撞，与热气流间进行迅速的热、质传递使物料干燥。流化床层宏观地具有类似液体的流动性，因此，经干燥后的颗

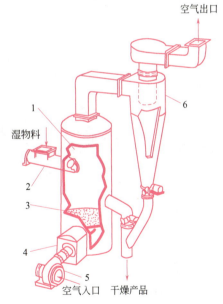

图 9-27　单层圆筒沸腾床干燥器
1—沸腾室；2—进料器；3—分布板；4—加热器；5—风机；6—旋风分离器

粒产品可由床层侧面出料管溢流卸出，气流则由顶部排出，经旋风分离器回收其中夹带的粉尘。

沸腾床干燥器的主要优点是：颗粒在器内平均停留时间比在气流干燥器内长，而且进出物料的速度、气流的温度和速度调节都比较方便，因而产品的最终含水量可较低，对物料适应性较好；由于气固两相间接触良好，床内温度比较均匀，其体积对流给热系数与气流干燥器中相仿，但气体流速比气流干燥中低得多，因此器壁的磨损和物料的破碎程度较轻，除尘负荷和流体阻力较小；结构简单、紧凑、造价低，可动部件少、维修费用较低，便于连续操作，也可以间歇操作。

其主要缺点是：物料的干燥程度不够均匀，这是由于在沸腾床中可能出现局部物料的短路和返混，使物料在床内的停留时间有较大的区别。

当散状物料干燥存在降速阶段时，采用沸腾干燥较为有利。对干燥要求较高或所需干燥时间较长的物料，可采用图 9-28 所示的卧式多室沸腾床干燥器。它可按干燥要求向各室中通入不同状态的干燥介质，物料从一室溢流至下一室，使干燥停留时间趋于均匀。

（五）喷雾干燥器

喷雾干燥是用特制的喷雾器将料液（溶液、乳浊液、悬浮液、浆料等）喷成细雾滴分散于热气流中，使水分迅速蒸发而得到粉状干燥产品。图 9-29 所示为一种喷雾干燥的流程图。干燥介质可用热空气或烟道气，根据需要，温度可达 500～1000K。

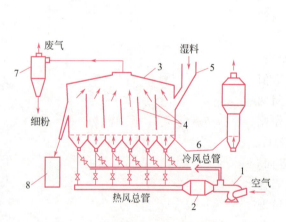
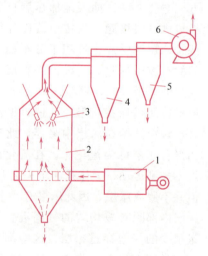

图 9-28　卧式多室沸腾床干燥器简图
1—风机；2—预热器；
3—干燥室；4—挡板；5—料斗；
6—多孔板；7—旋风分离器；8—干料桶

图 9-29　喷雾干燥流程图
1—热风炉；2—喷雾干燥器；
3—压力喷嘴；4——次旋风分离器；
5—二次旋风分离器；6—排风机

喷雾干燥的主要优点如下。

① 由料液直接得到粉粒状产品。通常可用于处理含水量在 40%～60% 甚至高达 90% 的物料，可省去如蒸发、结晶、分离、粉碎等某些中间过程，从而简化了生产流程。

② 干燥时间很短。物料以极细雾滴分散在气流中，干燥表面积很大（1L 料液如雾化成 50μm 的细液滴，其表面积可达 120m^2），因而干燥过程很快，一般只需几秒至几十秒。

③ 干燥过程中液滴的温度不高，产品质量好。这是由于液滴在高温气流中表面温度仍接近气流的湿球温度，因而适用于热敏性物料的干燥。

④ 可利用喷雾器与气流参数的改变，调节雾滴的大小、汽化速度快慢与停留时间长短，得到所要求的一定大小的实心或空心的具有良好的分散性、流动性和易溶性的干燥颗粒。

⑤ 操作过程控制方便，适宜于连续化、自动化的大规模生产。

⑥ 能改善生产环境和劳动条件。喷雾干燥是在密闭的干燥塔内进行的，可以避免粉尘飞扬，对有毒气、臭气的物料，还可采用封闭循环的生产流程，防止对大气的污染。

其主要缺点如下。

① 设备庞大，体积对流传热系数小。为避免液滴喷到干燥器壁上产生物料粘壁现象，一般干燥室直径较大（可达数米），为保证物料在器内的停留时间，干燥室一般也较高（可达 4～10m），所以其容积汽化强度小，体积对流传热系数约为 23～93W/(m^3·℃)。

② 干燥介质用量大，热效率低，输送能耗也较大。

③ 回收物料微粒的废气分离装置要求高。当生产粒径很小的产品时，废气中将会夹带 20%左右的粉尘，需用高效的分离装置，因而使后处理设备结构较复杂、投资费用增加。

虽然如此，由于喷雾干燥器具有某些不可替代的特点，在化工、轻工、食品、医药等工业中应用比较广泛，如乳粉、洗涤剂粉的干燥等。

喷雾器是喷雾干燥器的关键部分，它影响到产品的质量和能量消耗。喷雾分散度愈高，干燥效能愈大；雾化愈均匀，产品的含水量也愈均匀。在实际生产中，如果液滴尺寸分布不匀，往往会出现大液滴没干透，而小液滴已经过干的现象。因而，雾化器必须既保证料液的分散度，又能使粒度变化控制在较窄范围内。

常用的喷雾器一般有三种形式。

（1）压力式喷雾器　高压下的料液（3～20MPa）通过特制喷嘴转化为高速旋转的状态并高速喷出而形成细雾。这种喷雾器的单个生产能力和操作弹性都比较低，喷嘴也容易被磨损、腐蚀或堵塞，产品粒度不够均匀；但价格较廉，动力消耗较低，可制备粗颗粒产品。

（2）转盘式喷雾器　料液经不同结构的高速转盘受到强大的离心力作用而分散，一般转盘转速为 4000～20000r/min，圆盘圆周速度为 100～160m/s。这种形式的喷雾器生产能力较大，产品粒度比较均匀，调节性能较好，适应性较强，但产品颗粒较粗，价格和安装要求都较高。

（3）气流式喷雾器　用表压为 200～700kPa 的压缩空气通过喷嘴将液体喷出，利用气流的高速运动（一般为 200～300m/s），使气流与料液间存在相当高的相对速度和剪切力，料液先形成液膜并继续被拉成丝状再分裂成细小的雾滴。这类喷雾器可用来处理黏度较大的料液并可制备细粒状产品，但动力消耗很大。

（六）滚筒式干燥器

滚筒式干燥器是间接加热的连续干燥器，单滚筒和双滚筒式适用于溶液、悬浮液、胶体溶液等流动性物料的干燥，而多滚筒式则用于连续薄层物料如纸张、织物等的干燥。图 9-30 所示为一种双滚筒式干燥器。滚筒内通有加热蒸汽，通过筒壁将热量传给湿物料。两滚筒旋转方向相反，图中湿物料由上部加入，随滚筒的缓慢旋转，被干燥物料呈薄膜状附着于滚筒外而被干燥，干燥后的产品由刮刀刮下。滚筒转速视干燥所需时间而定。由于湿物料不存在相对运动，故筒壁上的料层厚度有一定的限制，一般为 0.3～5mm 左右，可用两滚筒间的空隙来调节。

滚筒干燥器与喷雾干燥器相比，具有动力消耗低、投资少、维修费用低、干燥温度和时间易调节等优点，但其生产能力小，劳动条件较差。

（七）红外线辐射器

利用表面涂有特殊辐射材料（如 TiO_2、ZrO 和 Fe_2O_3 等金属氧化物）的辐射器发出的近红外线（波长为 0.76～3μm）或远红外线（波长为 3～1000μm）直接投射在被干燥的物料

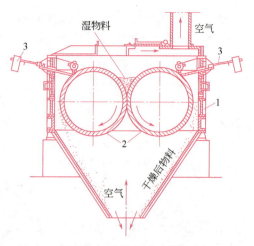

图 9-30　双滚筒式干燥器
1—外壳；2—滚筒；3—刮刀

上，被物料吸收后转变成热能使湿分汽化。物料不同，对红外线的吸收能力也不同。如氢、氮、氧等双原子的分子不吸收红外线，而水、溶剂、树脂等有机物则能较好地吸收红外线。此外，红外辐射首先在物料表层被吸收，转化的热能以传导等方式向物料内部传递。因此，红外线干燥器主要用于薄层物料或物料表层的干燥，如油漆表面的干燥，并可与其他加热方式结合使用。

红外线干燥器的设备简单，操作方便灵活，可以适应干燥物品几何形状的变化（例如沿物料表面不同位置设置红外辐射源）；能保持干燥系统的密闭性，以避免干燥过程中溶剂或毒物挥发对人体的危害以及避免空气中的尘粒污染。因此，广泛应用于化工产品、药品、食品加工以及机械、印染等行业，但其能量消耗较大。

四、干燥器的选用

在化工生产中，为完成一定的干燥任务，需要选择适宜的干燥器形式。目前干燥器的选型还带有很大的经验性。通常应考虑以下几个方面。

① 物料和产品的特点。如物料的形态和性质、颗粒的粒度和强度、初始含水量及水分存在形式，物料是否有毒、易燃、易氧化，产品要求的最终含水量，最高允许温度，产品是否允许污染等。物料的干燥特性一般应先经过实验测定。

② 与生产过程有关的条件。如物料处理量，生产能力，干燥要求以及干燥操作前后工序的情况，除去的湿分是否需要回收等。

③ 干燥器的操作性能和经济指标。

经上述三方面的综合考虑，对各类干燥器进行比较筛选，然后进行小试或中试，寻找最适宜的操作条件，最后根据设备投资费用和操作费用进行经济核算，从中选出最适宜的干燥器类型，并确定其规格和尺寸。

在表 9-1 中列出了不同结构形式干燥器的分类特征、适用的物料特征和用途示例，可供选型参考。

表 9-1　干燥器的分类特征和适用范围

干燥器的结构形式		湿物料运动方式	加热方式				操作过程		操作压强		适用的湿物料形态									用途示例
			对流式	传导式	辐射式	介电式	间歇式	连续式	常压	真空	大型件	片状	块状	粒状	粉状	短纤维状	连续薄层	液状	浆状	膏糊状	
厢式	常压厢式	相对静止式	✓	△	△	△	✓		✓		△	✓	✓	△	✓					△	各种小批量物料
	真空厢式			✓	△	△	✓			✓		✓	✓	△	✓						小批量热敏性物料
输送机式	洞道式		✓					✓	✓		△	✓	✓	△							木材、陶瓷制品
	输送带式		✓	△	△			✓	✓			✓	✓	△							烟叶、矿石、肥皂
滚筒式	单、双滚筒式			△				✓	✓	✓									✓	△	牛奶、淀粉浆
	多滚筒式			△				✓	✓								✓				纸张、织物
立式			✓					✓	✓					✓	✓						粮食、矿石
机械搅拌式			✓	✓			✓	✓	✓					✓	✓			△			染料、药品
回转式	直接式回转圆筒	搅动式	✓	△				✓	✓		△		✓	✓							粮食、矿石
	间接式			✓				✓	✓					✓	△						不黏附的粉、粒状
	百叶窗式		✓					✓	✓					✓							粮食、焦炭
流化床式	沸腾式		✓					✓	✓					✓	✓						粮食、粒肥
气流式			✓					✓	✓					✓	△				△		塑料粉、盐类
振动式			✓					✓	✓				△	✓							食糖、矿石
喷雾式			✓					✓	✓									✓	△		蛋粉、洗涤剂
组合式			✓	△	△	△		✓	✓		✓			✓	✓		✓	✓	✓	✓	染料等膏状物

注：✓表示常用；△表示一定条件下可用或与其他方式结合使用。

● 读者也可结合其分类特征思考一下，为什么不同干燥器各有其不同的适用对象与范围？并可进一步考虑一下它们固有的一些缺点以及可能采取的改进措施。例如，如何改进对流干燥器中气流的均匀分布、搅动式干燥器中物料的停留时间分布，如何采用各种组合流动方式、加热方式或结构形式以取长补短，使干燥器的性能和经济指标得以不断提高。

▲ 学完本节后读者可完成思考题 9-1、9-10。

【案例 9-1】 微波干燥

由教材例 9-12 知，降速干燥时间远大于恒速干燥时间，其原因在于结合水分的干燥要比非结合水分困难得多。如何提高降速干燥阶段的速率？微波干燥是有效方法之一。

微波是一种高频电磁波，频率为 300～300000MHz，其波长为 1～1000mm。常用的微波频率为 915MHz 和 2450MHz。微波具备电场所特有的振荡周期短、穿透能力强、与物质相互作用可产生特定效应等特点。介质对微波场的极化，表现为对电场电流密度的损耗，介电常数越大，损耗越大。聚酯、聚氯乙烯的介电常数小于 5（300MHz），而水的介电常数为 75.5。多数蔬菜的介电常数小于 5（2450MHz）。湿物料处于振荡周期极短的微波高频电场内，其内部的水分子（介电常数大）会发生极化并沿着微波电场的方向整齐排列，而后迅速随高频交变电场方向的交互变化而转动，并产生剧烈的碰撞和摩擦（每秒钟可达上亿次），结果一部分微波能转化为分子运动能，并以热量的形式表现出来，使水的温度升高而离开物料。外部加入空气带走物料蒸发的水分，从而使物料得到干燥。微波干燥的特点是热、质传递方向相同（对流干燥设备的热、质传递方向相反），干燥速率高，特别适用于粮食、果蔬、药材类产品干燥。微波带式干燥器已广泛用于各种胶泥状物料和小尺寸、扁平状、条状物料的低温干燥。

将微波干燥与传统干燥方式相结合是一种提高干燥效率的方法：①对水分含量特别大的物料，将微波用于预热，然后用普通干燥器进行干燥。②用对流干燥设备干燥非结合水分；当进入结合水分干燥（降速阶段）阶段，用微波干燥或者将微波能加入普通干燥器，以提高降速阶段干燥速率。例如，微波辅助流化床干燥可以有效缩短干燥时间，提高均匀性和产品质量。

由于干燥介质的多样性与复杂性，水分在干燥介质内部传递机理并非完全清楚。针对不同的介质，微波干燥设备以及微波干燥与传统干燥方式相结合方法都有待深入研究。例如，微波干燥的选择性，使水分含量高的部位吸收热量多，水分散失快，而且温升也高于其他部位。温度升高则分子运动更加活跃，又使物料吸收微波的能力加强。二者相互作用，加剧干燥不均，这种现象叫"干层热失速"。热失速是微波干燥器设计时必须注意的问题。另外，微波对人体是有害的，设备必须有防止微波泄漏的措施。对于连续干燥设备，在物料进出口处，需增加专用的抑制器防止微波泄漏。

【案例 9-2】 热风循环干燥设备设计

在喷墨印刷（印花）领域，很多情况下在喷墨打印之后都需要对干燥设备进行干燥以脱除湿分。市场上多采用红外灯管作为热源提供干燥所需能量，加热物料和空气（风扇提供），流动的空气可以带走蒸发出来的湿分（水分或者其他溶剂）。这种干燥模式的缺点是热风没有循环，致使热风带走大量的能量造成能量利用率不高。针对以上情况，张浩勤等设计了一种喷墨打印产品的热风循环干燥设备（详见中国专利 202123078331.1）。

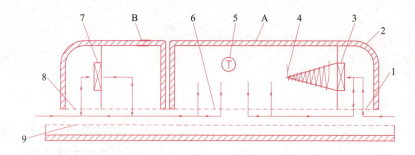

图 9-31 热风循环干燥设备结构示意图
A—高温循环风区；B—低温循环风区；1—进风口；2—保温层；3—高温区风机；
4—电加热器；5—温度测定仪；6—底部喷孔板；7—低温区风机；8—出风口；9—开孔的打印介质支撑板

如图 9-31 所示，设备为密闭的腔体，腔体内分割为独立、并列的高温循环风区（A）和低温循环风区（B），腔体外有保温层（2），腔体底部相连通，且有喷孔板（6），底部两侧分别设有进风口（1）和出风口（8）。在高温循环风区（A）内设置有风机

(3)、电加热器（4）和温度测定仪（5），在低温循环风区（B）内设置有风机（7）。底部喷孔板（6）由密集开孔区和稀开孔区组成。

依据射流传热理论，通过精确计算的喷孔板，使热风与紧贴支撑板运动的干燥介质进行接触，实现传热、传质，并促使相应的化学反应过程进行。设备通过精确计算的流道设计，实现控制介质温度分布和停留时间的功能，在完成干燥水分功能的同时，控制化学反应所需要的温度和反应时间。同时，两次热风循环使用极大地提高了热能利用率。根据测算，在完成同样干燥任务时，与早期的红外干燥器相比，节能50%以上。

该案例表明，化工原理知识为解决实际问题提供了基础理论，涉及设备时要和机械、自动控制等专业人员合作开发。

思考题

9-1 说明下列各组中不同干燥方式的特点及其运用场合

$\begin{Bmatrix}传导干燥\\对流干燥\end{Bmatrix}$ $\begin{Bmatrix}并流干燥\\逆流干燥\end{Bmatrix}$ $\begin{Bmatrix}间歇干燥\\连续干燥\end{Bmatrix}$ $\begin{Bmatrix}常压干燥\\真空干燥\end{Bmatrix}$ $\begin{Bmatrix}物料相对静止式\\物料搅动式\end{Bmatrix}$

9-2 对下列各组的概念、定义、特点以及影响因素加以分析，并说明它们的基本区别

$\begin{Bmatrix}临界水分\\平衡水分\\自由水分\\结合水分\\非结合水分\end{Bmatrix}$ $\begin{Bmatrix}湿球温度\\绝热饱和温度\\露点\end{Bmatrix}$ $\begin{Bmatrix}湿度\\相对湿度\\湿基含水量\\干基含水量\end{Bmatrix}$ $\begin{Bmatrix}恒速干燥阶段\\降速干燥阶段\end{Bmatrix}$

9-3 表示湿空气性质的参数有哪些？如何确定空气的状态？在总压一定时，哪些参数彼此是等价的？

9-4 一定水汽分压 p_W 和温度 t 的湿空气，若总压 p 略有增加，其他状态参数（H、φ、t_d、t_{as}、v_H）会有什么变化？

9-5 为什么可用干、湿球温度计来测定空气的湿度？

9-6 说明空气的下列四种过程的特点：①绝热饱和过程；②等焓过程；③等湿度下的升温过程；④等温下的增湿过程。并分析一定状态的初始湿空气在这些过程中其各状态参数（H、φ、p_W、t、p_S、t_W、t_{as}、t_d、I、v_H）将如何变化？它们在湿度图上如何表示？

9-7 一般干燥过程的物料衡算中的物料组成是以什么为基准的？为什么？热量衡算的基准态是什么？如果将本章中湿空气的各种性质，如 p_W、H、t_d、φ、I、v_H、c_H 等改为以 1kg 湿空气为基准时，哪些性质的数值会发生变化？

9-8 两吸湿性物料 A 和 B，它们具有相同的干燥面积。若在相同的恒定干燥条件下进行干燥，它们在恒速干燥阶段的干燥速率 u_A 和 u_B 是否相等？为什么？

9-9 干燥器出口废气温度的高低对干燥过程会有哪些影响？其温度选择受什么因素的限制？

9-10 试对教材中有示意图的几种干燥器，说明其分类特征并分析其可能的适用范围。

习题

9-1 已知空气中水汽分压为 3kPa，总压力 100kPa，求该空气的湿度。

［答：0.0192kg 水/kg 干气］

9-2 氮与苯蒸气的混合气体，在总压 100kPa、297K 时的相对湿度为 60%，试求每 1kg 氮气中苯蒸气含量。已知 297K 时的苯的饱和蒸气压为 12.2kPa。

[答：0.220kg 苯/kg 氮]

9-3 湿空气在总压 101.33kPa 下的湿度为 0.005kg 水/kg 干气。试用计算法求取：①该空气在 5℃ 时的相对湿度；②将该空气加热到 303K 时的湿度和相对湿度。

[答：①$\varphi_0=92.6$；②$\varphi_1=19.0\%$]

9-4 空气的总压力 101.33kPa，干球温度为 30℃，相对湿度为 70%。试求该空气的：①湿度 H；②饱和湿度 H_S；③水汽分压 p_W；④露点 t_d；⑤湿球温度 t_W；⑥焓 I；⑦湿空气比容 v_H。

[答：①$H=0.0188$kg 水/kg 干气；②$H_S=0.0272$kg 水/kg 干气；③$p_W=2.973$kPa；④$t_d=23.4$℃；⑤$t_W=25.5$℃；⑥$I=78.2$kJ/kg 干气；⑦$v_H=0.884$m³/kg 干气]

9-5 利用 I-H 图填附表中的空白

干球温度 t/℃	湿球温度 t_W/℃	湿度 H/(kg 水/kg 干气)	相对湿度 φ/%	热焓 I/(kJ/kg 干气)	水汽分压 p_W/kPa	露点 t_d/℃
50	30					
40						20
20			60			
		0.04		160		
30					1.5	

9-6 干球温度为 293K，湿球温度为 289K 的湿空气，经预热器温度升高至 323K 后送入干燥器，空气在干燥器中经历近似等焓（即绝热增湿）过程，离开干燥器时温度为 27℃，干燥器的操作压强为 101.33kPa。用计算法求解下列各项：①原始空气的湿度 H_0 和焓 I_0；②空气离开预热器的湿度 H_1 和焓 I_1；③100m³ 原始湿空气在预热过程中的焓变化；④空气离开干燥器时的湿度 H_2 和焓 I_2；⑤100m³ 原始湿空气绝热冷却增湿时增加的水量。

[答：①$H_0=0.00958$kg 水/kg 干气，$I_0=44.4$kJ/kg 干气；②$H_1=H_0$，$I_1=75.3$kJ/kg 干气；③$v_H=0.842$m³/kg 干气，$\Delta I=3670$kJ；④$H_2=0.0189$kg 水/kg 干气，$I_2=I_1=75.3$kJ/kg 干气；⑤1.107kg]

9-7 在某连续干燥器中，总压为 95kPa，每秒钟从被干燥物料中除去的水分量为 0.028kg。原始空气的温度为 15℃，相对湿度为 80%，离开干燥器的空气温度为 40℃，相对湿度为 60%。试求：①进入风机的原始空气流量，m³/h；②若预热至 95℃，用 200kPa（绝压）的饱和水蒸气加热，蒸汽用量（kg/h）为多少？

[答：①3909m³/h；②176kg/h]

9-8 一连续常压干燥器干燥某物料。已知湿物料的处理量为 1000kg/h，含水量由 40% 干燥到 5%（均为湿基）。试计算所需蒸发的水分量。

[答：368.5kg/h]

9-9 在常压连续干燥器中，将某湿物料从含水量 5% 干燥至 0.5%（均为湿基）。干燥器的生产能力为 7200kg 干料/h。已知物料进口温度为 25℃，出口为 65℃。干燥介质为空气，其初温为 20℃，湿度为 0.007kg 水/kg 干气，经预热器加热至 120℃ 进入干燥室，出口废气温度为 80℃，干物料的比热容为 1.8kJ/(kg·℃)。若不计热损失，干燥器内不补充加热。求干空气的消耗量及废气的湿度。

[答：$L=3.39\times10^4$kg 干气/h；$H_2=0.0168$kg 水/kg 干气]

9-10 在常压气流干燥器中干燥某树脂产品。干燥产品量为 250kg/h，产品的干基含水量为 0.01kg/kg，物料入口温度为 20℃，出口为 40℃；在干燥器中蒸发水分量为 35kg/h。原始空气温度为 15℃，湿度为 0.0072kg 水/kg 干气。已知空气用量为 2000kg 干气/h，经预热器加热至 90℃ 后通入干燥器。若干燥系统的热量损失为 1500kJ/h，绝干物料的平均比热容为 1.4kJ/(kg·℃)。试求气体出口温度和湿度。

[答：$H_2=0.0247$kg 水/kg 干气；$t_2=41.8$℃]

9-11 某湿物料在常压气流干燥器内进行干燥。湿物料处理量为 1kg/s，其含水量由 10% 降至 2%（以上均为湿基）。空气的初始温度为 20℃，湿度为 0.006kg 水/kg 干气，空气由预热器预热至 140℃ 进入干燥器。假设干燥过程近似为等焓过程。若废气出口温度为80℃，试求：预热器所需提供的热量及干燥过程的热效率。系统的热损失可忽略。

[答：$Q_P=431.4$ kW；$\eta=48.4\%$]

*9-12 为提高题9-11中的热效率，在其他条件不变情况下，将出干燥器的废气温度降低，则废气湿度将随之增加。试求：①若出口废气温度降为60℃时，预热器所需供热量和热效率；②若出口废气温度降至45℃，再经管道和旋风分离器继续降至35℃，问此时物料是否会返潮？

[答：①$Q_P=319$ kW，$\eta=64.5\%$；②当废气温度降至35℃时必有水析出而使物料吸湿]

9-13 某湿物料质量为20kg，均匀地铺在底面积为$0.5\,\mathrm{m}^2$的浅盘内，在恒定干燥条件下进行干燥。物料的初始含水量为15%，平衡水分为1%，临界水分为6%（以上均为湿基）。恒速干燥阶段的干燥速率为$0.4\,\mathrm{kg/(m^2 \cdot h)}$，假定降速干燥阶段的干燥速率与自由含水量（干基）之间呈线性关系，若将物料干燥至2%（湿基），所需干燥时间为多少？

[答：17.1h]

本章主要符号说明

英文字母

A——传热面积（干燥面积），m^2；

C_H——湿空气的平均比热容，$\mathrm{kJ/(kg \cdot ℃)}$；

C_V——水蒸气的平均比热容，$\mathrm{kJ/(kg \cdot ℃)}$；

C_W——液态水的平均比热容，$\mathrm{kJ/(kg \cdot ℃)}$；

D——预热器中饱和水蒸气用量，kg/h；

H——湿度，kg水/kg干气；

H_W——t_W时空气的饱和湿度，kg水/kg干气；

H_{as}——t_{as}时空气的饱和湿度，kg水/kg干气；

I——湿空气的比焓，kJ/kg干气；

I_V——水蒸气的比焓，kJ/kg；

k_H——以湿度差为推动力的对流传质系数，$\mathrm{kg/(m^2 \cdot s \cdot \Delta H)}$；

K——比例系数（降速阶段干燥速率曲线的斜率），无因次；

L——干空气用量，kg干气/h；

l——单位空气消耗量，kg干气/kg水；

p_W——空气中的水汽分压，kPa；

Q_D——干燥器内的补充热量，kW；

Q_L——干燥系统的热损失，kW；

Q_P——预热器的供热量，kW；

Q_1——用于蒸发水分所需要的热量，kW；

r_0——0℃时水的比汽化焓，kJ/kg；

r_{as}——t_{as}下的水的比汽化焓，kJ/kg；

r_W——t_W下的水的比汽化焓，kJ/kg；

t_{as}——湿空气的绝热饱和温度，℃；

t_d——湿空气的露点，℃；

t_W——湿空气的湿球温度，℃；

u——干燥速率，$\mathrm{kg/(m^2 \cdot s)}$；

u_0——等速阶段干燥速率，$\mathrm{kg/(m^2 \cdot s)}$；

v_H——湿空气的比容，$\mathrm{m^3/kg}$干气；

v_W——水汽的比容，$\mathrm{m^3/kg}$；

W——干燥过程中湿物料蒸发的水分量，kg；

w——物料的湿基含水量，质量分数；

X——物料的干基含水量，kg水/kg干物料；

X_0——临界含水量（或临界水分），kg水/kg干物料；

X^*——物料的平衡含水量（或平衡水分），kg水/kg干物料。

希腊字母

φ——空气的相对湿度，%；

η——干燥过程的热效率，%。

下标

C——绝干物料；

g——绝干空气；

S——饱和状态。

*第十章　液-液萃取

学习要求

1. 熟练掌握的内容

萃取过程的原理；部分互溶物系的液-液相平衡关系；单级萃取过程的计算；多级萃取过程的计算；互不相溶物系的萃取过程计算。

2. 理解的内容

溶剂选择的原则；影响萃取操作的因素。

3. 了解的内容

萃取操作的经济性；萃取操作的工业应用；液-液萃取设备及其选用。

第一节　概　　述

在第七章中已讨论了蒸馏操作，蒸馏是利用组分的挥发度不同，加入或移走热量使多组分均相混合物发生部分汽化和部分冷凝，从而使液体混合物得到分离。本章要讨论的是分离均相液体混合物的另一种单元操作——萃取，或称液-液萃取、溶剂萃取或溶剂抽提。它利用液体混合物中各组分在所选定的溶剂中溶解度的差异来达到各组分分离的目的。在这一点上与吸收相类似，即需要使用外来的质量分离剂——萃取剂，区别在于萃取操作涉及的是液-液两相间的传质过程。

一、液-液萃取原理

双组分或多组分待分离的均相混合液可以看成是液体溶质组分与溶剂（称为原溶剂）构成的。为使其得到一定程度的分离，可选用另一种溶剂 S 作为萃取剂。萃取剂必须具备的条件是：①萃取剂 S 应与原料液互不相溶或只能在某些情况下部分互溶；②料液中的溶质组分在原溶剂与萃取剂 S 中有不同的溶解度，且其溶解度的差异愈大愈好。这里，主要讨论双组分均相液体混合液（A＋B）的萃取过程。若 A 为待萃取组分，B 对 A 来说是原溶剂。

将一定量的萃取剂 S 与原料液（A＋B）加至混合器中，如图 10-1 所示，若萃取剂与混合液间不互溶或部分互溶，则器内存在两个液相。通过搅拌可使其中的一个液相以小液滴的形式分散于另一液相中，从而造成很大的相际接触面积。若 A 在 S 中的溶解度比在 B 中大得多，则 A 将由 B 向 S 中进行扩散。在两相充分接触之后，A 在 S 与 B 之间进行重新分配，然后停止搅拌并放入澄清器内，依靠两相的密度差进行沉降分层。上层称为轻相，通常以萃取剂 S 为主，其中溶入大量的 A 和少量的 B，称为萃取相，用 E 表示；下层称为重相，通常以原溶剂 B 为主，其中含有剩余的 A 和溶入少量 S，称为萃余相，用 R 表示。自然也有轻相为萃余相而重相为萃取相的情况。

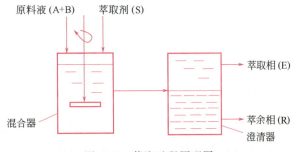

图 10-1 萃取过程原理图

经过混合、澄清分离后的 E 和 R 相都是由 A、B、S 组成的均相混合液，只是得到的 E 相中的 A、B 两组分组成之比 $\dfrac{w_{EA}}{w_{EB}}$ 比 R 相中的 A、B 两组分组成之比 $\dfrac{w_{RA}}{w_{RB}}$ 要大，即

$$\dfrac{w_{EA}}{w_{EB}} > \dfrac{w_{RA}}{w_{RB}} \quad 或 \quad \dfrac{w_{EA}}{w_{RA}} > \dfrac{w_{EB}}{w_{RB}}$$

其中，w_{ij} 表示组分 j 在物流 i 中的质量分数，例如 w_{EA} 表示组分 A 在萃取相 E 中的质量分数。

若将 E 和 R 中的萃取剂 S 设法除去，可得相应的萃取液 E′ 和萃余液 R′，这样就实现了原料液的部分分离。

本章着重讨论双组分原料液（A+B），在 S 和 B 部分互溶条件下的萃取分离过程。

二、液-液两相的接触方式

萃取操作依原料液和萃取剂的接触方式可分为两类。

（一）级式接触萃取

图 10-1 所示的为一单级接触式萃取流程。如前所述，原料液（A+B）和萃取剂 S 加入混合器中，在搅拌作用下，一相被分散成液滴均布于另一相中进行相际传质，然后在澄清器中分层得到萃取相 E 和萃余相 R。若单级萃取得到的萃余相中还有部分溶质需进一步提取，可采用多级接触式萃取流程。多级萃取按物流流动方式主要分为多级错流萃取与多级逆流萃取（见本章第四节），最终离开的萃取相 E 和萃余相 R 可分别送到萃取剂回收分离系统，以回收萃取剂并使 A、B 得到较充分的分离。

（二）微分接触萃取

如图 10-2 所示的喷洒萃取塔，原料液或萃取剂中的重相自塔顶加入，图中重相是以连续相的形式下流至塔底排出；轻相则由塔底进入，经分布器分散成液滴自由上浮，并与重相

（连续相）间进行物质传递，液滴上升至塔顶后凝聚成液层自塔顶排出。在塔中轻相与重相呈逆流接触，依靠轻相分散成小液滴以增大相际传质面积。

三、液-液萃取的工业应用

液-液萃取操作于 20 世纪初才工业化，1903 年用于液态 SO_2 萃取芳烃精制灯用煤油；1930 年又用于精制润滑油；20 世纪 40 年代后期，由于生产核燃料的需要，促进了萃取操作的研究开发。现今液-液萃取已在石油、化工、医药、有色金属冶炼等工业中得到广泛应用，在环保（污水处理）方面也显示出其优越性。其应用范围介绍如下。

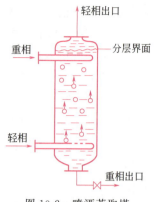

图 10-2　喷洒萃取塔

（一）分离沸点相近或形成恒沸物的混合液

如在石油化工中，从催化重整和烃类裂解得到的汽油中回收轻质芳烃（苯、甲苯、各种二甲苯），由于轻质芳烃与相近碳原子数的非芳烃沸点相差很小（如苯的沸点为 80.1℃，环己烷的沸点为 80.74℃，2,2,3-三甲基丁烷的沸点为 80.88℃），有时还会形成共沸物，因此不能用普通精馏方法分离。此时可采用二乙二醇醚（二甘醇）、环丁砜等作萃取剂，用液-液萃取方法回收得到纯度很高的芳烃。

（二）分离热敏性混合液

对某些热敏性物料的混合液，用普通蒸馏方法容易受热分解、聚合或发生其他化学变化，可采取液-液萃取方法进行分离。如制药生产中用液态丙烷在高压下从植物油或动物油中萃取维生素和脂肪酸等。

（三）稀溶液中溶质的回收或含量极少的贵重物质的回收

从稀溶液特别是水溶液中回收溶质，若采用蒸馏或蒸发过程，耗热很大，极不经济，因此常选用液-液萃取。如用苯作萃取剂从苯甲酸水溶液中萃取苯甲酸；用苯、二甲苯、醋酸丁酯、二烷基乙酰胺等作萃取剂来处理焦化厂、染化厂的含酚废水；又如铀化物的提取与天然香精的提取等。

（四）多种离子的分离

如矿物浸取液的分离和净制；锆和铪、钽和铌等性质相近、极难分离的金属离子混合物的分离等。

（五）高沸点有机物的分离

有些有机物的沸点很高，若采用高真空蒸馏方法，其技术要求高，能耗也大，因此可选用萃取方法分离。如用乙酸萃取植物油中的油酸。

对于不同情况下的液体混合物进行分离，是采用蒸馏还是液-液萃取，往往要进行详细的技术经济比较。这是因为采用质量分离剂时，质量分离剂（萃取操作中为萃取剂）的再生与溶质的进一步分离都需额外增加设备投资和消耗能量。

四、萃取操作的特点

萃取操作具有以下几个特点。

① 液-液萃取过程的依据是混合液中各组分在所选萃取剂中溶解度的差异。因此萃取剂选择是否适宜,是萃取过程能否采用的关键之一。也就是说,萃取剂必须对所萃取的溶质有较大的溶解能力,而对原料液中其他组分的溶解能力必须很小,才能通过萃取操作达到混合液分离的目的。

② 液-液萃取过程是溶质从一个液相转移到另一液相的相际传质过程,所以萃取剂与原溶剂必须在操作条件下互不相溶或部分互溶,且应有一定的密度差,以利于相对流动与分层。

③ 液-液萃取中使用的萃取剂量一般较大,所以萃取剂应是价廉易得、易回收循环使用的。萃取剂的回收往往是萃取操作不可缺少的部分。回收溶剂的方法,通常采用蒸发和蒸馏,这两个单元操作耗能都很大,所以应尽可能选择易于回收且回收费用较低的萃取剂,以降低萃取过程的成本。

萃取过程的极限是达到液-液相际平衡。同时,传质推动力的计算也要通过相平衡组成来表达。因此,同吸收、蒸馏一样,必须先熟悉萃取过程相平衡关系的表达和计算方法。

第二节 液-液相平衡关系

在萃取过程中至少涉及三个组分,即溶质 A、原溶剂 B 和萃取剂 S,通常 S 与 B 是部分互溶的,因而将遇到三元混合液问题。三元物系的相平衡关系可用三角形相图来表达。

一、三角形相图

三角形相图可以采用等边三角形、等腰直角三角形和不等腰直角三角形,用来在平面上表示三个组成的坐标系。本章主要介绍等腰直角三角形坐标图。

(一)溶液组成的表示方法

三元混合液的组成可以用质量分数、体积分数和摩尔分数表示。常用的为质量分数,如图 10-3 所示。

(1)三角形相图上的三个顶点 A、B、S 点分别表示三元物系中的纯溶质、纯原溶剂和纯萃取剂,即其质量分数各自为 1.0。习惯上 A 点在三角形的上顶点,而 B 点在直角边的下端点。

(2)三角形各边上的任意点 表示一种二元混合物的组成,此时第三组分的含量为零。如 AB 边上的 H 点,表示只含 A 与 B 组分的二元混合液,而不含 S。三个边上分

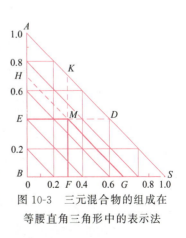

图 10-3 三元混合物的组成在等腰直角三角形中的表示法

别按其总长度（相当于纯数 1）作等分刻度，则图示中 H 点的组成为：

$$w_{HA} = \frac{\overline{BH}}{\overline{AB}} = 0.7$$

$$w_{HB} = \frac{\overline{AH}}{\overline{AB}} = 0.3$$

故

$$w_{HA} + w_{HB} = \overline{BH} + \overline{AH} = 1.0$$

w_{HA}、w_{HB} 分别表示溶质 A 和原溶剂 B 在溶液 H 中的质量分数。

● 读者可自行从图中读出 K 点、G 点所代表的组成。

(3) 三角形内的任意点 表示某三元混合液的总组成。对图 10-3 中的 M 点，如由 M 点分别作与三个坐标轴的平行线 HMG、EMD、KMF。点 E、D 在 EMD 线上，它们都代表组分 A 的质量分数，$\frac{\overline{BE}}{\overline{AB}} = w_{EA} = \frac{\overline{SD}}{\overline{SA}} = w_{DA} = 0.4$，故 M 点的 $w_{MA} = 0.4$；同样，点 H、G 在 HMG 线上，它们都代表组分 B 的质量分数，$\frac{\overline{AH}}{\overline{AB}} = w_{HB} = \frac{\overline{SG}}{\overline{SB}} = w_{GB} = 0.3$，故 M 点的 $w_{MB} = 0.3$；同理有，$\frac{\overline{AK}}{\overline{AS}} = w_{KS} = \frac{\overline{BF}}{\overline{BS}} = w_{FS} = 0.3$，所以，$w_{MS} = 0.3$；且有

$$w_{MA} + w_{MB} + w_{MS} = 0.4 + 0.3 + 0.3 = 1.0$$

故三角形相图上任一点的总组成必满足组成归一性方程。

换言之，M 点的组分 A 的组成 w_{MA} 可由 $\overline{AB}$ 边上的 E 点或 $\overline{AS}$ 边上的 D 点读出；w_{MB} 可由 $\overline{AB}$ 边上的 H 点或 $\overline{SB}$ 边上的 G 点读出；w_{MS} 可由 $\overline{AS}$ 边上的 K 点或 $\overline{BS}$ 边上的 F 点读出。

更简单一些，可由 M 点分别作 $\overline{AB}$ 与 $\overline{BS}$ 边的垂直线 $\overline{ME}$ 与 $\overline{MF}$，则由 E 点读出 w_{MA}，由 F 点读出 w_{MS}，然后由归一性方程求出：$w_{MB} = 1 - w_{MA} - w_{MS}$。

若在萃取计算中，遇到溶质含量很低，或相图中各线较密集时，可采用不等腰直角三角形来表达，即将其中一个直角边的刻度放大，以提高示值的准确度，便于作图和读数，但此时三条边长仍分别代表纯数 1。

（二）物料衡算与杠杆定律

在图 10-4 的三角形相图中，设有总组成为 w_{RA}、w_{RB}、w_{RS} 的溶液 R kg（即图中的 R 点）与总组成为 w_{EA}、w_{EB}、w_{ES} 的溶液 E kg（即图中的 E 点）相混合，混合液的总量为

$$M = R + E \qquad (10-1)$$

设混合液 M 点的总组成为 w_{MA}、w_{MB}、w_{MS}，根据总物料衡算式(10-1)，作组分 A 的衡算得

$$Mw_{MA} = Rw_{RA} + Ew_{EA} \qquad (10-2)$$

再作组分 S 的衡算得

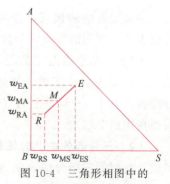

图 10-4 三角形相图中的物料衡算与杠杆定律

$$Mw_{MS} = Rw_{RS} + Ew_{ES} \tag{10-3}$$

由式(10-1)、式(10-2)、式(10-3)可推得

$$\frac{E}{R} = \frac{w_{MA} - w_{RA}}{w_{EA} - w_{MA}} = \frac{w_{MS} - w_{RS}}{w_{ES} - w_{MS}} \tag{10-4}$$

式(10-4)表示混合液的总组成点 M 必在 R 点与 E 点的联线上，且线段 $\overline{RM}$ 与 $\overline{ME}$ 在 $\overline{BS}$ 上的投影为（$w_{MS} - w_{RS}$）与（$w_{ES} - w_{MS}$），在 $\overline{AB}$ 上的投影为（$w_{MA} - w_{RA}$）与（$w_{EA} - w_{MA}$），故有

$$\frac{E}{R} = \frac{\overline{RM}}{\overline{EM}} \tag{10-5}$$

式(10-5)说明，物料衡算在等分的三角形坐标系中的表述满足杠杆定律，并可在图上直接读出它们的量与组成间的相互关系。

● 读者可试对 $\frac{R}{M}$ 或 $\frac{E}{M}$ 与组成的关系通过杠杆定律予以表达。

（三）杠杆定律在三角形相图中的应用

（1）混合物的和点 当在原料液（即由 A、B 组成的双组分溶液）F 中加入纯萃取剂 S 后，混合物的组成点 M 必在 F、S 的联线上。根据杠杆定律可得萃取剂与原料液的相对量为

$$\frac{S}{F} = \frac{\overline{FM}}{\overline{MS}} \tag{10-6}$$

显然，当 F 的量一定时，M 点的位置取决于加入的萃取剂 S 的量。图中随 S 的量的增加，混合物的组成点沿 $\overline{FS}$ 移动，如 M、M_1、M_2 点等（见图 10-5）。

对 S 和 B 部分互溶物系，当将原料液 F 与纯萃取剂 S 加入混合器进行萃取后，此混合的两液相的总组成点为 M，在澄清器中分层得到的萃取相 E 和萃余相 R，它们都是均相的三元溶液，其组成点 E 和 R 应落在三角形内。它们之间的数量关系为：$M = F + S$，$M = E + R$，称 M 点为 F 与 S 的和点，也是 E 与 R 的和点。

（2）混合物的差点 图 10-5 中的 E 点表示萃取相的组成，当将其中的萃取剂 S 完全除去时可得只含 A 和 B 的萃取液 E'。根据物料衡算与杠杆定律，萃取液的组成点 E' 应在 S 与 E 的联结线的延长线和 $\overline{AB}$ 边的交点上，称 E' 为 E 与 S 的差点，其数量关系必满足 $E' = E - S$。

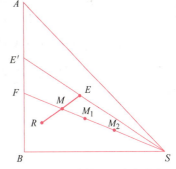

图 10-5 混合物的和点与差点

● 读者可自行用组分 A 衡算证明：

$$\frac{E'}{E} = \frac{\overline{ES}}{\overline{E'S}} \tag{10-7}$$

和点和差点在以后的计算中经常要用到，故应充分理解和熟练运用。

● 【例 10-1】 如图 10-6 所示，试求：①K、N、M 点的组成；②若组成为 C 和 D 的三元溶液的和点为 M，质量为 90kg，求 C 与 D 各为多少千克？

解 ① 由附图可知，K 点在 $\overline{AB}$ 边上，故 K 点表示由 A、B 组成的双组分混合液，其中 $w_{KA}=0.5$，则 $w_{KB}=1-w_{KA}=1-0.5=0.5$。

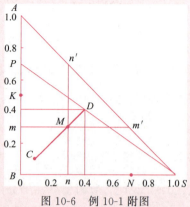

图 10-6 例 10-1 附图

同理，N 点在 $\overline{BS}$ 边上，表示由 B、S 组成的双组分混合液，其中 $w_{NS}=0.7$，所以 $w_{NB}=1-w_{NS}=1-0.7=0.3$。

M 点在三角形内，它是由 A、B、S 组成的三元混合液。过 M 点作 $\overline{BS}$ 边的平行线，分别与 $\overline{AB}$ 和 $\overline{AS}$ 边交于 m、m' 点，可得 $w_{MA}=0.3$；再过 M 点作 $\overline{AB}$ 边的平行线，分别与 $\overline{BS}$ 和 $\overline{AS}$ 边交于 n、n' 点，得 $w_{MS}=0.3$，则 $w_{MB}=1-w_{MA}-w_{MS}=1-0.3-0.3=0.4$。

② 由附图可以量得 $\overline{CM}=2\overline{MD}$，根据杠杆定律可得

$$\frac{C}{D}=\frac{\overline{MD}}{\overline{CM}}=\frac{\overline{MD}}{2\overline{MD}}=\frac{1}{2} \tag{10-8}$$

而

$$M=C+D=90 \tag{10-9}$$

由式(10-8)、式(10-9) 可得

$$C=30\text{kg} \quad D=60\text{kg}$$

● 【例 10-2】 已知三元均相混合液 D 的组成如图 10-6 所示，量为 60kg，其中 $w_{DA}=0.4$，$w_{DS}=0.4$，$w_{DB}=0.2$（均为质量分数），若将 D 中的萃取剂 S 全部脱除，问可得到只含（A+B）的双组分溶液的量和组成各为多少？

解 联结 S、D 并延长交于 $\overline{AB}$ 边的 P 点，按杠杆定律知 P 点为 D 与 S 的差点，即可得

$$P=D-S=60-S \tag{10-10}$$

量线段长度比可得

$$\frac{P}{S}=\frac{\overline{DS}}{\overline{PD}}=\frac{0.6}{0.4}=\frac{3}{2} \tag{10-11}$$

由式(10-10)、式(10-11) 解得

$$P=36\text{kg}$$

P 点表示脱除 S 以后的（A+B）混合液，由于其中 A 和 B 的比例并没有发生变化，仍为

$$\frac{w_{PA}}{w_{PB}}=\frac{w_{DA}}{w_{DB}}=\frac{0.4}{0.2}=2$$

因此，P 点的 A、B 组成为

且有
$$w_{PA} = 2w_{PB}$$
$$w_{PA} + w_{PB} = 1.0$$
由上可得 $w_{PA} = 0.667$ $w_{PB} = 0.333$

二、部分互溶物系的相平衡

在物料衡算中，只涉及物料量和组成的关系，而不涉及其他独立状态参数，如 t、p 等。在液-液相平衡时，根据相律，系统的温度和压强必影响液-液相平衡状态和平衡组成。压强 p 的影响通常比较小，而温度 t 的影响较大。

本节所讨论的部分互溶物系只是指溶质 A 能完全溶于 B 和 S 中，但 B 与 S 是部分互溶的情况，这种物系在工业萃取过程中较为普遍。当在一定压强和温度下达到液-液相平衡时，系统可能是单一液相，也可能是两个液相，由具体物系和组成而定。此外，还有 A 和 S 也是部分互溶的物系，情况就要复杂得多。

（一）溶解度曲线、平衡联结线及临界混溶点

部分互溶的三元（A、B、S）物系的相平衡关系用溶解度曲线来表示，溶解度曲线在恒定压强和温度下由实验测得。溶解度曲线与联结线相图示例如图 10-7 所示。

若有由 B、S 组成的部分互溶的混合液 H，达到平衡后分为两液层，其组成点分别为 D 和 Q，D 中的 S 组分较少而 B 组分较多，Q 则相反。当向此混合液 H 中加入少量 A 后，按和点的规律，总组成点将沿 $\overline{HA}$ 线移动至 H_1 点，达到平衡后也将分成两液相 R_1 与 E_1。由图 10-7 可见，A 在此两相中的分配也并不相同；继续依次加入 A，可得到相应的 H_2、R_2、E_2、H_3、R_3、E_3、…，由本例实验结果说明，随 A 的量的增加（表现为 H_i 点沿 $\overline{HA}$ 线向上移动），R_i 中 S 的量增加（表现为 R_i 点向右移动），而 E_i 中 B 的量增加（表现为 E_i 点向左移动），即 B 与 S 间的互溶度增加了；直至 A 加到某一定量（即图中 P 点）时，两液相组成无限趋近而变为一相，分层现象消失。再加入 A，混合液将继续保持单一液相状态。

联结 D、R_1、R_2、R_3、…、P、…、E_3、E_2、E_1、Q 各点得到的曲线称为该三元物系的溶解度曲线；各互成平衡的两液相 R_i 和 E_i 称为共轭相；其相应的组成称为共轭相组成；R_i 和 E_i 点的联线称为平衡联结线（或称共轭线）；P 点称为临界混溶点。

由上结果可得如下结论。

① 溶解度曲线把三角形相图分成两个区域：曲线与底边（$\overline{BS}$ 边）所围成的区域为两相区（即曲线内的任意点均分离为平衡的两液相）；曲线以外的区域为单相区。

② 在两相区内可作出无数条平衡联结线，当压强与温度一定时，其共轭相组成是一一对应的；在同一条联结线上的任一总组成点，其对应的平衡两相 R 与 E 的相组成一定，但 R 与 E 的量可以不同，其相对量可由杠杆定律确定；换言之，平衡的 R、E 两相所对应的混合组成（总组成）点必在 $\overline{RE}$ 联线上。联结线对 $\overline{BS}$ 边的倾斜方向与斜率随物料与温度而变化，它也反映 R_i 相中与 E_i 相中溶质 A 含量的差别。除少数物系（如吡啶-氯苯-水系统）外，同一物系的联结线的倾斜方向一般相同。根据相律，对三组分两相系统，$f = 3 - 2 + 2 = 3$，因此，在两相区内只要温度、压强和一个平衡相组成已知，这个系统的状态即可完全被确定。

③ 临界混溶点是在一定溶质含量下两共轭相变为一相的临界点，其位置一般并不在溶解度曲线的最高点，常偏于曲线的一侧，它将溶解度曲线分为左右两支。显然，三元混合物在临界混溶点只存在单相，不能再用萃取方法分离。

常见物系的共轭相组成的实验数据可在有关书籍及手册中查取。

（二）平衡联结线的内插——辅助曲线

用实验方法通常只能得到有限的一些平衡联结线数据。要想了解该物系任一对共轭相组成时，可应用辅助曲线图解内插求取。具体作法如图 10-8 所示。若已知四条联结线 $\overline{E_1R_1}$、$\overline{E_2R_2}$、$\overline{E_3R_3}$ 和 $\overline{E_4R_4}$，过 E_1、E_2、E_3、E_4 作 AB 边的平行线，过 R_1、R_2、R_3、R_4 作 BS 边的平行线，由此可得到相应的四个交点 K_1、K_2、K_3、K_4，联结这些交点 K_i 及 P、Q 两点得到的曲线称辅助曲线。

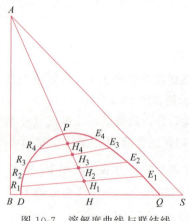

图 10-7 溶解度曲线与联结线

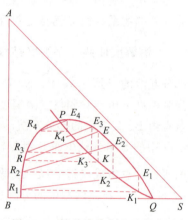

图 10-8 辅助线的作法及其应用

借助辅助曲线，便可从已知的 E 相（或 R 相）组成，用图解内插法求出与该相平衡的另一相组成。例如，已知 R 点求其相对应的 E 点：可通过 R 点作平行于 BS 边的水平线交辅助线于 K 点，再由 K 点作平行于 AB 边的垂直线与溶解度曲线相交即可得到 E 点，RE 线即为内插的联结线。

● 读者可考虑一下，若 B 与 S 完全不互溶，则溶解度曲线和联结线将在什么位置？

三、分配系数和分配曲线

（一）分配系数

为了表达在一定温度条件下，溶质 A 在平衡的两液相中的分配关系，将溶质组分 A 在两个液相中的组成之比，称为分配系数，即

$$k_A = \frac{\text{组分 A 在 E 相中的组成}}{\text{组分 A 在 R 相中的组成}} = \frac{w_{EA}}{w_{RA}} = \frac{y}{x} \tag{10-12}$$

式中　y——组分 A 在 E 相中的质量分数，$y = w_{EA}$；

x——组分 A 在 R 相中的质量分数，$x = w_{RA}$。

k_A 值愈大，则每次萃取的分离效果愈好。一般情况下，k_A 不是常数。不同物系具有不同的 k_A 值；同一物系的 k_A 既随温度而变，又随平衡两相的组成而变化，但如组成变化范围不大时，k_A 可视为常数，其值由实验确定。

对 S 和 B 部分互溶的物系，由图 10-7 可知，k_A 值的大小实际上随平衡联结线的斜率而变化。当 $k_A=1$ 时，即 $y=x$，故联结线为水平线，即与底边 $\overline{BS}$ 平行，其斜率为零，$w_{EA}=w_{RA}$；若 $k_A>1$，则 $y>x$，联结线的斜率大于 1；若 $k_A<1$，则 $y<x$，联结线的斜率小于 1。显然，联结线的斜率愈大，则 k_A 愈大，溶质转入萃取相中愈多。

对于 B 组分也可写出其分配系数 k_B 的表达式：

$$k_B = \frac{\text{组分 B 在 E 相中的组成}}{\text{组分 B 在 R 相中的组成}} = \frac{w_{EB}}{w_{RB}} \tag{10-12a}$$

（二）分配曲线

若将三角形相图上各联结线两端点的对应组成 $w_{EA}(y_i)$、$w_{RA}(x_i)$ 值转移到 $x\text{-}y$ 的直角坐标上，如图 10-9 所示，可得到相应的坐标点 N_i。对于临界混溶点，其 $y=x$。将各 N_i 点和 P 点联结成的曲线称为分配曲线，它能比较清楚地反映分配系数的变化情况，也可以利用分配曲线进行内插求取三角形相图中的其他对应的联结线。更重要的是，分配曲线反映了所关心的溶质 A 在平衡两相中的组成关系，即相平衡关系。

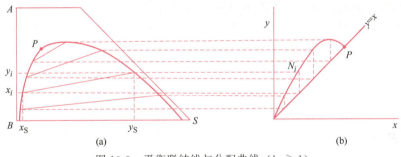

图 10-9　平衡联结线与分配曲线（$k_A>1$）

● 读者可试分析：如 N_i 点在对角线以上或对角线以下，说明溶质 A 的分配情况有什么不同？N_i 点与对角线间的距离愈远，又说明什么？（提示：可与二元精馏中的平衡线作比较）。

▲ 学完本节后可完成思考题 10-1、习题 10-1。

第三节　萃取剂的选择

选择适宜的萃取剂，是萃取操作能否合理、经济地进行的关键。一般选择时应考虑下列因素。

一、萃取剂的选择性

要求萃取剂 S 对被萃取溶质组分 A 的溶解能力要大，而对 B 的溶解能力要小；同时要求对 A 的分配系数愈大愈好。选择性好的萃取剂，可减少萃取剂用量，降低其回收费用。

萃取剂的选择性可用选择性系数 β 来表示，其定义为

$$\beta = \frac{\text{A 在 E 相中的质量分数}/\text{B 在 E 相中的质量分数}}{\text{A 在 R 相中的质量分数}/\text{B 在 R 相中的质量分数}} = \frac{w_{EA}/w_{EB}}{w_{RA}/w_{RB}} = \frac{w_{EA}/w_{RA}}{w_{EB}/w_{RB}} \quad (10\text{-}13)$$

由式(10-13)可知，选择性系数 β 与分配系数 k_A 的关系为

$$\beta = k_A \times \frac{w_{RB}}{w_{EB}} = \frac{k_A}{k_B} \quad (10\text{-}13a)$$

即三元系统萃取剂的选择性系数 β 是 A 与 B 的分配系数之比。

一般情况下，萃余相 R 中 B 的含量比萃取相 E 中的要高，即 $w_{RB}/w_{EB} > 1$。所以 k_A 增加，β 也随之增加。β 反映了 A 在两相间的分配系数与 B 的分配系数之比，在这个意义上，β 与蒸馏中的相对挥发度 α 相类似。当 $\beta = 1$ 时，萃取液和萃余液中 A 与 B 具有同样的组成，原溶液将无法用萃取操作进行分离；β 的大小反映了萃取剂对原溶液中各组分分离能力的大小，β 值愈大，愈有利于 A 和 B 的分离。

二、萃取剂 S 与原溶剂 B 的互溶度

实际上，S 与 B 的互溶性也可通过 B 的分配系数 k_B 的大小来反映。

若采用 S 和 S′ 两种萃取剂对（A+B）混合液在相同温度下进行萃取。得到如图 10-10 所示的两个形状相似的相图，其中图 10-10(a) 表明 B-S 互溶度小，两相区大，由求差点可知，此时能得到较高的 y'_{max}；图 10-10(b) 表示 B-S 互溶度大，两相区小，故所能得到的 y'_{max} 小。不仅如此，互溶性增加，将使萃取液与萃余液中各组分分离更加困难。因此，应当选择对原溶剂 B 的互溶度小的萃取剂。

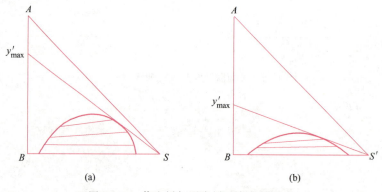

图 10-10　萃取剂与原溶剂互溶度的影响

对同一物系，当温度降低时，S 与 B 的互溶度减小，即两相区增加，对萃取有利，如图 10-11 所示；但温度降低会使溶液黏度增加，不利于两相间的分散、混合和分离，因此萃取操作温度应作适当的选择。

三、萃取剂的其他有关性质

（一）密度

萃取过程要求两液相能相互充分接触，又要求在接触传质之后迅速分层，这就要求两相

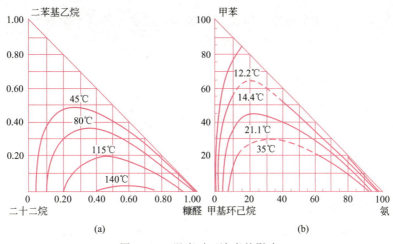

图 10-11　温度对互溶度的影响

间有较大的密度差,以提高设备的生产能力。对于依靠密度差使两相发生分散、混合和相对运动的萃取设备(如填料塔和筛板塔),密度差的增大也有利于传质,故在选择萃取剂时,应考虑其密度的相对大小,以保证与原溶剂间有适宜的密度差。

(二) 界面张力

两液层间的界面张力同时取决于两种液体的物性,物系的界面张力愈大,细小液滴易于聚结,有利于两液相分层;但两相间的分散需要消耗更多的能量,且使分散相的液滴增大,单位体积液体内相际传质面积减小,不利于传质。反之,若界面张力过小,分散相液滴减小,而且,物料(特别在存在微量表面活性物质的条件下)易产生乳化现象而形成乳状液,导致分层困难。因此,界面张力引起的影响在工程上是相互矛盾的。实际生产中,从提高设备的生产能力考虑(要求液滴易聚结而分层快),一般不宜选择与原料液间界面张力过小的萃取剂。

(三) 黏度

萃取剂的黏度低,有利于两相的混合传质和分离,也便于输送和贮存。因此,也应当考虑萃取剂的黏度与温度的关系,以便选择适宜的操作温度。

四、萃取剂的回收

萃取剂通常需回收后循环使用,萃取剂回收的难易直接影响萃取的操作费用。用蒸馏方法回收萃取剂时,萃取剂与其他被分离组分间的相对挥发度要大,并且不应形成恒沸物。若被萃取的溶质 A 是不挥发的或挥发度很低的物质,可采用蒸发或闪蒸方法回收萃取剂,此时希望萃取剂的比汽化焓较低,以减少热量消耗。

此外,所选用的萃取剂还应满足化学稳定性好,腐蚀性小,无毒,不易燃易爆,价廉易得,蒸气压低(以减小汽化损失)等要求。这些也和选择吸收剂的要求类似,应根据实际物系的情况、分离要求和技术经济比较来做出合理的选择。

● 【例 10-3】 丙酮和醋酸乙酯的混合液具有恒沸点,用一般蒸馏方法不能达到较完全的分离。由于丙酮易溶于水,故可用萃取方法进行分离,且选择的萃取剂——水最价廉易得。物系在30℃下的相平衡数据如表10-1所示。试求与各对平衡数据相应的分配系数和选择性系数,并对此萃取剂(水)做出评价。

解 以序号2为例

按式(10-8),$k_A = \dfrac{y}{x} = \dfrac{3.2}{4.8} = 0.667$

$k_B = \dfrac{w_{EB}}{w_{RB}} = \dfrac{8.3}{91.0} = 0.0912$

按式(10-9a),$\beta = k_A \times \dfrac{w_{RB}}{w_{EB}} = 0.667 \times \dfrac{91.0}{8.3} = 7.31$

依次得出计算结果如表10-2所列。

表10-1 丙酮(A)-醋酸乙酯(B)-水(S)在30℃下的相平衡数据(质量分数)

序号	R相(醋酸乙酯相)			E相(水相)		
	A(x)/%	B/%	S/%	A(y)/%	B/%	S/%
1	0	96.5	3.5	0	7.4	92.6
2	4.8	91.0	4.2	3.2	8.3	88.5
3	9.4	85.6	5.0	6.0	8.0	86.0
4	13.5	80.5	6.0	9.5	8.3	82.2
5	16.6	77.2	6.2	12.8	9.2	78.0
6	20.0	73.2	7.0	14.8	9.8	75.4
7	22.4	70.0	7.6	17.5	10.2	72.3
8	26.0	65.0	9.0	19.8	12.2	68.0
9	27.8	62.0	10.2	21.2	11.8	67.0
10	32.6	54.0	13.4	26.4	15.0	58.6

表10-2 例10-3计算结果

序号	1	2	3	4	5	6	7	8	9	10
k_A	0	0.667	0.638	0.704	0.771	0.740	0.781	0.762	0.763	0.810
β	0	7.31	6.83	6.83	6.47	5.51	5.36	4.06	4.01	2.91

由以上计算结果可知,β值均比1大得多,从选择性来看,可以用水作为萃取剂从醋酸乙酯溶液中萃取丙酮,但各种平衡组成下k_A均小于1,即用水只能将部分丙酮萃取出来,而且水与醋酸乙酯的互溶性较好,因而醋酸乙酯在水相中的损失相当大,这说明对此物系,水并不是一个最佳萃取剂,考虑到水较价廉易得,因此也可作为一种待选的萃取剂。

● 读者试按例10-3中的数据画出其三角形相图的联结线、溶解度曲线与分配曲线,观察这些线的斜率、位置以及与k、β的关系。

第四节　萃取过程的计算

萃取过程计算原则上包括物料衡算、热量衡算、相平衡计算和传质过程速率计算。但物质在两液相间传递时的热效应通常较小，过程基本是等温的，故一般可不作热量衡算。

一、萃取理论级

若原料液与萃取剂在混合器中经充分的液-液相际接触传质，然后在澄清器中分层得到相互平衡的萃取相和萃余相，这样的过程称为经过一个萃取理论级。可见，萃取理论级的概念与蒸馏中的理论板类似。萃取理论级也是一种理想状态，因为要使液-液两相充分混合接触传质达到平衡，又使混合两相彻底分离，理论上均需无限长的时间，在实际生产中是达不到的。应用理论级的概念也是为了便于对过程进行分析，并用理论级作为萃取设备操作效率的比较标准。在设计计算时，可先求出所需的理论级数，再根据实际经验得出的级效率（如同板式塔中的板效率）或当量理论级高度（相当于填料塔中的等板高度），求取所需的实际萃取级数。

二、单级萃取过程

单级萃取流程如图10-12所示。一般多用于间歇操作，也可用于连续萃取。该流程中有一个混合器1、一个澄清器2（分层器）和两个萃取剂分离设备3和4。

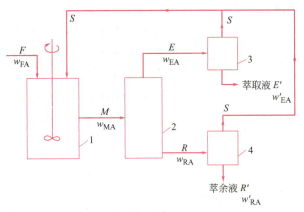

图10-12　单级萃取流程

单级萃取过程设计型计算一般为：已知原料液量 F 及其组成 w_{FA}，规定萃余相量 R 中的组成 w_{RA}（或萃余液量 R' 中的 w'_{RA}）。求萃取剂用量 S、萃取相量 E 及其组成 w_{EA}（或萃取液量 E' 中的 w'_{EA}）。通常各股物流单位为 kg 或 kg/s(kg/h)，组成用质量分数表示。

对物理过程，独立的物料衡算式的数目应等于系统的组分数。对三元物系，可写出三个独立衡算方程：

总物料衡算（不包括分离设备）：
$$F+S=R+E=M \tag{10-14}$$

A 组分物料衡算（设进入混合器的为纯萃取剂 S，故 $w_{SA}=0$）：
$$Fw_{FA}+S\times 0=Rw_{RA}+Ew_{EA}=Mw_{MA} \tag{10-15}$$

S 组分物料衡算：
$$F\times 0+S\times 1.0=Rw_{RS}+Ew_{ES} \tag{10-16}$$

即
$$S=Rw_{RS}+Ew_{ES} \tag{10-16a}$$

式中 F——原料液量，kg/s(kg/h) 或 kg；

w_{FA}——原料液中溶质 A 的组成，质量分数；

S——加入的纯萃取剂量，kg/s(kg/h) 或 kg；

M——混合液量，kg/s(kg/h) 或 kg；

w_{MA}-混合液中溶质 A 的总组成，质量分数；

E——萃取相量，kg/s(kg/h) 或 kg；

$w_{EA}(y)$——萃取相中 A 的组成，质量分数；

R——萃余相量，kg/s(kg/h) 或 kg；

$w_{RA}(x)$——萃余相中 A 的组成，质量分数；

E'——脱除 S 后的萃取液量，kg/s(kg/h) 或 kg；

w'_{EA}——E' 中 A 的组成，质量分数；

R'——脱除 S 后的萃余液量，kg/s(kg/h) 或 kg；

w'_{RA}——R' 中 A 的组成，质量分数；

w_{RS}、w_{ES}——R 与 E 中纯萃取剂的组成，质量分数。

对一个理论级，E 与 R 达到平衡，组成 w_{RA} 与 w_{EA} 必在过 M 点的平衡联结线上。三元物系的液-液相平衡关系与物料衡算关系用数学式表述和计算比较繁杂，故常在三角形相图上用图解法求取未知值。

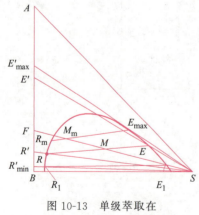

图 10-13 单级萃取在三角形相图上的表示

在三角形相图上，单级萃取过程的各物流相对量及其组成间的关系如图 10-13 所示。图上应先根据已知平衡关系画出溶解度曲线、平衡联结线及辅助曲线。

(A+B) 原料液的组成点 F 在 $\overline{AB}$ 边上，加入纯萃取剂 S 进行萃取，混合液的总组成点 M（即 F 与 S 的和点）必在 $\overline{FS}$ 线上，即有：

$$S+F=M,\quad \frac{S}{F}=\frac{\overline{FM}}{\overline{MS}}$$

F 和 S 充分接触、静止分层获得 E 和 R，且 E 和 R 达到平衡。故 E 和 R 的组成点必在过 M 点的平衡联结线上，即：

$$M=E+R,\quad \frac{E}{R}=\frac{\overline{RM}}{\overline{ME}}$$

分出的 E 和 R 相中的萃取剂应回收循环使用。若将 E 中溶剂 S 全部脱除得到萃取液 E'，按差点的概念，$E'=E-S$，连接 $\overline{SE}$ 并延长交 $\overline{AB}$ 边即可得到交点 E'，显然，萃取液

E' 为 (A+B) 的二元溶液,其中 A 的质量分数比原料液 F 大为增加;同理,若将 R 中的溶剂 S 全部脱除可得萃余液 R',$R'=R-S$,故 R' 为 $\overline{SR}$ 的延长线与 AB 边的交点,由图可见,其中 A 的质量分数比 F 低得多。

经过一个萃取理论级,原料液分为由 E' 和 R' 表示的新的 (A+B) 系统,使 F 得到一次部分分离。根据物料衡算与杠杆定律,可得

$$F=E'+R', \quad \frac{E'}{R'}=\frac{\overline{FR'}}{\overline{E'F}}$$

那么,对原料液 F,经过一次理论级萃取后可能得到溶质 A 的最大萃取液组成和最小萃余液组成是多少呢?由图 10-13 可见,随加入 S 的量的减少,M 点将沿 $\overline{SF}$ 线向左上方移动,对应的平衡联结线也将向上移动,$\overline{SEE'}$ 线的斜率绝对值也将增加,于是 E' 将向上移动,直至由 S 点作溶解度曲线的切线(切点为 E_{max})$\overline{SE_{max}E'_{max}}$ 线为止,这时得到的 E' 等于 E'_{max},其中 A 的组成达到最大,和点为 M_m,平衡联结线为 $\overline{R_m M_m E_{max}}$。类似地,若加大 S 的量,则 M 点将沿 $\overline{SF}$ 线向下移动,当萃取剂 S 加入量最大时,F 与 S 的和点的极限点应为 E_1 (M 点与 E_1 重合),由过 E_1 的联结线可得到 R_1,将 R_1 中的 S 脱除即得到萃余液 R'_{min},其中 A 的组成达到最小。

- **【例 10-4】** 25℃时丙酮-水-三氯乙烷系统的溶解度数据列于表 10-3 中,组成均为质量分数。原料液(丙酮-水溶液)中含丙酮 50%,总质量为 100kg,用三氯乙烷作萃取剂。试求:①加入多少千克三氯乙烷后混合液 M 中三氯乙烷总组成为 32%?混合液 M 中丙酮与水的总组成为多少?②M 分层后,得到萃余相 R(水相)的组成为:水 71.5%、丙酮 27.5%、三氯乙烷 1%,与 R 平衡的萃取相 E 的组成是多少?③在原料液 F 中加入多少千克三氯乙烷才能使混合物开始分层?

解 ① 按表 10-3 数据在三角形相图(图 10-14)中绘出溶解度曲线。含丙酮 0.50(质量分数)的水溶液,其组成点 F 为 AB 边的中点。联结 FS 线,过底边上三氯乙烷组成为 0.32 的 D 点作垂线交 $\overline{FS}$ 于 M 点,M 点即为 F 和 S 混合的和点。按杠杆定律可得

$$\frac{S}{F}=\frac{\overline{TM}}{\overline{MS}} \quad \text{而} \quad \frac{\overline{FM}}{\overline{MS}}=\frac{0.32}{1-0.32}=0.47$$

表 10-3 丙酮 (A) -水 (B) -三氯乙烷 (S) 在 25℃下的平衡组成

序号	水 相			三氯乙烷相		
	$A(x)/\%$	$B/\%$	$S/\%$	$A(y)/\%$	$B/\%$	$S/\%$
1	5.96	93.52	0.52	8.75	0.32	90.93
2	10.00	89.40	0.60	15.00	0.60	84.40
3	13.97	85.35	0.68	20.78	0.90	78.32
4	19.05	80.16	0.79	27.66	1.33	71.01
5	27.63	71.33	1.04	39.39	2.40	58.21
6	35.73	62.67	1.60	48.21	4.26	47.53
7	46.05	50.20	3.75	57.40	8.90	33.70

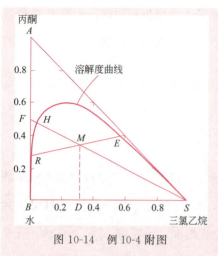

图 10-14 例 10-4 附图

即应加入的三氯乙烷量为

$$S = F \times \frac{\overline{FM}}{\overline{MS}} = 100 \times 0.47 = 47 \text{kg}$$

总组成：已知三氯乙烷组成 $w_{MS}=32\%$，M 中 A 和 B 的组成比应与原溶液相同，即有

$$\frac{w_{MA}}{w_{MB}} = \frac{w_{FA}}{w_{FB}} = \frac{0.5}{0.5} = 1$$

又按组成归一性方程：

$$w_{MA} + w_{MB} + w_{MS} = 1$$
$$w_{MA} + w_{MB} = 1 - w_{MS} = 1 - 0.32$$

所以 $w_{MA} = w_{MB} = \dfrac{1-0.32}{2} = 0.34 = 34\%$

② 当 F 与 S 充分接触分层后，已知 R 相组成，在溶解度曲线上找出 R 点，连 RM 并延长交溶解度曲线于 E 点，即得 E 相组成点。从图上即可查出其组成为：$w_{EA}=39\%$，$w_{ES}=58.6\%$，$w_{EB}=2.4\%$。

③ 从 $S=0$ 开始逐渐增加 S 的量（$S=0$ 时和点与 F 重合），和点将从 F 点开始沿 FS 线向右下方移动，当 S 加入量增至其和点刚跨过溶解度曲线上的 H 点时，混合液即开始分层，H 点所对应的组成 $w_{HS}=0.043$ 或 4.3%，故三氯乙烷加入量必须超过

$$S = F \times \frac{\overline{FH}}{\overline{HS}} = F \times \frac{w_{HS}}{1-w_{HS}} = 100 \times \frac{0.043}{1-0.043} = 4.5 \text{kg}$$

三、多级错流萃取过程

当单级萃取得到的萃余相中的溶质 A 的组成高于要求值时，为了充分回收溶质，可再次在萃余相中加入新鲜萃取剂进行萃取，即将若干个单级萃取器按萃余相流向串联起来，得到如图 10-15(a) 所示的多级错流萃取流程（图中为 3 级）。原料液 F 从第 1 级中加入，各级中均加入新鲜萃取剂 S，由第 1 级中分出的萃余相 R_1 引入第 2 级，由第 2 级中分出的萃余相 R_2 再引入第 3 级，分出萃余相 R_3 进入溶剂回收装置，得到萃余液 R'，各级分出的萃取相 E_1、E_2、E_3 汇集后送到相应的溶剂回收设备，得到萃取液 E'，回收的萃取剂循环使用。

图 10-15(b) 表示了多级错流萃取的图解计算过程，它是单级萃取过程图解法的多次重复。在第 1 级中，S 和 F 混合后的总组成点为 M_1，落在 $\overline{FS}$ 联线上，通过 M_1 点的平衡联结线的两端点分别为离开第 1 级的萃取相 E_1 和萃余相 R_1，R_1 在第 2 级中与新鲜萃取剂 S 接触混合，其总组成点 M_2 在 $\overline{R_1 S}$ 联线上，分出 R_2 与 E_2；R_2 在第 3 级中再与 S 混合，总组成点 M_3 在 $\overline{R_2 S}$ 联线上，分出 R_3 与 E_3。若 R_3 中的组成仍不满足工艺要求，可再增加萃取级数。因此，图解计算时画出的平衡联结线数目即为所求的理论级数。

多级错流萃取时，由于每一级都加入新鲜萃取剂，使过程推动力增加，有利于萃取传

质,并可降低最后萃余相中的溶质浓度;但萃取剂用量大,使其回收和输送的能耗增加。因此,这一流程的应用受到一定限制。但在物系的分配系数 k_A 很大,或萃取剂为水不需回收等情况下可以适用。

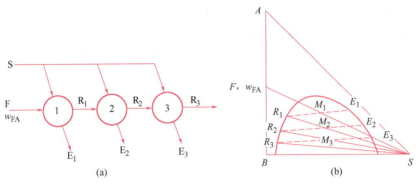

图 10-15　多级错流萃取

四、多级逆流萃取过程

(一) 多级逆流萃取流程

当原料液中的两个组分均为过程的目的产物,并希望较充分地加以分离时,一般均采用多级逆流萃取操作。

如图 10-16 所示,原料液 F 由第 1 级中加入,顺次通过各级,最终萃余相 R_N 由最后一级,即第 N 级排出;新鲜萃取剂 S 则从第 N 级加入,沿相反方向通过各级,最终萃取相 E_1 由第一级排出。R_N 与 E_1 可分别送入溶剂回收设备回收萃取剂循环使用。

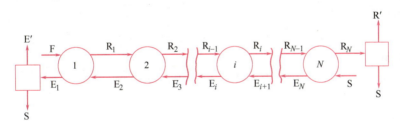

图 10-16　多级逆流萃取流程

(二) 多级逆流萃取理论级数的求取——三角形坐标图解法

在多级逆流萃取计算中,一般已知物系的平衡关系、原料液量 F 及其组成和最终萃余相的组成(或最终萃取相组成),选定溶剂用量 S 及其组成,然后运用各级的物料衡算与相平衡关系求算所需的理论级数 N 和离开各级的萃取相与萃余相的量和组成。通常采用三角形坐标图解法,具体步骤如下。

① 根据三元物系及操作压强、温度条件得到平衡数据,在三角形相图上画出溶解度曲线、平衡联结线;并作出辅助曲线。

② 根据已知原料液组成确定 F 点,联结 $\overline{FS}$,选定适宜的溶剂比 S/F,按 $\dfrac{S}{F} = \dfrac{\overline{FM}}{\overline{MS}}$ 确

定 M 点。

③ 在溶解度曲线上确定最终萃余相组成点 R_N，联结 $\overline{R_N M}$ 并延长交溶解度曲线于 E_1 点，此为最终萃取相的组成点，因为，根据总物料衡算，E_1 是 M 与 R_N 的差点，并且 E_1 一定在平衡联结线上。

④ 按物料衡算进行图解求取理论级数（图 10-17）。

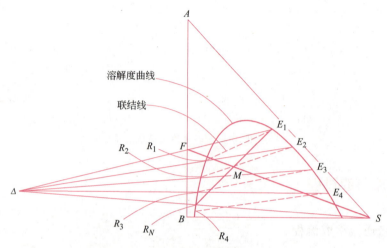

图 10-17　多级逆流萃取理论级的图解计算

总物料衡算：即对 N 个理论级作总衡算，可得
$$F+S=E_1+R_N=M \tag{10-17}$$

式中，M 既是输入系统的原料液 F 和萃取剂 S 之和（F 与 S 的和点），又是输出系统的 E_1 和 R_N 之和（E_1 与 R_N 的和点）。

第 1 级物料衡算：
$$F+E_2=R_1+E_1 \quad \text{或} \quad F-E_1=R_1-E_2$$

第 2 级物料衡算：
$$R_1+E_3=R_2+E_2 \quad \text{或} \quad R_1-E_2=R_2-E_3$$

……

第 N 级物料衡算：
$$R_{N-1}+S=R_N+E_N \quad \text{或} \quad R_{N-1}-E_N=R_N-S$$

由以上各级衡算式可得
$$F-E_1=R_1-E_2=R_2-E_3=\cdots$$
$$=R_{N-1}-E_N=R_N-S=\Delta \tag{10-18}$$

式(10-18)为多级逆流萃取操作的操作线方程。式中，Δ 为该系统的常数，它表示进入该级的萃余相的流量与离开该级的萃取相的流量之差为一常量，即 Δ 是 F 与 E_1、R_1 与 E_2、…、R_N 与 S 的差点，也可看作是通过每一级的"净流量"。由上可知 Δ 是个虚拟量，其位置在三角形坐标图之外。当萃取剂用量较小即当 $S<R_N$ 时，Δ 的位置落在三角形坐标图的左侧，如图 10-17 所示；反之，若萃取剂用量较大即 $S>R_N$ 时，Δ 的位置将落在三角形坐标图的右侧。对任意 i 级，$\overline{E_i R_{i-1} \Delta}$（或 $\overline{R_{i-1} E_i \Delta}$）表明第 i 级与第 $(i-1)$ 级间的相对物流量与组成关系，故称该直线为 i 级与 $(i-1)$ 级间的操作线，各级间的操作线都交于 Δ 点，

故 Δ 点又称为操作线的共点。而离开各级的物流 E_i、R_i，则都是平衡联结线的端点。因此，只要根据物料衡算关系定出 Δ 之后，根据平衡溶解度曲线和操作线方程，在三角形相图上交替画出相应的联结线和操作线即可求出所需的理论级数。具体作法如下：

a. 联结$\overline{E_1F}$ 和$\overline{SR_N}$，并延长交于 Δ 点；

b. 利用辅助曲线，作过 E_1 点的联结线，得到与 E_1 相平衡的 R_1 点；

c. 联结$\overline{\Delta R_1}$ 并延长交溶解度曲线于 E_2 点，过 E_2 作联结线得到与之平衡的 R_2 点；

d. 重复上述步骤，直至 R_i 点对于 AB 边的位置等于或低于 R_N 的位置为止，即 R_i 相中溶质 A 的组成 $w_{R_iA} \leqslant w_{R_NA}$。画出的平衡联结线数即需要的理论级数。在图 10-17 中共画出 4 条联结线，说明有 4 个理论级即可完成给定的分离要求。

需要说明的是，Δ 的具体位置可能在三角形坐标图的左侧或右侧，由物系的联结线的倾斜方向、原料液组成和数量、萃取剂用量大小等因素确定，但其图解步骤相同。

● **【例 10-5】** 用纯萃取剂 S 萃取原料液（A＋B）中的溶质组分 A。原料液量为 1000kg/h，其中 A 的组成为 30%，已知纯萃取剂用量为 350kg/h，要求最终萃余相 R_N 中的 A 组分不大于 6.5%（以上均为质量分数）。试求逆流萃取时：①所需理论级数；②最终萃取相的量及组成。

操作温度下该三元物系的相平衡曲线如图 10-18 所示。

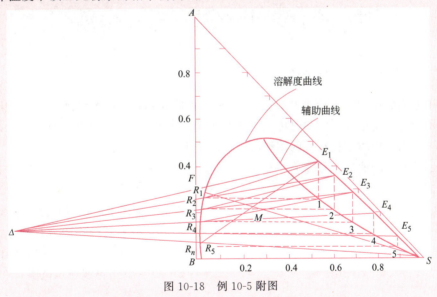

图 10-18 例 10-5 附图

解 ① 由原料液组成 $w_{FA}=0.3$，在三角形相图的 AB 边上定出 F 点，联结$\overline{FS}$ 线。

由题给萃取剂用量，得到溶剂比为

$$\frac{S}{F}=\frac{350}{1000}=0.35$$

根据杠杆定律，

$$\frac{\overline{FM}}{\overline{MS}}=\frac{S}{F}=0.35$$

可在 FS 线上定出 F 与 S 混合液的总组成点 M（和点），$w_{MA}=0.23$。

按最终萃余相组成 $w_{R_NA}=x_N=0.065$，在溶解度曲线上定出 R_N 点，联结 $\overline{R_NM}$ 线并延长交溶解度曲线于 E_1 点（差点），E_1 即为离开第 1 级的萃取相组成点。联结 $\overline{E_1F}$ 和 $\overline{SR_N}$，并将二线延长相交于 Δ 点，此即该逆流萃取过程操作线的共点。

从 E_1 点开始，利用辅助曲线作过 E_1 的平衡联结线（辅助曲线已在图上标出）定出 R_1 点；联 $\overline{\Delta R_1}$ 并延长交溶解度曲线于 E_2 点，再作过 E_2 的联结线得 R_2 点；……重复上述作图步骤，直至 $x_5 \leqslant x_N$ (0.065) 为止，共画出 5 条联结线，即所求理论级数为 5 级。

② 由图可读出最终萃取相 E_1 的组成为

$$w_{E_1A}=y_1=42\%,\quad w_{E_1B}=6\%,\quad w_{E_1S}=52\%$$

由总物料衡算可得

$$F+S=R_N+E_1=1350\text{kg/h}$$

且有

$$\frac{E_1}{M}=\frac{\overline{R_NM}}{\overline{R_NE_1}}$$

故

$$E_1=M\times\frac{\overline{R_NM}}{\overline{R_NE_1}}=1350\times\frac{0.23-0.065}{0.42-0.065}=627\text{kg/h}$$

（三）用分配曲线求理论级数

当采用逆流操作所需理论级数较多时，在三角形相图上进行图解画出的联结线多而密集、作图困难、误差也较大。此时可在 x-y 直角坐标图上画出相应的平衡线——分配曲线及操作线，然后用与精馏过程相似的图解法求取理论级数。

前已述及，分配曲线上任意点的组成 x 和 y 表示三角形相图上对应的联结线上 R 和 E 中溶质 A 的平衡组成，故可将溶解度曲线投射到直角坐标图上去，得到分配曲线。

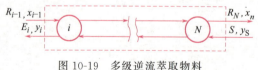

图 10-19　多级逆流萃取物料衡算（x-y 坐标系）

在 x-y 图上的操作线方程推导如下：在任意第 i 级与最后一级（N 级）间作物料衡算（如图 10-19 中虚线所示范围）：

总物料衡算：

$$S+R_{i-1}=E_i+R_N \tag{10-19}$$

A 组分衡算：

$$Sy_S+R_{i-1}x_{i-1}=E_iy_i+R_Nx_N \tag{10-20}$$

式中　x_{i-1}——离开（$i-1$）级萃余相中进入 i 级 A 的质量分数；
　　　y_i——离开 i 级的萃取相中 A 的质量分数；
　　　y_S——萃取剂中 A 的质量分数。

故

$$y_i=\frac{R_{i-1}}{E_i}x_{i-1}+\frac{S}{E_i}y_S-\frac{R_N}{E_i}x_N \tag{10-21}$$

一般，S、y_S、R_N、x_N 是已知值，但由于在各萃取级中，萃取相与萃余相的流量都在变化，故式(10-21)在 $x\text{-}y$ 图中为一曲线，称为操作线，通常也用图解法画出，即将三角形相图上的操作线关系转绘到 $x\text{-}y$ 图上。其步骤为（图10-20）：从三角形相图上 $\overline{R_N S}$ 及 $\overline{FE_1}$ 作延长线得到 Δ 点，过 Δ 在 E_1 与 R_N 范围内作若干条任意直线与溶解度曲线相交，得到若干组交点 (R_{i-1}, E_i)，将这些交点的对应组成 (x_{i-1}, y_i) 标绘到 $x\text{-}y$ 图上得若干对应点，将它们联结起来即得到在 $x\text{-}y$ 图上逆流萃取的操作线。由图10-20(b)可见，操作线为曲线，其起点的坐标为 (x_F, y_1) 即 H 点，而终点的坐标为 (x_N, y_S) 即 K 点。

由 H 点起，在平衡线（分配曲线）与操作线间作水平线与垂直线段构成梯级，直至 $x_i \leqslant x_N$ 为止，画出的梯级数即为所需的理论级数。图10-20(b)中得到 4 个梯级，说明此逆流萃取过程需要 4 个萃取理论级。

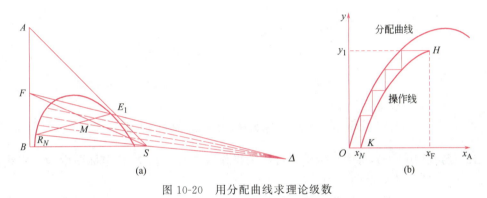

图 10-20　用分配曲线求理论级数

五、完全不互溶物系的萃取过程

当 B 和 S 完全不互溶或互溶度极小时，在整个萃取过程中，S 和 B 可看作不变量，只有 A 在两相间进行转移，这种情况与单组分吸收过程类似，计算比较简单。

（一）组成与相平衡表示方法

由于 B 与 S 互不相溶，各相中 A 的组成可用质量比表示，即

萃取相中溶质 A 组成：
$$Y = \frac{\text{溶质 A 的质量(kg)}}{\text{萃取剂 S 的质量(kg)}}$$

萃余相中溶质 A 组成：
$$X = \frac{\text{溶质 A 的质量(kg)}}{\text{原溶剂 B 的质量(kg)}}$$

溶质在平衡两相中的组成可用 $X\text{-}Y$ 坐标系中的分配曲线表示。

（二）单级萃取过程的计算

当原料液（A+B）与 S 在萃取器中相接触时，A 从 B 向 S 中转移，B 和 S 在两液相中的量不变，最后两相间达到平衡。图10-21(a)为单级萃取过程示意图。

对萃取器作 A 组分的物料衡算：
$$BX_F + SY_S = BX_R + SY_E \tag{10-22}$$

即
$$B(X_F - X_R) = S(Y_E - Y_S)$$

或
$$\frac{B}{S}=\frac{Y_E-Y_S}{X_F-X_R}, \quad \frac{Y_E-Y_S}{X_R-X_F}=-\frac{B}{S} \tag{10-22a}$$

式中　B——原料液或萃余相中原溶剂 B 的量，kg 或 kg/h；
　　　S——萃取剂或萃取相中纯萃取剂 S 的量，kg 或 kg/h；
　　　X_F——原料液中溶质 A 的质量比，kgA/kgB；
　　　X_R——萃余相中溶质 A 的质量比，kgA/kgB；
　　　Y_S——萃取剂中溶质 A 的质量比，kgA/kgS；
　　　Y_E——萃取相中溶质 A 的质量比，kgA/kgS。

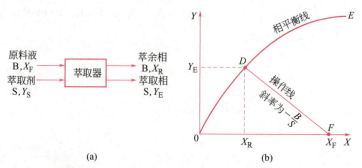

图 10-21　完全不互溶物系（B 和 S）的单级萃取

式(10-22) 与式(10-22a) 称为单级萃取过程的操作线方程，在 X-Y 坐标图中为一直线，该直线过（X_F、Y_S）点，其斜率为 $-B/S$。

当已知 B、X_F、Y_S 及选定萃取剂 S 用量以后，由于 Y_E 与 X_R 达到平衡，故可直接求出；也可规定 X_R，求取相应的 Y_E 与 S。用图解法求解更为方便，如图 10-21(b) 所示，在 X-Y 图上画出平衡线 OE，已知 Y_S（当为纯萃取剂时，$Y_S=0$）、X_F，在图上得到 F 点，根据式(10-22a)，过 F 点作斜率为 $-B/S$ 的直线交平衡线 OE 于 D 点，$\overline{FD}$ 即为单级萃取过程的操作线，D 点的坐标为 X_R 与 Y_E；如果已知 X_R，可在平衡线 OE 上找到 D 点，联 $\overline{FD}$ 得到操作线，由该线斜率值求出 S 用量。

（三）多级错流萃取过程的计算

多级错流萃取是上述单级萃取的多次重复。图 10-22 所示为 B、S 完全不互溶物系多级（四级）错流萃取流程。对每一级的萃取相与萃余相，其中 S 与 B 的量应分别为常量。计算可按下列方法进行。

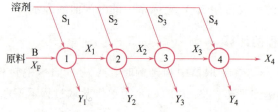

图 10-22　互不相溶物系多级错流萃取

（1）解析计算法　若在操作范围内，分配系数为常数，且 $Y_S=0$，而在 Y-X 坐标系内的分配曲线又可近似为通过原点的直线，则可用类似吸收中的表示式：

$$Y = mX \tag{10-23}$$

对第 1 级作 A 组分衡算可得式(10-22a)

$$\frac{-B}{S} = \frac{Y_S - Y_1}{X_F - X_1}$$

将 $Y_S = 0$，$Y_1 = mX_1$ 代入上式得

$$X_1 = \frac{X_F}{\frac{mS}{B} + 1} \tag{10-24}$$

令 $b = \frac{mS}{B}$，称为萃取因数，则

$$Y_1 = \frac{mX_F}{b+1} \tag{10-25}$$

同理，对于第 2 级可得

$$X_2 = \frac{X_1}{b+1} = \frac{X_F}{(b+1)^2}$$

$$Y_2 = \frac{mX_F}{(b+1)^2}$$

依次一直推算至第 N 级，得

$$X_N = \frac{X_F}{(b+1)^N} \tag{10-26}$$

$$Y_N = \frac{mX_F}{(b+1)^N} \tag{10-27}$$

于是可求出经过 N 个理论级错流萃取后的萃余相组成 X_N 和相应的萃取相组成 Y_N。或应用式(10-26)求出使溶液由 X_F 降至指定的 X_N 值所需的理论级数 N。

（2）图解计算法 若平衡线（分配曲线）为曲线，可采用图10-23所示的图解法。

若 $Y_S \approx 0$，由式(10-22a)可得第 1 级的操作线方程

$$Y_1 = -\frac{B}{S}(X_1 - X_F) \tag{10-28}$$

依次可得第 2、第 3、…、第 N 级的操作线方程

$$Y_2 = -\frac{B}{S}(X_2 - X_1)$$

$$\vdots$$

$$Y_N = -\frac{B}{S}(X_N - X_{N-1})$$

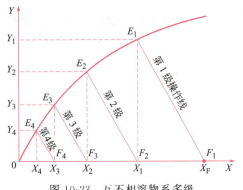

图 10-23 互不相溶物系多级错流萃取的图解法

各操作线的斜率均为 $-\frac{B}{S}$，分别通过 X 轴上的点 $(X_F, 0)$、$(X_1, 0)$、…、$(X_{N-1}, 0)$。其图解步骤如下：

① 在 X-Y 坐标图上，根据物系平衡数据，作出平衡线 OE；

② 过 X 轴上已知点 $F_1(X_F, 0)$ 作斜率为 $-\dfrac{B}{S}$ 的直线,得第 1 级操作线,交平衡线于 $E_1(X_1, Y_1)$,得出第 1 级的萃取相与萃余相组成 Y_1 与 X_1;

③ 由 E_1 作垂线交 X 轴于 $F_2(X_1, 0)$,过 F_2 作斜率为 $-\dfrac{B}{S}$ 的第 2 级操作线,交平衡线于 $E_2(X_2, Y_2)$;

④ 依次作操作线,直至萃余相组成等于或小于规定值 X_N 为止,这一级为 N 级,如图 10-23 中所示共为 4 级。

若入口萃取剂中 $Y_S \not= 0$,读者可按操作线方程

$$Y_i = -\frac{B}{S}(X_i - X_{i-1}) + Y_S$$

及平衡线自行确定图解步骤。

【例 10-6】 含丙酮 20% 的水溶液,流量为 800kg/h。按错流萃取流程,用 1,1,2-三氯乙烷作萃取剂,每一级的三氯乙烷用量均为 320kg/h。要求萃余相中的丙酮含量降到 5%(以上均为质量分数)。求所需理论级数和萃取相、萃余相的流量。

物系的相平衡数据见表 10-3。

解 由平衡数据可知,当水相中丙酮含量小于 20% 时,水与三氯乙烷的互溶度很小,可近似按互不相溶情况处理并使用 X-Y 图解法。忽略萃余相(水相)中的三氯乙烷量和萃取相(三氯乙烷相)中的水量,将表 10-3 中序号 1~4 的质量分数换算成质量比,即 $X = \dfrac{x}{100-x}$,$Y = \dfrac{y}{100-y}$,可得表 10-4。

表 10-4 以质量比 X-Y 表示的平衡关系

序 号	X	Y	序 号	X	Y
1	0.0633	0.0959	3	0.1624	0.2623
2	0.1111	0.1765	4	0.2353	0.3824

将 X、Y 平衡数据标绘在 X-Y 坐标上,得到如图 10-24 中的 OE 线,由图可见,OE 为一近似通过原点的直线,其斜率为 1.62。

① 解析法求解。

原料液量为 800kg/h,则其中水量为

$$B = 800 \times (1 - 0.20) = 640 \text{kg/h}$$

操作线斜率为

$$-\frac{B}{S} = -\frac{640}{320} = -2$$

原料液组成为

$$X_F = \frac{x_F}{100 - x_F} = \frac{20}{100 - 20} = 0.25$$

萃余相组成为

$$X_N = \frac{x_N}{100 - x_N} = \frac{5}{100 - 5} = 0.0526$$

萃取因数
$$b = \frac{mS}{B} = \frac{1.62}{2} = 0.81$$

按式(10-26),有
$$\frac{X_F}{X_N} = (b+1)^N$$

故有
$$N = \frac{\ln\left(\frac{X_F}{X_N}\right)}{\ln(b+1)}$$

将已知值代入,得
$$N = \frac{\ln\left(\frac{0.25}{0.0526}\right)}{\ln(0.81+1)} = 2.63$$

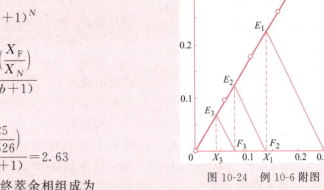

图 10-24 例 10-6 附图

当采用 $N=3$ 时,可得最终萃余相组成为
$$X_N = \frac{X_F}{(b+1)^3} = \frac{0.25}{1.81^3} = 0.0422$$

② 图解法求 N。

在图 10-24 中,找出点 $F_1(0.25,0)$,过 F_1 点作斜率为 -2 的直线,交 OE 线于 E_1 点;自 E_1 作垂线,交 X 轴于 F_2 点,过 F_2 再作斜率为 -2 的直线交 OE 于 E_2 点;继续作图得到 F_3 和 F_4 点,得萃余相组成 $X_3=0.042<X_N$,故需用 3 个理论级。

(四) 多级逆流萃取过程的计算

如图 10-25 所示,各级萃余相中 B 的量不变,萃取相中 S 的量不变。用虚线框出范围,作第 i 级至第 N 级的溶质组分衡算:
$$BX_{i-1} + SY_S = BX_N + SY_i$$

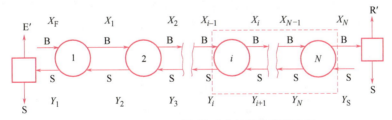

图 10-25 B、S 互不相溶时多级逆流萃取流程

若 $Y_S \approx 0$,则
$$Y_i = \frac{B}{S}(X_{i-1} - X_N) \tag{10-29}$$

式中 X_{i-1}, X_N ——离开第 $(i-1)$ 级、N 级的萃余相组成,质量比 (kgA/kgB);

  Y_i——离开第 i 级萃取相组成,质量比 (kgA/kgS)。

式(10-29)为多级逆流萃取在 X-Y 系中的操作线方程。

对全系统作溶质 A 的物料衡算可得

$$Y_1 = \frac{B}{S}(X_F - X_N)$$

故操作线必过点 (X_F, Y_1) 和 $(X_N, 0)$，即图 10-26 中的 P_1 和 S 点，且斜率为 B/S。

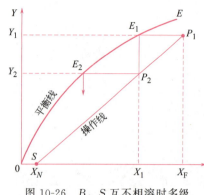

图 10-26 B、S 互不相溶时多级逆流萃取的图解

在 X-Y 坐标系中画出平衡线 OE 和操作线 SP_1 后，按梯级法作图，自 P_1 起作水平线交 OE 线于 E_1，得到与 E_1 相平衡的 X_1，从 E_1 作垂线交操作线于 P_2 点，得出离开第 1 级萃取相的组成 Y_1，依次在 OE 与 SP_1 线间作梯级，直至 X_N 等于或低于规定的最终萃余相组成为止。所得的梯级数即为 S、B 不互溶的三元系逆流萃取的理论级数。

当要求 X_N 一定，减少萃取剂用量 S 时，操作线斜率 B/S 将增大，向平衡线靠拢，理论级数将增多；当 S 减小至操作线与平衡线相交，所需理论级数将趋于无穷多，类似吸收中的最小液气比，这时的 S/B 称为最小溶剂比，用 $(S/B)_{min}$ 表示。显然，操作的溶剂比必须大于最小溶剂比，才能达到规定的分离要求。适宜溶剂比的选择仍应由设备投资费与操作费总和来权衡。

● **【例 10-7】** 用水萃取丙酮-苯溶液中的丙酮。已知溶液中丙酮含量为 40%，要求萃余相中的丙酮含量不高于 5%（均为质量分数）。若原料液处理量为 1500kg/h，水用量为 2000kg/h。在逆流萃取时，试求：①所需理论级数；②上述条件下，水的最小用量 (kg/h)。

若操作条件下可认为苯与水不互溶，物系的分配曲线如图 10-27 所示。

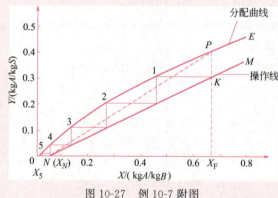

图 10-27 例 10-7 附图

解

B（苯）和 S（水）互不相溶时，物流的组成均用质量比表示。

原料液组成：

$$X_F = \frac{x_F}{100 - x_F} = \frac{40}{100 - 40} = 0.667$$

最终萃余相组成：

$$X_N = \frac{x_N}{100 - x_N} = \frac{5}{100 - 5} = 0.0526$$

原料液中苯的流量： $B=1500\times(1-0.4)=900\text{kg/h}$

① 逆流萃取所需理论级数。

因 $S=2000\text{kg/h}$，故操作线斜率为：

$$\frac{B}{S}=\frac{900}{2000}=0.45$$

萃取剂中丙酮含量为零，故操作线的一个端点在横轴上，即 N 点（0.526，0），过 N 点作斜率为 0.45 的直线 $\overline{NM}$，此直线与 $X_F=0.667$ 的垂线相交于 K 点，则 $\overline{NK}$ 为操作线。

从 K 点开始在分配曲线 OE 和操作线 NK 间画梯级，当画至第 5 个梯级时，所得萃余相组成 $X_5<X_N=0.0526$，故此萃取操作需用 5 个理论级。

② 根据最小溶剂用量定义可知，当 $X=X_F$ 的直线与分配曲线交于 P 点时，联 $\overline{PN}$ 线（图 10-27 中的虚线），其斜率所对应的萃取剂用量即为最小用量，由图中查出 $\overline{PN}$ 线的斜率为

$$\frac{B}{S_{\min}}=0.617$$

故最小萃取剂用量为：

$$S_{\min}=\frac{B}{0.617}=\frac{900}{0.617}=1460\text{kg/h}$$

▲ 学习本节后可完成思考题 10-2、10-3、10-5，习题 10-2～10-6。

第五节　液-液萃取设备

一、概述

液-液萃取操作是两液相间的传质过程。与气液间的传质过程（如吸收与蒸馏）类似，为获得较高的相际传质效果，首先要使不平衡两相密切接触、充分混合，再使传质后的两相互相彻底分离。在萃取设备中，通常是使一相分散成液滴状态分布于另一作为连续相的液相中，液滴的大小对萃取有重要影响。如液滴过大，则传质表面积减少，对传质不利；但如液滴过小，虽然传质面积增加，但分散液滴的凝集速度随之下降，有时甚至会发生乳化，同时液相间的密度差较气液相间的密度差要小得多，这些因素都会使混合后两液相的重新分层产生困难。因此要根据物系性质选择适宜的萃取设备及其结构尺寸。在很多情况下，萃取后两液相能否顺利分层会成为是否选用萃取操作的一个重要制约因素。

液-液传质设备类型很多。按两相接触方式有分级接触式和微分接触式；按操作方式有间歇式和连续式；按设备和操作级数有单级和多级；按有无外加机械能量以及外加能量的方式和设备结构形式又可分为许多种。这里扼要介绍一些较常用的萃取设备。

二、液-液萃取设备简介

（一）混合澄清器

它是使用最早、目前仍应用广泛的一种分级接触式萃取设备，结构形式亦有多种。图 10-12 所示为一种单级混合澄清器流程图，混合器中装有搅拌装置以促进液滴的破碎和均匀混合。澄清器是水平截面积较大的空室，主要依靠重力，使分散相（液滴）凝集分层。

根据分离要求，混合澄清器可以单级使用，也可组合成多级错流或多级逆流流程；可以间歇操作，也可连续操作。

混合器的工作容积可依原料液和萃取剂的总流量和萃取过程所需时间算出。澄清器的水平截面积则依分散相液体流量与液滴的凝集分层速度来计算。这些操作参数均需经实验测定，具体计算方法可参阅有关专著。

这类设备的主要优点如下：

① 传质效率较高。这是由于在混合器内依靠外加搅拌能量使两相接触面积增大，湍动程度增加。澄清器的水平截面积也较大，分层效果较好。通常离开澄清器的两相可基本上接近平衡状态。

② 结构简单。一般认为单位体积混合器内消耗相同的搅拌功率时，级效率大致相等，故放大设计也比较容易、可靠。

③ 操作方便灵活。液体的分散状况和停留时间均可适当调节，级数也可根据需要增减。

④ 流量允许变化范围大，可适应各种生产规模，也能处理含固体的悬浮物料。

主要缺点如下：

① 采用多级混合澄清器作水平排列时，占地面积大。为减少占地面积，可采用厢式或立式混合澄清器，但结构要复杂一些。

② 设备尺寸较大，且各级均设有搅拌，级间液体流动一般也需用泵输送，故设备费用和操作费用较高。

③ 由于设备内持液量大，对萃取剂较贵或有可燃性时不宜采用。

④ 整体搅拌混合一般会降低传质平均推动力。

（二）萃取塔

用于萃取的塔设备有填料塔、筛板塔、转盘塔、脉动塔和振动板塔等。塔体都是直立圆筒，轻相自塔底进入，由塔顶溢出；重相自塔顶加入，由塔底导出；两相在塔内作逆流流动。除筛板塔外，萃取塔大都属于微分接触传质设备，塔的中部为萃取操作的工作段，两端分别用于分散相液滴的凝集分层和连续相中夹带的分散相微细液滴的分离。下面介绍几种常用的萃取塔。

（1）**填料萃取塔** 其结构与气-液传质系统的填料塔基本相同，填料类型也基本相同，依靠两相的密度差在塔内发生相对运动。分散相可为轻相或重相，由入口处的分散装置产生。

填料塔内液-液两相的传质表面积实际上就是分散相的表面积，它与填料表面积基本无关。填料的作用是：①使分散相液滴不断破裂与再生，使液滴表面不断更新；②减少连续相的纵向混合，并使连续相在塔截面上的速度分布较为均匀。为避免分散相液体在填料表面大量黏附而凝聚，填料应选用能被连续相优先润湿的材料制作。在操作前应先用连续相液体对填料预润湿后再通入分散相液体。一般瓷质填料易被水溶液优先润湿，塑料填料易被大部分有机液体优先润湿，而金属填料则需通过实验来确定其润湿能力。

填料萃取塔的主要缺点是：级效率较低，不能处理含固体的悬浮液，两相通过能力有限。其优点是：结构简单，操作方便，造价低廉，适宜于处理腐蚀性液体。故对处理量较小，要求理论级数不多（小于 3 级）时，在工业上仍有应用。

为增大塔内液体的湍动，防止分散相液滴的凝聚，也可在填料塔外附设脉动发生装置。如图 10-28 所示的脉冲填料塔，它借助活塞的往复运动使塔内液体产生脉冲运动，即周期性的变速，由于轻相惯性小加速容易，故两相间的相对速度增大，扰动增加，液滴尺寸随之减小，两相传质速率有所提高。

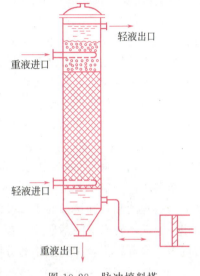

图 10-28　脉冲填料塔

（2）筛板萃取塔　其结构与气液传质设备中的筛板塔类似，轻重两相依靠密度差在塔内作总体的逆流流动，而在每块板上两相呈错流接触，故属分级接触式设备。

① 若分散相为轻相，则如图 10-29(a) 所示。轻相由塔底加入，自下而上通过筛板的筛孔被分散成细液滴向上运动，重相作为连续相沿板面横向流过，与分散相接触并由降液管流至下层塔板。液滴穿过重相液层后，在每层板的上层空间发生凝集形成清液层，在密度差作用下继续穿过上层筛板，被筛孔再次分散于重相中，直至塔顶分层后排出。而重相则由各板降液管依次下流，直至塔底排出。可见，每一块筛板及板上空间的作用相当于一级混合澄清器。

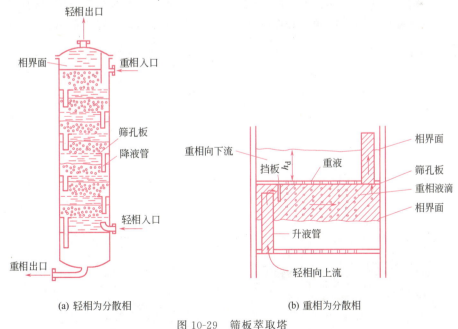

(a) 轻相为分散相　　　　　　(b) 重相为分散相

图 10-29　筛板萃取塔

为使液滴较小，一般筛孔也较小，通常为 3~6mm。对于液-液系统，降液管内的液滴夹带现象比气-液系统中的气泡夹带更易于发生，影响更大。为避免出现严重的液滴夹带，通常在降液管前的狭长区域不开孔，且降液管面积要足够大，使管内连续相的流速小于某一允许直径的液滴（例如 0.8mm）的沉降速度。由于板上连续相的液层较厚，一般可不设出口堰。

② 若分散相为重相，其结构如图 10-29(b) 所示，将降液管改为升液管，轻相送到板间的上半部空间并横向流过，与经上板筛孔分散后下降的重相液滴呈错流接触，在板间下半部重相液滴凝集成层，再经下板筛孔分散下降，轻相则继续沿升液管上升。

与填料萃取塔相比，在筛板塔内，分散相液体的分散与凝集多次发生，筛板的存在又可抑制塔内的轴向返混，故筛板塔萃取效率相对较高，板数愈多，相当于接触级愈多。

筛板塔的结构也较简单、造价低、生产能力大，工业上应用较广。筛板塔也可采用塔外脉动发生装置，以强化两相间的接触传质。

（3）转盘萃取塔 如图 10-30 所示，其结构是在塔体内壁按一定高度间距安装一组环形板（称为固定环），而在中心旋转轴上，在两固定环的中间以同样间距安装若干圆形转盘。环形板将塔内分隔出若干小的空间，每个分隔空间中心的转盘相当于一个搅拌器，因而可以增大分散程度和相际接触面积以及湍动程度。固定环板则起到抑制塔内纵向（轴向）返混的作用。因此，转盘塔的萃取效率较高。两相在垂直方向上的流动仍依靠密度差为推动力，在塔的上下端分别为轻相和重相的分层区，因此转盘塔本质上属于微分接触式设备。

为了便于安装和维修，转盘的直径应略小于固定环的内径。转盘和固定环的尺寸、固定环间距、转盘转速以及两相的流量比等均对塔的生产能力和萃取效率有一定的影响。

转盘塔操作方便，传质效率高，结构也不甚复杂，处理量与操作弹性大，在石油炼制和石油化工等行业中被广泛应用。

（4）振动筛板塔 如图 10-31 所示，它是将多层筛板按一定板间距固定在中心轴上，筛板上不设溢流管且不与塔体相连，属于微分接触式设备。中心轴由塔外的曲柄连杆机构驱动，操作时带动筛板以一定的频率和振幅作垂直的上下往复运动，产生机械搅拌作用。当筛

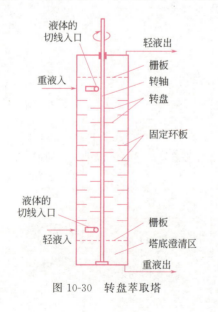

图 10-30 转盘萃取塔

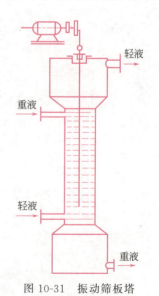

图 10-31 振动筛板塔

板向上运动时，筛板上侧的液体经筛孔分散并向下喷射；当筛板向下运动时，筛板下侧液体向上喷射，从而增加相际接触面积及湍动程度。

振动筛板上的筛孔比前述的筛板萃取塔的孔径要大些，开孔率达 50% 左右，故流体阻力较小。由于筛板要随中心轴作上下运动，筛板与塔内壁间要保持一定的间隙。

振动筛板塔的操作维修方便，结构简单可靠，通量大，传质效率高，可用于处理易乳化、含固体物及腐蚀性强的物系，是一种性能较好的液-液传质设备，在化工生产中的应用日益广泛。但其机械传动要求较高，塔的放大也有一定限制。

（三）离心萃取器

萃取专用的离心机是利用高速旋转所产生的离心力，使轻、重两相以很大的相对速度逆流流动，同时又使液滴的沉降分离加速，因而特别适用于两相密度差很小，要求接触时间短、物料滞留量小以及两相易产生乳化、难于分离的物系。如抗菌素的生产，为了保持产品的稳定性，萃取时间就要求很短。

离心萃取器按两相接触方式也分为逐级接触和连续微分接触两类，并有许多结构类型。连续接触式的离心萃取器中的两相接触方式和在连续接触萃取塔中类似。图 10-32 为其一种类型。主要由一水平转轴和一随轴高速旋转的圆柱形转鼓以及固定外壳组成。转鼓内包含有许多层带筛孔的同心圆筒，其转速一般为 2000～5000r/min（依所处理的物系而定），产生的离心力为重力的几百至几千倍。操作时两相在压强作用下分别通过带机械密封装置的套管式空心转轴的一端进入，重相引入转鼓内侧，轻相则引至转鼓外

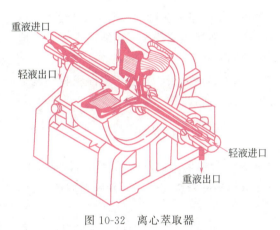

图 10-32　离心萃取器

侧，在离心力场作用下，轻相由外向内、重相由内向外，两相沿径向逆流通过各层圆筒的筛孔分散并进行相际的密切接触和传质。得到的萃取相和萃余相，又分别引到套管式空心转轴的另一端流出。

离心萃取器的结构紧凑，物料停留时间短，处理能力大；但其构造复杂、制造困难、造价与维修费用高、能耗大，故其应用受到一定限制。主要用于制药、染料、石油化工、冶金及特种废水处理、核工业等处理量不高、但物料的经济价值或分离的社会效益很高的场合。

三、液-液萃取设备的选用

萃取设备的类型多，必须根据具体对象、分离要求和客观实际条件来选用。

（一）萃取设备选用时的考虑因素

（1）物系的基本性质（密度差、界面张力和黏度）　物系的物理和物理化学性质对设备的选择非常重要。对于无外能输入的情况，液滴的大小及其运动情况和相间界面张力 σ 与两相密度差 $\Delta\rho$ 的比值 $\sigma/\Delta\rho$ 有关。若 $\sigma/\Delta\rho$ 较大，则液滴变大，使传质速率降低，故宜选用有外能输入的设备；而对 $\sigma/\Delta\rho$ 较小的物系可选用无外能输入的设备，以降低操作费用。如界

面张力过小，液层易发生乳化时，则可考虑采用离心萃取器，而不宜采用一般有外能输入的设备。物系的黏度对液滴大小和湍动程度也有影响，故当黏度较大时，也应选用有外能输入的设备。

（2）物系的其他特殊性质
① 当物系有较强腐蚀性时，可选用结构简单的填料塔或脉冲填料塔。
② 对含固体悬浮物或易生成沉淀的物系，为避免堵塞，应选用混合澄清器和转盘塔，也可用脉冲塔或振动筛板塔（它们有一定的自清洗能力），而不宜用填料塔和离心萃取器。
③ 对物系稳定性差，要求停留时间短的物系，可选用离心萃取器。对要求停留时间较长的物系，宜选用混合澄清器。

（3）所需的萃取理论级数 若分离需要的理论级数不多（≤3级），各种萃取设备均可选用；当理论级数较多时，可选用转盘、脉冲或振动筛板塔；当理论级数要求更多时一般只能选用多级混合澄清器。

（4）生产能力 对于中、小生产能力，可用填料塔、脉冲塔；处理量较大时，可选用转盘塔、筛板塔、振动筛板塔；混合澄清器则可适用于各种生产能力。

（5）能源供应情况 在能源供应紧张地区，应优先考虑节电，即尽量选用依靠自身重力流动的设备。

（6）场地限制 若对厂房面积有一定限制时宜选用立式设备；对厂房高度有限制时可选用混合澄清器。

（二）分散相的选择

在液-液萃取中，两相流量比由液液平衡关系和分离要求决定，但在设备内用哪一相作为分散相是可以选择的，而分散相的选择也对设备结构和操作产生影响。选择时可参考下列原则。

① 为增加相际接触面积，一般应选流量较大的一相作为分散相。
② 若两相流量相差很大，此时可选流量小的一相为分散相。
③ 为增加设备的通过能力，减小塔径，可将黏度大的流体作为分散相。因为连续相液体的黏度愈小，液滴在塔内的下降或浮升速度愈大。
④ 对于填料塔、筛板塔等设备，连续相优先润湿填料或筛板是很重要的。此时应将润湿性差的液体为分散相。

到目前为止，萃取过程的应用日益广泛，但由于物系的多样性与过程的复杂性，萃取设备的选择和设计还带有很大的经验性，往往要先经过实验室和中间试验进行萃取剂与萃取方案的筛选，并与其他液体混合物的分离方法进行技术经济比较，才能得出适宜的结论，并将设备放大到工业规模。

▲ 学习本节后可完成思考题 10-4。

【案例 10-1】 双水相萃取

萃取操作的依据为待萃取组分在两相中的溶解度差异。通常一相为水相，另一相为有机相。但是，有机相易使蛋白质等生物活性物质变性，难以用于生物活性物质的提取；产品中有机溶剂残留也是一个非常棘手的问题；另外，大多数有机溶剂挥发性强，对环境危害大。

1896年，Beijerinck发现，当明胶与可溶性淀粉溶液相混时，得到一个浑浊不透明的溶液，随之分为两相，上相富含明胶，下相富含淀粉，这种现象被称为聚合物的不相溶性（incompatibility），从而产生了双水相体系（aqueous two phase system，ATPS）。1956年Albertsson首次应用ATPS成功分离叶绿素。目前对ATPS分离技术的研究方兴未艾，新的体系层出不穷，应用领域不断拓展，该技术已经被应用于蛋白质、核酸、氨基酸、抗生素、色素以及中药材中的小分子化合物等产品的分离和纯化。

双水相体系通常是指两种亲水性化合物的水溶液在一定浓度下混合后自发形成的两个互不相容的水相体系。依据待萃取组分在两相中溶解度的差异，可以进行萃取分离。常用的双水相体系有聚合物-无机盐-水、离子液体-无机盐-水、离子液体-表面活性剂-水等。这里以最为常见的聚合物-无机盐-水为例进行一些介绍。聚合物的种类很多，最为常见的是聚乙二醇。

聚乙二醇-盐-水体系：聚乙二醇（PEG）有多种规格，平均分子量从200到20000，其水溶性随分子量增大而减小。所以，聚乙二醇的分子量和用量对体系的分配系数有重要的影响；例如，分子量太小，两相的极性差异小，分配系数很低；分子量太大，聚乙二醇在水中溶解度小，形成双水相的聚乙二醇浓度很低，也不易获得较高的提取效率。一般经验，分子量在1500~6000之间较好。例如，有研究认为，萃取丁酸时，分子量为6000较好；萃取红豆蛋白质时，分子量要低于4000。常用的无机盐有$(NH_4)_2SO_4$、K_2SO_4、K_3PO_4、Na_2HPO_4、K_2HPO_4、Na_2CO_3等，萃取酸性化合物时，选择低pH值的盐；反之，若萃取碱性化合物，一般选用高pH值的盐。目标为让被萃取的化合物以分子状态存在，被萃取到上相。若被萃取对象以离子状态存在，将加大其在盐水相的分配。例如，有报道$(NH_4)_2SO_4$组成的双水相体系可以用来分离酚类化合物、脂肪氧合酶、黄连生物碱、黑豆酯酶、红豆蛋白质等物质；Na_2SO_4组成的双水相体系萃取分离脂肪酶、转化酶等有较好的效果。盐的浓度对分配系数和分离因子也有重要的影响，可以通过实验确定。加入两种或两种以上的盐，能够改变被萃取化合物在两相中的分配，加快相分离的速度。

与传统的液-液萃取技术一样，从成分复杂的固体样品中萃取目标组分受基质状态、传质的影响较大，相分离的时间长。微波辅助、超声波辅助手段等均可提高萃取效率。

双水相萃取优点很多，应用前景广阔。但是，双水相萃取的成相及分配机理仍待深入研究，形成理论模型，用于指导实验；其相应的设备和工艺也需要进行优化研究；萃取剂价格较高也是缺点之一，寻求绿色廉价的萃取剂也是重要的研究工作。学好基础知识，才能为创新研究奠定基础。

思考题

10-1 如何确定三角形相图上各点的组成？为什么在三角形相图中可以利用杠杆定律？是否在图中每一条直线上的任意三点间的相对量与组成关系都可用杠杆定律来表示？

10-2 在 x-y 或 X-Y 图上的分配曲线与操作线的相对位置应该是怎样的？对一定的分离要求，应如何设法减少理论级数？

10-3 试比较蒸馏、吸收和液-液萃取三种单元操作各自的依据以及下列概念的异同。

$\begin{cases}\text{平衡线}\\ \text{分配曲线}\end{cases}$ $\begin{cases}\text{挥发度}\\ \text{分配系数}\end{cases}$ $\begin{cases}\text{相对挥发度}\\ \text{选择性系数}\end{cases}$ $\begin{cases}\text{最小液气比}\\ \text{最小溶剂比}\end{cases}$

$\begin{cases}\text{理论板}\\ \text{萃取理论级}\end{cases}$ $\begin{cases}\text{解吸因数}\\ \text{萃取因数}\end{cases}$ $\begin{cases}\text{级效率}\\ \text{板效率}\end{cases}$

10-4 试将下列萃取设备按所属接触方式、操作方式以及有无外加能量进行分类：混合澄清器、填料萃取塔、筛板萃取塔、转盘萃取塔、振动筛板塔、离心萃取器。

10-5 说明下列各组名词的概念和意义，并比较它们的异同。

$\begin{cases}\text{杠杆定律}\\ \text{相律}\end{cases}$ $\begin{cases}\text{和点}\\ \text{差点}\end{cases}$ $\begin{cases}\text{多级错流萃取}\\ \text{多级逆流萃取}\end{cases}$

10-6 试讨论温度、压强、两液相密度差、界面张力和黏度对液-液相平衡关系、萃取速率和分离速率的影响。

习题

10-1 以异丙醚为萃取剂，从组成为 50%（质量分数）的醋酸水溶液中萃取醋酸。在单级萃取器中，用 600kg 异丙醚萃取 500kg 醋酸水溶液。试求：①在三角形相图上绘出溶解度曲线与辅助线；②确定原料液与萃取剂混合后，其混合液组成点的位置；③由三角形相图求出此混合液分为两个平衡液层——萃取相 E 和萃余相 R 的组成与量。

醋酸（A）-水（B）-异丙醚（S）的平衡数据如下（均为质量分数）：

在萃余相(水层)R 中			在萃取相(异丙醚层)E 中		
$A/\%$	$B/\%$	$S/\%$	$A/\%$	$B/\%$	$S/\%$
0.69	98.1	1.2	0.18	0.5	99.3
1.40	97.1	1.5	0.37	0.7	98.9
2.69	95.7	1.6	0.79	0.8	98.4
6.42	91.7	1.9	1.93	1.0	97.1
13.30	84.4	2.3	4.82	1.9	93.3
25.50	71.1	3.4	11.40	3.9	84.7
37.00	58.6	4.4	21.60	6.9	71.5
44.30	45.1	10.6	31.10	10.8	58.1
46.40	37.1	16.5	36.20	15.1	48.7

[答：②M 点的坐标：$w_{MA}=0.23$，$w_{MB}=0.23$，$w_{MS}=0.54$；③$E=780\text{kg}$，$w_{EA}=0.158$，$w_{EB}=0.055$；$R=320\text{kg}$，$w_{RA}=0.32$，$w_{RB}=0.645$]

10-2 同上题物系，试求：①两平衡液层 E 与 R 中溶质的分配系数 k_A 及萃取剂的选择性系数 β；②若用 600kg 异丙醚对上题中所得到的萃余相 R 再进行一次萃取，在最终萃余相中醋酸的组成可为多少？

[答：①$k_A=0.578$，$\beta=6.8$；②$w_{RA}=0.19$]

10-3 在单级接触式萃取器内，用 800kg 水为萃取剂，从醋酸与氯仿的混合液中萃取醋酸，已知原料液量也为 800kg，其中醋酸的组成为 35%。试求：①萃取相 E 与萃余相 R 中醋酸的组成及两相的量；②将 E 和 R 相中的萃取剂脱除后，萃取液 E' 与萃余液 R' 的组成及量；③醋酸萃出的百分率。

操作条件下的平衡数据如下：

氯 仿 层		水 层	
醋酸/%	水/%	醋酸/%	水/%
0.00	0.99	0.00	99.16
6.77	1.38	25.10	73.69
17.72	2.28	44.12	48.56
25.72	4.15	50.18	34.71
27.65	5.20	50.56	31.11
32.08	7.93	49.41	25.39
34.16	10.03	47.87	23.28
42.50	16.50	42.50	16.50

［答：① $E=1056$ kg，$w_{EA}=0.24$，$w_{EB}=0.745$，$R=544$ kg，$w_{RA}=0.06$，$w_{RB}=0.01$；
② $E'=264$ kg，$w'_{EA}=0.94$，$w'_{EB}=0.06$，$R'=536$ kg，$w'_{RA}=0.062$，$w'_{RB}=0.938$；
③ 88.6%］

10-4 含丙酮 30%（质量分数）的丙酮-醋酸乙酯混合液，用水进行两级错流萃取，各级加入的水与原料液之比（即 S/F）为 0.75，求最终萃余相的组成。物系的平衡数据见表 10-1。

［答：$w'_{RA}=14\%$］

10-5 以二异丙醚在逆流萃取器中使醋酸水溶液的醋酸含量由 30% 降到 5%（质量分数）。萃取剂可看作纯态，其用量为原料液的两倍。试应用三角形图解法求出所需萃取理论级数。操作条件下的物系平衡数据见习题 10-1。

［答：$N=7$］

10-6 按例 10-6，当其他条件不变，要求萃余相中丙酮含量降至 2.5% 时，试求：①采用多级错流萃取所需理论级；②若萃取剂用量同多级错流萃取，求逆流萃取所需的理论级数。

［答：①4 级；②2 级］

本章主要符号说明

英文字母

A —— 溶质的质量或质量流量，kg 或 kg/s；
B —— 原溶剂质量或质量流量，kg 或 kg/s；
E、E' —— 萃取相与萃取液的质量或质量流量，kg 或 kg/s；
F —— 原料液的质量或质量流量，kg 或 kg/s；
k_A、k_B —— 分配系数；
R、R' —— 萃余相与萃余液的质量或质量流量，kg 或 kg/s；
S —— 萃取剂的质量或质量流量，kg 或 kg/s；
w_{ij} —— 组分 j 在混合物流 i 中的质量分数，kg$j$/kg$i$；
X、x —— 溶质 A 在萃余相中的质量比，kg$A$/kg$B$ 和质量分数；
X_i、x_i —— 溶质 A 在离开 i 理论级的萃余相中的质量比，kg$A$/kg$B$ 和质量分数；
Y、y —— 溶质 A 在萃取相中的质量比，kg$A$/kg$S$ 和质量分数。

希腊字母

β —— 选择性系数。

下标

i —— 混合物流代号（$i=$ E、S、E'、R'、F；对多级萃取：$i=1, 2, \cdots, N$）；
j —— 组分代号（对三元混合物，$j=$ A、B、S）。

第十一章 膜分离技术

学习要求

1. 熟练掌握的内容

   膜分离过程基本原理和特点;膜的分类和特点;几种膜组件的特点;膜性能评价方法;膜污染的危害和控制方法;渗透现象和浓差极化现象对膜过程的影响。

2. 理解的内容

   微滤、超滤、纳滤、反渗透的分离原理与应用领域;气体分离、透析的分离原理与应用领域;离子交换膜的分离原理与应用领域。

3. 了解的内容

   膜蒸馏、膜吸收和膜反应器的原理和特点。

第一节 概 述

膜分离过程作为一门新型的分离、浓缩、提纯及净化技术,近几十年来发展非常迅速,已在许多工业领域和科学研究中得到广泛的应用。膜分离技术是 21 世纪优先发展的高新技术之一,已成为解决当代能源、资源和环境污染问题的重要高新技术及可持续发展技术的基础。本章着重介绍膜分离技术的基本原理和常用的膜分离过程。

一、膜分离过程基本原理和特点

膜分离是利用流体中各组分对膜的透过速率的差别而实现组分分离的单元操作。常见的膜分离过程如图 11-1。原料混合物通过膜后被分为截留物和透过物。

膜为两种流体之间的选择性屏障,选择性是膜或膜的固有特性。在相同条件下,一种膜以不同的速率传递不同的分子,这种膜称为半透膜。如果没有特别声明,本章提到的膜,均是指具有选择性透过能力的半透膜。

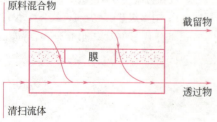

图 11-1 膜分离过程示意图

膜可以是聚合物膜或无机膜；所处理的流体可以是气体或液体；膜分离过程的推动力，可以是压力差、浓度差、电位差或者几种作用力同时存在；多数情况下并不需要加入清扫流体，但有时在膜的透过物一侧加入一个清扫流体以帮助移除透过物。

前几章介绍的蒸馏、吸收和萃取等单元操作，是借助分离介质（如能量、吸收剂和萃取剂），使均相混合物形成两相系统，再以混合物中各组分在处于平衡两相中不等同的分配为依据而实现分离的，称为平衡分离过程。膜分离过程所处理的原料和产品通常属于同一相态，仅有组成上的差别，属于速率分离过程。

膜分离过程的优点：

① 膜分离过程不仅可以除去病毒、细菌等微粒，而且也可以除去溶液中大分子和无机盐，还可分离共沸物和沸点相近的组分，分离系数较大，选择性好；

② 膜分离过程多在常温下进行，化学品消耗少，可避免组分受热变质或混入杂质，在食品加工、医药、生化技术领域具有独特的实用性；

③ 多数膜分离过程中组分不发生相变化，所以能耗较低；

④ 过程较简单，操作方便，易放大。

二、膜的分类

膜分离的效果主要取决于膜本身的性能，膜材料和制备方法是膜分离技术的关键。按照膜的来源可分为天然生物膜和合成膜；对于合成膜，按照膜的材质可以分为聚合物膜和无机膜。

（一）聚合物膜

聚合物膜的材料主要有纤维素衍生物类（如醋酸纤维素）、聚砜类（如聚砜、聚醚砜、聚醚酮）、聚酰胺类（如尼龙-66、芳香族聚酰胺等）、聚酰亚胺类、聚酯类（如涤纶）、聚烯烃类、含氟聚合物（如聚四氟乙烯）等。

根据膜体结构和作用特点，可以分为对称膜（多孔膜或致密膜）、非对称膜（包括复合膜），见图11-2。

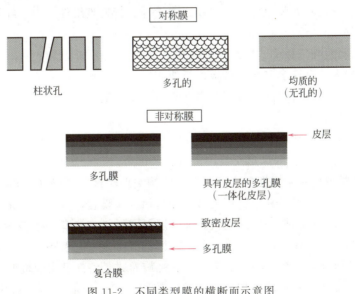

图 11-2 不同类型膜的横断面示意图

多孔膜内含有相互交联的孔道，这些孔道曲曲折折，视分离性能有不同的孔径分布。致密膜又称均质膜，其膜的整个断面结构形态均匀致密，物质能过这类膜主要是靠分子扩散。

非对称膜的特点是膜的断面结构不对称，它由同种材料制成的厚度为 $0.1\sim1.5\mu m$ 的表面皮层（活性层）和厚度为 $50\sim150\mu m$ 的多孔亚层组成。膜的分离作用主要取决于表面皮层；多孔亚层主要起支撑作用，决定了膜的机械强度。非对称膜结合了致密膜的高选择性和薄膜的高渗透率的优点，传质阻力主要由很薄的皮层决定。非对称膜的发明使膜分离技术得以从实验室进入工业化，应用更为广泛。

复合膜是在非对称膜表面加一层很薄的致密皮层构成，膜的分离作用主要取决于这层致密皮层。与非对称膜相比，可以分别优选不同的材料制备致密皮层和多孔支撑层，使它们的功能分别达到最优化，使膜具有良好的选择性和较高的透过速率，也具有良好的物理化学稳定性和耐压密性。复合膜在纳滤、反渗透中都有广泛应用。

离子交换膜是一种膜状的离子交换树脂，由基膜和离子交换基团构成。离子交换膜可以分为阳离子交换膜、阴离子交换膜。阴离子交换膜的活性基团主要为伯胺、仲胺、叔胺和季铵基团等；阳离子交换膜的活性基团主要为磺酸、羧酸基团等。

（二）无机膜

无机膜多由陶瓷、玻璃、金属及其氧化物等材料制成，这类膜的特点是孔径分布均匀，耐热性、化学稳定性好，耐污染且易清洗，使用寿命长，其主要缺点是易破损、成型性差和造价高。无机膜主要用于高温的场合。

此外，无机材料和聚合物混合可以制备杂化膜，该类膜能够综合无机膜与聚合物膜的优点而具有良好的性能。

三、膜分离设备

根据固体膜的形态，可以分为平板膜、管状膜和中空纤维膜。管状膜的直径较大（通常大于 10mm），中空纤维膜的直径一般小于 1mm。膜分离设备通常由膜组件构成，平板膜通常设计成板框式、螺旋卷式膜组件，管状膜通常设计成管式膜组件，中空纤维膜通常设计成中空纤维式膜组件。

（1）板框式膜组件 板框式膜组件的结构和分离原理可参见图 11-3，其结构与板框过滤机类似。分离器内放有许多多孔支撑板，板两侧覆以平板膜。待分离溶液进入容器后沿膜的表面逐层横向流过，穿过膜的透过液在多孔板中流动并汇集在板端部流出。浓缩液流经许多平板膜表面后流出容器。

板框式膜分离器的原料流动截面大，不易堵塞，压降较小，单位设备体积内膜面积可达 $160\sim500 m^2$，膜易于更换。缺点是安装、密封要求较高。

（2）螺旋卷式膜组件 螺旋卷式膜组件的结构类似于螺旋板换热器，见图 11-4。在多孔支撑板的两面覆以平板膜，其中三个边沿被密封粘接成膜袋，另一个开放的边沿与一根多孔的产品收集管连接，在膜袋外部的进料侧铺一层隔网材料。将膜-多孔支撑体-膜-隔网材料依次叠合，绕中心管卷成柱状放入压力容器内。原料液由侧边沿隔网流动，穿过膜的透过液则在多孔支撑体中流动，并在中心管汇集流出。螺旋卷式膜组件已实现机械化生产，大大提高了卷筒质量。螺旋卷式膜组件结构紧凑，单位体积内膜面积可达 $200\sim800 m^2/m^3$，相对成本较低,但膜清洗比较困难。

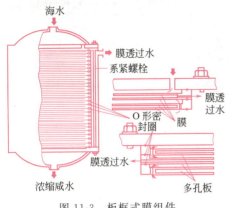

图 11-3　板框式膜组件

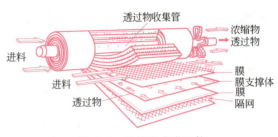

图 11-4　螺旋卷式膜组件

(3) 管式膜组件　将管式膜装入壳体内构成管式膜组件,其结构与管壳式换热器类似。管式膜组件分为外压式和内压式。内压式指高压原料液进入管内腔,穿过膜的透过液进入壳体流出,见图 11-5。反之,外压式是管外通料液,透过液从管内流出。

管式膜组件的结构简单,但单位设备内膜面积较小,约为 $30\sim200\mathrm{m}^2/\mathrm{m}^3$。

(4) 中空纤维式膜组件　将膜材料直接由纺丝方法制成中空纤维膜,由于中空纤维膜极细,可以耐压而不需支撑材料。将数量很多的中空纤维束装入壳体内,制成中空纤维式膜组件,其结构也与管壳式换热器类似。中空纤维式膜组件也有外压式和内压式。图 11-6 是外压式中空纤维式膜组件,原料液从壳体进入并向另一端流动,穿过膜的透过物进入中空纤维膜内,由于纤维束的一端被封死,透过物从另一端流出。

中空纤维式膜组件结构紧凑,单位体积内膜面积可达 $500\sim9000\mathrm{m}^2/\mathrm{m}^3$,相对成本较低,但膜清洗比较困难。

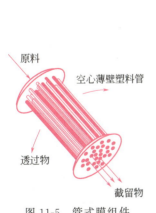

图 11-5　管式膜组件

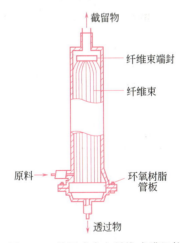

图 11-6　外压式中空纤维式膜组件

表 11-1 对几种膜组件的特性进行比较。实际应用中要依据具体的分离目的、应用场合选择分离用膜的种类和膜组件的构型;经过系统设计,将多个膜组件以串联或并联方式连在一起构成膜分离设备。有多种选择时,通过经济评价选择优化方案。

表 11-1　膜组件特性比较

项　目	管式	板框式	螺旋卷式	中空纤维式
单位体积内膜面积/(m²/m³)	30～200	160～500	200～800	500～9000
抗污染性能	好	较好	中等	差
膜清洗	易	易	中等	难
膜更换		可	不可	不可
相对造价	高	高	低	低

四、常见膜分离过程的特性

表 11-2 列举了几种常见膜分离过程的特性。

表 11-2　常见膜分离过程的特性

过程	膜及膜内孔径	推动力	传递机理	透过物	截留物	应用举例
微滤 (MF)	多孔膜, 0.05～20μm	压差 0.1MPa	筛分	水、溶液、气体	悬浮物颗粒	药物灭菌、饮料澄清
超滤 (UF)	非对称膜, 1～50nm	压差 0.1～0.5MPa	筛分	小分子溶液	胶体大分子、细菌、病毒等	果汁澄清、抗生素回收
纳滤 (NF)	非对称膜或复合膜, 约 1nm	压差 0.5～1.5MPa	溶解扩散、Donan 效应	溶剂、1 价离子	1nm 以上溶质、高价离子、糖等	药物脱盐、饮用水精制
反渗透 (RO)	非对称膜或复合膜, 0.1～1nm	压差 1～10MPa	溶解扩散	水、溶剂	溶质、离子等	海水淡化、食品浓缩
渗析 (D)	均质膜或非对称膜	浓度差	筛分	小分子溶液	0.02μm 以上微粒	血液透析
电渗析 (ED)	离子交换膜 1～10nm	电位差	电解质在电场作用下的选择传递	电解质离子	非电解质溶剂	氨基酸分离、果汁脱酸
气体分离 (GS)	均质膜 < 50nm, 非对称膜或复合膜	压差 1～10MPa, 浓度差	气体的选择性扩散渗透	易渗透的气体	难渗透的气体	空气中 N_2 和 O_2 的分离
渗透蒸发 (PV)	均质膜、非对称膜或复合膜	分压差	气体的选择性扩散渗透	溶液中易挥发组分	溶液中难挥发组分	乙醇-水分离

五、膜的使用

（一）膜性能评价

膜的性能包括物化稳定性和分离透过特性两个方面。膜的物化稳定性指膜的强度、允许使用压强、温度、pH 值以及对有机溶剂和各种化学药品的抵抗性，它是决定膜使用寿命的主要因素。

一种特定膜的分离特性主要包括渗透通量、分离效率两个方面。

1. 透过速率（通量）

通常用单位时间内通过单位膜面积的透过物量 J 表示：

$$J = \frac{V}{At} \tag{11-1}$$

式中　J——膜的透过通量，$L/(m^2 \cdot h)$；
　　　V——透过液体积，L；
　　　A——膜有效面积，m^2；
　　　t——透过时间，h。

一般而言，当操作压差改变时，膜的透过通量也随之变化。所以，提到透过通量，应当指明对应的操作压差。

为了便于比较，有时也用单位压差、单位时间内通过单位膜面积的透过物量表示渗透通量。

2. 分离效率

（1）截留率　对于不同的膜分离过程和分离对象可以用不同的表示方法。对于溶液脱盐或微粒和某些高分子物质的脱除等可以用截留率 R 表示：

$$R = \frac{c_b - c_p}{c_b} \times 100\% = \left(1 - \frac{c_p}{c_b}\right) \times 100\% \tag{11-2}$$

式中　R——截留率，%；
　　　c_b——原料液浓度；
　　　c_p——透过液浓度。

其中 R 为量纲为 1 的参数，它与浓度的单位无关。浓度单位可以是质量浓度或物质的量浓度。

（2）截留分子量　当分离溶液中的大分子物质时，截留物的分子量在一定程度上反映膜孔的大小。由于多孔膜的孔径大小不一，存在一个分布，被截留物质的分子量将分布在某一个范围内。膜的截留分子量一般是指截留率为 90% 时所对应的分子量。截留分子量小的膜往往透过通量小，因此选择膜时需要在两者之间做出权衡。

（3）分离因子　对于某些混合物的分离，可以用分离因子 α 表示：

$$\alpha_{A/B} = \frac{y_A/y_B}{x_A/x_B} \tag{11-3}$$

式中　y_A, y_B——A 和 B 在渗透物中组成；
　　　x_A, x_B——A 和 B 在原料液中组成。

混合物的组成可以用摩尔分数、质量分数或体积分数表示。

对于混合体系，分离因子 α 值越大，膜的选择性越高，越容易实现分离。当分离因子等于 1 时，表明不能实现分离。（参见精馏中的相对挥发度）

（二）膜的污染与劣化

为了充分发挥膜分离技术的作用，必须解决膜的污染与劣化问题。

1. 膜的劣化

膜的劣化是指膜自身发生了不可逆转的变化等内部因素导致膜性能的变化。导致膜的劣化的原因可分为化学、物理及生物三个方面。

化学性劣化是指由于处理料液 pH 值超出膜的允许范围而导致膜材料的水解或氧化反应等因素造成的劣化；生物性劣化通常是指由于处理料液中存在的微生物导致膜发生生物降解反应等生物因素造成的劣化；化学性劣化和生物性劣化通常导致膜的渗透通量增大，而截留率降低。

物理性劣化是指膜结构在很高的压差下导致致密化或在干燥状态下发生不可逆转性变形等物理因素造成的劣化；物理性劣化通常导致膜的渗透通量减少，而截留率增大。

聚合物膜的劣化要远大于无机膜。通常情况下，膜生产厂家都会说明膜的使用条件，任何膜都必须在所规定条件允许的范围内操作，才能使其分离性能得到保证。

2. 膜的污染

膜的污染是指由于在膜的表面上形成了附着层或膜孔堵塞等外部因素导致膜性能的变化，其主要的污染物为悬浮物和颗粒形成的滤饼层，金属氢氧化物、钙盐等难溶性物质形成的结垢层，水溶性大分子形成的凝胶层。

所有类型的膜污染都导致膜的透过阻力增大，造成膜的渗透通量降低。滤饼层和结垢层对溶质截留作用较弱，通常会看到截留率降低；而凝胶层有较强的溶质截留作用，导致膜的截留率升高。任何原因引起的膜堵塞都会使膜的渗透通量降低，而截留率升高。

实际应用中，需要根据膜污染原因采用必要的清洗方法，使膜性能得以恢复。

3. 减少膜污染与劣化的方法

膜污染与劣化现象原因极其复杂，需要具体问题具体分析。为了减少膜污染和劣化，通常使用的方法如下。

（1）原料预处理　预处理是膜分离过程普遍采用的方法。例如，通过调整料液 pH 值或加入抗氧剂等防止膜的化学性劣化；通过预先杀死料液中的微生物，防止膜的生物性劣化；采用絮凝沉淀、砂滤、活性炭吸附等方法可以预先除去原料液中的悬浮物质或溶解性高分子等。

（2）膜组件结构和操作条件优化　改善膜组件结构，提高料液的流速或湍动程度，可以减少膜污染。

（3）膜组件的清洗　膜在应用过程中，一般总要采用适当的清洗方法，其中化学清洗是最重要的方法。化学清洗是化学工业常用的方法，有着许多实际经验和技巧可以借鉴。一般可以根据所采用的化学试剂类型分为酸或碱清洗法，表面活性剂清洗法和酶洗涤剂清洗法。

（4）抗污染膜的制备　改变膜的性质可以减少膜的污染，开发抗污染的膜和膜组件是膜分离技术的研究热点。例如，在聚合物膜表面引入亲水基团，或者复合一层亲水分离层，将极大地减少蛋白质对膜的污染；对于原料液中含有带负电微粒时，使用带负电荷的膜也能有效地减少膜污染。

第二节　典型膜过程简介

膜可以看作是两个均相物系之间的一个选择性屏障，当向原料施加某种作用力时，原料中各组分对膜的渗透速率的差别，造成某些组分产生通过膜的传递。膜分离过程的推动力，可以是压力差、浓度差、电位差或者几种力的协同作用。常见膜过程的推动力，可参见表 11-2。

一、反渗透

1. 渗透现象

许多天然的或者人造的膜对于物质具有选择透过性，将只允许溶剂透过，而溶质不能透过的膜称为理想的半透膜，也简称为半透膜。例如，膀胱就是天然的半透膜，水可以透过，而高分子量的溶质则不能透过。

在恒温下，用一张半透膜将水和盐水隔开，若初始水和盐水的液面高度相同［图 11-7(a)］，则纯水将透过膜向盐水移动，盐水侧的液面将不断升高，这一现象称为渗透。当渗透达到平衡时，盐水侧的液位升高值为 h 并保持不变 ［图 11-7(b)］，此时系统达到动态平衡状态，称为渗透平衡状态。膜两侧的静压差称为盐水的渗透压 π，计算可知 $\pi = \rho g h$。

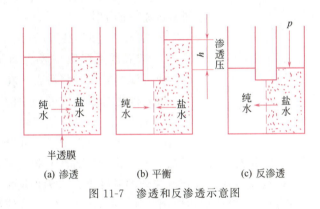

(a) 渗透　　　(b) 平衡　　　(c) 反渗透

图 11-7　渗透和反渗透示意图

对于稀溶液，可以证明

$$\pi = RT \sum_{i=1}^{n} c_i \tag{11-4}$$

式中　R——$R = 8.314 \text{J}/(\text{mol} \cdot \text{K})$；
　　　T——开尔文温度，K；
　　　c_i——第 i 种离子浓度或者溶质（非电解质）浓度，mol/m^3；
　　　π——渗透压，Pa。

渗透压的大小是溶液的物性，且与溶质的浓度有关。例如，0.1%（质量分数）的 NaCl 溶液的渗透压为 84.1kPa；3.5% 的 NaCl 溶液的渗透压为 2.97MPa。

当半透膜两侧是浓度不同的溶液，两种溶液渗透压的差值为：

$$\Delta \pi = \pi_1 - \pi_2 \tag{11-5}$$

2. 反渗透现象

在分离过程中，只要提高盐水侧的压强，使膜两侧的压差 Δp 大于渗透压差 $\Delta \pi$，则水将从盐水侧向纯水侧做反向移动，此称为反渗透 ［图 11-7(c)］。这样，可以利用反渗透现象从盐水中部分地分离出纯水，从而达到盐水分离的目的。

（1）反渗透膜　反渗透膜常用醋酸纤维素、芳香聚酰胺等膜材料制成非对称膜。醋酸纤维素类反渗透膜有易压密的过渡层，适应的 pH 值范围较窄，不耐生物降解；芳香聚酰胺膜对氯很敏感，为了克服以上缺点，新型反渗透膜主要为复合膜。典型的商业化复合膜由美国 Film Tec 公司的 FT-30，日本日东电器工业公司的 NTR-7100 和 NTR-7250 等。

（2）反渗透膜分离机理 反渗透膜的选择透过性与溶剂和溶质在膜中的溶解、吸附和扩散有关，因此除与膜孔的大小、结构有关外，还与膜的化学、物理性质有密切关系。对于盐水分离，由于水和膜之间存在各种亲和力使水分子优先吸附、结合或溶解于膜表面，且水比溶质具有更高的扩散速率，因而易于从膜中透过。因此，对水溶液分离而言，膜表面活性层必须是亲水的。

反渗透过程中，大部分溶质在膜表面被截留，从而在原料侧膜表面附近形成溶质的高浓度区，且显著高于主体溶液中溶质的浓度，这种现象称为浓差极化。由于存在浓度差，部分溶质将反向扩散进入料液主体，参见图 11-8。

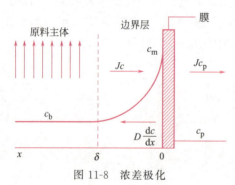

图 11-8 浓差极化

浓差极化现象的存在，增大了溶液的渗透压，可能出现下列不良影响：

① 对于一定的操作压差，浓差极化将导致溶剂透过速率的下降；

② 溶质透过膜的通量增大，截留率下降；

③ 难溶盐类溶质在膜表面浓度超过其溶度积而形成沉淀，易造成膜污染，甚至造成膜堵塞。

浓差极化是反渗透过程中的一个不利因素。虽然不能完全消除浓差极化现象，但若膜组件和工艺流程设计合理，操作得当，可以减轻浓差极化的影响。减轻浓差极化的根本途径是提高传质系数。通常采用的方法是提高料液流速；在流道内加入插件以增加湍动程度；也可以在料液定态流动的基础上，人为地增加一个脉冲流动。

（3）反渗透的工业应用 反渗透最初应用于海水和苦咸水的脱盐淡化，使用的膜组件多为螺旋卷式。例如，Film Tec 公司生产的 SW30-4040 海水反渗透元件，最高运行温度 45℃，允许 pH 值范围 2～11，膜有效面积 $7.4m^2$。操作压强 5.5MPa，盐的截留率 99.4%，产水量 $5.7m^3/d$。反渗透的操作压强取决于盐水的浓度，实际反渗透过程所使用的压差要远大于溶液的渗透压。反渗透不能达到溶剂与溶质完全分离，因为原料中的溶剂仅仅有一部分通过膜成为透过液。目前反渗透已经广泛应用于超纯水预处理、废水处理、食品工业中果汁、乳浆浓缩、重金属回收等领域。

二、纳滤

纳滤是近 20 年来在反渗透基础上发展起来的膜分离过程，是膜技术领域研究热点之一。纳滤膜大多从反渗透膜演化而来，但其制作要求比反渗透膜更为精细。纳滤膜具有纳米级孔径，能够截留相对分子质量为 200～2000 的有机物，对 Na^+ 和 Cl^- 等 1 价离子的截留率较低（50% 左右），但对 Ca^{2+}、Mg^{2+}、SO_4^{2-}、CO_3^{2-} 等 2 价离子仍具有很高的截留率。与反渗透相比，纳滤过程的操作压强较低，具有节能的特点，因此纳滤又被称为低压反渗透或疏松反渗透。

近几年发展的纳滤膜含有固定电荷，称为荷电纳滤膜。荷电膜是指膜的内外表面上存在着固定电荷的膜，根据所带电荷的性质可以分为荷正电膜和荷负电膜。常见的荷正电膜中的带电基团为季铵根，荷负电膜中的带电基团为磺酸根或羧酸根。

荷电纳滤膜的亲水性得到加强，透水量增加，适于低压操作，在抗污染以及选择透过性方面都具有优势，可以分离相对分子质量相近而荷电性能不同的组分。

(1) 纳滤膜　纳滤膜主要有非对称膜和复合膜，应用广泛的是复合膜。工业化的聚哌嗪酰胺复合膜较多，例如，Film Tec 公司的 NF40 和 NF40HF；日本东丽公司的 UTC-20HF 和 UTC-60；美国 ATM 公司的 ATF-30 和 ATF-50 等；属于聚芳香酰胺类复合纳滤膜主要为 Film Tec 公司的 NF90、NF200 和 NF270。国内研究虽然起步较晚，但进步较快，已有商品膜生产。

(2) 纳滤膜分离机理　中性纳滤膜的分离机理与反渗透膜类似。但是，荷电纳滤膜还有着独特的静电吸附和排斥作用。

如果荷电膜与盐的水溶液接触，则与膜中固定离子带有同种电荷的离子受到排斥而难以通过膜。为了保持电中性，溶液中的另一种离子也被截留，从而使溶质被截留。这种情况称为 Donnan 平衡效应。荷电膜中固定电荷的含量越大，膜对溶质的截留率越大；溶液中溶质浓度越大，膜对溶质的截留率越低。

一般而言，荷电（纳滤或反渗透）膜的分离机理是溶解扩散和 Donnan 平衡效应共同作用的结果。渗透压和浓差极化的概念也适用于纳滤过程。

(3) 纳滤膜的工业应用　纳滤膜在低价离子和高价离子的分离方面具有独特的性能，因此，反渗透主要应用于脱盐，而纳滤更适用于水的净化和软化。荷电纳滤膜可以有效地脱除水中 Ca^{2+}、Mg^{2+} 等硬度成分，氰化物、胺化物、农药、合成剂等残留物质，广泛用于化学工业废水和生活用水的净化；另外，纳滤可以用于染料、抗生素、食品等的脱盐和浓缩；多肽的纯化和浓缩，氨基酸的分离与纯化等。

三、超滤

超滤是以压差为推动力，用固体多孔膜截留混合物中微粒和大分子溶质而使溶剂和小分子溶质透过膜孔的操作。常用的超滤膜为非对称膜，表面活性层孔径为 1~50nm，截留物的相对分子质量下限为 6000。国内外从事超滤膜研究、开发和生产的单位很多，产品种类也很多，例如，国家海洋局杭州水处理中心、天津工大膜天技术中心等都有超滤膜生产。

(1) 超滤膜分离机理　超滤膜的分离机理主要是基于多孔膜的筛分作用，表面活性层孔径大小和分布决定了膜的截留分子量的大小；表面活性层空隙率和厚度的大小决定了膜的透过通量。大分子溶质在膜表面和孔内的吸附和滞留也可以起到截留作用，但易造成膜污染。

与反渗透相比，超滤过程中渗透压较低，所以其操作压强相对较低；由于超滤的透过通量比反渗透要大得多，并且大分子物质的扩散系数小，浓差极化现象尤为严重。当膜表面大分子物质浓度达到凝胶化浓度时，膜表面形成一不流动的凝胶层，参见图 11-9。凝胶层的存在大大增加了膜的阻力，同一操作压差下透过通量显著下降。图 11-10 表示操作压差与超滤透过通量之间的关系。对于纯水的超滤过程，透过通量与操作压差成正比；但对于高分子溶液，由于浓差极化和膜污染的影响，透过通量随操作压差增大为一曲线。在压差足够大时，由于凝胶层的形成，透过通量达到某一极限值，称为极限通量。显然，料液浓度越大，浓差极化越严重，凝胶层越厚，极限透过通量越小。所以，对于超滤膜研究而言，膜的化学稳定性和抗污染能力尤为重要，在系统设计中，用最小的成本实现最大程度的减少污染是非常重要的。在实际操作中必须采用适当的流速、压强等条件,并定期清洗以减少膜污染。

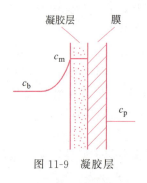

图 11-9　凝胶层

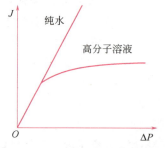

图 11-10　透过通量与操作压差的关系

（2）超滤的工业应用　超滤主要应用于热敏性、生物活性物质等大分子物质溶液分离和浓缩。超滤广泛的用于食品和医药工业,例如,超滤可以截留牛奶中几乎全部的脂肪及 90% 以上的蛋白质,从而可使浓缩牛奶中脂肪和蛋白质含量提高三倍以上,且操作费用和设备费用都明显低于双效蒸发过程。在生物技术中,超滤可以用于酶的提取、从血液中提取血清白蛋白、从发酵液中分离菌体等。在水处理方面,超滤可以作为纳滤和反渗透的前处理步骤,从水中除去大分子物质、细菌、热原等有害物质。

四、微滤

微滤的分离机理和操作与超滤相似,只是由于孔径较大,只能截留混合物中较大的微粒,而操作压强较低。微滤膜多为均质膜,具有比较整齐、均匀的多孔结构,孔径范围 $0.02\sim 20\mu m$,使过滤从常规的粗滤过渡到精密的绝对性质。微滤膜是历史上开发应用最早、使用最广泛的膜品种。聚合物膜分为疏水膜和亲水膜,属于疏水类的有聚四氟乙烯（PTFE）、聚偏二氟乙烯（PVDF）和聚丙烯（PP）；属于亲水类有聚砜（PSF）、聚酰亚胺（PI）、聚脂肪酰胺（PA）等。另外,陶瓷、碳和各种金属材料也被用来制备微滤膜。尽管国内研究开发较晚,但目前国内微滤膜的性能与国外同类产品大致相当。微滤遇到的主要问题仍然是浓差极化和膜污染引起的渗透通量下降,因此选择膜材料十分重要。一般而言,疏水膜更容易被蛋白质污染。另外,疏水膜不能被水润湿,如果用于水溶液处理,需要对这类膜进行预处理,例如,采用乙醇润湿等。

在工业上,微滤广泛应用于将大于 $0.1\mu m$ 的粒子从溶液中除去的场合。微滤的最大市场是食品和制药行业的过滤除菌,其次是电子工业集成电路生产所用水、气、试剂的过滤及超纯水生产的终端过滤。在生物技术领域,微滤特别适用于细胞捕获和膜反应器；在生物医学领域,应用于将血浆及其有价值的产物从血细胞中分离出来,具有很好的应用前景。微滤膜在城市污水处理和工业废水处理中也有重要的作用。例如,用孔径 $0.45\mu m$ 的微孔滤膜对酒进行过滤后,可脱除其中的酵母、霉菌和其他微生物。经过这样处理的产品清澈、透明、存放期长,且成本低。另外,实验室中各类分析采用的滤芯也有大量的生产。

五、气体分离

膜法气体分离是根据混合气体中各组分在浓度差推动下透过膜的传质速率不同而进行的膜分离过程。用于气体分离的膜有多孔膜、致密膜和非对称膜。常见的气体分离膜材料见表 11-3。

表 11-3　常见的气体分离膜材料

膜 类 别	材料	
	无机材料	有机材料
多孔膜	多孔质玻璃、陶瓷、金属等	微孔聚乙烯、多孔醋酸纤维
致密膜	氧化锆、钯合金、β-氧化铝等	聚二甲基硅氧烷、聚砜、聚酰亚胺等

分离气体用多孔膜，膜的孔径要小于气体的平均自由程，但孔隙率要大，膜要薄。此时，运动中的气体分子与孔壁之间的碰撞是扩散的主要阻力，该阻力与气体分子量的平方根成正比，这种扩散称为努森（Knudsen）扩散。设想混合气体中有氢气（相对分子质量为2）和二氧化碳（相对分子质量为44），氢气的运动阻力小，透过速率高；可以算出氢气透过速率是二氧化碳透过速率的 4.7 倍。氢气与二氧化碳可以实现分离。

对于多数致密的聚合物膜，气体组分首先溶解在膜的高压侧表面，通过固体内部的分子扩散迁移到膜的低压侧表面，然后解吸进入气相，因此，这种膜的分离机理是各组分在膜中的溶解度和扩散系数的差异。与反渗透过程一样，可以用溶解扩散模型进行处理。膜应当对原料中含量较低的组分有较高的选择透过性。

非对称膜以多孔膜为支撑体，在其表面覆以致密层构成。与致密膜相比，非对称膜有较大的通量。

通常采用分离因子表征气体分离膜的性能。

工业上用膜分离气体混合物的典型应用有以下几方面。

（1）氢气的回收与利用　合成氨弛放气中氢气含量高达 50% 以上，采用膜分离技术可使透过气体中氢气含量达到 90% 以上，氢气的回收率达 95% 以上。我国大连物化所研究开发的中空纤维膜分离技术在氢气回收方面已取得良好的效果。

（2）从空气中富集氧气　空气经膜分离方法制取富氧市场巨大，许多国家都投入了大量的人力、物力进行开发，国内目前可以生产卷式膜系统，生产能力 100m^3/h，富氧浓度 28%～30%。

（3）二氧化碳的回收与脱除　利用天然气中 CO_2 和 H_2S 等组分容易透过分离膜的特性，使之与烃类分离，从而达到天然气净化和二氧化碳脱出回收的目的。

此外，该方法还用于工业气体脱湿、从天然气中提取浓氦气等过程。

六、透析

透析又称渗析，是在浓度梯度的作用下组分从膜的一侧向另一侧传递的过程（图 11-11）。原料液中含有溶剂、小分子溶质（A）和大分子溶质（B）等物质，清扫液体是与原料液相同的纯溶剂，原料液、清扫液在膜的两侧逆流流动。透析膜允许溶剂和小分子溶质（A）透过，但可以截留大分子溶质（B）。如果膜两侧压力相同，在浓度梯度作用下，小分子溶质（A）从原料液向透过液传递（称为透析），而溶剂从透过液向原料液传递（称为渗透）。适当提高原料液侧的压力使其超过透过液侧压力，可以减少或者消除溶剂的渗透。

透析主要用于从高分子量物质中分离出低分子量组分，目

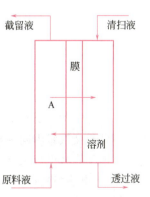

图 11-11　透析原理示意图

前主要用于水溶液。透析用膜材料多为亲水聚合物，如醋酸纤维素、聚乙烯醇、聚丙烯酸、乙烯和醋酸乙烯酯共聚物等，多为无孔或微孔的均质膜。为了提高渗透通量，膜应尽可能薄；为了减少膜的阻力，膜必须是高度溶胀的（高度溶胀聚合物中小分子溶质的扩散系数可以提高 10 倍）。必须注意，膜的高度溶胀可能会导致选择性下降。因此，在选择膜材料是要在渗透通量和选择性之间权衡，寻找最佳条件。透析最常用的膜组件为板框式和中空纤维式，典型渗析膜的厚度为 $50\mu m$，膜孔径为 $1.5\sim10nm$。

血液透析方面的应用。透析膜可以代替肾，以除去血液中有毒的低分子量组分，如尿素、肌酸酐、磷酸盐和尿酸等代谢物，保留血液中的大分子物质和血细胞。该过程中血液被泵输送到透析器（又称为人工肾），透析器一般为中空纤维膜器。膜材料必须满足血液相容性的要求。在进入透析器之前，血液中需要加入一种抗凝剂（肝素）。在血液透析中，如果用纯水作清扫液，除有毒组分外，部分十分重要的电解质也会扩散通过膜而被除掉。由于电解质平衡在人体内十分重要，所以一般使用生理盐水作为透析液，以减少和消除电解质的透过。

目前透析膜也用于有机物中矿物酸回收、啤酒液中乙醇回收、酶和辅酶的脱盐、制浆造纸工业中碱液回收、药物的纯化等。

七、电渗析

电渗析是利用离子交换膜的选择透过特性，在直流电场的作用下使电解质溶液中形成电位差，从而使溶液中的阴、阳离子定向移动以达到脱除或富集电解质的膜分离操作。

（1）离子交换膜 离子交换膜是一种由高分子材料制成的具有离子交换基团的薄膜。膜主体的固定部分由高分子材料组成，其上连有活性离子交换基团（离子交换膜的工作基团）。凡是高分子链上连接的是酸性活性基团，称为阳离子交换膜。强酸型阳膜的活性基团为磺酸基—SO_3H，弱酸型阳膜的活性基团为羧基—$COOH$ 和酚基—C_6H_4OH。例如，强酸型阳离子交换膜的结构可以表示为 R—SO_3^-—H^+，其中 R 表示高分子材料，SO_3^- 为固定基团，H^+ 为可交换离子。

凡是高分子链上连接的是碱性活性基团，称为阴离子交换膜。强碱型阴膜的活性基团为季氨基—$N(CH_3)_3Cl$，弱碱型阴膜的活性基团为伯氨基—NH_2、仲氨基—NHR 和叔氨基—NR_2。季铵型阴离子交换膜的结构可以表示为 R—$N^+(CH_3)_3$—Cl^-，其中 $N^+(CH_3)_3$ 为固定基团，Cl^- 为可交换离子。

在水溶液中，离子交换膜上的活性基团会发生电离，活性基团中的可交换离子游离于膜溶胀后的空隙中或进入水溶液中，而膜基上留下带有一定电荷的固定基团。存在于膜微细孔隙中的带有一定电荷的固定基团构成电场，以鉴别和选择通过的离子。

阳离子交换膜上留下的是带负电荷的基团，构成强烈的负电场。在外加直流电场的作用下，溶液中带正电荷的阳离子（如 Na^+）就可被它吸引、传递而通过微孔进入膜的另一侧；而带负电荷的阴离子则受到排斥；由此形成了离子交换膜的选择性。

阴离子交换膜中固定基团带正电荷，它可以吸引溶液中的负离子（如 Cl^-）并允许它透过，而排斥溶液中带正电荷的离子。

（2）电渗析的原理 典型的电渗析原理如图 11-12 所示。阳离子交换膜和阴离子交换膜交替排列组成若干平行通道，通道宽度约为 $1\sim2mm$，其中放有隔网以避免阴膜和阳膜接触。一般各室的压力保持平衡，两类离子交换膜均不透水。当在阴、阳两电极上施加一定的电压时，则在直流电场的作用下，料液流过通道时 Na^+ 等各种阳离子向阴极移动，穿过阳膜，进入浓缩室；浓缩室中的 Na^+ 则受阻于阴膜而被截留。同理，Cl^- 之类的阴离子将穿过阴膜向阳极移动，进入浓缩室，而浓缩室中的 Cl^- 则受阻于阳膜而被截留。于是，可以分别收集得到浓缩液和淡化液。

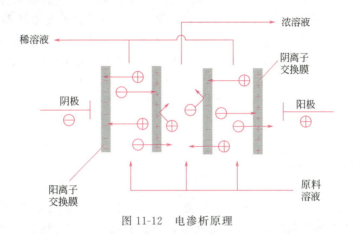

图 11-12　电渗析原理

在电渗析过程中，这种与膜固定基团所带电荷相反的离子穿过膜的现象称为反离子透过。它是电渗析过程起到分离作用的基本原因。但是，电渗析过程中也存在一些不利于分离的传递现象。①实际上与膜中固定基团荷电相同的离子不可能完全被截留，同性离子的少量透过称为同离子泄漏。②由于膜两侧存在电解质的浓度差，一方面产生电解质由浓缩室向淡化室的扩散；另一方面，淡化室中的水在渗透压的作用下向浓缩室渗透。两者都不利于电解质的分离。此外，水部分电离产生 H^+ 和 OH^- 产生电渗析，以及淡化室与浓缩室之间的压差造成泄漏。这些非理想流动现象，降低了分离效果并加大了过程的能耗。

（3）电渗析的应用　电渗析主要用于从溶液中脱除各种盐。电渗析的耗电量与脱盐量成正比。当电渗析用于盐水淡化以制取饮用水或者工业用水时，盐的浓度过高则耗电量过大，浓度过低则淡化室中的水电阻过大。比较经济的盐水浓度为每升几百到几千毫克。因此，电渗析较少直接用于海水脱盐，对苦咸水的淡化则较为适宜。电渗析也可以用于离子交换的前处理，或者反渗透的水的精处理。

电渗析在废水处理中的典型应用是从电镀废水中回收铜、镍、铬等重金属离子，而净化的水则可返回工艺系统重新使用。电渗析可以从有机溶剂中除去电解质离子，如乳清脱盐、氨基酸提纯、季戊四醇脱甲酸等。

第三节　膜技术与其他技术的结合

膜技术与其他化学工程技术相结合是近几年研究的热点，发展非常迅速，但多数还没有形成产业化。本节简要介绍膜蒸馏、膜吸收和膜反应器的基本知识以拓展思路。

一、膜蒸馏

膜蒸馏是用多孔膜将两个处于不同温度下的溶液隔开，由于一侧温度高于另一侧，膜两侧的温差产生蒸气压差，因此，蒸气分子会通过膜孔，从高温侧向低温侧传递。这种传递过程包括以下 3 个步骤：①高温侧蒸发；②蒸气分子通过膜孔的传递；③低温侧冷凝。

（1）膜蒸馏过程参数 在水溶液膜蒸馏过程中，高分子膜的疏水性和微孔性是十分重要的。为了使过程具有良好的选择性，要求溶液不能进入膜孔内，即系统的操作压差要小于膜的润湿压差（即液体进入膜微孔的压差）。液体进入膜微孔的压差可由下式计算：

$$\Delta p = -\frac{2\sigma_1}{r}\cos\theta \tag{11-6}$$

式中 Δp——膜的润湿压差，Pa；
σ_1——液体的表面张力，N/m；
r——平均孔径，m；
θ——接触角。

式(11-6)表明，膜的润湿压差反比于膜孔径；正比于液体的表面张力。液体与聚合物膜间的接触角有重要的影响。如图 11-13 所示，当接触角 $\theta > 90°$，则 $\cos\theta < 0$，表示膜的亲和性较低，膜不易被润湿，这是膜蒸馏过程所需要的状态；当接触角 $\theta < 90°$时，液体会润湿表面并进入膜孔中，由于毛细管力的作用膜孔很快会被液体充满，而破坏了蒸气的传递过程。

图 11-13 接触角示意图

水溶液膜蒸馏过程必须选用疏水膜。一般常用的有聚四氟乙烯（PTFE）、聚偏二氟乙烯（PVDF）和聚丙烯（PP）微滤膜。一般希望孔隙率较高（70%～80%），且平均孔径为 0.2～1μm。另外，膜的厚度要尽可能的薄，以减少蒸气传递阻力，提高膜通量。

膜蒸馏过程中膜是两相间的屏障，膜的选择性完全由气-液平衡决定。这意味着蒸气分压高的组分渗透速率快。例如，乙醇/水混合物，当乙醇浓度低时膜不被润湿，两种组分均会通过膜传递，但乙醇的传递速率比水快，从而实现乙醇/水的部分分离。对于盐溶液，如 NaCl 溶解在水中，水在一定温度下有对应的蒸气压，NaCl 的蒸气压可以忽略，这表明只有水才能通过膜进行渗透，因此选择性非常高。

（2）膜蒸馏操作方式 膜蒸馏操作方式有以下几种。

① 直接接触式膜蒸馏 冷、热流体在膜的两侧逆流流过。

② 空气气隙式膜蒸馏 膜与冷凝面之间存在空气气隙，冷流体在冷凝面的另一侧流过，通过间接传热方式使蒸气冷凝。

③ 真空式膜蒸馏 用抽真空的方式将透过蒸气抽出组件外冷凝。

④ 气流吹扫式膜蒸馏 在透过侧通入干燥的气体吹扫，将透过蒸气带出组件外冷凝。

与常规蒸馏相比，膜蒸馏有许多优点：①该过程不需将溶液加热到沸点，只需保持一定的温差，有可能利用太阳能、地热和工厂的余热等廉价能源，从而实现节能；②膜蒸馏过程中单位体积的传质面积很大，可以提高蒸馏效率；③料液与透过液隔开，蒸馏液更为纯净；

④膜蒸馏组件容易设计成潜热回收形式，可进一步回收能量。

（3）膜蒸馏的应用

① 非挥发性溶质水溶液　工业上诸如许多酸、碱、盐的水溶液都可以视为非挥发性溶质水溶液，一般采用蒸发过程来进行浓缩，反渗透技术在该领域也有广泛的应用。但是，对于高浓度盐水溶液，由于渗透压过高，反渗透过程操作压力过高而变得不经济；而膜蒸馏过程却可以发挥重要的作用。膜蒸馏用于处理高浓度水溶液，可以把溶液浓缩到饱和状态，甚至实现膜结晶。这一特性可以用于许多化学物质的回收和废水处理过程。例如，膜蒸馏方法浓缩磷石膏的硫酸处理液，硫酸的截留率可以达到100%，同时得到净水并回收硫酸，不仅有较好的环境保护效益，同时也可以提高经济效益。

② 挥发性溶质水溶液　膜蒸馏过程可以用于处理低浓度的乙醇、丙酮、醋酸乙酯等水溶液。由于膜蒸馏是在低于沸点下进行，蒸馏液的组成并不遵循沸点下的气-液平衡关系，对某些恒沸混合物的分离具有实用意义。例如，膜蒸馏过程处理甲酸/水和丙酸/水混合物，均取得了良好的分离效果。

膜的润湿和污染是影响膜性能的重要因素。膜润湿是指溶液进入了膜孔，膜溶液将直接通过膜孔而降低了截留率。膜润湿除与膜材料、孔径等因素有关外，也与料液的成分有关，含有机物或表面活性剂等会使表面张力下降，容易引起膜润湿。另外，细菌、高浓度盐分和胶体粒子等都会造成膜污染使膜分离性能下降。开发膜蒸馏工业用膜组件，采取适当措施，防止膜的润湿和污染，是膜蒸馏过程能够实现工业化的关键。

二、膜吸收

膜吸收是用多孔膜将气、液两相隔开，吸收过程中气、液两相在膜表面处接触，具有稳定的相界面而不相互混合。膜本身没有分离选择性，也不影响气、液两相的分传质系数，但膜器的比表面积大，使膜吸收器的总体积传质系数要比塔式吸收器为大。

吸收膜所用膜可以是亲水或疏水性的。疏水膜的膜孔中充满气体，而亲水膜的膜孔中充满液体。图 11-14 为疏水性中空纤维微孔膜吸收过程示意图，气体在膜吸收器中的传质过程可分为三个步骤：①溶质从主体向膜-气界面传递；②溶质在膜内向液相侧传质；③溶质溶解在液相中；④溶质传递到液相主体。操作中要保证膜不被润湿，操作压差要小于式(11-6) 的计算值。与常规吸收过程相比，膜吸收计算中增加了溶质在膜孔中传递这一步骤，即膜阻力存在，注意到这一点，可以仿照吸收过程的处理方式写出吸收速率方程式。

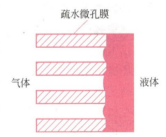

图 11-14　疏水性中空纤维微孔膜吸收过程

与传统的气体吸收相比，膜吸收器有如下特点。①具有很大的比表面积。一般填料塔的比表面积仅为 $20\sim500m^2/m^3$，常用的中空纤维膜器比表面积的范围为 $500\sim5000m^2/m^3$。②气、液两相单独流动，操作弹性大，不会产生液泛及雾沫夹带等现象。③液相可以处于低流量状态，持液量小，对吸收剂成本高的吸收过程具有较大的吸引力。④中空纤维膜的存在使总传质阻力增大；中空纤维膜的耐压能力使得膜吸收过程不能应用于压力较高的过程。

膜吸收在氢气回收，SO_2、H_2S 等酸性气体脱除，CO_2 气体脱除，天然气净化，饱和烃和不饱和烃的分离中展现出了良好的前景。

合成氨工业生产中的脱氨一般采用填料塔吸收和蒸氨法。由于填料塔吸收过程中产生大量的难以处理的稀氨水，容易给环境造成严重的氨氮污染；而蒸氨法的能耗高，且蒸余液里仍含有大量的稀氨水而同样会造成废水处理的困难。采用膜吸收法利用中空纤维膜把再生气和吸收液隔开，显示了对氨气的良好的脱除效果，当混合气中的氨的浓度为 20.0g/m³，膜组件的处理能力为 $5.1m^3/(m^2 \cdot h)$ 时，脱氨率大于 99.9%。

未经处理的天然气含有不同数量的 CO_2 和 H_2S、N_2、He、H_2O 等杂质气体，杂质气体在天然气的使用和输送过程中将降低天然气的热容量，且会腐蚀输送管道和输送设备，其燃烧产生的二氧化硫还污染环境。采用螺旋卷式膜或中空纤维膜进行一级或多级膜吸收，脱除天然气中的二氧化碳和硫化氢组分，可以降低天然气的净化费用，提高天然气的净化效率。

*三、膜反应器

由化学反应原理可知，可逆反应受到平衡转化率的限制。将膜技术应用于反应过程，使反应生成的产物及时分离出来，保持平衡向生成物方向移动，就可以获得高于平衡转化率的实际转化率。膜反应技术可以定义为依靠膜的功能改变反应进程，提高反应效率的反应技术。基于上述原理，膜反应器是膜分离单元与化学反应器的有机结合，这种结合使过程更加紧凑，设备减小、产率提高，从而提高过程的经济性。

膜反应器可以分为催化膜反应器和膜生物反应器。

（1）催化膜反应器　多相催化反应一般在较高的温度和压力下进行，多为复杂反应体系，且多在气相介质中进行。由于大量的反应涉及加氢、脱氢、氧化等体系，膜材料的耐温、耐压性能必须满足要求，同时对体系中的气体分子要具有选择性透过能力。所以，催化膜反应器中多使用金属膜、陶瓷膜和分子筛膜等。

（2）膜生物反应器　生物反应具有条件温和、选择性强及产物抑制动力学的特点，多数属于液相反应。因此，膜生物反应器经常选择适宜于低温操作的高分子膜，用于发酵过程、动物细胞培养和植物细胞培养等。

膜技术在当代世界高技术竞争中有极其重要的地位。膜分离过程已成为解决当代能源、资源和环境污染问题的重要高新技术。研制和生产出具有高选择性、高渗透率、抗污染、易清洗、满足所需要的机械强度和化学稳定性的膜和膜组件是关键的问题。展望未来，膜技术必然会在如下领域取得突破：①从系统工程的观点出发，解决材料开发、结构控制、组件设计、传递机理各方面存在的问题，制备各种功能性分离膜，优化组件设计以及控制膜污染；②膜分离技术与传统分离技术相互结合，将日益更多地渗入化学工业和其他相关工业，如膜蒸馏、膜吸收等；③将化学和生物反应与膜分离技术有机组合，可用于化学和生物的合成，如酶催化反应器、生物反应传感器、燃料电池等工业中。

【案例 11-1】海水淡化

海水淡化即利用海水脱盐生产淡水。海水淡化主要是为了提供饮用水和农业用水，对浓盐水深加工可制备盐、钾、锂等副产品。加热海水产生水蒸气，水蒸气冷却凝结就可得到纯水（可以参见上册案例 5-1 的讨论）。本案例主要介绍膜分离技术方案。

电渗析：由电渗析原理知，图 11-12 中稀溶液中盐浓度低至淡水标准时，就可输出淡水。但整体成本很高。

反渗透：理想的反渗透膜仅允许水通过，可以制备淡水。反渗透膜的主要用途就是海水淡化，且反渗透海水淡化技术已成熟，经济性是决定其能否广泛应用的重要因素。有报道，天津大港电厂的海水淡化成本为 5 元/m^3 左右，河北省沧州市的苦咸水淡化成本为 2.5 元/m^3 左右。而我国南水北调到北京的综合成本在 5 元/m^3 以上。由于长途调水的占地、生态环境变化等问题，降低成本很难，且有成本增大的趋势；但反渗透技术进步有降价空间，前景无限。

反渗透海水淡化技术的关键为：

① 反渗透膜：目前其脱盐率已达 99.7% 以上，其发展方向在于进一步的降低压降（例如，降低膜厚度）和成本；依赖于新的膜材料和制膜工艺的进展。

② 高压泵：依赖于流体输送机械的进展。

③ 能量回收装置：浓盐水处于数十大气压（1atm＝101.325kPa）的状态，其压力能必须回收。目前发展也很快。

④ 太阳能发电技术与反渗透脱盐技术联用。

⑤ 反渗透浓盐水中有价元素钠、钾、锂的综合利用。

就反渗透膜本身而言，国外起步早，技术先进；国内发展也很快，但需要抓住时机，弯道超车，任重而道远。

思考题

11-1 膜分离过程的基本原理是什么？膜分离过程有哪些特点？

11-2 比较下列概念，熟悉各种膜的结构和特点。

$\begin{Bmatrix}聚合物膜\\无机膜\end{Bmatrix}$ $\begin{Bmatrix}多孔膜\\致密膜\end{Bmatrix}$ $\begin{Bmatrix}均质膜\\非对称膜\end{Bmatrix}$ $\begin{Bmatrix}非对称膜\\复合膜\end{Bmatrix}$

11-3 常用的膜分离设备有哪些类型？

11-4 防治膜污染的方法有哪些？

11-5 反渗透的基本原理是什么？纳滤过程是否受到渗透压的影响？

11-6 什么是浓差极化？

11-7 血液透析的目的是什么？血液透析为什么要采用生理盐水作为透析液？

11-8 电渗析的分离机理是什么？阴离子交换膜与阳离子交换膜的差别是什么？

11-9 气体分离中常用的膜材料有哪些？

11-10 与蒸馏相比，膜蒸馏有哪些特点？

11-11 与吸收相比，膜吸收有哪些特点？

11-12 膜反应器的基本原理是什么？

习题

11-1 计算下列几种溶液 25℃ 的渗透压。

①1%（质量分数）的 NaCl（分子量 58.5）溶液；②1%（质量分数）的 $MgCl_2$（分子量 95.2）溶液；③1%（质量分数）的葡萄糖（分子量 180）溶液。

[答：①$8.42 \times 10^5$ Pa；②$8.42 \times 10^5$ Pa；③$1.38 \times 10^5$ Pa]

11-2 用反渗透过程处理浓度为 10%（质量分数）的葡萄糖溶液，渗透液中葡萄糖的浓度为 0.05%，计算葡萄糖的截留率。

[答：99.5%]

11-3 空气中含有 20%（体积分数）的氧气，其余可视为氮气。膜分离后透过物中含有 75%（体积分数）的氧气，计算氧气、氮气的截留率和氧气对氮气的分离因子，并说明在这种情况下哪一个参数更适用。

[答：氧气截留率：-250%；氮气截留率：68.75%；分离因子：12]

11-4 有 A、B 两种没有标签的膜放在一起，为了区别这两种膜，进行了纯水通量测定。在 25℃、0.3MPa 下，膜面积为 50cm^2。膜 A：在 60min 内收集到 12mL 水；膜 B：在 30min 内收集到 120mL 水；试判断哪种为反渗透膜，哪种为超滤膜？

[答：A 膜为反渗透膜]

11-5 某药品有效成分的相对分子质量为 800。设反应器中生产的药品料液中含有 10%（质量分数，下同）的药品有效成分、3% 的大分子物质（相对分子质量在 10000 以上）和 1% 的 NaCl，试设计一个流程除去大分子物质和 NaCl，得到含 30% 的药品有效成分的溶液。

[答：可以采用一般过滤或微滤除去悬浮颗粒，然后用超滤脱除大分子物质，接着用纳滤技术脱盐和浓缩，制得需要的产品]

本章主要符号说明

英文字母

A——膜有效面积，m^2；

c_b、c_p——原料液浓度和透过液浓度，mol/m^3；

c_i——第 i 种离子浓度或者溶质（非电解质）浓度，mol/m^3；

J——膜的渗透通量，L/(m^2·h)；

R——截留率，%；

r——平均孔径，m；

t——透过时间，h；

V——透过液体积，L；

y_A、y_B——A 和 B 在渗透物中的摩尔分数；

x_A、x_B——A 和 B 在原料液中的摩尔分数。

希腊字母

α——分离因子；

θ——接触角；

π——渗透压，Pa；

σ_1——液体的表面张力，N/m；

Δp——操作压差，Pa。

《化工原理》基本概念中英对照表

B

板间距　distance between plates
板框式膜组件　plate and frame module
鲍尔环　Pall ring
比表面积　specific surface area
波纹填料　corrugated packing
部分互溶　partial miscibility

C

操作弹性　elasticity of operation
操作线　operating line
操作线方程　operating line equation
差点　difference point
超滤　ultrafiltration（UF）
持液量　liquid holdup
传质单元高度　height of transfer unit
传质单元数　number of transfer unit
传质设备　mass transfer equipment
传质速率 N_A　mass transfer rate
催化膜反应器　catalytic membrane reactor
萃取　extraction
萃取剂　solvent
萃取理论级　theoretical extraction stage
萃取相　extract
萃余相　raffinate

D

单板效率　Murphree plate efficiency
单级萃取　single-stage extraction
单向扩散　one-way diffusion
等板高度　height equivalent to a theoretical plate（HETP）
等焓干燥　constant-enthalpy drying
等摩尔反向扩散　equimolar counter diffusion
电渗析　electrodialysis
堆积密度　bulk density
对称膜　symmetric membrane
对流传质　convective mass transfer
对数平均推动力　logarithmic average concentration difference

多级错流萃取　multi-stage cross-flow extraction
多级逆流萃取　multi-stage countercurrent extraction
多组分吸收　multicomponent absorption
惰性气体　inert gases

F

反渗透　reverse osimosis（RO）
泛点　flooding point
非等温吸收　non-isothermal absorption
非对称膜　asymmetric membrane
非结合水分　unbound water
废气　waste gas
沸腾床干燥器　fuidized bed dryer
菲克定律　Fick's law
分离因子　separation factor
分凝器　partial condenser
分配系数　distribution coefficient
芬斯克方程　Fenske equation
分子扩散　molecular diffusion
（分子）扩散系数 D_{AB}　molecular diffusivity
浮筏塔板　valve tray
辅助曲线　auxiliary curve
负偏差溶液　negative deviation solution
复合膜　composite membrane

G

干燥　drying
干燥器　dryer
干燥时间计算　calculation of drying time
杠杆定律　lever law
鼓泡　bubble
固体萃取　leaching or solid extraction
管状膜　tubular membrane
滚筒式干燥器　drum dryer

H

和点　summing point
荷电纳滤膜　charged nanofiltration membrane
亨利定律　Henry' law
亨利系数 E　Henry's constant

恒定干燥条件　constant drying conditions
恒沸物　azeotrope
恒摩尔流　constant molar overflow
恒浓区　invariant zone
恒速干燥阶段　constant-rate period
红外干燥器　infrared dryer
弧鞍形　Berl saddle
化学吸收　absorption with chemical reaction
挥发度　volatility
回流　reflux
回流比　reflux ratio
混合澄清器　mixer-settler
混合器　mixer
混合液　mixed liquid

J

吉利兰关联　Gilliland correlation
级效率　stage efficiency
夹点　pinch point
间歇精馏　batch rectification
简单蒸馏　simple distillation
降速干燥　falling-rate period
降液管　downcomer
结合水分　bound water
截留分子量　molecular weight cut-off
截留率　fraction of solute rejected
解吸　desorption
解吸因数　desorption factor
金属波纹丝网填料　wire mesh corrugated packing
金属环矩鞍形　metal intalox saddle
进料　feed
进料板位置　feed plate location
进料线方程　feed line equation
精馏　rectification
精馏段　rectification section
局部效率　local efficiency
矩鞍形　intalox saddle
聚合物膜　polymer membrane
绝热饱和温度　adiabatic saturated temperature

K

开孔率　fractional bubble area
空塔速率　superficial velocity
空隙率　porosity
扩散速率 J_A　rate of diffusion

L

拉乌尔定律　Raoult's law
拉西环　Rasching ring
冷凝器能量恒算　enthalpy balance in condenser
冷液回流　cold fluid reflux
离心萃取器　centrifugal extractor
离子交换膜　ion exchange membrane
理论板　theoretical plate
理论板　theoretical plate
理想溶液　ideal solution
临界混溶点　critical miscibility point
临界水分　critical moisture content
灵敏板　sensitive plate
漏液　leakage liquid
漏液气速　gas velocity of leakage liquid
露点　dew point
露点温度　dew temperature
螺旋板式膜组件　spiral-wound module

M

脉冲填料塔　pulse packed column
膜分离过程　membrane separation processes
膜分离技术　membrane separation technology
膜劣化　membrane degradation
膜清洗　membrane cleaning
膜生物反应器　membrane bioreactor
膜通量　permeate flux
膜污染　membrane fouling
膜吸收　membrane absorption
膜蒸馏　membrane distillation

N

纳滤　nanofiltration（NO）
难溶气体　insoluble gas
凝胶层　gel layer
浓差极化　concentration polarization
浓度梯度 $\dfrac{dc_A}{dZ}$　concentration gradient
努森扩散　Knudsen diffusion

P

泡点　bubble point
泡点回流　bubble point reflux
泡沫　froth
泡罩塔板　bubble cap tray
喷射　jet
喷雾干燥器　spray dryer

漂流因子　drift factor
平板膜　flat-sheet membrane
平衡分压　equilibrium partial pressure of A
平衡曲线　equilibrium moisture curves
平衡溶解度　equilibrium solubility
平衡水分　equilibrium moisture
平衡线　equilibrium line
平衡蒸馏　equilibrium distillation

Q

气流干燥器　pneumatic conveying dryer
气膜传质系数　gas film mass transfer coefficient
气膜控制　gas film control
气泡夹带　bubble entrainment in liquid flow
气体分离　gas separation
气体扩散系数　diffusivity in gas
气相动能因子 F　factor
去湿　dehumidification
全回流　total reflux
全凝器　total condenser
全塔效率　overall efficiency

R

热空气　hot air
热质同时传递　heat and mass transfer at the same time
溶解度曲线　solubility curve
溶解度系数 H　solubility coefficient
溶质　solute
溶质回收率 η　solute recovery
入口堰　underflow weir

S

三角形相图　triangle graph
筛板萃取塔　perforated-plate extraction tower
筛板塔　sieve plate columns
筛孔塔板　sieve tray
闪蒸　flash distillation
渗透压　osmotic pressure
湿比热容　humid heat
湿比容　humid volume
湿度　humidity
湿度图　humidity chart
湿焓　humid enthalpy
湿球温度　wet bulb temperature
湿物料　wet material
适宜回流比　optimum reflux ratio

双膜理论　two-film theory
水汽分压　partial pressure of vapor

T

提馏段　stripping section
填料层高度 Z　packing height
填料塔　packed columns
填料因子　packing factor
停留时间　standing time
透析　dialysis
湍流扩散　turbulent diffusion

W

微滤　microfiltration（MF）
涡流扩散　eddy diffusion
涡流扩散系数 D_e　eddy diffusivity
无机膜　inorganic membrane
物理吸收　physical absorption

X

吸收　absorption
吸收剂　solvent
吸收速率 N_A　rate of absorption
吸收因数　absorption factor
相对挥发度　relative volatility
相对湿度　relative humidity
相际传质　mass transfer between phase
相界面　phase interface
相律　phase rule
相内传质　mass transfer in single-phase
（相内）传质系数 k　mass transfer coefficient
相平衡　phase equilibrium
相平衡常数 m　phase equilibrium constant
厢式干燥器　tray dryer
选择性系数　selectivity factor
循环干燥器　circulation dryer

Y

液泛　flooding
液泛速率　limiting gas velocity
液膜传质系数　liquid film mass transfer coefficient
液膜控制　liquid film control
液沫夹带　liquid entrainment in vapor stream
液体扩散系数　diffusivity in liquid
液液萃取　liquid extraction
易溶气体　soluble gas
溢流堰　overflow weir
预热器　pre-heater

Z

载点　loading point
再沸器　reboiler
再沸器能量恒算　enthalpy balance in reboiler
蒸馏　distillation
正偏差溶液　positive deviation solution
质量传递　mass transfer
中空纤维膜　hollow fiber membrane
中空纤维膜组件　hollow fiber module
逐板计算法　McCabe-Thiele step-by-step construction
主体流动　buck motion
转盘萃取塔　rotating disk extraction column
转筒干燥器　rotary cylinder dryer
自由水分　free moisture
总传质系数 K　overall mass transfer coefficient
最小回流比　minimum reflux ratio
最小气液比　limiting gas liquid ratio
最小液气比　limiting liquid-gas ratio

其他

A 通过停滞组分 B 的扩散　diffusion of A through stagnant B

参考文献

[1] 谭天恩, 窦梅, 周明华. 化工原理（下册）. 4版. 北京：化学工业出版社, 2018.
[2] 王志魁. 化工原理. 5版. 北京：化学工业出版社, 2017.
[3] 陈敏恒, 丛德滋, 方图南, 等. 化工原理（下册）. 5版. 北京：化学工业出版社, 2020.
[4] 柴诚敬, 贾绍义, 刘茂林, 等. 化工原理（下册）. 3版. 北京：清华大学出版社, 2010.
[5] 夏清, 陈常贵. 化工传质与分离过程. 北京：化学工业出版社, 2020.
[6] 杨祖荣, 刘伟. 化工原理. 4版. 北京：化学工业出版社, 2021.
[7] 张泽廷, 周长恩. 萃取及反应耦合过程及设备. 北京：化学工业出版社, 2010.
[8] 张洪流. 化工原理学习指导. 北京：化学工业出版社, 2007.
[9] 中石化上海工程有限公司. 化工工艺设计手册. 5版. 北京：化学工业出版社, 2018.
[10] 时钧, 汪家鼎, 余国琮, 等. 化学工程手册. 2版. 北京：化学工业出版社, 2002.
[11] 王子宗. 石油化工设计手册（修订版）：第3卷. 北京：化学工业出版社, 2015.
[12] McCabe W L, Smith J C. Unit operations of chemical engineering. 7th ed. New York: McGrawHill, Inc., 2005.
[13] Perry R H, Chilton C H. Chemical engineerings' handbook. 8th ed. New York: McGrawHill, Inc., 2007.
[14] Mulder M. 膜技术基本原理. 2版. 北京：清华大学出版社, 1999.
[15] 袁惠新, 王耀雄, 秦海根, 等. 化学工程手册. 3版. 北京：化学工业出版社, 2019.
[16] 张珩瑢, 葛亚军, 郑卫东. 化工设备开发与设计. 北京：化学工业出版社, 2002.